Theorie des Potentials

und ihre Anwendungen auf

Electrostatik und Magnetismus

von

Émile Mathieu,
Professor der Mathematik zu Nancy.

Autorisierte deutsche Ausgabe

von

H. Maser.

Springer-Verlag Berlin Heidelberg GmbH 1890

ISBN 978-3-662-31835-5
DOI 10.1007/978-3-662-32661-9

ISBN 978-3-662-32661-9 (eBook)

Vorwort des Herausgebers.

An vortrefflichen Lehrbüchern über die Theorie des Potentials und die Anwendungen derselben auf die verschiedensten Zweige der mathematischen Physik, seien dieselben nun Originalwerke oder Übersetzungen aus fremden Sprachen, ist in der deutschen mathematischen Literatur gerade kein Mangel. und dass dem so ist, wird man bei der Wichtigkeit des Gegenstandes gewiss nicht als einen Fehler betrachten dürfen. Auch die „*Théorie du Potentiel et ses applications à l'Électrostatique et au Magnétisme*“ des durch seine hervorragenden Arbeiten auf dem Gebiete der angewandten Mathematik rühmlichst bekannten Verfassers reiht sich jenen vortrefflichen Lehrbüchern würdig an, ja dies Werk besitzt so wesentliche Vorzüge vor den meisten andern, dass es mir wert erschien, auch dieses den deutschen Studierenden etwas näher zu rücken, zumal dasselbe in der kurzen seit seinem Erscheinen verflossenen Zeit wohl noch kaum in weiteren Kreisen bekannt geworden sein dürfte.

Obwohl die Potentialtheorie ihren eigentlichen Ursprung in der mathematischen Physik genommen und sich allmählich im Anschluss an besondere physikalische Probleme weiter entwickelt hat, hat sie doch ihrerseits wieder ausserordentlich befruchtend auf gewisse Teile der reinen Mathematik eingewirkt und ist schliesslich selbst mehr und mehr eine rein mathematische Disciplin geworden. Dementsprechend bemüht sich der Verfasser, die allgemeinen Sätze der Theorie mit möglichster analytischer Strenge und möglichst frei von allen physikalischen Vorstellungen zu beweisen, und wenn ihm dies auch in einigen Fällen, wie z. B. beim Beweise der, physikalisch ja evidenten, Existenz gewisser Functionen unter bestimmten für dieselben vorgeschriebenen Bedingungen, noch nicht, wie mir scheint, vollständig gelungen sein sollte, weil sich ein solcher einwandsfreier Beweis mit unsern heutigen analytischen Hülfsmitteln überhaupt noch nicht geben lässt, so muss man doch anerkennen, dass er bestrebt gewesen ist, in jedem Falle die Begründung so plausibel wie möglich zu machen. Das Streben nach analytischer Strenge ist es auch, welches den Verfasser veranlasst hat, zunächst die allgemeine Theorie ohne Rücksicht auf besondere Anwendungen zu geben, obwohl manche Sätze dadurch schärfer würden hervorgetreten sein.

In einigen Paragraphen des ersten Teiles werden gewisse Functionen, die in andern Gebieten der mathematischen Physik eine dem Potentiale analoge Rolle spielen, behandelt und mehrere allgemeine Sätze über dieselben abgeleitet, die in anderen Lehrbüchern dieser Art nicht zu finden sind und Anregung zu weitergehenden Untersuchungen bieten dürften.

Mit besonderem Geschick und recht ausführlich ist die Rolle, welche die dielectrischen Medien in der Electrostatik spielen, und die Lehre vom Magnetismus behandelt worden. Die physikalischen Vorstellungen, welche man zur Zeit Poisson's über die Wirkungsweise der isolierenden Körper hatte, haben in neuerer Zeit eine wesentliche Änderung erfahren; auch die von Poisson gegebene Theorie der magnetischen Induction ist nicht ohne begründete Anfechtungen geblieben. Der Verfasser legt die neueren Theorieen der Verteilung des inducierten Magnetismus im weichen Eisen und der ihr analogen electrischen Polarisation der dielectrischen Medien in ebenso einfacher wie überzeugender Weise dar und giebt schliesslich nach dem Vorgange von Clausius die Anwendung derselben auf die Theorie der Condensatoren.

Die Anwendungen der Potentialtheorie auf Probleme der Electrostatik und des Magnetismus sind in keinem andern Lehrbuche in gleicher Vollständigkeit gegeben wie in dem vorliegenden. Sollte man trotzdem noch dies oder jenes Problem vermissen, wie z. B. das der Verteilung der Electricität auf einem Ringe mit kreisförmigem Querschnitt, so möge man die Gründe für die Weglassung desselben darin suchen, dass der Verfasser, wie er in der Vorrede zum zweiten Teile seines Werkes sagt, „es vermeiden wollte, in rechnerische Entwicklungen sich einzulassen, welche in analytischer Beziehung Interesse haben könnten, deren Nutzen aber für die Physik nahezu gleich Null ist“.

In einem kurzen Anhange habe ich das Problem der Electricitätsverteilung auf zwei Kugeln noch auf eine andere Weise behandelt, als es im Texte geschehen ist, nämlich nach der Methode von C. Neumann, und zwar einesteils, um diese auch bei vielen anderen Problemen der Electrostatik und der Wärmelehre mit Vorteil benutzte Methode wenigstens an einem Beispiele zu zeigen, andernteils um den Studierenden auf die Thomson'schen oder bipolaren Coordinaten aufmerksam zu machen, da dieselben ebenfalls bei einer grösseren Reihe von Aufgaben sehr zweckmässig angewendet werden.

Berlin, im December 1889.

H. Maser.

Inhaltsverzeichnis.

Erster Teil.

Theorie des Potentials.

Zweiter Teil.

Electrostatik und Magnetismus.

Erstes Kapitel. **Allgemeine Prinzipien der Electrostatik.**

Zweites Kapitel. Specielle Probleme aus der Electrostatik.

Drittes Kapitel. Über die Rolle der Dielectrika in der Electrostatik.

Viertes Kapitel. **Allgemeine Theorie des Magnetismus.**

Fünftes Kapitel. **Specielle Probleme aus der Theorie des Magnetismus.**

Verbesserung.

Seite 264, Z. 10 v. u. Für *Traité d'Électricité et de Magnétisme* lese man: *Treatise on Electricity and Magnetism.*

Erster Teil.

Theorie des Potentials.

Erstes Kapitel.

Allgemeine Eigenschaften des Potentials.

Die Kräfte der Natur, welche auf merkliche Entfernungen hin ausgeübt werden, wirken im Allgemeinen im directen Verhältnis der Massen, von denen sie ausgehen, und im umgekehrten Verhältnis des Quadrats der Entfernung der letzteren. Diesem Gesetz sind z. B. unterworfen die Gravitation der Himmelskörper und ebenso die Anziehung und die Abstossung, welche durch die statische Electricität und den Magnetismus hervorgebracht werden.

Es ist dies ein Elementar-Gesetz, d. h. es findet nur Anwendung auf zwei Massen, deren jede in einem Punkte concentriert ist; aus ihm kann man mit Hülfe der Rechnung die gegenseitigen Einwirkungen der Körper oder der electrischen und magnetischen Flüssigkeiten ableiten. Wir beschäftigen uns zunächst mit gewissen allgemeinen Eigenschaften der Anziehung.

Definition des Potentials.

§ 1.

Sind m, m' zwei in zwei Punkten concentrierte Massen, so ist die Anziehung zwischen diesen beiden Massen $h\frac{mm'}{r^2}$, wo r die Entfernung zwischen m und m' und h eine Constante ist, welche die Anziehung bedeutet, die zwischen zwei der Einheit gleichen und durch eine zur Einheit genommene Entfernung getrennten Massen stattfindet. Um die Formeln zu vereinfachen, werden wir annehmen, dass diese letztere Kraft zur Einheit genommen werde, dass also $h = 1$ sei.

Werden die Coordinatenachsen zu einander rechtwinklig vorausgesetzt, so seien (a, b, c), (a', b', c'), (a'', b'', c''), ... die Coordinaten von verschiedenen Punkten, deren Massen m, m', m'', ... sind; wir suchen die Resultante ihrer Wirkungen auf die Masseneinheit, welche im Punkte P, dessen Coordinaten (x, y, z) und dessen Entfernungen von den ersten Punkten r, r', r'', ... sind, befindlich ist.

Der Punkt m übt auf P eine Anziehung aus, welche durch den Ausdruck $\frac{m}{r^2}$ gegeben wird, wobei

$$r^2 = (a - x)^2 + (b - y)^2 + (c - z)^2$$

ist, und da diese Kraft in der Richtung der Geraden r wirkt, so sind ihre Componenten nach den drei Coordinatenachsen:

$$(1) \qquad \frac{m(a-x)}{r^3}, \quad \frac{m(b-y)}{r^3}, \quad \frac{m(c-z)}{r^3}$$

oder:

$$(2) \qquad \frac{\partial \frac{m}{r}}{\partial x}, \quad \frac{\partial \frac{m}{r}}{\partial y}, \quad \frac{\partial \frac{m}{r}}{\partial z}.$$

Setzt man also

$$V = \Sigma \frac{m}{r},$$

so sind die Componenten der Gesamtkraft, welche auf den Punkt P wirkt:

$$\frac{\partial V}{\partial x}, \quad \frac{\partial V}{\partial y}, \quad \frac{\partial V}{\partial z},$$

und die Grösse V wird das **Potential** der Massen $m, m', \ldots$ im Punkte P genannt.

Wenn die Wirkung von m auf den Punkt P eine abstossende wäre, so würden die Componenten dieser Kraft die Ausdrücke (1) oder (2) mit entgegengesetztem Vorzeichen sein. Wenn man daher annimmt, dass von den Massen $m, m', m'', \ldots$ die einen eine anziehende, die anderen eine abstossende Wirkung auf den Punkt P ausüben, so kann man

$$V = \Sigma \pm \frac{m}{r}$$

setzen, wo in jedem Gliede das Zeichen + oder das Zeichen — zu nehmen ist, je nachdem die darin vorkommende Masse den Punkt P anzieht oder abstösst, und die Componenten der Gesamtkraft, welche auf diesen Punkt wirkt, werden ebenfalls noch die Ableitungen von V nach x, y, z sein.

Nehmen wir an, dass es sich um electrische Flüssigkeiten handelt, die man in eine positive Flüssigkeit und in eine negative Flüssigkeit teilt, so ziehen bekanntlich zwei Teilchen ungleichnamiger Flüssigkeit einander an und zwei Teilchen gleichnamiger Flüssigkeit stossen einander ab. Betrachten wir hiernach $m, m', m'', \ldots$ als Electricitätsmengen, welche das sie characterisierende Vorzeichen besitzen, und setzen wir

$$(3) \qquad V = \Sigma \frac{m}{r},$$

so werden die Grössen

$$\frac{\partial V}{\partial x}, \quad \frac{\partial V}{\partial y}, \quad \frac{\partial V}{\partial z}$$

die Componenten ihrer Wirkung auf den Punkt P sein, wenn in diesem die Einheit negativer Electricität concentriert ist, und

$$-\frac{\partial V}{\partial x}, \quad -\frac{\partial V}{\partial y}, \quad -\frac{\partial V}{\partial z}$$

werden die nämlichen Componenten sein, wenn der Punkt P die Einheit positiver Electricität enthält.

Dieselben Bemerkungen gelten auch für die magnetischen Flüssigkeiten.

Die durch die Formel (3) gegebene Grösse V wird ebenfalls das Potential der Massen $m, m', m'', \ldots$ in Bezug auf den Punkt P genannt.

§ 2.

Bezeichnen wir mit F die Resultante der Kräfte, welche auf den Punkt (x, y, z) wirken, und mit α, β, γ die Winkel, welche ihre Richtung mit den Coordinatenachsen bildet, so haben wir für die Kraft F und ihre Componenten nach den Achsen der x, y, z:

$$F = \sqrt{\left(\frac{\partial V}{\partial x}\right)^2 + \left(\frac{\partial V}{\partial y}\right)^2 + \left(\frac{\partial V}{\partial z}\right)^2}$$

$$X = F\cos\alpha = \pm\frac{\partial V}{\partial x}$$

$$Y = F\cos\beta = \pm\frac{\partial V}{\partial y}$$

$$Z = F\cos\gamma = \pm\frac{\partial V}{\partial z}.$$

Durch alle Punkte, für welche V denselben Wert hat, legen wir eine Fläche, welche **Niveaufläche** heisst. Geht man von einem Punkte (x, y, z) dieser Fläche zu einem unendlich benachbarten Punkte derselben Fläche über, so hat man:

$$\frac{\partial V}{\partial x}dx + \frac{\partial V}{\partial y}dy + \frac{\partial V}{\partial z}dz = 0;$$

mithin ist die Kraft senkrecht zu der Geraden, welche diese beiden Punkte verbindet. Die Kraft ist daher normal zu der Fläche.

Ziehen wir eine Linie, welche in jedem ihrer Punkte Tangente an die Kraft ist, welche in diesem Punkte wirkt, so wird dieselbe normal zu den Niveauflächen sein, welche sie durchschneidet; man nennt dieselbe eine **Kraftlinie**. Nimmt man längs dieser Linie das Integral $\int F ds$ zwischen zweien ihrer Punkte, welche den Werten s_0 und s_1 der Linie s entsprechen, so hat man:

$$\int_{s_0}^{s_1} F ds = \int_{s_0}^{s_1} \frac{\partial V}{\partial s} ds = V_1 - V_0,$$

wo V_0, V_1 die den beiden Endpunkten entsprechenden Werte von V sind.

Stetigkeitsbedingungen, denen das Potential einer Masse genügt.

§ 3.

Wenn wir von einem System getrennter materieller Punkte zu continuierlichen Massen übergehen, so verwandelt sich der Ausdruck des Potentials in dreifache Integrale, welche sich über die Volumina dieser Massen erstrecken; von diesen werden wir den folgenden Satz beweisen.

Satz. Das Potential V einer Masse in Bezug auf einen Punkt P und die ersten Ableitungen desselben nach den Coordinaten x, y, z dieses Punktes ändern sich im ganzen Raume in stetiger Weise.

Bezeichnen wir mit ρ die Dichtigkeit in jedem Punkte der anziehenden Masse, mit $d\omega$ ihr Volumenelement und mit r die Entfernung zwischen dem in $d\omega$ gelegenen Punkte (a, b, c) und dem Punkte (x, y, z), so haben wir:

$$V = \int \frac{\rho d\omega}{r}$$

$$\frac{\partial V}{\partial x} = X = \int \rho \frac{a-x}{r^3} d\omega,$$

sowie:

$$r^2 = (a-x)^2 + (b-y)^2 + (c-z)^2.$$

Liegt der Punkt (x, y, z) ausserhalb der Masse, so sind die Function V und alle ihre Ableitungen nach x, y, z endlich, da die in ihren Ausdrücken unter dem Integralzeichen stehende Function nur endliche Werte annimmt. Ferner reicht es, damit eine Function stetig sei, aus, dass ihre Ableitungen erster Ordnung endlich bleiben; mithin sind V und alle seine Ableitungen der verschiedenen Ordnungen stetige Functionen von x, y, z, falls der Punkt P ausserhalb der Masse sich befindet.

Wir nehmen jetzt an, der Punkt P liege innerhalb der Masse. Nehmen wir an Stelle der Coordinaten a, b, c Polarcoordinaten r, ϑ, λ, deren Anfangspunkt im Punkte P liegt, so haben wir:

$$a = x + r\cos\vartheta$$
$$b = y + r\sin\vartheta\cos\lambda$$
$$c = z + r\sin\vartheta\sin\lambda;$$

sodann wird das Raumelement $d\omega$ dargestellt durch

$$d\omega = r^2 \sin\vartheta d\vartheta d\lambda dr,$$

und die Ausdrücke von V und $\frac{\partial V}{\partial x}$ werden:

$$V = \iiint \rho r \sin\vartheta d\vartheta d\lambda dr$$

$$\frac{\partial V}{\partial x} = \iiint \rho \cos\vartheta \sin\vartheta d\vartheta d\lambda dr,$$

wo man die Integration in Bezug auf r von 0 bis zu demjenigen Werte von r, welcher der Oberfläche des von der Masse eingenommenen Raumes entspricht, in Bezug auf ϑ von 0 bis π und in Bezug auf λ von 0 bis 2π zu erstrecken hat. Es folgt hieraus, dass V und seine ersten Ableitungen endlich sind. Mithin ist auch V stetig, und ich behaupte, dass dasselbe gilt von den ersten Ableitungen.

Zerlegen wir nämlich das Volumen der Masse in zwei Teile, von denen der eine von einer um den Punkt P als Mittelpunkt mit einem sehr kleinen Radius ε beschriebenen Kugel, der andere von dem übrig bleibenden Teile gebildet wird, und sind V_1 und V_2 die entsprechenden Teile von V, so erhalten wir:

$$\frac{\partial V}{\partial x} = \frac{\partial V_1}{\partial x} + \frac{\partial V_2}{\partial x}$$

$$\frac{\partial V_1}{\partial x} = \int_0^{2\pi} d\lambda \int_0^{\pi} \cos\vartheta \sin\vartheta d\vartheta \int_0^{\varepsilon} \rho dr.$$

Geben wir ρ den grössten Wert ρ_1, welchen es innerhalb der Kugel annehmen kann, nehmen wir ferner alle Elemente mit demselben Vorzeichen und ersetzen $\cos\vartheta$ durch 1, so erhalten wir:

$$\frac{\partial V_1}{\partial x} < 2\pi\rho_1 \int_0^{\pi} \sin\vartheta d\vartheta \int_0^{\varepsilon} dr \text{ oder } < 4\pi\rho_1\varepsilon.$$

Läge der Punkt P auf der Oberfläche des Körpers, so würde die Kugel durch eine Halbkugel zu ersetzen sein und die vorstehende Ungleichheit würde um so mehr stattfinden; $\frac{\partial V_1}{\partial x}$ ist daher so klein als man will, und da V_2 sich auf eine Masse bezieht, welche den Punkt P nicht enthält, so ändert sich $\frac{\partial V_2}{\partial x}$ stetig; mithin ändert sich auch $\frac{\partial V}{\partial x}$ in stetiger Weise.

Wir sehen also, dass die ersten Ableitungen von V stetige Functionen von x, y, z sind; dagegen werden wir sehen, dass es sich anders verhält mit den Ableitungen von höherer Ordnung.

Der Satz von Laplace.

§ 4.

Nimmt man den Punkt (x, y, z), in Bezug auf welchen das Potential V genommen wird, ausserhalb der Masse an, so hat man:

$$\frac{\partial X}{\partial x}=\frac{\partial^2 V}{\partial x^2}=\int \rho\left[-\frac{1}{r^3}+\frac{3(a-x)^2}{r^5}\right] d\omega$$

und ebenso erhält man:

$$\frac{\partial^2 V}{\partial y^2}=\int \rho\left[-\frac{1}{r^3}+\frac{3(b-y)^2}{r^5}\right] d\omega$$

$$\frac{\partial^2 V}{\partial z^2}=\int \rho\left[-\frac{1}{r^3}+\frac{3(c-z)^2}{r^5}\right] d\omega.$$

Addiert man diese drei Ausdrücke, so findet man:

$$\frac{\partial^2 V}{\partial x^2}+\frac{\partial^2 V}{\partial y^2}+\frac{\partial^2 V}{\partial z^2}=0.$$

Diese wichtige Gleichung ist von Laplace gefunden worden, der davon beachtenswerte Anwendungen in seiner „*Theorie der Gestalt der Himmelskörper*“ (*Mécanique céleste, t. II*) gemacht hat.

Um die Schreibweise zu vereinfachen, werden wir in der Folge den Ausdruck

$$\frac{\partial^2 V}{\partial x^2}+\frac{\partial^2 V}{\partial y^2}+\frac{\partial^2 V}{\partial z^2} \text{ mit } \Delta V$$

bezeichnen.

Wenn der Punkt P oder (x, y, z) im Innern der Masse gelegen ist, so sind die für die zweiten Ableitungen von V gefundenen Ausdrücke nicht mehr zulässig. Nehmen wir nämlich wie oben Polarcoordinaten, so geht der gefundene Ausdruck für $\frac{\partial^2 V}{\partial x^2}$ über in:

$$\frac{\partial X}{\partial x}=\frac{\partial^2 V}{\partial x^2}=\iiint \rho \frac{-1+3\cos\vartheta}{r} \sin\vartheta \, d\vartheta \, d\lambda \, dr,$$

wo die Grenzen der Integrale wie vorher genommen sind. Die Integration in Bezug auf r muss den Teil dieses Ausdrucks geben, der sich auf einen Kegel von unendlich kleiner Öffnung bezieht, dessen Spitze im Punkte P liegt, und da diese Integration somit von $r=0$ an auszuführen ist, so wird das daraus hervorgehende Element unendlich gross. Da aber alle analogen Elemente zum Teil positiv, zum Teil negativ sind, so wird ihre Summe oder das vorstehende dreifache Integral unbestimmt.

Mithin darf man nicht mehr die Gleichung $\Delta V=0$ als richtig annehmen, sobald der Punkt P innerhalb der Masse sich befindet.

Über die teilweise Integration, angewandt auf ein dreifaches Integral.

§ 5.

Es seien U und F zwei endliche und stetige Functionen von x, y, z und ferner von solcher Beschaffenheit, dass ihre Ableitungen endlich sind; wir betrachten das Integral

$$I=\iiint U\frac{\partial F}{\partial x}dxdydz,$$

hinerstreckt über ein von der Oberfläche σ begrenztes Volumen ω.

Integrieren wir teilweise nach x und nehmen wir zunächst der Einfachheit halber an, dass eine der Achse der x parallele Gerade die Oberfläche nur in zwei Punkten trifft, deren Abscissen x_1 und x_2 sind, so haben wir:

$$(1)\quad dydz\int U\frac{\partial F}{\partial x}dx=(UF)_2dydz-(UF)_1dydz-dydz\int F\frac{\partial U}{\partial x}dx,$$

wo die Indices 1 und 2 andeuten, dass man in UF die Abscissen x_1 und x_2 für x zu substituieren hat. Diese Formel liefert den Teil des dreifachen Integrals, welcher sich auf einen prismatischen Faden, dessen Querschnitt $dydz$ ist und der der x-Achse parallel ist, bezieht. Bezeichnen wir mit $d\sigma_1$ und $d\sigma_2$ die den Faden begrenzenden Teile von σ und mit λ den Winkel, welchen die nach aussen gerichtete Normale an σ mit der x-Achse bildet, und fügen wir λ bezüglich der beiden Elemente $d\sigma_1$ und $d\sigma_2$ Indices an, so erhalten wir:

$$dydz=d\sigma_2\cos\lambda_2,\quad dydz=-d\sigma_1\cos\lambda_1.$$

Ersetzen wir in den beiden ersten Gliedern der rechten Seite von (1) $dydz$ durch diese beiden Ausdrücke und bilden wir die Summe der Gleichungen (1) für das ganze Volumen ω, so erhalten wir die folgende Formel:

$$(2)\qquad \int U\frac{\partial F}{\partial x}d\omega=\int UF\cos\lambda d\sigma-\int F\frac{\partial U}{\partial x}d\omega,$$

worin sich die beiden dreifachen Integrale auf das ganze Volumen ω und das doppelte Integral auf die ganze Oberfläche σ erstrecken.

Wenn eine Parallele zur x-Achse die geschlossene Fläche σ in mehr als zwei Punkten träfe, so würden diese Punkte in gerader Anzahl vorhanden sein, und wenn x_1, x_2, ..., x_{2n} ihre Abscissen wären, so würden die beiden ersten Glieder der rechten Seite von (1) ersetzt werden durch die Summe

$$-(UF)_1dydz+(UF)_2dydz-\cdots+(UF)_{2n}dydz,$$

und da der Winkel λ für die ausgeschnittenen Elemente der Oberfläche σ abwechselnd spitz und stumpf ist, so würde man ebenfalls zu der Formel (2) gelangen.

Die Formel (2) ist von Poisson mehrere Male in seinen Abhandlungen über mathematische Physik angewendet worden.

§ 6.

Wir können der Gleichung (2) analoge Gleichungen bilden, indem wir in Bezug auf y oder z integrieren. Sind μ, ν die Winkel, welche die Normale an σ mit den Achsen der y und der z bildet, und bezeichnen wir mit F_1 und F_2 zwei Functionen, die nebst ihren Ableitungen der ersten Ordnung stetig sind, so erhalten wir, wenn wir die beiden analogen Gleichungen zur Gleichung (2) addieren:

$$\int U\left(\frac{\partial F}{\partial x}+\frac{\partial F_1}{\partial y}+\frac{\partial F_2}{\partial z}\right)d\omega=\int U(F\cos\lambda+F_1\cos\mu+F_2\cos\nu)d\sigma$$
$$-\int\left(F\frac{\partial U}{\partial x}+F_1\frac{\partial U}{\partial y}+F_2\frac{\partial U}{\partial z}\right)d\omega.$$

Setzt man in dieser Formel $U=1$, so erhält man die folgende:

$$\int\left(\frac{\partial F}{\partial x}+\frac{\partial F_1}{\partial y}+\frac{\partial F_2}{\partial z}\right)d\omega=\int(F\cos\lambda+F_1\cos\mu+F_2\cos\nu)d\sigma,$$

deren sich Laplace in der Theorie der Capillarität bedient hat, um das Volumen der Flüssigkeit zu bestimmen, welche in einer capillaren Röhre in die Höhe gehoben wird.

Wert von ΔV für einen Punkt (x, y, z) innerhalb der Masse.

§ 7.

Poisson hat zuerst den folgenden **Satz** angegeben *(Bulletin de la Société philomathique, t. III. p. 368)*:

Wenn der Punkt (x, y, z) im Innern der wirkenden Masse liegt, so genügt das Potential V dieser Masse in jenem Punkte der Gleichung

$$\Delta V=-4\pi\rho,$$

wo ρ die Dichtigkeit der Masse in demselben Punkte ist.

Gauss war der erste, welcher bei dem Beweise dieses Satzes auf die Variation der Dichtigkeit ρ der Masse Rücksicht nahm (Gauss' Werke, Bd. V, S. 197).

Nehmen wir die Dichtigkeit ρ als veränderlich und somit als Function der Coordinaten (a, b, c) des Punktes der Masse an, auf welchen sie sich bezieht, und bilden wir zunächst einen Ausdruck der Ableitung von V in Bezug auf x, so erhalten wir:

$$V = \int \frac{\rho}{r} d\omega$$

und

$$\frac{\partial V}{\partial x} = \int \rho \frac{\partial \frac{1}{r}}{\partial x} d\omega.$$

Da man hat:

$$r^2 = (x-a)^2 + (y-b)^2 + (z-c)^2,$$

so folgt:

$$\frac{\partial \frac{1}{r}}{\partial x} = -\frac{\partial \frac{1}{r}}{\partial a},$$

somit erhält man:

$$\frac{\partial V}{\partial x} = -\int \rho \frac{\partial \frac{1}{r}}{\partial a} d\omega.$$

Die Grössen r und ρ sind Functionen der Coordinaten a, b, c eines jeden Punktes der in dem Volumen ω eingeschlossenen Masse.

Wenn der Punkt P oder (x, y, z) ausserhalb des Raumes ω läge, so könnte man die Formel (2) von § 5 auf die Transformation dieses letzteren Integrals anwenden und würde erhalten:

$$\text{(a)} \qquad \int \rho \frac{\partial \frac{1}{r}}{\partial a} d\omega = \int \frac{\rho \cos\lambda}{r} d\sigma - \int \frac{1}{r} \frac{\partial \rho}{\partial a} d\omega.$$

Ich behaupte nun, dass diese Formel gleichfalls gilt, wenn der Punkt P im Innern der Masse liegt. Da nämlich $\frac{1}{r}$ unendlich gross wird, wenn der Punkt (a, b, c) in den Punkt P rückt, so wenden wir die Formel (2) auf das nämliche Integral an, aber nur hinerstreckt über das Volumen, welches zwischen der Oberfläche σ und einer um den Punkt P als Mittelpunkt mit einem unendlich kleinen Radius ε beschriebenen Kugel σ' enthalten ist. Bezeichnen wir mit $d\omega'$ das Volumenelement der Kugel und mit λ' den Winkel, welchen die Normale an die Kugel mit der x-Achse bildet, so haben wir:

$$\int \rho \frac{\partial \frac{1}{r}}{\partial a} d\omega + \int \rho \frac{1}{r^2} \frac{\partial r}{\partial a} d\omega' = \int \frac{\rho \cos\lambda}{r} d\sigma + \int \frac{\rho \cos\lambda'}{r} d\sigma' - \int \frac{1}{r} \frac{\partial \rho}{\partial a} d\omega + \int \frac{1}{r} \frac{\partial \rho}{\partial a} d\omega'.$$

Bezeichnet man mit $d\bar{\omega}$ das Element der sphärischen Fläche, deren Radius gleich 1 ist, so hat man:

$$d\sigma' = \varepsilon^2 d\bar{\omega}, \quad d\omega' = r^2 dr d\bar{\omega},$$

und hieraus schliesst man sehr leicht, dass die drei auf die Kugel bezüglichen Integrale für $\varepsilon = 0$ verschwinden. Man erhält also ebenfalls die Gleichung (a) oder die Formel:

$$X = \frac{\partial V}{\partial x} = -\int \frac{\rho \cos\lambda}{r} d\sigma + \int \frac{1}{r} \frac{\partial \rho}{\partial a} d\omega.$$

§ 8.

Um $\frac{\partial^2 V}{\partial x^2}$ zu erhalten, kann man die beiden Integrale, aus denen X besteht, unter dem Integralzeichen differentiieren. Denn da der Punkt P innerhalb σ sich befindet, so wird $\frac{1}{r}$ auf dieser Oberfläche nicht unendlich; das erste Integral hat also kein unendliches Element. Das zweite stellt das Potential einer Masse dar, deren Dichtigkeit $\frac{\partial \rho}{\partial a}$ ist, und wir haben (§ 3) gesehen, dass man es in Bezug auf x differentiiert, indem man die unter dem Integralzeichen stehende Function differentiiert. Man hat daher:

$$\frac{\partial^2 V}{\partial x^2} = -\int \frac{\rho \cos\lambda}{r^2} \frac{a-x}{r} d\sigma + \int \frac{\partial \rho}{\partial a} \frac{a-x}{r^3} d\omega,$$

oder

$$\text{(b)} \qquad \frac{\partial^2 V}{\partial x^2} = -\int \frac{\rho \cos\lambda \cos\alpha}{r^2} d\sigma + \int \frac{\partial \rho}{\partial a} \frac{\cos\alpha}{r^2} d\omega,$$

wo α den Winkel bezeichnet, welchen r mit der x-Achse bildet.

Wir denken uns die Dichtigkeit ρ als eine stetige Function von a, b, c in der Umgebung des Punktes P, beschreiben um den Punkt P als Mittelpunkt mit einem sehr kleinen Radius eine Kugelfläche σ' und zerlegen sodann V in zwei Teile, von denen sich der eine V' auf die innerhalb dieser Kugelfläche befindliche Masse, der andere V'' auf die übrigbleibende Masse bezieht. Wir haben dann:

$$\Delta V = \Delta V' + \Delta V''.$$

Nach dem Früheren ist

$$\Delta V'' = 0,$$

und es bleibt daher $\Delta V'$ zu berechnen.

Wenden wir auf V' die Formel (b) an, so erhalten wir:

$$\frac{\partial^2 V'}{\partial x^2} = -\int \frac{\rho \cos^2\alpha}{r^2} d\sigma' + \int \frac{\partial \rho}{\partial a} \frac{\cos\alpha}{r^2} d\omega'.$$

Bilden wir auf dieselbe Weise die Grössen $\frac{\partial^2 V'}{\partial y^2}$, $\frac{\partial^2 V'}{\partial z^2}$ und addieren wir diese drei Ausdrücke, so ergiebt sich:

$$\Delta V' = -\int \frac{\rho}{r^2} d\sigma' + \int \left(\frac{\partial \rho}{\partial a} \cos\alpha + \frac{\partial \rho}{\partial b} \cos\beta + \frac{\partial \rho}{\partial c} \cos\gamma \right) \frac{1}{r^2} d\omega',$$

wo β, γ die Winkel sind, welche r mit den Achsen der y und z bildet.

Lässt man von den drei Polarcoordinaten des Punktes (a, b, c) nur allein r sich ändern, so hat man:

$$\frac{\partial a}{\partial r} = \cos\alpha, \quad \frac{\partial b}{\partial r} = \cos\beta, \quad \frac{\partial c}{\partial r} = \cos\gamma,$$

mithin:

$$\Delta V' = -\int \frac{\rho}{r^2}\,d\sigma' + \int \frac{1}{r^2}\frac{\partial \rho}{\partial r}\,d\omega'$$
$$= -\int \rho\,d\bar{\omega} + \iint\!\!\int \frac{\partial \rho}{\partial r}\,d\bar{\omega}\,dr.$$

Nun hat aber das zweite Integral den Wert

$$\int (\rho - \rho_0)\,d\bar{\omega} = \int \rho\,d\bar{\omega} - 4\pi\rho_0,$$

wo ρ die Dichtigkeit in der Oberfläche σ' und ρ_0 den Wert derselben im Mittelpunkte P bedeutet. Mithin erhält man schliesslich:

$$\Delta V = \Delta V' = -4\pi\rho_0.$$

Somit ändert sich ΔV sprungweise von $-4\pi\rho$ bis 0, wenn der Punkt P aus der anziehenden Masse heraustritt; liegt P auf der diese Masse begrenzenden Fläche selbst, so ist ΔV unbestimmt und im Allgemeinen ist dasselbe der Fall in jedem Punkte, in welchem die Dichtigkeit der Masse sich sprungweise ändert.

Characteristische Eigenschaften des Potentials einer oder mehrerer continuierlicher Massen.

§ 9.

Wir beweisen zunächst eine andere Eigenschaft des Potentials, als diejenigen sind, die wir soeben erhalten haben.

Ist M eine in einem endlichen Raume E enthaltene Masse und P oder (x, y, z) der Punkt, in Bezug auf welchen man das Potential nimmt, so hat man:

$$V = \int \frac{\rho\,d\omega}{r},$$

wo r die Entfernung des Punktes P von jedem Massenelement $\rho d\omega$ bezeichnet. Ist ferner H ein Punkt des Raumes E, R seine Entfernung vom Punkte P und t seine Entfernung vom Massenelement, so hat man:

$$r^2 = R^2 - 2tR\cos\vartheta + t^2,$$

wo ϑ der Winkel zwischen t und R ist, Nehmen wir R sehr gross an im Verhältnis zu allen Werten von t, so ist

$$\frac{1}{r} = \frac{1}{R}\left(1 - 2\frac{t}{R}\cos\vartheta + \frac{t^2}{R^2}\right)^{-\frac{1}{2}} = \frac{1}{R} + \frac{G}{R^2},$$

wo G eine Grösse ist, die endlich bleibt, wenn R unendlich wächst. Setzen wir diesen Ausdruck in V ein, so erhalten wir

$$V = \frac{1}{R}\int \rho\,d\omega + \frac{1}{R^2}\int \rho G\,d\omega = \frac{M}{R} + \frac{L}{R^2},$$

wo L endlich bleibt für $R=\infty$. Mithin hat man, wenn R unendlich wächst:

$$\lim (VR) = M.$$

Demnach besitzt das Potential V einer in einem endlichen Raume E gelegenen Masse M in Bezug auf den Punkt (x, y, z) die folgenden Eigenschaften:

1. V und seine ersten Ableitungen nach x, y, z sind im ganzen Raume stetige Functionen von x, y, z.

2. Bezeichnen wir mit R die Entfernung des Punktes (x, y, z) von einem bestimmten Punkte des Raumes E, so nähert sich der Grenzwert von VR mit unendlich wachsendem R einer bestimmten Constanten, welche die Masse M ist.

3. Mit Ausnahme gewisser Flächen hat man im ganzen Raume

$$\Delta V = -4\pi\rho,$$

wo ρ die Dichtigkeit der Masse im Punkte (x, y, z) ist. Somit muss, wenn der Punkt ausserhalb der Masse liegt, ρ in dieser Formel gleich Null gesetzt werden.

Wir werden später zeigen, dass umgekehrt jede Function, welche diesen Bedingungen genügt, identisch ist mit dem Potential einer Masse, deren Dichtigkeit in jedem ihrer Punkte gleich ρ ist.

Die sogenannte Green'sche Formel.

§ 10.

Es seien U und V zwei Functionen der Coordinaten x, y, z eines beliebigen Punktes des Raumes ω, in welchem die Functionen U und V sowie ihre Ableitungen erster Ordnung stetig sind, und betrachten wir das Integral

$$I = \int\left(\frac{\partial U}{\partial x}\frac{\partial V}{\partial x} + \frac{\partial U}{\partial y}\frac{\partial V}{\partial y} + \frac{\partial U}{\partial z}\frac{\partial V}{\partial z}\right) d\omega,$$

dasselbe hinerstreckt über den ganzen Raum ω. Wir können die Formel (2) des § 5

$$\int U \frac{\partial F}{\partial x} d\omega = \int UF \cos\lambda d\sigma - \int F \frac{\partial U}{\partial x} d\omega$$

anwenden, wenn wir U durch $\frac{\partial U}{\partial x}$ und F durch V ersetzen; beachten wir überdies, dass, wenn man mit ∂n das Element der nach aussen gerichteten Normale an die Fläche σ und mit ∂x, ∂y, ∂z die Projectionen dieses Elementes auf die Coordinatenachsen bezeichnet,

$$\cos\lambda = \frac{\partial x}{\partial n}$$

ist, so ergiebt sich:

$$\int \frac{\partial U}{\partial x}\frac{\partial V}{\partial x}\,d\omega = \int V\frac{\partial U}{\partial x}\frac{\partial x}{\partial n}\,d\sigma - \int V\frac{\partial^2 U}{\partial x^2}\,d\omega.$$

Wir erhalten zwei analoge Gleichungen, wenn wir x durch y und z ersetzen; addieren wir diese drei Gleichungen, so haben wir:

$$(1) \qquad I = \int V\frac{\partial U}{\partial n}\,d\sigma - \int V\Delta U d\omega.$$

Der Wert von I ändert sich nicht, wenn wir U und V vertauschen; somit haben wir auch:

$$I = \int U\frac{\partial V}{\partial n}\,d\sigma - \int U\Delta V d\omega.$$

Durch Gleichsetzung dieser beiden Werte von I erhalten wir:

$$(2) \qquad \int (U\Delta V - V\Delta U)\,d\omega = \int \left(U\frac{\partial V}{\partial n} - V\frac{\partial U}{\partial n}\right)d\sigma.$$

Sind die Functionen U und V nur im Innern von σ bekannt oder sind ihre Ableitungen auf dieser Fläche discontinuierlich, so muss man das Normalenelement nach dem Innern hin ziehen, und bezeichnet man dieses Element mit $\partial n'$, so muss man $\frac{\partial V}{\partial n}, \frac{\partial U}{\partial n}$ durch $-\frac{\partial V}{\partial n'}, -\frac{\partial U}{\partial n'}$ ersetzen; denn ∂n und $\partial n'$ werden positiv genommen und ∂V und ∂U ändern ihr Zeichen, wenn man sie nach entgegengesetzter Richtung nimmt. Man hat demnach die Formeln (1) und (2) durch die beiden folgenden zu ersetzen:

$$(3) \qquad I = -\int V\frac{\partial U}{\partial n'}\,d\sigma - \int V\Delta U d\omega$$

$$(4) \qquad \int (U\Delta V - V\Delta U)\,d\omega = -\int \left(U\frac{\partial V}{\partial n'} - V\frac{\partial U}{\partial n'}\right)d\sigma.$$

Die Formel (4) dient zur Bestimmung der Coefficienten der Reihe, welche die Abkühlung eines Körpers giebt; sie ist daher in verschiedenen Fällen von Fourier und Poisson angewandt worden, lange vor dem Erscheinen der Abhandlung Green's über die Theorie der Electricität. Indessen wird diese Formel allgemein die **Green'sche Gleichung** genannt.

§ 11.

Die Temperatur v eines isotropen sich abkühlenden Körpers genügt der Gleichung:

$$k\frac{\partial v}{\partial t} = \Delta v,$$

wo k eine Constante und t die Zeit bedeutet; überdies hat man, wenn man die Temperatur des umgebenden Mittels gleich Null annimmt, die Bedingung:

$$\frac{\partial v}{\partial n'} - hv = 0$$

auf der Oberfläche σ des Körpers, wobei h constant ist. Man setzt v in die Form einer convergierenden Reihe

$$v = A_0 U_0 e^{-\alpha_0^2 t} + A_1 U_1 e^{-\alpha_1^2 t} + \cdots + A_i U_i e^{-\alpha_i^2 t} + \cdots$$

wo $A_0, A_1, \ldots$ unbestimmte Coefficienten und $U_0, U_1, \ldots$ Functionen sind, welche im Innern des Körpers der Gleichung

$$\Delta U_i = -k\alpha_i^2 U_i, \tag{5}$$

und auf seiner Oberfläche der Gleichung

$$\frac{\partial U_i}{\partial n'} - hU_i = 0 \tag{6}$$

Genüge leisten. Sind U und U' zwei von diesen Functionen, so hat man der Formel (4) zufolge:

$$\int (U\Delta U' - U'\Delta U)\,d\omega = -\int \left(U\frac{\partial U'}{\partial n'} - U'\frac{\partial U}{\partial n'} \right) d\sigma$$

und mit Anwendung der Gleichungen (5) und (6) geht diese Formel über in:

$$\int UU'd\omega = 0.$$

Der Wert F von v im Anfangspunkte der Zeit ist gegeben; man hat daher:

$$F = A_0 U_0 + A_1 U_1 + \cdots + A_i U_i + \cdots$$

Multiplicieren wir mit $U_i d\omega$ und integrieren dann über den ganzen Körper, so erhalten wir zur Bestimmung des Coefficienten A_i die folgende Gleichung:

$$A_i \int U_i^2 d\omega = \int F U_i d\omega.\text{*)}$$

Mittlerer Wert der zu einer geschlossenen Fläche normalen Kraftcomponente.

§ 12.

Aus der Formel (2) des § 10 leitet man leicht den folgenden **Satz** von Gauss her.

Ist V das Potential von Massen, von denen die einen, deren Gesamtmasse M ist, im Innern der geschlossenen Fläche σ, die andern ausserhalb dieser Fläche liegen, so hat man

$$\int \frac{\partial V}{\partial n} d\sigma = -4\pi M,$$

wo sich die Integration über die ganze Fläche σ erstreckt.

---

*) Die Abhandlung von Green, welche die Formel (4) enthält, erschien zu Nottingham im Jahre 1828, doch wurde sie auf dem Continent erst 1850 durch ihre Veröffentlichung in Crelle's Journal bekannt. Die Rechnung des § 11 findet sich zweimal in ihrer ganzen Allgemeinheit dargestellt im 22. Hefte des *Journal de l'École Polytechnique*, 1833, S. 169 von Duhamel und S. 204 von Lamé.

Setzen wir nämlich in der Formel (2) des erwähnten Paragraphen $U = 1$, so erhalten wir:

$$\int \Delta V d\omega = \int \frac{\partial V}{\partial n} d\sigma.$$

Ist nun ρ die Dichtigkeit der Massen im Innern von σ, so ist

$$\Delta V = -4\pi\rho,$$

eine Formel, die man sich angewandt denken kann auf alle Punkte des Raumes ω, wofern man nur ρ ausserhalb der Masse M als Null betrachtet. Man hat daher:

$$\int \frac{\partial V}{\partial n} d\sigma = -4\pi \int \rho d\omega = -4\pi M.$$

§ 13.

Wir wollen noch den Beweis entwickeln, den Gauss von diesem Satze gegeben hat.

Hülfssatz. Verbinden wir einen festen Punkt O mit jedem Elemente $d\sigma$ einer geschlossenen Fläche durch einen Radiusvector r und bezeichnen wir mit u den Winkel, welchen dieser Radiusvector mit der nach Innen gezogenen Normale von $d\sigma$ bildet, so haben wir die Formel

$$\int \frac{\cos u}{r^2} d\sigma = \begin{cases} 4\pi \\ 0 \\ 2\pi, \end{cases}$$

wo das Integral sich über die ganze Fläche erstreckt, und zwar je nachdem der Punkt innerhalb oder ausserhalb oder auf der Fläche selbst liegt.

Wir nehmen zunächst den Punkt O im Innern der Fläche σ an. Wir denken uns einen Kegel, welcher den Punkt O zur Spitze und eine unendlich enge Oeffnung hat. Die Kegelfläche wird, an ihrer Spitze festgehalten, die Fläche σ in einer ungeraden Anzahl von Elementen $d\sigma'$, $d\sigma''$, ... treffen; es seien u', u'', ... die Werte, welche der Winkel u an diesen Elementen annimmt, und r', r'', ... die Entfernungen dieser Elemente. Bezeichnet man ferner mit $d\bar{\omega}$ das Element der Kugelfläche mit dem Radius 1 und dem Mittelpunkt in O, welches von diesem Kegel ausgeschnitten wird, so hat man:

$$d\sigma' \cos u' = r'^2 d\bar{\omega}, \quad d\sigma'' \cos u'' = -r''^2 d\bar{\omega}, \quad d\sigma''' \cos u''' = r'''^2 d\bar{\omega}, \ldots,$$

da die Cosinus von u', u'', u''', ... abwechselnd positiv und negativ sind. Hieraus ergiebt sich, wenn man diese Gleichungen durch r'^2, r''^2, ... dividiert und dann addiert:

$$\frac{d\sigma' \cos u'}{r'^2} + \frac{d\sigma'' \cos u''}{r''^2} + \cdots = d\bar{\omega},$$

und wenn man diesen Ausdruck in Bezug auf alle Kegel mit unendlich kleiner Oeffnung, deren Spitze in O liegt, integriert, so hat man:

$$\int \frac{\cos u}{r^2} d\sigma = 4\pi.$$

Ferner nehmen wir an, der Punkt O läge ausserhalb σ. Wird ein Kegel mit unendlich kleiner Oeffnung, dessen Spitze in O liegt, nach der Oberfläche σ gelegt, so wird er dieselbe in einer geraden Anzahl von Elementen treffen, und man hat, wenn man die vorigen Bezeichnungen beibehält:

$$d\sigma' \cos u' = -r'^2 d\bar{\omega}, \quad d\sigma'' \cos u'' = r''^2 d\bar{\omega}, \cdots$$

und hieraus folgt:

$$\frac{d\sigma' \cos u'}{r'^2} + \frac{d\sigma'' \cos u''}{r''^2} + \cdots = 0.$$

Bildet man die Summe aller analogen Gleichungen, so erhält man:

$$\int \frac{\cos u}{r^2} d\sigma = 0.$$

In dem Falle endlich, wo der Punkt O auf der Fläche σ liegt, legen wir die Tangentialebene an die Fläche im Punkte O. Diese Ebene teilt eine unendlich kleine Kugel, deren Mittelpunkt in O liegt, in zwei Halbkugeln, von denen die eine auf der Seite des von σ umschlossenen Raumes, die andere auf der entgegengesetzten Seite liegt. Für die erstere Seite kann der Punkt O als ein innerer, für die zweite als ein äusserer betrachtet werden. Somit ist das Integral

$$\int \frac{\cos u}{r^2} d\sigma$$

gleich 2π für die Elemente $d\sigma$, welche auf der ersten Seite liegen, und gleich 0 für die andern Elemente; mithin ist dieses Integral, hinerstreckt über die ganze Oberfläche gleich 2π.

§ 14.

Wir kehren nun zu dem Satze des § 12 zurück. Ist r die Entfernung zwischen dem Elemente $d\sigma$ und einem Elemente dM der innern Masse M oder einem Element dM' der äusseren Masse, so hat man:

$$\int \frac{dM \cos u}{r^2} d\sigma = 4\pi dM,$$

$$\int \frac{dM' \cos u}{r^2} d\sigma = 0.$$

Bilden wir die Summe aller dieser Gleichungen, indem wir alle Elemente dM und dM' nehmen, so haben wir:

$$\int d\sigma \int \frac{\cos u}{r^2} dM + \int d\sigma \int \frac{\cos u}{r^2} dM' = 4\pi M.$$

Man hat aber:

$$V = \int \frac{dM}{r} + \int \frac{dM'}{r}$$

$$\frac{\partial V}{\partial n} = -\int \frac{\cos u}{r^2} dM - \int \frac{\cos u}{r^2} dM',$$

mithin ergiebt sich die Formel:

$$\int \frac{\partial V}{\partial n} d\sigma = -4\pi M.$$

Bedingungen, für welche sich eine Function von x, y, z auf das Potential einer continuierlichen Masse reduciert.

§ 15.

Wir nehmen an, dass eine Function V von x, y, z den folgenden Bedingungen genüge:

1. V und seine ersten Ableitungen nach x, y, z sind überall stetig.

2. Die Grenze von

$$V\sqrt{x^2 + y^2 + z^2}$$

ist eine endliche und bestimmte Constante, wenn der Punkt (x, y, z) sich ins Unendliche entfernt.

3. Mit Ausnahme gewisser Flächen hat man überall:

$$\Delta V = -4\pi\rho,$$

wo ρ eine Function von x, y, z ist, welche gegebene endliche Werte in einem endlichen Raume hat und welche Null ist ausserhalb dieses Raumes.

Ich behaupte, dass V das Potential einer Masse ist, deren Dichtigkeit in allen Punkten des Raumes ρ ist. Dieses Potential genügt, wie wir (§ 9) gesehen haben, diesen Bedingungen; es handelt sich also darum zu beweisen, dass es keine zweite Function V' giebt, welche ihnen ebenfalls genügt. Setzen wir:

$$u = V - V',$$

so genügt die Function u der ersten und der zweiten Bedingung und da

$$\text{(a)} \qquad \Delta V = -4\pi\rho, \quad \Delta V' = -4\pi\rho$$

ist, so wird die dritte Bedingung ersetzt durch

$$\Delta u = 0,$$

und diese gilt überall, diejenigen Flächen ausgenommen, auf denen die Gleichungen (a) nicht alle beide stattfinden.

In der oben (§ 10) gefundenen Gleichung

$$\int\left(\frac{\partial U}{\partial x}\frac{\partial V}{\partial x}+\frac{\partial U}{\partial y}\frac{\partial V}{\partial y}+\frac{\partial U}{\partial z}\frac{\partial V}{\partial z}\right)d\omega=\int V\frac{\partial U}{\partial n}d\sigma-\int V\Delta U d\omega$$

setzen wir $U=V=u$; dann erhalten wir:

$$\text{(A)}\qquad \int\left(\left(\frac{\partial u}{\partial x}\right)^2+\left(\frac{\partial u}{\partial y}\right)^2+\left(\frac{\partial u}{\partial z}\right)^2\right)d\omega=\int u\frac{\partial u}{\partial n}d\sigma.$$

Wir legen eine Kugelfläche, welche ihren Mittelpunkt im Anfangspunkte der Coordinaten hat und deren Radius R sehr gross ist, so dass sie alle Flächen, auf denen Δu nicht Null ist, einschliesst. In gleichem Abstande von jeder Ausnahmefläche s legen wir zwei parallele und sehr nahe gelegene Flächen τ. Von dem in der Kugelfläche eingeschlossenen Volumen unterdrücken wir die sehr kleinen Teile, welche zwischen jedem Paare von Flächen τ enthalten sind, und wenden auf den übrigbleibenden Teil die Formel (A) an.

Das Integral der rechten Seite angewandt auf zwei parallele Flächen τ giebt in der Grenze Werte, die gleich aber von entgegengesetztem Vorzeichen sind. Man hat daher nur noch zu untersuchen, was aus diesem Integral wird für die Oberfläche der Kugel. Nun hat man, wenn $d\bar{\omega}$ das Oberflächenelement der Kugel mit dem Radius 1 ist:

$$\int\frac{\partial u}{\partial n}u d\sigma=R^2\int u\frac{\partial u}{\partial R}d\bar{\omega},$$

und infolge der zweiten Bedingung kann man, wenn R sehr gross ist, setzen:

$$u=\frac{A}{R},\quad \frac{\partial u}{\partial R}=-\frac{A}{R^2},$$

wo A eine endliche Constante ist. Dieses Integral wird daher:

$$-\frac{A^2}{R}\int d\bar{\omega}=-\frac{4\pi A^2}{R},$$

und es ist somit Null, wenn R unendlich gross ist.

Somit geht die Gleichung (A) über in:

$$\int\left(\left(\frac{\partial u}{\partial x}\right)^2+\left(\frac{\partial u}{\partial y}\right)^2+\left(\frac{\partial u}{\partial z}\right)^2\right)d\omega=0$$

und man hat daher:

$$\frac{\partial u}{\partial x}=0,\quad \frac{\partial u}{\partial y}=0,\quad \frac{\partial u}{\partial z}=0$$

in allen Punkten und auch auf den Flächen s, da die Ableitungen von u stetig sein sollen. Demnach reduciert sich u auf eine Constante und diese Constante ist Null, da u im Unendlichen Null sein soll. Folglich ist $V'=V$.

Das Dirichlet'sche Prinzip.

§ 16.

Wir wollen jetzt den folgenden **Satz** beweisen:

Es existiert stets in einem gegebenen Raume ω eine Function v von x, y, z, und nur eine einzige, welche nebst ihren Ableitungen erster Ordnung endlich und stetig ist, die ferner im Innern dieses Raumes der Gleichung

$$\Delta v = 0$$

genügt und die in jedem Punkte der den Raum ω begrenzenden Fläche einen gegebenen Wert besitzt.

Es giebt offenbar unendlich viele Functionen u, welche den vorstehenden Stetigkeitsbedingungen genügen und die überdies auf der Fläche den vorgeschriebenen Wert besitzen. Unter allen diesen Functionen suchen wir diejenige, welche das Integral

$$(1) \qquad \Omega = \int\left[\left(\frac{\partial u}{\partial x}\right)^2 + \left(\frac{\partial u}{\partial y}\right)^2 + \left(\frac{\partial u}{\partial z}\right)^2\right] d\omega,$$

dasselbe hinerstreckt über den ganzen Raum ω, zu einem Minimum macht.

Bezeichnen wir mit v die Function u, welche Ω zu einem Minimum macht, so können wir irgend eine andere der Functionen u darstellen durch

$$(2) \qquad u = v + hw,$$

wo h eine willkürliche Constante und w eine Funktion ist, welche denselben Stetigkeitsbedingungen wie u genügt und die auf der das Volumen ω begrenzenden Oberfläche σ verschwindet. Substituieren wir den Ausdruck (2) in die Formel (1) und bezeichnen wir mit Ω' den kleinsten Wert von Ω, so erhalten wir:

$$(3) \qquad \Omega = \Omega' + 2hM + h^2N^2,$$

wenn wir setzen:

$$M = \int\left(\frac{\partial v}{\partial x}\frac{\partial w}{\partial x} + \frac{\partial v}{\partial y}\frac{\partial w}{\partial y} + \frac{\partial v}{\partial z}\frac{\partial w}{\partial z}\right) d\omega$$

$$N = \int\left(\left(\frac{\partial w}{\partial x}\right)^2 + \left(\frac{\partial w}{\partial y}\right)^2 + \left(\frac{\partial w}{\partial z}\right)^2\right) d\omega.$$

Nach der Voraussetzung ist Ω' der kleinste Wert von Ω, mithin ist M zufolge (3) gleich Null, denn wäre dies nicht der Fall, so könnte man h sehr klein nehmen und über sein Vorzeichen derart verfügen, dass hM negativ würde und Ω' nicht der kleinste Wert von Ω wäre.

Die Grösse w ist Null auf der Fläche σ; mithin kann man nach § 10 M auf die folgende Form bringen:

$$M = -\int w \Delta v \, d\omega.$$

Nun ist aber w eine willkürliche Function und da M Null sein soll, welches auch w sein möge, so ist klar, dass alle Elemente des Integrals Null sind und dass man im ganzen Raume ω

$$\Delta v = 0$$

hat.*)

Somit existiert stets eine Function u, welche dem Ausspruche des Satzes genügt; es bleibt noch zu beweisen, dass es nur eine einzige solche giebt.

Wenn eine der Functionen u der Gleichung $\Delta u = 0$ genügt, so macht sie offenbar das Integral Ω zu einem Minimum; wir brauchen also nur zu beweisen, dass Ω nur ein Minimum hat. Nehmen wir an, dass man ausser der Lösung $u = v$ noch die Lösung $u = v + w$ habe, welche Ω zu einem Minimum macht, so haben wir nach der Formel (3), in welcher M gleich Null ist:

$$\Omega = \Omega' + h^2 N^2,$$

und indem wir in dieser Formel $h = 1$ setzen, erhalten wir für das zweite Minimum

$$\Omega' + N^2,$$

welches kleiner sein müsste als der vorhergehende Ausdruck, wie klein auch h sein möge, was absurd ist.

Mithin giebt es nur eine Function u, welche Ω zu einem Minimum macht, und damit ist der Satz bewiesen.

Potential einer sphärischen Schicht.

17.

Um die folgende Aufgabe zu behandeln, suchen wir das Potential einer homogenen sphärischen Schicht von constanter und unendlich geringer Dicke.

Das Potential V hängt nur von der Entfernung R des Punktes (x, y, z), für welchen man das Potential sucht, von dem Mittelpunkte der Kugel ab und demzufolge hat man:

$$\Delta V = \frac{d^2 V}{dR^2} + \frac{2}{R}\frac{dV}{dR},$$

und wenn man diesen Ausdruck gleich Null setzt und sodann integriert, so erhält man:

$$\Delta V = \frac{C}{R} + C',$$

wo C und C' zwei willkürliche Constanten sind.

*) Man könnte einwerfen, dass dieser Beweis nicht beweist, dass Δv in Punkten, Linien oder Flächen, welche in dem Raume ω liegen, nicht von Null verschieden ist. Man wird aber im zweiten Kapitel sehen, dass die Ableitungen aller Ordnungen von v stetig sind und dass somit Δv in keinem Punkte von 0 verschieden sein kann.

Liegt der Punkt x, y, z im Innern des Hohlraumes, so hat man, da V für $R=0$ nicht unendlich werden kann, $C=0$; mithin reduciert sich V auf die Costante C' und, wenn man den Punkt x, y, z in den Mittelpunkt verlegt, so findet man:

$$V=4\pi Am,$$

wo A der Radius der Kugelfläche und m die Masse für die Einheit der Fläche ist.

Liegt der Punkt x, y, z ausserhalb, so ist V gleich Null für $R=\infty$, mithin ist $C'=0$. Die Grenze von RV ist gleich der Masse; man hat also:

$$V=\frac{4\pi A^2 m}{R}.$$

Mittlerer Wert des Potentials auf der Oberfläche einer Kugel und extreme Werte, welche dasselbe in einem Raume ausserhalb der Massen annimmt.

§ 18.

Wir betrachten Massen, die wir uns auf Punkte reduciert denken können, und beschreiben eine Kugelfläche, welche einen Teil dieser Massen, die wir allgemein mit m bezeichnen wollen, einschliesst und die andern, die wir m' nennen wollen, ausschliesst. Dann erhalten wir als ihr Potential:

$$V=\Sigma\frac{m}{r}+\Sigma\frac{m'}{r'},$$

wo r und r' die Entfernungen der Massen m und m' vom Punkte P sind, für welchen wir das Potential betrachten. Lassen wir den Punkt P auf die Oberfläche σ der Kugel rücken, multiplicieren diese Gleichung mit dem Element $d\sigma$ und integrieren über die ganze Ausdehnung dieser Oberfläche, so erhalten wir:

$$\int V d\sigma=\Sigma m\int\frac{d\sigma}{r}+\Sigma m'\int\frac{d\sigma}{r'}.$$

$\int\frac{d\sigma}{r}$ stellt das Potential der Fläche σ in Bezug auf den Punkt m, $\int\frac{d\sigma}{r'}$ dieses Potential in Bezug auf den Punkt m' dar. Bezeichnet man also mit r_0 die Entfernung von m' vom Mittelpunkt der Kugel, so hat man, dem vorigen Paragraphen zufolge, wenn A der Radius dieser Kugel ist:

$$\int V d\sigma=4\pi A\Sigma m+4\pi A^2\Sigma\frac{m'}{r_0}.$$

Nun bedeutet $\Sigma\frac{m'}{r_0}$ dass Potential U der Massen m' in Bezug auf den Mittelpunkt der Kugel. Mithin hat man schliesslich:

$$\int V d\sigma=4\pi A\Sigma m+4\pi A^2 U,$$

eine Formel, die Gauss gegeben hat und die offenbar auch gilt, wenn man continuierliche Massen nimmt.

§ 19.

Aus diesem Satze folgert man leicht mehrere andere.

Satz. Es sei E ein Raum, für welchen man das Potential von Massen betrachtet, die sämtlich ausserhalb desselben liegen. Ist dieses Potential in einem noch so kleinen Teile von E constant, so ist es im ganzen Raume E constant.

Denn man nehme an, dass das Potential in einem Teile G des Raumes E einen constanten Wert g habe, und dass in einem Teile H desselben Raumes, welcher G benachbart ist, $V > g$ sei. Denkt man sich eine Kugel, deren Mittelpunkt in G und deren Oberfläche teilweise in G, teilweise in H liegt, so erhält man mit Anwendung des vorhergehenden Satzes:

$$\text{(a)} \qquad \int V d\sigma = 4\pi A^2 g$$

oder

$$\text{(b)} \qquad \int (V - g)\, d\sigma = 0,$$

eine Gleichung, die unmöglich ist, da $V - g$ auf einem Teile von σ gleich Null und auf dem andern positiv ist.

Mithin kann V nicht grösser als g sein; ebenso sieht man, dass es auch nicht kleiner sein kann.

§ 20.

Satz. Ausserhalb der Massen kann das Potential weder ein Maximum noch ein Minimum sein.

Dieser Satz wird wie der vorhergehende bewiesen. Ist das Potential z. B. ein Maximum in einem Punkte O, der ausserhalb der Massen liegt, so beschreiben wir um O als Mittelpunkt eine Kugel mit sehr kleinem Radius. Bezeichnet man diesen grössten Wert mit g, so erhält man die Gleichung (a) oder die Gleichung (b), was unmöglich ist, da V auf der ganzen Oberfläche σ kleiner als g ist.

§ 21.

Satz. Liegen Massen ausserhalb einer beliebigen geschlossenen Fläche σ, so hat ihr Potential im Innern von σ zu extremen Werten die extremen Werte, welche es auf σ annimmt.

Denn da dem vorigen Satze zufolge das Potential in einem Punkte des Raumes innerhalb σ weder ein Maximum noch ein Minimum sein kann, so ist klar, dass sein grösster und sein kleinster Wert auf σ liegen werden.

Zusatz I. Wenn das Potential von äusseren Massen auf der Fläche σ constant ist, so ist es auch in allen Punkten innerhalb σ constant.

Zusatz II. Wenn die Potentiale V und V' zweier Massensysteme, welche ausserhalb der geschlossenen Fläche σ liegen, auf σ denselben Wert haben, so werden ihre Werte dieselben sein in allen Punkten innerhalb σ.

Denn $V - V'$ ist ein Potential, welches Null ist auf σ und das infolge dessen Null ist in allen Punkten innerhalb σ.

Übrigens ist dieser Zusatz im Dirichlet'schen Prinzip enthalten.

§ 22.

Satz. Liegen Massen innerhalb der geschlossenen Fläche σ, so wird ihr Potential ausserhalb dieser Fläche zu seinen beiden extremen Werten zwei der folgenden drei Grössen haben, nämlich 0 und die beiden extremen Werte, welche es auf σ annimmt.

Denn da das Potential in keinem Punkte des Raumes ausserhalb σ ein Maximum oder ein Minimum sein kann, so können sich der grösste und der kleinste Wert dieses Potentials nur auf der Grenze dieses Raumes vorfinden, d. h. nur auf σ oder im Unendlichen, wo es gleich Null ist.

Zusatz. Hat das Potential auf σ einen constanten Wert, so wird es ausserhalb σ zwischen diesem constanten Werte und Null enthalten sein. Sind alle Massen positiv, so ist das Potential stets positiv und ausserhalb σ ist sein kleinster Wert Null und sein grösster Wert findet statt in einem Punkte auf σ.

§ 23.

Die Grenzen des äusseren Potentials können gleichfalls genauer angegeben werden, wenn die Summe der Massen innerhalb σ gleich Null ist.

Satz. Wenn Massen eine Summe gleich Null haben und im Innern einer Fläche σ sich befinden, so wird ihr Potential ausserhalb σ zu extremen Werten die extremen Werte haben, welche es auf σ annimmt.

Man braucht offenbar nur zu beweisen, dass Null kein extremer Wert ist oder dass das Potential ausserhalb σ positive und negative Werte besitzt.

Wenn V nicht überall ausserhalb σ gleich Null ist, so kann es auch nicht, wie wir (§ 19) gesehen haben, in einem ganzen Teile dieses Raumes Null sein. Es sei also B ein sehr entfernter Punkt, in welchem V nicht Null, sondern z. B. positiv ist. Wir denken uns eine Kugel, deren Mittelpunkt im Innern von σ liegt, und deren Oberfläche durch den Punkt B geht und σ vollständig umschliesst. Ist s die Oberfläche dieser Kugel, so erhält man mit Anwendung des Gauss'schen Satzes:

$$\int V ds = 4\pi A \Sigma m.$$

Nun ist aber nach Voraussetzung $\Sigma m = 0$; mithin ist dieses Integral Null, folglich ist V in gewissen Punkten der sphärischen Fläche s negativ und damit ist der Satz bewiesen.

Satz. Wenn Massen, welche im Innern der Fläche σ liegen, eine Summe gleich Null haben, und wenn ihr Potential auf der Fläche σ einen constanten Wert besitzt, so ist diese Constante Null und das Potential ist gleich Null im ganzen äusseren Raume.

Denn wir haben soeben gesehen, dass das äussere Potential seine beiden äussersten Werte, von denen der eine positiv, der andere negativ ist, wofern es nicht überall ausserhalb σ gleich Null ist, auf σ hat. Mithin ist V gleich Null auf σ und ausserhalb σ.

Somit heben sich die Kräfte, welche von den Massen ausgehen, im ganzen äusseren Raume auf.

Energie eines Massensystems.

§ 24.

Wir nehmen zunächst ein System von Massen $m_1, m_2, m_3, \ldots$ an, welche in Punkten concentriert sind; wir bezeichnen mit $r_{i,s}$ die Entfernung zwischen zweien von diesen Massen m_i, m_s und bilden die Summe

$$(1) \qquad W = \Sigma \frac{m_i m_s}{r_{i,s}}$$

über alle Producte je zweier Massen.

Wenn diese Massen sich gegenseitig im umgekehrten Verhältnis des Quadrats der Entfernungen anziehen, so ist die unendlich kleine Arbeit, welche durch die Verrückung der Massen des Systems geleistet wird:

$$dW = -\Sigma \frac{m_i m_s}{r_{i,s}^2} dr_{i,s},$$

und wenn wir mit W_0 den Anfangswert von W bezeichnen, so wird die seit dem Anfangspunkte der Zeit geleistete Arbeit $W - W_0$ sein. Denkt man sich, dass die materiellen Punkte $m_1, m_2, \ldots$ anfänglich um unendlich grosse Abstände von einander entfernt sind, und dass sie in den gegenwärtigen Zustand des Systems gelangt seien, so wird W_0 gleich Null und die geleistete Arbeit gleich W sein. Man nennt W das Potential des Systems der Massen m_i auf sich selbst oder auch die **Energie** des Systems.

Den Ausdruck (1) kann man auch schreiben:

$$W = \frac{1}{2} \Sigma_i m_i \Sigma_s \frac{m_s}{r_{i,s}} = \frac{1}{2} \Sigma m_i V_i;$$

dabei bezeichnet V_i das Potential sämtlicher Massen, mit Ausnahme von m_i, in m_i, ferner bezieht sich das erste Summenzeichen auf den Index s, das zweite auf den Index i, und der Factor $\frac{1}{2}$ ist hinzugesetzt worden, um jede Combination zweier Massen nur einmal zu nehmen.

Wenn wir an Stelle von zerstreuten Punkten eine oder mehrere contiuierliche Massen haben, so bezeichnen wir mit $d\omega$ und $d\omega'$ irgend zwei Elemente des Volumens dieses Systems, mit r ihre Entfernung und mit ρ und ρ' die Werte der Dichtigkeit in $d\omega$ und $d\omega'$. Dann erhalten wir

$$(2) \qquad W = \frac{1}{2}\int \rho d\omega \int \frac{\rho' d\omega'}{r} = \frac{1}{2}\int V\rho d\omega$$

für die Energie des Systems.

§ 25.

Wir untersuchen sodann zwei Massensysteme. Wir setzen ebenfalls zunächst voraus, dass diese Massen sich auf materielle Punkte reducieren, welche $m_1, m_2, m_3, \ldots$ für das erste System und m_1', $m_2', m_3', \ldots$ für das zweite System sein mögen. Bezeichnen wir respective mit V und V' die Potentiale dieser beiden Systeme, mit $V_1, V_2, \ldots$ die Werte von V in den zweiten Punkten, mit $V_1', V_2', V_3', \ldots$ die Werte von V' in den ersten Punkten, so haben wir:

$$m_1 V_1' + m_2 V_2' + \cdots = m_1' V_1 + m_2' V_2 + \cdots$$

oder

$$(3) \qquad \Sigma m V' = \Sigma m' V.$$

Denn man sieht unmittelbar, dass jede der beiden Seiten die Summe

$$W_1 = \Sigma \frac{mm'}{r}$$

darstellt, wo r die Entfernung zwischen m und m' ist und die Summation sich auf alle Combinationen einer Masse m des ersten Systems mit einer Masse m' des zweiten Systems erstreckt.

Nehmen wir z. B. an, dass die Massen m' fest seien und die Massen m im umgekehrten Verhältnis des Quadrats der Entfernung anziehen, dann muss bei einer unendlich kleinen Verrückung der Massen m die vorher betrachtete Arbeit dW um dW_1 vermehrt werden; die von den Massen m geleistete elementare Arbeit wird demnach sein:

$$d(W + W_1).$$

Wenn die Massen eines jeden Systems, anstatt in Punkten zerstreut zu sein, continuierliche Massen bilden, so bezeichnen wir mit ρ die Dichtigkeit jedes Volumen-Elementes $d\omega$ des ersten Systems und mit ρ' die Dichtigkeit jedes Volumenelementes $d\omega'$ des zweiten Systems. Wir erhalten dann an Stelle der Formel (3) die folgende:

$$(4) \qquad W_1 = \int V'\rho d\omega = \int V\rho' d\omega'.$$

W_1 heisst das Potential des einen der Massensysteme auf das andere. Wenn wir die beiden Massensysteme zu einem einzigen vereinigen und mit W' die Energie des zweiten Systems bezeichnen, so erhalten wir offenbar als die Energie des gesamten Systems:

$$W + W' + W_1.$$

§ 26.

Wir wollen nun die Ausdrücke (2) und (4) von W und W_1 transformieren. Man hat in der ganzen Masse, deren Volumen ω ist:

$$\Delta V = -4\pi\rho;$$

entnehmen wir ρ aus dieser Gleichung und setzen seinen Wert in den Ausdruck (2) ein, so erhalten wir:

$$W = -\frac{1}{8\pi}\int V\Delta V d\omega.$$

Da aber ΔV überall ausserhalb des Raumes ω gleich Null ist, so können wir das Integral über den ganzen Raum erstrecken, da man nur verschwindende Elemente hinzufügt. Wir bezeichnen mit $d\tau$ das Element des Volumens, welches in einer mit einem sehr grossen Radius R um einen Punkt des Volumens ω als Mittelpunkt beschriebenen Kugel enthalten ist, und wenden die Formel des § 10

$$(5) \qquad \int U\Delta V d\tau = -\int\left(\frac{\partial U}{\partial x}\frac{\partial V}{\partial x} + \frac{\partial U}{\partial y}\frac{\partial V}{\partial y} + \frac{\partial U}{\partial z}\frac{\partial V}{\partial z}\right) d\tau + \int U\frac{\partial V}{\partial n} d\sigma$$

an, indem wir darin $U = V$ setzen. Das letzte Glied, welches sich auf die ganze Oberfläche der Kugel erstreckt, ist von der Ordnung $\frac{1}{R}$ und verschwindet in der Grenze für $R = \infty$. Man hat daher:

$$W = \frac{1}{8\pi}\int\left[\left(\frac{\partial V}{\partial x}\right)^2 + \left(\frac{\partial V}{\partial y}\right)^2 + \left(\frac{\partial V}{\partial z}\right)^2\right] d\tau,$$

wo sich das Integral über den ganzen Raum erstreckt.

Ebenso kann man W_1 transformieren. Ersetzt man ρ in der Formel (4) durch seinen Wert, so erhält man:

$$W_1 = -\frac{1}{4\pi}\int V'\Delta V d\omega,$$

und da ΔV ausserhalb ω gleich Null ist, so kann man das Integral auf den ganzen Raum erstrecken. Wenden wir die Formel (5) auf das in derselben Kugel enthaltene Volumen an und bemerken wir, dass das letzte Glied ebenfalls Null ist, so haben wir:

$$W_1 = \frac{1}{4\pi}\int\left(\frac{\partial V}{\partial x}\frac{\partial V'}{\partial x} + \frac{\partial V}{\partial y}\frac{\partial V'}{\partial y} + \frac{\partial V}{\partial z}\frac{\partial V'}{\partial z}\right) d\tau,$$

wo sich das Integral auf alle Elemente $d\tau$ des unendlichen Raumes erstreckt.

Zweites Kapitel.

Potential von Massenschichten, welche auf Flächen abgelagert sind.

Wir denken uns, dass eine Fläche bedeckt sei mit einer ausserordentlich dünnen und äusserst dichten Schicht Materie. In den Anwendungen auf die Physik braucht man gewöhnlich auf die Dicke derselben keine Rücksicht zu nehmen, sondern nur die Menge der Masse zu betrachten, welche jedes Flächenelement bedeckt. Bezeichnet man mit D die Dichtigkeit der Masse der Schicht und mit ε ihre sehr geringe Dicke über dem Element $d\sigma$ der Fläche und setzt man $D\varepsilon = \rho$, so wird $\rho d\sigma$ die auf $d\sigma$ abgelagerte Stoffmenge sein, und da man im Allgemeinen weder D noch ε, sondern nur ihr Product ρ, welches man als endlich ansieht, betrachtet, so nennt man diese letztere Grösse die **Dichtigkeit** der Schicht.

Gauss zuerst und nach ihm die meisten Geometer haben die Anziehung der Schichten untersucht, indem sie ohne Weiteres voraussetzten, dass ihre Dicke gleich Null oder die Dichtigkeit der Materie im gewöhnlichen Sinne des Wortes unendlich gross sei. Diese Fiction könnte nur so lange irgend welchen Nutzen haben, als sie irgend welche Vereinfachung herbeiführen würde. Nun wird aber im Gegenteil, wenn man die Sache in dieser Weise angreift, der strenge und directe Beweis des einleitenden Satzes über die Dichtigkeit einer Schicht sehr schwierig. Ueberdies wird man bei diesem Ausgangspunkte in der Folge genötigt, bei den Beweisen der Sätze einen Unterschied zu machen zwischen den Massen, welche ein Volumen ausfüllen, und den Massen, welche auf Flächen verteilt sind, obwohl sie dieselbe Rolle spielen, was eine unangenehme Complication ist. Da ferner in Wirklichkeit diese Schichten, wie dünn man sie auch annehmen möge, doch eine Dicke haben, so ist diese Art der Auseinandersetzung gewiss nicht mehr streng, sobald man von den erhaltenen Formeln Anwendungen machen will. Aus diesem Grunde nehmen wir zunächst die Dicke der Schichten ausserordentlich gering, aber nicht gleich Null an.

Es ist ferner wichtig zu bemerken, dass man von dem Falle, wo die Dicke ε sehr klein ist, unmittelbar zu dem idealen Falle, wo sie Null ist, übergehen kann, dass es dagegen nicht möglich ist, aus dem Falle, wo ε gleich Null ist, alle Resultate abzuleiten, die man erhält, wenn ε sehr klein ist.

Formel, welche die Dichtigkeit einer Schicht giebt.

§ 1.

Es ist leicht, durch ein Beispiel zu verificieren, dass die Ableitung des Potentials einer Schicht, genommen nach der Normale, sich sprungweise ändern muss, wenn der Punkt P, für welchen man dieses Potential betrachtet, die Schicht durchschreitet. Betrachtet man nämlich eine sphärische Schicht, deren Dichtigkeit constant und gleich ρ ist, so hat man für ihr Potential im Innern und ausserhalb (Kap. I, § 17):

$$V_1 = 4\pi R\rho,\quad V_2 = \frac{4\pi R^2}{r}\rho,$$

wo R der Radius der Kugel und r die Entfernung des Punktes P von ihrem Mittelpunkte ist. V_1 und V_2 sind gleich für $r = R$. Wir haben sodann:

$$\frac{\partial V_1}{\partial r} = 0,\quad \frac{\partial V_2}{\partial r} = -\frac{4\pi R^2}{r^2}\rho.$$

Nehmen wir an, dass die Dicke der Schicht ε sei und den Radien $R-\varepsilon$ und R entspreche, so haben wir somit auf beiden Seiten der Schicht:

$$\frac{\partial V_1}{\partial r} = 0 \text{ für } r = R - \varepsilon$$

$$\frac{\partial V_2}{\partial r} = -4\pi\rho \text{ für } r = R;$$

somit unterscheiden sich diese beiden Ableitungen um $-4\pi\rho$. Offenbar vernachlässigen wir eine in Bezug auf die Grösse $4\pi\rho$ unendlich kleine Grösse.

§ 2.

Wir nehmen jetzt die Frage in ihrer ganzen Allgemeinheit.

Es sei $BACF$ eine materielle Schicht. Wir ziehen die Normale Ax an die äussere Fläche und bezeichnen die sehr geringe Dicke Aa mit ε. Wir zerlegen die Schicht in zwei Teile, von denen der eine die Aa sehr nahe liegenden Punkte, der andere die übrigen Teile der Schicht enthält. Nehmen wir an, dass ein Punkt P sich auf Ax von A nach a bewege, so wird sich die Anziehung des zweiten Teiles der Schicht auf den Punkt P nicht in merklicher Weise ändern, da der Punkt P für sie ein äusserer ist, dagegen wird sich die Anziehung des ersten Teiles auf P in merklicher Weise ändern, wie wir jetzt beweisen wollen.

Wir wollen die Teilung der Schicht in zwei Teile mittelst einer Ebene BC bewerkstelligen, welche die innere Fläche in a berührt; es entsteht dadurch ein Segment BAC, dessen Anziehung auf den Punkt P gesucht werden soll.

Wir legen den Coordinatenanfangspunkt in den Punkt A (Fig. 1),

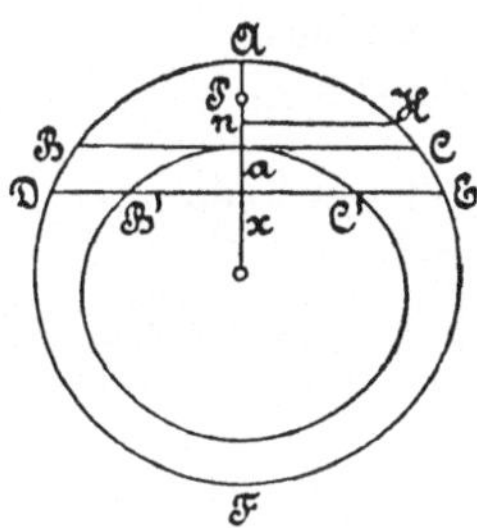

Fig. 1.

so dass $AP = x$ ist; irgend ein Punkt des Segmentes wird zu Coordinaten a, b, c haben, und wenn wir mit $\mathfrak{B}$ das Potential des Segmentes bezeichnen, so wird seine Anziehung in der Richtung Ax sein:

$$\frac{\partial \mathfrak{B}}{\partial x} = \int D \frac{a - x}{r^3} d\omega,$$

wenn das Integral auf das ganze Volumen BAC erstreckt wird.

Nehmen wir statt y und z Polarcoordinaten u und ϑ, so haben wir:

$$r = \sqrt{u^2 + (a - x)^2}$$

$$d\omega = u du d\vartheta da$$

$$\text{(a)} \qquad \frac{\partial \mathfrak{B}}{\partial x} = \int_0^{2\pi} d\vartheta \int_0^{\varepsilon} da \int_0^{u_1} \frac{D(a - x) u du}{\sqrt{u^2 + (a - x)^2}^3},$$

wo u_1 die Ordinate nH ist. Ist R der Krümmungsradius des Normalschnittes BAC in A, so hat man:

$$u_1^2 = 2Ra,$$

und wenn man annimmt, dass die Achsen der y und z nach den Hauptschnitten gerichtet seien, so ändert sich R mit ϑ nach der Gleichung:

$$\frac{1}{R} = \frac{\cos^2 \vartheta}{R'} + \frac{\sin^2 \vartheta}{R''},$$

wo R' und R'' die Hauptkrümmungsradien sind.

Betrachten wir zunächst die Dichtigkeit D als constant, so haben wir:

$$\int_0^{u_1} \frac{u\,du}{[u^2+(a-x)^2]^{\frac{3}{2}}} = \frac{-1}{\sqrt{2Ra+(a-x)^2}} + \frac{1}{\sqrt{(a-x)^2}}$$
$$= \frac{-1}{\sqrt{2Ra+(a-x)^2}} \pm \frac{1}{x-a},$$

wo das Zeichen + und — zu nehmen ist derart, dass das letzte Glied positiv wird, d. h. je nachdem man $a < x$ oder $a > x$ hat. Demzufolge zerlegen wir $\frac{\partial \mathfrak{B}}{\partial x}$ in die folgenden Teile:

$$\frac{\partial \mathfrak{B}}{\partial x} = D\int_0^{2\pi} d\vartheta \int_0^x da \int_0^{u_1} \frac{(a-x)\,u\,du}{[u^2+(a-x)^2]^{\frac{3}{2}}}$$
$$+ D\int_0^{2\pi} d\vartheta \int_x^{\varepsilon} da \int_0^{u_1} \frac{(a-x)\,u\,du}{[u^2+(a-x)^2]^{\frac{3}{2}}}$$

und erhalten dann:

$$\int_0^x da \int_0^{u_1} \frac{(a-x)\,u\,du}{[u^2+(a-x)^2]^{\frac{3}{2}}} = -\int_0^x \frac{(a-x)\,da}{\sqrt{2Ra+(a-x)^2}} - x = \mathrm{A}$$

$$\int_x^{\varepsilon} da \int_0^{u_1} \frac{(a-x)\,u\,du}{[u^2+(a-x)^2]^{\frac{3}{2}}} = -\int_x^{\varepsilon} \frac{(a-x)\,da}{\sqrt{2Ra+(a-x)^2}} + \varepsilon - x = \mathrm{B}.$$

Ferner hat man:

$$\int \frac{(a-x)\,da}{\sqrt{2Ra+(a-x)^2}} = \sqrt{2Ra+(a-x)^2} - R\log\left[R+a-x+\sqrt{2Ra+(a-x)^2}\right]$$

und dieser Logarithmus lässt sich in folgender Weise entwickeln:

$$\log\left[R+a-x+\sqrt{2Ra+(a-x)^2}\right] = \log(R+a-x) + \frac{\sqrt{2Ra+(a-x)^2}}{R+a-x}$$
$$-\frac{1}{2}\,\frac{2Ra+(a-x)^2}{(R+a-x)^2} + \frac{1}{3}\,\frac{[2Ra+(a-x)^2]^{\frac{3}{2}}}{(R+a-x)^3} - \cdots$$

Daraus folgt:

$$\int \frac{(a-x)\,da}{\sqrt{2Ra+(a-x)^2}} = -R\log(R+a-x) + \frac{a-x}{R+a-x}\sqrt{2Ra+(a-x)^2}$$
$$+\frac{R}{2}\cdot\frac{2Ra+(a-x)^2}{(R+a-x)^2} - \frac{R}{3}\,\frac{[2Ra+(a-x)^2]^{\frac{3}{2}}}{(R+a-x)^3} + \cdots,$$

und wenn man die Grössen von der Ordnung ε^2, mithin die Glieder in ε^2, εx und x^2 vernachlässigt, so hat man:

$$\int_0^\varepsilon \frac{(a-x)\,da}{\sqrt{2Ra+(a-x)^2}} = -R\log\frac{R-x+\varepsilon}{R-x}+\varepsilon+\sqrt{2\varepsilon}\,\frac{\varepsilon-3x}{3\sqrt{R}}$$
$$=\frac{\sqrt{2\varepsilon}\,(\varepsilon-3x)}{3}\cdot\frac{1}{\sqrt{R}}.$$

Hieraus erhält man:

$$\mathrm{A}+\mathrm{B}=\varepsilon-2x-\frac{\sqrt{2\varepsilon}\,(\varepsilon-3x)}{3}\cdot\frac{1}{\sqrt{R}}$$

und

$$(\mathrm{A})\quad\begin{cases}\dfrac{\partial\mathfrak{B}}{\partial x}=D\displaystyle\int_0^{2\pi}(\mathrm{A}+\mathrm{B})\,d\vartheta\\[2ex] =2\pi D\,(\varepsilon-2x)-4D\cdot\dfrac{\sqrt{2\varepsilon}\,(\varepsilon-3x)}{3}\displaystyle\int_0^{\frac{\pi}{2}}\sqrt{\frac{\cos^2\vartheta}{R'}+\frac{\sin^2\vartheta}{R''}}\,d\vartheta.\end{cases}$$

Ist R' der grösste der beiden Hauptkrümmungsradien und setzen wir

$$K=\int_0^{\frac{\pi}{2}}\sqrt{\frac{\cos^2\vartheta}{R'}+\frac{\sin^2\vartheta}{R''}}\,d\vartheta=\frac{1}{\sqrt{R''}}\int_0^{\frac{\pi}{2}}\sqrt{1-\frac{R'-R''}{R'}\cos^2\vartheta}\,d\vartheta,$$

so erhalten wir:

$$\left(\frac{\partial\mathfrak{B}}{\partial x}\right)_{x=0}=2\pi D\varepsilon-\frac{4D\sqrt{2}}{3}\,\varepsilon^{\frac{3}{2}}K$$

$$\left(\frac{\partial\mathfrak{B}}{\partial x}\right)_{x=\varepsilon}=-\,2\pi D\varepsilon+\frac{8D\sqrt{2}}{3}\,\varepsilon^{\frac{3}{2}}K.$$

§ 3.

Wir wollen jetzt voraussetzen, dass der Punkt P, anstatt zwischen A und a zu liegen, auf der Verlängerung von Ax sich befinde, so dass x negativ ist; jedoch nehmen wir x von der Ordnung ε an. Verfolgen wir dieselbe Rechnung wie vorher, so erhalten wir:

$$\int_0^{u_1}\frac{u\,du}{[u^2+(a-x)^2]^{\frac{3}{2}}}=\frac{-1}{\sqrt{2Ra+(a-x)^2}}+\frac{1}{a-x}$$

$$\int_0^\varepsilon da\int_0^{u_1}\frac{(a-x)\,u\,du}{[u^2+(a-x)^2]^{\frac{3}{2}}}=-\int_0^\varepsilon\frac{(a-x)\,da}{\sqrt{2Ra+(a-x)^2}}+\varepsilon$$

$$=\varepsilon-\frac{\sqrt{2\varepsilon}\,(\varepsilon-3x)}{3}\cdot\frac{1}{\sqrt{R}}.$$

Man erhält daher an Stelle der Formel (A) die folgende:

$$\frac{\partial \mathfrak{V}}{\partial x} = 2\pi D\varepsilon - \frac{4D\sqrt{2}}{3}\varepsilon^{\frac{3}{2}} K,$$

d. h. dieselbe, wie für $x = 0$, wenn wir ebenfalls die Grössen von der Ordnung von $D\varepsilon^2$ vernachlässigen.

§ 4.

Legen wir eine Ebene DE parallel zur Tangentialebene BC für die Abscisse $x = \varepsilon + \varepsilon'$, indem wir ε' von derselben Ordnung wie ε nehmen und suchen wir die Anziehung des Segmentes $DB'aC'EA$ auf den zwischen A nnd a gelegenen Punkt P. Es reicht aus, die Differenz zu bilden zwischen den Anziehungen der Segmente DAE, $B'aC'$ mit ebenen Grundflächen, wenn man annimmt, dass sie mit derselben Materie erfüllt seien. Die Werte von $\frac{\partial \mathfrak{V}}{\partial x}$ für diese beiden Segmente sind respective:

$$2\pi D(\varepsilon + \varepsilon' - 2x) - \frac{4D\sqrt{2}}{3} K(\varepsilon + \varepsilon' - 3x)\sqrt{\varepsilon + \varepsilon'}$$

$$2\pi D\varepsilon' - \frac{4D\sqrt{2}}{3} K\varepsilon'\sqrt{\varepsilon'},$$

mithin ist die Differenz:

$$2\pi D(\varepsilon - 2x) - \frac{4D\sqrt{2}}{3} K\left[(\varepsilon + \varepsilon' - 3x)\sqrt{\varepsilon + \varepsilon'} - \varepsilon'\sqrt{\varepsilon'}\right].$$

Dies ist die Componente der Attraction des Segmentes $DB'aC'EA$ nach Ax.

Bildet man die Differenz dieser Kräfte für die Punkte A und a, so erhält man:

$$4\pi D\varepsilon - 4D\sqrt{2}\, K\varepsilon\sqrt{\varepsilon + \varepsilon'}.$$

Setzt man in dieser Formel $\varepsilon' = 0$, so erhält man für die Differenz der Attractionscomponente des Segmentes BAC in den Punkten A und a:

$$4\pi D\varepsilon - 4D\sqrt{2}\, K\varepsilon^{\frac{3}{2}}.$$

§ 5.

Im Vorhergehenden ist vorausgesetzt worden, dass die beiden Hauptkrümmungsradien nach dem Innern der Höhlung der Schicht gerichtet sind. Sind sie alle beide nach aussen gerichtet, so sieht man ohne Weiteres, dass man nur das Vorzeichen von K in den Formeln, welche diese Grösse enthalten, zu ändern hat.

Wenn die beiden Hauptkrümmungsradien im Punkte a der inneren Fläche von entgegengesetztem Sinne sind, so müssen wir für das Segment BAC, welches wir betrachtet haben, einen Teil der Schicht substituieren, den wir auf folgende Art erhalten. In der Tangentenebene in a ziehen wir die Asymptoten der indicatorischen Linie, welche die Ebene in zwei Teile T und T' teilen und welche die innere Fläche in zwei entsprechende Teile zerlegen werden, von denen der eine seine Krümmung nach innen, der andere nach aussen gerichtet hat. Wir betrachten das Segment E der Schicht, welches T zur Grundfläche hat und von der äusseren Fläche begrenzt wird; wir betrachten ebenso das Segment E' der Schicht, welches zwischen der Tangentialebene in A und der inneren Fläche enthalten und dessen Grundfläche gleich T' ist. Das von E und E' gebildete Segment ist derjenige Teil der Schicht, den wir für das Segment BAC substituieren und dessen Anziehung auf den Punkt P wir suchen wollen. Alsdann bleiben die Rechnungen des § 2 ganz und gar anwendbar.

Allgemein, bezeichnen wir mit R'' den kleinsten der beiden Krümmungsradien, vom Vorzeichen abgesehen, und setzen:

$$K = \frac{\pm 1}{\sqrt{\pm R''}} \int_0^{\frac{\pi}{2}} \sqrt{1 - \frac{R' - R''}{R'} \cos^2 \vartheta \, d\vartheta},$$

wo R' und R'' positiv oder negativ angenommen werden, je nachdem sie nach innen oder aussen gerichtet sind, und was das Zeichen $\pm$ betrifft, so ist das Zeichen $+$ zu nehmen, wenn R' nach innen gerichtet ist, und das Zeichen $-$ im entgegengesetzten Falle. Alsdann wird die x-Componente der Attraction des Segmentes BAC oder des Segmentes $E + E'$ (je nachdem die beiden Hauptkrümmungsradien gleich oder entgegengesetzt gerichtet sind) in Bezug auf einen Punkt von Aa gegeben durch die zu (A) analoge Formel:

$$\frac{\partial \mathfrak{B}}{\partial x} = 2\pi D(\varepsilon - 2x) - \frac{4}{3} DK\sqrt{2\varepsilon}(\varepsilon - 3x),$$

und der Unterschied dieser Kraft in den Punkten A und a ist:

$$\left(\frac{\partial \mathfrak{B}}{\partial x}\right)_0 - \left(\frac{\partial \mathfrak{B}}{\partial x}\right)_\varepsilon = 4\pi D\varepsilon - 4D\sqrt{2}\, K\varepsilon^{\frac{3}{2}}.$$

§ 6.

Es ist leicht zu sehen, dass der Wert von $\frac{\partial \mathfrak{B}}{\partial y}$ für einen auf Aa gelegenen Punkt gleich Null ist.

Bei der Auswertung dieser Ableitung kann man nämlich die Linie Aa offenbar als eine Symmetrieachse des Segments betrachten und zwar bis auf eine Grösse, die vollständig zu vernachlässigen ist. Der auf dieser Achse gelegene Punkt P erleidet demnach keine Anziehung senkrecht zur x-Achse, und man hat:

$$\frac{\partial \mathfrak{V}}{\partial y}=0\ ,\ \frac{\partial \mathfrak{V}}{\partial z}=0.$$

§ 7.

Im Vorhergehenden haben wir die Dichtigkeit D als constant betrachtet; wir nehmen jetzt an, dass sie in dem Segmente variiert, und untersuchen, welche Änderung daraus in den Ableitungen von $\mathfrak{V}$ entsteht.

Wir nehmen an, dass D in dem Segmente dargestellt werden kann durch die ersten Glieder der Taylor'schen Reihe, d. h. durch die Formel:

$$D=D_0+\frac{\partial D_0}{\partial a}a+\frac{\partial D_0}{\partial b}b+\frac{\partial D_0}{\partial c}c,$$

wo D_0 der Wert von D im Coordinatenanfangspunkte ist. Wir setzen ferner voraus, dass das Product einer jeden Ableitung von D mit einer endlichen Grösse von derselben Ordnung wie D sei.

Um $\frac{\partial \mathfrak{V}}{\partial x}$ zu berechnen, müssen wir D in der Formel (a) des § 2 durch den vorstehenden Ausdruck ersetzen. Das Resultat der Substitution von D_0 haben wir bereits berechnet; berechnen wir also dasjenige der Substitution von $\frac{\partial D_0}{\partial a}a$. Bezeichnen wir den Wert von $\frac{\partial D_0}{\partial a}$ mit M, so erhalten wir:

$$M\int_0^{2\pi}d\vartheta\int_0^{\varepsilon}a\,da\int_0^{u_1}\frac{(a-x)u\,du}{[u^2+(a-x)^2]^{\frac{3}{2}}}$$

$$=M\int_0^{2\pi}d\vartheta\int_0^{\varepsilon}(a-x)\,a\,da\left[\frac{-1}{\sqrt{2Ra+(a-x)^2}}\pm\frac{1}{x-a}\right]$$

$$=M\int_0^{2\pi}\left[\frac{-1}{\sqrt{2R}}\left(\frac{2}{5}\varepsilon^{\frac{5}{2}}-\frac{2}{3}\varepsilon^{\frac{3}{2}}x\right)\mp\frac{\varepsilon^2}{2}\right]d\vartheta.$$

Der Voraussetzung nach ist M von derselben Grössenordnung wie D oder wie $\frac{1}{\varepsilon}$, da $D\varepsilon$ endlich ist; mithin ist diese Formel von derselben Ordnung wie ε, d. h. von der Ordnung der Grössen, die wir vernachlässigt haben.

Man sieht unmittelbar, dass die Teile von $\frac{\partial \mathfrak{V}}{\partial x}$, welche von $\frac{\partial D_0}{\partial b}$ und $\frac{\partial D_0}{\partial c}$ abhängen, ebenfalls vernachlässigt werden können.

Untersuchen wir jetzt den Ausdruck

$$\frac{\partial \mathfrak{V}}{\partial y} = \int D \frac{b}{r^3} d\omega,$$

so sehen wir sehr leicht, dass man die Teile, welche von $\frac{\partial D_0}{\partial a}$ und $\frac{\partial D_0}{\partial c}$ abhängen, weglassen kann. Ersetzen wir sodann D durch $\frac{\partial D_0}{\partial b} b$ und machen

$$b = u \cos \vartheta,$$

so erhalten wir:

$$\frac{\partial D_0}{\partial b} \int \frac{b^2}{r^3} d\omega = \frac{\partial D_0}{\partial b} \int_0^{2\pi} \cos^2 \vartheta d\vartheta \int_0^{\varepsilon} da \int_0^{u_1} \frac{u^3 du}{[u^2 + (a-x)^2]^{\frac{3}{2}}}$$

oder, wenn wir zwei Integrationen ausführen:

$$\frac{2\sqrt{2}}{3} \frac{\partial D_0}{\partial b} \varepsilon^{\frac{3}{2}} \int_0^{\frac{\pi}{2}} \frac{\cos^2 \vartheta d\vartheta}{\sqrt{\frac{\cos^2 \vartheta}{R'} + \frac{\sin^2 \vartheta}{R''}}}.$$

Diese Formel setzt voraus, dass R' und R'' nach dem Innern der Schicht gerichtet seien; wie vorher würde man zum allgemeinen Falle übergehen.

Berücksichtigen wir also, wie vorher, die Grössen von derselben Ordnung wie $D\varepsilon^{\frac{3}{2}}$, so erhalten wir:

$$\frac{\partial \mathfrak{V}}{\partial y} = \frac{2\sqrt{2}}{3} \frac{\partial D_0}{\partial b} \varepsilon^{\frac{3}{2}} \int_0^{\frac{\pi}{2}} \frac{\cos^2 \vartheta d\vartheta}{\sqrt{\frac{\cos^2 \vartheta}{R'} + \frac{\sin^2 \vartheta}{R''}}}$$

$$\frac{\partial \mathfrak{V}}{\partial z} = \frac{2\sqrt{2}}{3} \frac{\partial D_0}{\partial c} \varepsilon^{\frac{3}{2}} \int_0^{\frac{\pi}{2}} \frac{\sin^2 \vartheta d\vartheta}{\sqrt{\frac{\cos^2 \vartheta}{R'} + \frac{\sin^2 \vartheta}{R''}}}.$$

Diese beiden Ableitungen sind unabhängig von x, sie haben infolge dessen in den beiden Punkten A und a den nämlichen Wert.

§ 8.

Wenn der angezogene Punkt P auf der Linie Aa liegt, so haben wir die Formel erhalten:

$$\left(\frac{\partial \mathfrak{V}}{\partial x}\right)_0 - \left(\frac{\partial \mathfrak{V}}{\partial x}\right)_\varepsilon = 4\pi D\varepsilon - 4D\sqrt{2} K \varepsilon^{\frac{3}{2}}$$

und die beiden Ableitungen $\frac{\partial \mathfrak{V}}{\partial y}$ und $\frac{\partial \mathfrak{V}}{\partial z}$ haben jede denselben Wert in den Punkten A und a und sind von derselben Ordnung wie $D\varepsilon^{\frac{3}{2}}$. Bezeichnen wir mit $\mathfrak{V}_1$ das Potential der Schicht, nachdem man davon das Segment, dessen Potential $\mathfrak{V}$ ist, weggenommen hat, und stellen wir durch V das Potential der ganzen Schicht dar, so haben wir:

$$V = \mathfrak{V} + \mathfrak{V}_1.$$

Der Ausdruck

$$\left(\frac{\partial \mathfrak{V}_1}{\partial x}\right)_0 - \left(\frac{\partial \mathfrak{V}_1}{\partial x}\right)_\varepsilon$$

ist eine Grösse von derselben Ordnung wie $D\varepsilon^{\frac{3}{2}}$, wie aus § 4 sich ergiebt; vernachlässigen wir also die Grössen von dieser Ordnung, so haben wir:

$$\text{(c)} \qquad \left(\frac{\partial \mathfrak{V}}{\partial x}\right)_0 - \left(\frac{\partial \mathfrak{V}}{\partial x}\right)_\varepsilon = 4\pi\rho.$$

Die Differenz zwischen den Werten von $\frac{\partial \mathfrak{V}_1}{\partial y}$ und $\frac{\partial \mathfrak{V}_1}{\partial z}$ in den Punkten A und a kann vollständig vernachlässigt werden; mithin nimmt jede der Ableitungen $\frac{\partial V}{\partial y}$ und $\frac{\partial V}{\partial z}$ in diesen beiden Punkten denselben Wert an.

Ziehen wir im Punkte A die äussere Normale n und im Punkte a die innere Normale n', so können wir die Gleichung (c) folgendermassen schreiben:

$$\text{(d)} \qquad \frac{\partial V}{\partial n} + \frac{\partial V}{\partial n'} = -4\pi\rho.$$

Suchen wir jetzt die Differenz der Wirkung der Schicht in den Punkten A und a nach der Richtung einer Geraden, welche mit den Coordinatenachsen die Winkel α, β, γ bildet, und sind F und F' die Componenten der Kraft in A und a, so erhalten wir:

$$F = \left(\frac{\partial V}{\partial x}\right)_0 \cos\alpha + \frac{\partial V}{\partial y}\cos\beta + \frac{\partial V}{\partial z}\cos\gamma$$
$$F' = \left(\frac{\partial V}{\partial x}\right)_\varepsilon \cos\alpha + \frac{\partial V}{\partial y}\cos\beta + \frac{\partial V}{\partial z}\cos\gamma$$

und somit:

$$F - F' = 4\pi\rho\cos\alpha.$$

Denken wir uns den idealen Fall, wo ε Null und somit D unendlich wird, so werden die Ableitungen $\frac{\partial V}{\partial x}, \frac{\partial V}{\partial y}, \frac{\partial V}{\partial z}$ überall endlich sein und V wird denselben Wert auf beiden Seiten der Fläche besitzen und eine im ganzen Raume stetige Function sein.

Beweis der Formel für die Dichtigkeit der Schicht, welchen Poisson gegeben hat.

§ 9.

Die Formel (d) des vorhergehenden Paragraphen wurde zum ersten Male in seiner ganzen Allgemeinheit von Poisson erhalten (vgl. *Mémoires de l'Académie des Sciences p. 31, 1811*). Sie war schon vorher erkannt und in nicht hinreichend strenger Weise entwickelt worden von Coulomb (dieselben *Mémoires 1788*)*) für den Fall, wo die Schicht keine Wirkung auf die von ihr eingeschlossenen Punkte ausübt, so dass $\frac{\partial V}{\partial n'} = 0$ ist. Wir wollen den Beweis, den Poisson gegeben hat, reproducieren; er giebt an, dass ihm Laplace, nachdem er ihm den Ausspruch des Satzes mitgeteilt, den folgenden Beweis angedeutet habe.

Es sei eine unendlich dünne Schicht gegeben und es seien A und a zwei auf derselben Normale liegende Punkte, der erstere auf der äusseren Fläche der Schicht, der letztere auf der inneren Fläche. Wir bezeichnen mit R und R' die Componenten der Wirkung der Schicht respective in A und a nach der inneren Normale Ax.

Legen wir durch den Punkt a eine zu Aa senkrechte Ebene, so teilt diese Ebene die Schicht in zwei Segmente; dasjenige, welches zur Höhe die Linie Aa hat, ist unendlich klein im Verhältnis zu dem andern, dagegen werden die Wirkungen der beiden Segmente auf A oder auf a von derselben Grössenordnung sein. Wir bezeichnen respective mit S und s die Wirkung des grossen und des kleinen Segmentes im Punkte a, gerechnet in der Richtung Aa. Um eine feste Vorstellung zu haben, nehmen wir diese Wirkungen als attractiv an und erhalten:

$$R' = S - s$$

für die Kraft, welche den Punkt a in der Richtung von Ax anzieht.

Vernachlässigt man die Grössen zweiter Ordnung in Bezug auf die Dicke der Schicht, so ist die Anziehung des grossen Segmentes offenbar dieselbe auf die beiden Punkte A und a; bei nur geringer Aufmerksamkeit sieht man ebenso, dass die Attraction des kleinen Segmentes, sei es auf den Punkt A, sei es auf den Punkt a dieselbe ist, vorausgesetzt, dass man eine im Verhältnis zu dieser Kraft unendlich kleine Grösse vernachlässigt. Der Punkt A wird somit beeinflusst durch die beiden Kräfte S und s, welche in demselben Sinne wirken. Man hat daher:

$$R = S + s$$

und somit

$$\text{(a)} \qquad R - R' = 2s.$$

*) *Mémoires publiés par la Société de Physique, t. I, p. 256.*

Es bleibt noch s zu bestimmen. Auf der Normale Ax nehmen wir einen Punkt C; um diesen Punkt als Mittelpunkt beschreiben wir zwei Kugeln mit den Radien CA und Ca und nehmen an, dass sie eine Schicht, deren Dichtigkeit ρ ist, einschliessen. Die Wirkung dieser Schicht auf a ist gleich Null, und wir haben gesehen (§ 1), dass in diesem besonderen Falle die Differenz $R-R'$ oder die Grösse $2s$ gleich $4\pi\rho$ ist. Ich behaupte nun, dass die Grösse $2s$ denselben Wert hat, welches auch die Schicht sein möge.

Betrachten wir nämlich das kleine sphärische Segment, welches durch die durch a senkrecht zu Aa gelegte Ebene abgeschnitten wird, und legen wir durch die Gerade AC eine sehr grosse Anzahl von Ebenen, welche dieses Segment in p gleiche Teile teilen, so ist die normale Componente der Wirkung jedes Segmentes auf den Punkt a gleich

$$\frac{s}{p}=\frac{2\pi\rho}{p}$$

und unabhängig von dem Radius AC. Kehren wir zu dem kleinen Segmente der gegebenen Schicht zurück und zerlegen wir es durch dieselben Ebenen, so kann jeder so erhaltene Teil als zu einem sphärischen Segmente gehörend betrachtet werden, und die normale Componente seiner Wirkung auf a wird $\frac{2\pi\rho}{p}$ sein; mithin ist die Gesamtwirkung des kleinen Segmentes auf den Punkt a in der Richtung AC gleich $s=2\pi\rho$, und der Formel (a) zufolge hat man:

$$R-R'=4\pi\rho,$$

wie bewiesen werden sollte.

Man wird bemerken, dass die Stelle, die ich cursiv habe drucken lassen und die ich genau wiedergegeben habe, nicht exact ist. Denn aus § 4 geht hervor, dass die Differenz der Attraction des grossen Segmentes auf die Punkte A und a von derselben Ordnung wie $D\varepsilon\sqrt{\varepsilon}$ oder wie $\rho\sqrt{\varepsilon}$ und nicht von der Ordnung von $D\varepsilon^2$ ist. Indessen werden durch diese Ungenauigkeit die Schlüsse in nichts modificiert.

Functionen, welche durch die Potentiale von Schichten, die auf Flächen abgelagert sind, dargestellt werden können.

§ 10.

Es sei ω ein durch eine Fläche σ begrenztes Volumen; wenn die Functionen v, w in diesem Raume stetige Functionen der Coordinaten (a, b, c) eines Punktes sind, ebenso wie ihre Ableitungen erster Ordnung, so hat man die folgende Gleichung (Kap. I, § 10):

$$(1)\qquad \int v\Delta w d\omega-\int w\Delta v d\omega=-\int v\frac{\partial w}{\partial n'}d\sigma+\int w\frac{\partial v}{\partial n'}d\sigma,$$

wo dn' das Element der inneren Normale ist.

Wir bezeichnen mit r die Entfernung des Punktes (x, y, z) von dem im Volumenelemente $d\omega$ gelegenen Punkte (a, b, c). Setzen wir $w = \frac{1}{r}$ und nehmen wir den Punkt (x, y, z) innerhalb des Volumens ω an, so darf die vorstehende Gleichung nicht auf dieses ganze Volumen angewandt werden, da $\frac{1}{r}$ in diesem Punkte unendlich gross ist; dagegen kann man sie anwenden auf das ganze Volumen, welches zwischen der Oberfläche σ und einer sehr kleinen um den Punkt (x, y, z) als Mittelpunkt beschriebenen Kugelfläche enthalten ist. In diesem ganzen Raume ist $\Delta w = 0$, und wenn $d\sigma'$ und $d\omega'$ die Elemente der Oberfläche und des Volumens der Kugel sind, so haben wir:

$$(2)\quad \begin{cases} -\int \frac{1}{r}\,\Delta v d\omega + \int \frac{1}{r}\,\Delta v d\omega' = -\int v \frac{\partial \frac{1}{r}}{\partial n'}\,d\sigma + \int \frac{1}{r}\frac{\partial v}{\partial n'}\,d\sigma \\ \qquad\qquad -\int v \frac{\partial \frac{1}{r}}{\partial r}\,d\sigma' + \int \frac{1}{r}\frac{\partial v}{\partial r}\,d\sigma'. \end{cases}$$

Bezeichnen wir mit ϑ und ψ die beiden Winkel der sphärischen Coordinaten und lassen wir den Radius der Kugel gegen Null convergieren, so erhalten wir:

$$\lim \int \frac{1}{r}\frac{\partial v}{\partial r}\,d\sigma' = \lim \left(r \frac{\partial v}{\partial r} \int \sin \vartheta d\vartheta d\psi \right) = 0$$

$$\lim \int v \frac{\partial \frac{1}{r}}{\partial r}\,d\sigma' = -v \int \sin \vartheta d\vartheta d\psi = -4\pi v,$$

wo man in der Function v die Buchstaben x, y, z an die Stelle von a, b, c zu setzen hat. Man hat ferner in der Grenze:

$$\int \frac{1}{r}\,\Delta v d\omega' = 0.$$

Nimmt man also an, dass v der Gleichung

$$\Delta v = \frac{\partial^2 v}{\partial a^2} + \frac{\partial^2 v}{\partial b^2} + \frac{\partial^2 v}{\partial c^2} = 0$$

im ganzen Raume ω genügt, so geht die Gleichung (2) über in

$$(3)\qquad 4\pi v = \int v \frac{\partial \frac{1}{r}}{\partial n'}\,d\sigma - \int \frac{1}{r}\frac{\partial v}{\partial n'}\,d\sigma,$$

eine Formel, welche von Green angegeben wurde.

Wird der Punkt (x, y, z), während die Function v denselben Bedingungen genügt, ausserhalb des Volumens ω angenommen, so kann man unmittelbar $w = \frac{1}{r}$ in der Gleichung (1) setzen, und man hat demnach an Stelle der Gleichung (3) die folgende Gleichung:

$$(4) \qquad 0 = \int v \frac{\partial \frac{1}{r}}{\partial n'} d\sigma - \int \frac{1}{r} \frac{\partial v}{\partial n'} d\sigma.$$

§ 11.

Wir wollen sodann zeigen, wie gewisse Functionen der rechtwinkligen Coordinaten eines veränderlichen Punktes sich darstellen lassen durch die Potentiale von Massenschichten, die auf geschlossenen Flächen abgelagert sind.

Satz I. Wenn eine Function v von x, y, z im ganzen ausserhalb einer Fläche σ gelegenen Raume der Gleichung $\Delta v = 0$ genügt und dieselbe sich nebst ihren Ableitungen erster Ordnung in jenem Raume stetig ändert, wenn ferner vR, wo R die Entfernung des Punktes (x, y, z) von einem festen Punkte O ist, sich im Unendlichen auf eine ganz bestimmte Constante reduciert, so kann diese Function in diesem ganzen Raume als das Potential einer unendlich dünnen Schicht einer auf σ verteilten Masse betrachtet werden.

Für den Raum im Innern von σ betrachten wir die Function, welche durch das Dirichlet'sche Prinzip (Kap. I, § 16) gegeben wird und die auf σ denselben Wert annimmt wie die Function v; wir bezeichnen sie mit v_1. Wir können darauf die Formel (4) anwenden und erhalten, wenn wir beachten, dass $v_1 = v$ auf σ ist:

$$(5) \qquad 0 = \int v \frac{\partial \frac{1}{r}}{\partial n'} d\sigma - \int \frac{1}{r} \frac{\partial v_1}{\partial n'} d\sigma,$$

wo r die Entfernung von $d\sigma$ vom Punkte (x, y, z) ausserhalb σ ist.

Wir wenden sodann die Gleichung (3) auf die Function v an, indem wir für das Volumen ω dasjenige nehmen, welches zwischen der Fläche σ und einer um den Punkt O als Mittelpunkt beschriebenen Kugelfläche σ_1 mit sehr grossem Radius R enthalten ist. Für dieses Volumen ist nämlich der Punkt (x, y, z) ein innerer und es ergiebt sich:

$$(6) \qquad 4\pi v = \int v \frac{\partial \frac{1}{r}}{\partial n} d\sigma - \int \frac{1}{r} \frac{\partial v}{\partial n} d\sigma + \frac{1}{R^2} \int v d\sigma_1 + \frac{1}{R} \int \frac{\partial v}{\partial R} d\sigma_1,$$

wo ∂n das Element der Normale an σ innerhalb des Volumens und somit ausserhalb der Fläche σ ist; auf der rechten Seite hat man sich in v a, b, c an die Stelle von x, y, z gesetzt zu denken. Nun kann man der Voraussetzung zufolge, wenn R sehr gross ist, setzen:

$$v = \frac{A}{R}, \quad \frac{\partial v}{\partial R} = -\frac{A}{R^2},$$

wo A eine bestimmte Constante ist; die beiden letzten Integrale sind somit gleich Null, wenn R unendlich gross wird.

Addieren wir die Gleichungen (5) und (6) und beachten wir, dass

$$\frac{\partial \frac{1}{r}}{\partial n'} + \frac{\partial \frac{1}{r}}{\partial n} = 0$$

ist, da ∂n und $\partial n'$ als positiv betrachtet werden, so erhalten wir:

$$v = -\frac{1}{4\pi} \int \left(\frac{\partial v_1}{\partial n'} + \frac{\partial v}{\partial n} \right) \frac{d\sigma}{r}.$$

Die ausserhalb von σ gegebene Function v kann somit als das Potential einer auf σ verteilten Schicht, deren Dichtigkeit

$$\rho = -\frac{1}{4\pi} \left(\frac{\partial v_1}{\partial n'} + \frac{\partial v}{\partial n} \right)$$

ist, betrachtet werden.

Der vorstehende Beweis ist von Green gegeben und von ihm benutzt worden, um auf indirecte Weise die Formel der Dichtigkeit einer Schicht zu beweisen. Ich habe ihn jedoch abändern müssen, um daraus den vorstehenden Satz ableiten zu können.

§ 12.

Der vorstehende Satz würde auch gelten, und zwar ohne eine Änderung in seinem Beweise, wenn man die Fläche σ durch mehrere Flächen $\sigma_1, \sigma_2, \ldots$ ersetzte. Man brauchte nur die Dirichlet'sche Function im Innern einer jeden der Flächen $\sigma_1, \sigma_2, \ldots$ zu betrachten.

Da die soeben betrachtete Function v vollkommen bestimmt ist, sobald ihr Wert in allen Punkten der Flächen $\sigma_1, \sigma_2, \ldots$ gegeben ist, so schliesst man daraus auch:

Satz II. Es existiert in dem ganzen Raume, welcher ausserhalb der geschlossenen Flächen $\sigma_1, \sigma_2, \ldots$ liegt, eine und nur eine Function v von x, y, z, welche nebst ihren Ableitungen erster Ordnung endlich und stetig ist, welche der Gleichung $\Delta v = 0$ genügt, in jedem Punkte der Flächen $\sigma_1, \sigma_2, \ldots$ gegebene Werte hat und endlich so beschaffen ist, dass Rv gegen eine bestimmte Constante convergiert, sobald die Entfernung R des Punktes (x, y, z) von einem festen Punkte unendlich wächst.

§ 13.

Wir wollen sodann einen dritten, dem ersten analogen Satz beweisen, der sich auf den von einer Fläche eingeschlossenen Raum bezieht.

Satz III. Wenn eine Function v von x, y, z im Innern einer Fläche σ der Gleichung $\Delta v = 0$ genügt und sich in diesem Raume nebst ihren Ableitungen erster Ordnung in stetiger Weise ändert, so kann dieselbe in diesem Raume als das Potential einer unendlich dünnen auf σ abgelagerten Schicht betrachtet werden.

Wir betrachten die Function des Satzes II, welche sich auf den ausserhalb σ befindlichen Raum bezieht und auf dieser Fläche σ denselben Wert annimmt wie die Function v, und bezeichnen sie mit v_1. Wenden wir die Formel (4) auf diese Function an, so erhalten wir für den zwischen der Fläche σ und einer Kugelfläche σ_1 mit sehr grossem Radius R enthaltenen Raum, da $V_1 = V$ ist auf σ und der Punkt (x, y, z) nicht in diesem Raume enthalten ist:

$$0 = -\int v \frac{\partial \frac{1}{r}}{\partial n} d\sigma + \int \frac{1}{r} \frac{\partial v_1}{\partial n} d\sigma - \frac{1}{R^2} \int v_1 d\sigma_1 - \frac{1}{R} \int \frac{\partial v_1}{\partial R} d\sigma_1,$$

eine Formel, deren beide letzten Glieder in der Grenze gleich Null sind, und es bleibt:

$$0 = \int v \frac{\partial \frac{1}{r}}{\partial n} d\sigma - \int \frac{1}{r} \frac{\partial v_1}{\partial n} d\sigma.$$

Andrerseits genügt die Function v der Gleichung (3) oder:

$$4\pi v = \int v \frac{\partial \frac{1}{r}}{\partial n'} d\sigma - \int \frac{1}{r} \frac{\partial v}{\partial n'} d\sigma.$$

Addiert man die letzten beiden Gleichungen, so erhält man:

$$v = -\frac{1}{4\pi} \int \frac{1}{r} \left(\frac{\partial v_1}{\partial n} + \frac{\partial v}{\partial n'} \right) d\sigma;$$

v ist somit schliesslich der Ausdruck für das Potential einer Schicht, deren Dichtigkeit

$$\rho = -\frac{1}{4\pi} \left(\frac{\partial v_1}{\partial n} + \frac{\partial v}{\partial n'} \right)$$

ist.

§ 14.

Nehmen wir also ein System dreier Coordinaten β_1, β_2, β_3 von solcher Beschaffenheit an, dass die Fläche σ durch die Gleichung

$$\beta_3 = \text{const.}$$

dargestellt wird, so wird ein Punkt dieser Fläche bestimmt durch die Coordinaten β_1, β_2; betrachten wir ρ als eine beliebige Function von β_1, β_2, so wird die allgemeinste Lösung der Gleichung $\Delta v = 0$, welche nebst ihren ersten Ableitungen stetig ist, gegeben werden durch die Formel:

$$v = \int \frac{\rho}{r} d\sigma. \tag{a}$$

Wir bemerken, dass der Voraussetzung des Satzes III zufolge nur allein die ersten Ableitungen von v der Bedingung, stetig zu sein, unterworfen sind, und dass nach der für v erhaltenen Function die Stetigkeit auch für ihre Ableitungen aller andern Ordnungen stattfindet. Dieselben Bemerkungen erstrecken sich auf die Function v des Satzes I. Diese Eigenschaften der Stetigkeit sind erfüllt bis zu der Fläche σ ausschliesslich, selbst wenn die Dichtigkeit ρ discontinuierlich ist.

In dem Ausdrucke (a) geben wir x, y, z imaginäre Werte und setzen:

$$x = x' + x''i, \quad y = y' + y''i, \quad z = z' + z''i,$$

wo $i = \sqrt{-1}$ ist und x', x'', y', y'', z', z'' reelle Grössen sind. Sind a, b, c die Coordinaten von $d\sigma$, so haben wir in dem Ausdruck von v

$$r = \sqrt{(x' - a + x''i)^2 + (y' - b + y''i)^2 + (z' - c + z''i)^2}$$

zu substituieren; somit ist klar, dass v und seine Ableitungen verschiedener Ordnung für keinen imaginären Punkt unendlich gross oder discontinuierlich werden können. Lässt man somit von irgend einem Punkte M im Innern der Fläche σ die kürzeste Entfernung h auf diese Fläche herab, so wird die Function vom Punkte M aus als Anfangspunkt innerhalb einer um den Punkt M als Mittelpunkt mit h als Radius beschriebenen Kugel nach der Taylor'schen Reihe entwickelbar sein.

Dasselbe ist der Fall für die Function v ausserhalb σ.

§ 15.

Wenn die beiden Functionen v des Satzes I und des Satzes III, von denen sich die erste auf die ausserhalb der Fläche σ gelegenen Punkte, die zweite auf die innerhalb befindlichen Punkte bezieht, auf dieser Fläche denselben gegebenen Wert haben, so wird die für die Schicht gefundene Dichtigkeit in beiden Fällen dieselbe sein und die beiden Functionen v werden im ganzen Raume das Potential einer und derselben auf σ verteilten Massenschicht darstellen.

Dieses Resultat lässt sich auch in der Form eines Satzes aussprechen, der von Gauss gegeben, aber von ihm in ganz verschiedener Weise bewiesen worden ist.

Man kann stets und nur auf eine einzige Weise auf einer Fläche eine Schicht Materie derart verteilen, dass ihr Potential in allen Punkten dieser Fläche gegebene Werte hat.

Man kann sich nämlich im Innern von σ die Dirichlet'sche Function und ausserhalb die Function des Satzes II derart bestimmt denken, dass sie beide auf der Fläche σ dieselben Werte annehmen; diese Functionen sind den obigen Auseinandersetzungen zufolge gleich dem Potential einer und derselben auf σ verteilten Schicht.

§. 16.

Das Potential einer innerhalb σ gelegenen Masse erfüllt die Bedingungen der Function v des Satzes I, und das Potential einer ausserhalb σ gelegenen Masse erfüllt diejenigen der Function v des Satzes III; demnach schliesst man:

Satz. Das Potential einer Masse M, welche innerhalb oder ausserhalb der Fläche σ sich befindet, und zwar genommen respective ausserhalb oder innerhalb von σ, kann durch das Potential einer auf σ passend verteilten Massenschicht ersetzt werden.

Ferner ist, wenn die Masse M im Innern von σ sich befindet, die Masse dieser Schicht gleich M. Denn nennt man M' die Masse der Schicht, so hat man, wenn R unendlich gross wird:

$$\lim(Rv) = M, \quad \lim(Rv) = M',$$

demnach $M' = M$.

Nehmen wir an, dass man, anstatt zu fordern, dass das Potential der Schicht dasselbe sei wie dasjenige der innerhalb oder ausserhalb befindlichen Masse M, verlange, die Wirkung der Schicht solle dieselbe sein, wie diejenige der Masse M, so genügt es, dass die beiden Potentiale sich nur um eine Constante unterscheiden.

Im ersten Falle, wo M innerhalb σ liegt, müssen die beiden betrachteten Potentiale im Unendlichen gleich Null sein; sie sind daher einander gleich und man findet wieder die vorige Verteilung.

Im zweiten Falle, wo M ausserhalb σ sich befindet, fügen wir zu der vorher gefundenen Schicht eine Schicht hinzu, deren Potential auf σ den constanten Wert C hat; dann wird sein Wert auch im Innern von σ constant sein, (Kap. I, § 21) und wenn wir C variieren lassen, so wird sich die Masse der zweiten Schicht proportional ändern. Mithin ist die Masse der resultierenden Schicht beliebig.

Über die Green'sche Function.

§ 17.

Die Green'sche Function ist eine Function von x, y, z, welche innerhalb der Fläche σ der Gleichung $\Delta U = 0$ genügt, welche sich daselbst nebst ihren Ableitungen erster Ordnung überall stetig ändert, ausgenommen in einem Punkte I, in welchem die Function unendlich wird wie $\frac{1}{r}$, wo r die Entfernung des Punktes (x, y, z) vom Punkte I ist, und welche endlich auf der Fläche σ verschwindet.

Wir wollen allgemein mit dem Buchstaben I einen Punkt innerhalb σ, mit dem Buchstaben E einen äusseren Punkt und mit M einen auf dieser Fläche gelegenen Punkt, endlich mit $R(A, B)$ die Entfernung zwischen irgend zwei Punkten A und B bezeichnen.

Es ist zunächst leicht, sich von der Existenz der Green'schen Function zu überzeugen. Verteilt man nämlich auf σ eine Schicht S, deren Potential v den Wert $\frac{1}{R(I, M)}$ in jedem Punkte M von σ hat, so wird $U = \frac{1}{r} - v$ die Green'sche Function sein.

Die Function $U = \frac{1}{r} - v$ kann für jeden äusseren Punkt (x, y, z) als ein Potential betrachtet werden, und da dies auf σ Null sein soll, so ist es auch überall im äusseren Raume Null (Kap. I, § 22), mithin ist das Potential v von S in einem äusseren Punkte E gleich $\frac{1}{r}$ oder gleich $\frac{1}{R(I, E)}$. Mithin hat man, wenn man mit $\rho(I)$ die Dichtigkeit der Schicht S, welche vom Punkte I abhängt, bezeichnet:

$$\int \rho(I) \frac{1}{R(d\sigma, E)} d\sigma = \frac{1}{R(I, E)}.$$

Bezeichnen wir mit $\Gamma(I, I')$ das Potential der Schicht S in dem innern Punkte I', so haben wir:

$$\text{(a)} \qquad \Gamma(I, I') = \int \rho(I) \frac{1}{R(I', d\sigma)} d\sigma,$$

und diese Function genügt, wenn x', y', z' die Coordinaten des Punktes I' sind, der Gleichung:

$$\text{(b)} \qquad \Delta'\Gamma = \frac{\partial^2 \Gamma}{\partial x'^2} + \frac{\partial^2 \Gamma}{\partial y'^2} + \frac{\partial^2 \Gamma}{\partial z'^2} = 0,$$

und sie reduciert sich auf $\frac{1}{R(I, I')}$, wenn der Punkt I' auf die Oberfläche σ rückt.

Wir betrachten eine zweite, S analoge Schicht, deren Potential auf einen beliebigen äusseren Punkt E gleich $\frac{1}{R(I', E)}$ sei, so dass man hat:

$$\int \rho(I') \frac{1}{R(d\sigma', E)} d\sigma' = \frac{1}{R(I', E)},$$

wo $d\sigma'$ irgend ein Element von σ ist. Da diese Gleichung noch stattfindet, wenn der Punkt E auf das Element $d\sigma$ der Fläche rückt, so hat man:

$$\int \rho(I')\frac{1}{R(d\sigma, d\sigma')}d\sigma' = \frac{1}{R(I', d\sigma)}.$$

Setzen wir auf der rechten Seite der Formel (a) den eben erhaltenen Wert von $\frac{1}{R(I', d\sigma)}$ ein, so erhalten wir:

$$\Gamma(I, I') = \int\int \rho(I)\rho(I')\frac{1}{R(d\sigma, d\sigma')}d\sigma d\sigma'.$$

Hieraus schliesst man:

$$\Gamma(I, I') = \Gamma(I', I)$$

und nach (b), wenn x, y, z die Coordinaten des Punktes I sind:

$$\Delta\Gamma = \frac{\partial^2\Gamma}{\partial x^2} + \frac{\partial^2\Gamma}{\partial y^2} + \frac{\partial^2\Gamma}{\partial z^2} = 0.$$

Somit ändert sich die Green'sche Function

$$U = \frac{1}{R(I, I')} - \Gamma(I, I')$$

nicht, wenn man respective x, y, z mit x', y', z' vertauscht.

§ 18.

Bezeichnen wir mit V eine Function von x, y, z, welche im Innern von σ den Bedingungen des Dirichlet'schen Prinzips genügt, und deren Wert auf dieser Fläche gegeben ist, so lässt sich die Function V mittelst der Function U ausdrücken. Wenden wir die Schlussreihe des § 10 an, indem wir $w = U$ für $\frac{1}{r}$ setzen, so erhalten wir an Stelle der Gleichung (3) jenes Paragraphen:

$$4\pi V = \int V\frac{\partial U}{\partial n'}d\sigma - \int U\frac{\partial V}{\partial n'}d\sigma,$$

wo $\partial n'$ das Element der inneren Normale und der Punkt (x', y', z') auf σ gelegen ist. Da U auf σ gleich Null ist, so geht diese Formel über in:

$$V = \frac{1}{4\pi}\int V\frac{\partial U}{\partial n'}d\sigma.$$

Die Schicht S hat zum Potential im innern Punkte I':

$$\Gamma(I, I') = \frac{1}{R(I, I')} - U,$$

und diese Formel würde bestehen, wenn I' ein äusserer Punkt wäre, wofern man nur $U = 0$ setzt, und für die Dichtigkeit der Schicht S ergiebt sich hieraus:

$$\rho' = \frac{1}{4\pi}\frac{\partial U}{\partial n'}.$$

Man hat somit auch

$$V=\int V\rho' d\sigma.$$

Betrachtet man V als das Potential von einer **ausserhalb** σ gelegenen Masse, so findet man ohne Weiteres wiederum diese Formel. Es sei nämlich dm ein Element dieser Masse, und es werde $r=R(I,dm)$ gesetzt. Das Potential der Schicht S in diesem Elemente ist $\frac{1}{r}$; man hat daher

$$\frac{1}{r}=\int\frac{1}{r'}\rho' d\sigma,$$

wenn man $r'=R(d\sigma, dm)$ setzt. Multiplicieren wir mit dm und integrieren wir über die ganze Ausdehnung der Masse m, so erhalten wir für das Potential in I:

$$V=\int dm\int\frac{1}{r'}\rho' d\sigma=\int\rho' d\sigma\int\frac{dm}{r'}=\int V\rho' d\sigma.$$

§ 19.

Für den **ausserhalb** der geschlossenen Fläche σ liegenden Raum hat man ganz ähnliche Resultate, wie diejenigen, welche wir für den inneren Raum erhalten haben. Es wird genügen, sie anzuführen.

Bezeichnen wir mit $\Gamma(E,E')$ das Potential in Bezug auf den Punkt E' von einer Schicht S_1, deren Potential in jedem Punkte M von σ durch $\frac{1}{R(E,M)}$ dargestellt wird, so ist die Function

$$U_1=\frac{1}{R(E,E')}-\Gamma(E,E')$$

auf σ gleich Null und ausserhalb dieser Fläche genügt sie den gewöhnlichen Bedingungen des Potentials, ausser dass sie im Punkte E unendlich wird wie $\frac{1}{R(E,E')}$. Diese Function ändert sich nicht, wenn man die beiden Punkte E und E' mit einander vertauscht.

Ist V das Potential einer innerhalb σ gelegenen Masse, so wird sein Wert ausserhalb gegeben durch die Formel:

$$V=\frac{1}{4\pi}\int V\frac{\partial U_1}{\partial n}d\sigma,$$

und, wenn ρ_1' die Dichtigkeit der Schicht S_1 ist, so hat man auch:

$$V=\int V\rho_1' d\sigma.$$

Potential einer sphärischen Schicht.

§ 20.

Wir stellen uns die Aufgabe, das Potential einer sphärischen Schicht zu bestimmen, indem wir den Wert dieses Potentials auf der Oberfläche der Kugel als bekannt annehmen. An Stelle der rechtwinkligen Coordinaten x, y, z eines Punktes führen wir die Polarcoordinaten r, ϑ, ψ, deren Anfangspunkt im Mittelpunkte liegt, mittelst der Gleichungen ein:

$$x = r\cos\vartheta,$$
$$y = r\sin\vartheta\cos\psi,$$
$$z = r\sin\vartheta\sin\psi.$$

Die Green'sche Function U hängt von zwei Punkten (x, y, z), (x', y', z') ab, deren Coordinaten werden: (r, ϑ, ψ), (r', ϑ', ψ'). Man bestätigt unmittelbar, dass die Function

$$U = \frac{1}{\sqrt{r^2 + r'^2 - 2prr'}} - \frac{a}{r'}\frac{1}{\sqrt{r^2 + \left(\frac{a^2}{r'}\right)^2 - 2r\frac{a^2}{r'}p}},$$

worin

$$p = \cos\vartheta\cos\vartheta' + \sin\vartheta\sin\vartheta'\cos(\psi - \psi')$$

gesetzt ist, den Bedingungen, welche der Green'schen Function auferlegt sind, genügt.

Wir bestimmen zunächst das Potential V der Schicht im Innern der Kugel, und bezeichnen mit $f(\vartheta, \psi)$ den gegebenen Wert desselben auf der Oberfläche. Wenden wir zu diesem Zwecke die Formel

$$V = \frac{1}{4\pi}\int V\frac{\partial U}{\partial n'}\partial\sigma$$

an, so erhalten wir:

$$\frac{\partial U}{\partial n'} = -\frac{\partial U}{\partial r'}, \quad d\sigma = a^2\sin\vartheta' d\vartheta' d\psi'$$

und somit

$$V = -\frac{a^2}{4\pi}\int_0^{2\pi} d\psi' \int_0^{\pi}\left(\frac{\partial U}{\partial r'}\right)_{r'=a} f(\vartheta', \psi')\sin\vartheta' d\vartheta'.$$

Man findet sodann:

$$\left(\frac{\partial U}{\partial r'}\right)_{r'=a} = \frac{r^2 - a^2}{a(a^2 + r^2 - 2arp)^{\frac{3}{2}}},$$

und hieraus ergiebt sich die Formel von Lagrange und Poisson:

$$V = \frac{a(a^2 - r^2)}{4\pi}\int_0^{2\pi} d\psi' \int_0^{\pi}\frac{f(\vartheta', \psi')\sin\vartheta' d\vartheta'}{(a^2 + r^2 - 2arp)^{\frac{3}{2}}}.$$

Um das Potential im äusseren Raume zu erhalten, müssen wir das Vorzeichen der Ableitung von U und somit auch das des für V erhaltenen Ausdrucks ändern. Mithin erhält man, wenn man das Potential für einen äusseren Punkt mit V' bezeichnet:

$$V' = \frac{a(r^2-a^2)}{4\pi}\int_0^{2\pi} d\psi' \int_0^{\pi} \frac{f(\vartheta', \psi') \sin \vartheta' d\vartheta'}{(a^2+r^2-2arp)^{\frac{3}{2}}}.$$

§ 21.

Um die Dichtigkeit ρ der sphärischen Schicht zu berechnen, gehen wir von der Formel aus:

$$-4\pi\rho = \left(\frac{\partial V'}{\partial r}\right)_{r=a} - \left(\frac{\partial V}{\partial r}\right)_{r=a}$$

Wir wollen den Punkt der Oberfläche, welcher dem Werte $\vartheta = 0$ entspricht, betrachten, jedoch können wir, da die Polarachse willkürlich angenommen werden kann, das Resultat, welches wir erhalten werden, als allgemein gültig betrachten.

Ist $\vartheta = 0$, so haben wir $p = \cos \vartheta'$. Setzen wir

$$\frac{1}{2\pi}\int_0^{2\pi} f(\vartheta', \psi')\, d\psi' = F(\vartheta'),$$

so ist $F(\vartheta')$ der Mittelwert von $f(\vartheta', \psi')$ längs des durch den Winkel ϑ' bestimmten Parallelkreises. Setzen wir ferner

$$\frac{r}{a} = u,$$

so gehen die Ausdrücke von V und V' über in:

$$V = \frac{1-u^2}{2}\int_0^{\pi} \frac{F(\vartheta') \sin \vartheta' d\vartheta'}{(1-2u\cos\vartheta'+u^2)^{\frac{3}{2}}} \quad \text{mit } u < 1$$

$$V' = -\frac{1-u^2}{2}\int_0^{\pi} \frac{F(\vartheta') \sin \vartheta' d\vartheta'}{(1-2u\cos\vartheta'+u^2)^{\frac{3}{2}}} \quad \text{mit } u > 1.$$

Bevor wir V nach r differentiieren, unterwerfen wir es einer Transformation. Wir haben zunächst:

$$2V = -\frac{1-u^2}{u}\int_0^{\pi} F(\vartheta') d \frac{1}{(1-2u\cos\vartheta'+u^2)^{\frac{1}{2}}}$$

und wenn wir partiell integrieren:

$$(\alpha)\quad \left\{\begin{aligned} 2V = &-\frac{1-u^2}{u}\left[\frac{F(\pi)}{(1+2u+u^2)^{\frac{1}{2}}} - \frac{F(0)}{(1-2u+u^2)^{\frac{1}{2}}}\right] \\ &+\frac{1-u^2}{u}\int_0^\pi \frac{F'(\vartheta')\,d\vartheta'}{(1-2u\cos\vartheta'+u^2)^{\frac{1}{2}}}. \end{aligned}\right.$$

Die Wurzelgrössen in dieser Formel sind wesentlich positiv, man erhält daher:

$$2V = \frac{1+u}{u}F(0) - \frac{1-u}{u}F(\pi) + \frac{1-u^2}{u}\int_0^\pi \frac{F'(\vartheta')d\vartheta'}{(1-2u\cos\vartheta'+u^2)^{\frac{1}{2}}}.$$

Differentiieren wir diesen Ausdruck nach u, so erhalten wir:

$$2a\frac{\partial V}{\partial r} = 2\frac{dV}{du} = -\frac{1}{u^2}F(0) + \frac{1}{u^2}F(\pi) - \left(1+\frac{1}{u^2}\right)\int_0^\pi \frac{F'(\vartheta')d\vartheta'}{(1-2u\cos\vartheta'+u^2)^{\frac{1}{2}}}$$

$$+\left(\frac{1}{u}-u\right)\int_0^\pi \frac{F'(\vartheta')(-u+\cos\vartheta')}{(1-2u\cos\vartheta'+u^2)^{\frac{3}{2}}}\,d\vartheta'.$$

Für $u=1$ verschwindet das letzte Glied. Um dies zu beweisen, brauchen wir nur darzuthun, dass das Integral, welches mit $\frac{1}{u}-u$ multipliciert ist, keine unendlichen Elemente enthält. Nun wird dasselbe für $u=1$:

$$-\frac{1}{4}\int_0^\pi \frac{F(\vartheta')d\vartheta'}{\sin\frac{\vartheta'}{2}},$$

und wir werden nachher beweisen, dass die unter dem Integralzeichen stehende Function für $\vartheta'=0$ endlich bleibt. Mithin erhalten wir, wenn wir $u=1$ oder $r=a$ setzen:

$$\frac{dV}{dr} = -\frac{1}{2a}F(0) + \frac{1}{2a}F(\pi) - \frac{1}{2a}\int_0^\pi \frac{F'(\vartheta')d\vartheta'}{\sin\frac{\vartheta'}{2}}.$$

Die vorstehenden Rechnungen passen auch mit einer geringfügigen Modification auf V'. Der Ausdruck (α) giebt, wenn man sein Zeichen ändert, $2V'$, in

$$\frac{F(0)}{(1-2u+u^2)^{\frac{1}{2}}}$$

muss man aber den Nenner ebenfalls als positiv betrachten, und da $u > 1$ ist, so muss man denselben gleich $u - 1$ setzen, während er vorher gleich $1 - u$ war. Da man weiter keine Änderung vorzunehmen hat, so erhält man:

$$\frac{dV'}{dr} = -\frac{1}{2a} F(0) - \frac{1}{2a} F(\pi) + \frac{1}{2a}\int_0^\pi \frac{F'(\vartheta')d\vartheta'}{\sin\frac{\vartheta'}{2}}.$$

Hieraus folgt die von Dirichlet angegebene Formel:

$$\rho = \frac{1}{4\pi a}\left[F(\pi) - \int_0^\pi \frac{F'(\vartheta')d\vartheta'}{\sin\frac{\vartheta'}{2}}\right].$$

§ 22.

Wir wollen nun beweisen, dass das Integral, welches in diesem Ausdruck auftritt, für $\vartheta' = 0$ kein unendliches Element enthält. Die Function $f(\vartheta, \psi)$ kann nämlich als eine eindeutige Function der Coordinaten x, y, z eines Punktes der Oberfläche der Kugel betrachtet werden. Nun hat man:

$$x = a\cos\vartheta, \quad y = a\sin\vartheta\cos\psi, \quad z = a\sin\vartheta\sin\psi,$$

und diese Ausdrücke ändern sich nicht, wenn man darin ϑ durch $-\vartheta$ und ψ durch $\psi + \pi$ ersetzt. Mithin muss die Function

$$F(\vartheta) = \frac{1}{2\pi}\int_0^{2\pi} f(\vartheta, \psi)d\psi$$

gleich

$$\frac{1}{2\pi}\int_0^{2\pi} f(-\vartheta, \psi + \pi)d\psi$$

sein, und da f in Bezug auf ψ die Periode 2π haben muss, so ist dieses Integral gleich

$$\frac{1}{2\pi}\int_0^{2\pi} f(-\vartheta, \psi)d\psi = F(-\vartheta).$$

Somit ist $F(\vartheta)$ eine gerade Function. Es folgt daraus, dass die Ableitung $F'(\vartheta)$ eine ungerade Function ist, welche ϑ als Factor enthält. Mithin ist der für ρ gefundene Ausdruck endlich und bestimmt.

Drittes Kapitel.

Logarithmisches Potential. — Calorisches Potential. — Zweites Potential.

Wir wollen in diesem Kapitel Functionen untersuchen, welche analoge Eigenschaften besitzen wie das Potential, und denen man in der mathematischen Physik gleichfalls begegnet.

Logarithmisches Potential.

Einleitende Bemerkungen.

§ 1.

Wir nehmen an, dass wir die Anziehung von Massen auf einen Punkt zu betrachten hätten, welche die Form von nach beiden Richtungen unendlichen Cylindern haben, deren Erzeugende einer und derselben Geraden l parallel sind; wir nehmen ferner an, dass die Dichtigkeit längs jeder zu l parallelen Geraden dieselbe bleibt. Wir legen rechtwinklige Coordinatenachsen zu Grunde und zwar sei die z-Achse parallel der Geraden l und die xy-Ebene gehe durch den Punkt, der nach dem Gesetz des umgekehrten Verhältnisses des Quadrats der Entfernung angezogen werden soll.

Wir untersuchen zunächst die Anziehung einer zur z-Achse parallelen Geraden auf den Punkt. Bezeichnen wir mit r die Entfernung des Punktes von der Geraden, so erhalten wir für die Anziehung, welche in die Richtung des Lotes auf diese Gerade fällt:

$$r\int_{-\infty}^{+\infty}\frac{dz}{(z^2+r^2)^{\frac{3}{2}}}=\frac{1}{r}\left[\frac{z}{(z^2+r^2)^{\frac{1}{2}}}\right]_{-\infty}^{+\infty}=\frac{2}{r}.$$

Die Attraction eines cylindrischen Fadens, dessen Dichtigkeit ρ constant und dessen Querschnitt $d\omega$ ist, hat den Wert $2\rho\frac{d\omega}{r}$ und ihre Componenten nach den Achsen der x und der y sind die Grössen:

$$2\rho\frac{d\omega}{r}\frac{a-x}{r},\quad 2\rho\frac{d\omega}{r}\frac{b-y}{r},$$

wo a, b die Coordinaten eines Punktes von $d\omega$ bezeichnen, und die nämlichen Componenten der Attraction eines Cylinders sind:

$$-2\int\rho\frac{x-a}{r^2}d\omega,\quad -2\int\rho\frac{y-b}{r^2}d\omega,$$

wo sich die Integrale auf alle Elemente $d\omega$ des Querschnittes des Cylinders erstrecken. Diese beiden Componenten können dargestellt werden durch

$$2\frac{\partial V}{\partial x},\quad 2\frac{\partial V}{\partial y},$$

wenn man setzt:

(a) $$V=\int\rho\log\frac{1}{r}d\omega.$$

Diesen Ausdruck wollen wir nach C. Neumann mit dem Namen des **„logarithmischen Potentials"** bezeichnen; diese Function genügt der Gleichung:

$$\frac{\partial^2 V}{\partial x^2}+\frac{\partial^2 V}{\partial y^2}=0.$$

Auf diese Weise setzen wir an die Stelle der vorgelegten Aufgabe diejenige der Bestimmung der Attraction einer mit einer Massenschicht bedeckten Fläche, deren verschiedene Elemente auf einen Punkt im umgekehrten Verhältnis der Entfernung wirken.

Das Potential eines geraden Cylinders von der Länge $2h$ auf einen Punkt, der im gleichen Abstande von den Ebenen der beiden Grundflächen liegt, wird unendlich, wenn h unendlich wächst, und die Function $2V$ kann als um eine unendlich grosse Constante von diesem Potential verschieden betrachtet werden. Man begreift daher leicht, dass die Function V analoge Eigenschaften besitzen muss, wie diejenigen des gewöhnlichen Potentials sind.

Auf Grund der Schlüsse, die im ersten Kapitel (§ 3) für das Potential abgeleitet worden sind, kann man beweisen, dass die Function von x, y, welche durch die Formel (a) geliefert wird, nebst ihren Ableitungen erster Ordnung stetig ist.

Wert von ΔV im Innern der Masse.

§ 2.

Wir setzen:

$$\Delta V=\frac{\partial^2 V}{\partial x^2}+\frac{\partial^2 V}{\partial y^2},$$

und um den Wert von ΔV, wenn der Punkt (x, y) im Innern der Masse liegt, auf die einfachste Weise zu finden, betrachten wir wiederum die unendliche cylindrische Masse. Um diesen Punkt als Mittelpunkt beschreiben wir mit einem unendlich kleinen Radius eine Kugel, und es sei U_1

das Potential, welches sich auf den in der Kugel eingeschlossenen Teil der Masse bezieht, und U_2 das Potential des übrig bleibenden Teils der Masse, die wir uns zunächst durch die beiden Ebenen $z = \pm h$ begrenzt denken wollen. Wir erhalten:

$$\frac{\partial^2 U_1}{\partial x^2} + \frac{\partial^2 U_1}{\partial y^2} + \frac{\partial^2 U_1}{\partial z^2} = -4\pi\rho$$

$$\frac{\partial^2 U_2}{\partial x^2} + \frac{\partial^2 U_2}{\partial y^2} + \frac{\partial^2 U_2}{\partial z^2} = 0,$$

und wenn wir addieren und $U_1 + U_2$ durch U ersetzen:

$$\frac{\partial^2 U}{\partial x^2} + \frac{\partial^2 U}{\partial y^2} + \frac{\partial^2 U}{\partial z^2} = -4\pi\rho.$$

Nimmt man an, dass die Länge $2h$ der cylindrischen Massen unendlich gross werde, so wird U von z unabhängig und man hat:

$$\frac{\partial^2 U}{\partial x^2} + \frac{\partial^2 U}{\partial y^2} = -4\pi\rho.$$

Nach dem vorigen Paragraphen ist aber U bis auf eine Constante gleich $2V$; daraus ergiebt sich:

$$\frac{\partial^2 V}{\partial x^2} + \frac{\partial^2 V}{\partial y^2} = -2\pi\rho.$$

Man kann diese Formel auch direct beweisen, wenn man den in den Paragraphen 7 und 8 des ersten Kapitels eingeschlagenen Weg verfolgt. Zunächst hat man, in Übereinstimmung mit § 5 dieses Kapitels, den folgenden **Satz:**

Sind U und F zwei nebst ihren ersten Ableitungen innerhalb einer ebenen Fläche ω stetige Functionen von x, y, so ist das Integral

$$\iint U \frac{\partial F}{\partial x} dx dy,$$

hinerstreckt über die Fläche ω, gleich

$$\int UF \cos\lambda ds - \int F \frac{\partial U}{\partial x} d\omega,$$

wo sich das erste Integral über die ganze ω begrenzende Linie s erstreckt und λ der Winkel zwischen der Normale und der x-Achse ist.

Bezeichnen wir mit a, b die Coordinaten eines Punktes von $d\omega$, so finden wir, wie an dem erwähnten Orte:

$$\frac{\partial V}{\partial x} = -\int \rho \cos\lambda \log\frac{1}{r} ds + \int \frac{\partial \rho}{\partial a} \log\frac{1}{r} d\omega$$

$$\frac{\partial^2 V}{\partial x^2} = -\int \rho \frac{\cos\lambda \cos\alpha}{r} ds + \int \frac{\partial \rho}{\partial a} \frac{\cos\alpha}{r} d\omega.$$

Sodann beschreibt man um den Punkt (x, y) als Mittelpunkt einen unendlich kleinen Kreis und zerlegt das Potential in zwei Teile, von denen sich der eine, V_1, auf die in dem Kreise eingeschlossene Masse, der andere, V_2, auf die übrig bleibende Masse bezieht. Endlich beweist man leicht, dass $\Delta V_1 = -2\pi\rho$ ist.

Angabe der characteristischen Eigenschaften des logarithmischen Potentials.

§ 3.

Das Potential V einer oder mehrerer in der xy-Ebene gelegener Massen in Bezug auf den Punkt (x, y) besitzt folgende Eigenschaften.

1. V und seine ersten Ableitungen nach x und y sind in der ganzen Ebene stetige Functionen von x, y.

2. Bezeichnen wir mit R die Entfernung des Punktes (x, y) von einem festen Punkte, so nähert sich der Wert von $-\frac{V}{\log R}$, wenn R unendlich wächst, einer bestimmten Constanten, welche die Gesamtmasse darstellt.

3. Mit Ausnahme gewisser Linien, in denen ΔV unbestimmt ist, hat man in der ganzen Ebene:

$$\Delta V = -2\pi\rho,$$

wo ρ die Dichtigkeit der Masse im Punkte (x, y) ist und den Wert Null hat, wenn in diesem Punkte keine Masse vorhanden ist.

Umgekehrt existiere eine Function V, welche der ersten und der dritten Bedingung genügt, wobei ρ eine in einem endlichen Raume ω gegebene und ausserhalb desselben verschwindende Function ist, setzen wir ferner:

$$M = \int \rho d\omega$$

und ist überdies die Grenze von $\frac{V}{\log R}$ gleich $-M$, wenn R unendlich wächst, so ist V das logarithmische Potential einer Masse, welche auf ω gelegen und deren Dichtigkeit in jedem Punkte ρ ist.

Dieser Satz wird ebenso bewiesen, wie derjenige des § 15 im ersten Kapitel. Schliesslich führen wir noch den folgenden Satz an, welcher ebenso bewiesen wird, wie derjenige des § 16 jenes Kapitels:

In jedem durch eine geschlossene Linie s begrenzten ebenen Raume giebt es immer eine und nur eine Function V von x, y, welche nebst ihren ersten Ableitungen stetig ist, welche in jedem Punkte dieses Raumes der Gleichung

$$\Delta V = 0$$

genügt und die in jedem Punkte der Kurve s einen endlichen und bestimmten Wert hat.

Functionen, welche sich durch das logarithmische Potential von Schichten, die auf geschlossenen Linien liegen, darstellen lassen.

§ 4.

Wir bezeichnen mit ω eine durch eine Linie s begrenzte ebene Fläche. Sind v und w zwei Functionen der Coordinaten a, b jedes Punktes von ω, welche nebst ihren ersten Ableitungen stetig sind, so hat man folgende Gleichung:

$$\text{(1)} \qquad \int v\Delta w d\omega - \int w\Delta v d\omega = -\int v \frac{\partial w}{\partial n'} ds + \int w \frac{\partial v}{\partial n'} ds.$$

wo $\partial n'$ das Element der inneren Normale an die Linie s ist.

Es sei r die Entfernung des Punktes (x, y) von dem auf dem Elemente $d\omega$ liegenden Punkte (a, b). Liegt der Punkt (x, y) auf ω, so dürfen wir nicht $w = \log r$ setzen, da $\log r$ unendlich werden würde, wenn der Punkt (a, b) in den Punkt x, y gelangt. Beschreiben wir aber um den Punkt P als Mittelpunkt mit einem unendlich kleinen Radius einen Kreis, so ist die Gleichung für diesen Wert von w auf den ganzen zwischen dem Kreise und der Linie s enthaltenen Teil der Ebene anwendbar. In diesem ganzen Raume ist $\Delta w = 0$, und wenn man mit ds' und $d\omega'$ die Elemente des Umfangs und der Fläche des Kreises bezeichnet, so hat man:

$$\text{(2)} \qquad \left\{ \begin{aligned} -\int \log r \cdot \Delta v d\omega + \int \log r \cdot \Delta v d\omega' = & -\int v \frac{\partial \log r}{\partial n'} ds + \int \log r \frac{\partial v}{\partial n'} ds \\ & -\int v \frac{\partial \log r}{\partial r} ds' + \int \log r \cdot \frac{\partial v}{\partial r} ds'. \end{aligned} \right.$$

Man sieht sehr leicht, dass das zweite und das sechste Integral verschwinden und dass man für das fünfte erhält:

$$\int v \frac{\partial \log r}{\partial r} ds' = 2\pi v,$$

wo man in v die Buchstaben x, y an die Stelle von a, b zu setzen hat.

Nehmen wir ferner an, dass v auf der ganzen Fläche ω der Gleichung

$$\Delta v = \frac{\partial^2 v}{\partial a^2} + \frac{\partial^2 v}{\partial b^2} = 0$$

genügt, so geht die Gleichung (2) über in:

$$\text{(3)} \qquad 2\pi v = -\int v \frac{\partial \log r}{\partial n'} ds + \int \log r \frac{\partial v}{\partial n'} ds.$$

Liegt der Punkt (x, y) ausserhalb der Fläche ω, so kann man unmittelbar $w = \log r$ in die Gleichung (1) einsetzen, wodurch man erhält:

$$\text{(4)} \qquad 0 = -\int v \frac{\partial \log r}{\partial n'} ds + \int \log r \frac{\partial v}{\partial n'} ds.$$

§ 5.

Die beiden Formeln (3) und (4) gestatten, gewisse Functionen der Coordinaten eines Punktes durch Potentiale von Schichten, die auf gewissen Linien verteilt sind, darzustellen; die Sätze, welche sich daraus ergeben, sind vollständig analog denjenigen in den §§ 11, 12, 13 des ersten Kapitels und sie werden auf dieselbe Weise bewiesen. Es wird daher genügen, sie anzuführen.

Satz I. Wenn eine Function v von x, y in dem ganzen Teile der xy-Ebene, welcher ausserhalb einer oder mehrerer geschlossener Linien s liegt, der Gleichung $\Delta v = 0$ genügt, wenn ferner sie nebst ihren ersten Ableitungen daselbst stetig ist und überdies, wenn der Punkt (x, y) in sehr grosse Entfernung rückt, die Function v sich auf den Ausdruck

$$A \log R + \frac{B}{R},$$

wo A und B zwei Constanten sind und R die Entfernung des Punktes (x, y) von einem festen Punkte ist, mit Vernachlässigung der Grössen von der Ordnung $\frac{1}{R^2}$ reduciert, so kann v in diesem ganzen Teile der Ebene als das logarithmische Potential von Schichten, die auf den Linien s verteilt sind, betrachtet werden.

Satz II. Es existiert in dem ganzen Raume ausserhalb der geschlossenen Kurven s_1, s_2, ... eine und nur eine Function von x, y, welche nebst ihren ersten Ableitungen endlich und stetig ist, welche der Gleichung $\Delta v = 0$ genügt, in jedem Punkte der Kurven s_1, s_2, ... gegebene Werte besitzt und endlich die Eigenschaft besitzt, dass sie sich in einer gewissen Entfernung R vom Anfangspunkte mit Vernachlässigung von Grössen, die kleiner als solche von der Ordnung $\frac{1}{R}$ sind, auf den Ausdruck

$$A \log R + \frac{B}{R}$$

reduciert, wo A und B Constanten sind.

Satz III. Wenn eine Function v von x, y im Innern einer Kurve s der Gleichung $\Delta v = 0$ genügt und sich daselbst mit ihren ersten Ableitungen in stetiger Weise ändert, so kann sie in diesem Raume als das logarithmische Potential einer auf der Kurve s gelegenen Schicht betrachtet werden.

Die der Green'schen Function analoge Function.

§ 6.

Nach den Beweisgründen, die im zweiten Kapitel (§ 17) gegeben wurden, existiert eine Function U von x, y: 1. welche im Innern einer geschlossenen Linie s der Gleichung $\Delta U = 0$ genügt, 2. welche den Stetigkeitsbedingungen genügt, ausser in einem Punkte (x', y'), in welchem sie unendlich wird wie $\log \frac{1}{r}$, wo r die Entfernung des Punktes (x, y) vom Punkte (x', y') ist, 3. welche auf dem Contour s verschwindet. Diese Function ändert sich nicht, wenn man x, y mit x', y' vertauscht.

Existiert sodann eine Function V, welche im Innern von s den Stetigkeitsbedingungen und der Gleichung $\Delta V = 0$ genügt, und ist ihr Wert auf s gegeben, so ist der Wert dieser Function:

$$V = \frac{1}{2\pi} \int V \frac{\partial U}{\partial n'} ds.$$

In dem Falle, wo die Kurve s ein Kreis mit dem Radius a ist, bezeichnen wir mit (R, ϑ) und (R', ϑ') die Polarcoordinaten der Punkte (x, y) und (x', y'). Man bestätigt leicht, dass die Function

$$U = -\frac{1}{2} \log [R^2 + R'^2 - 2RR' \cos(\vartheta - \vartheta')]$$
$$+ \frac{1}{2} \log \left[\frac{R^2 R'^2}{a^2} + a^2 - 2RR' \cos(\vartheta - \vartheta') \right]$$

den der Function U auferlegten Bedingungen genügt.

Wir haben sodann:

$$\frac{\partial U}{\partial n'} = -\left(\frac{\partial U}{\partial R'}\right)_{R'=a} = \frac{a^2 - R^2}{a[a^2 + R^2 - 2aR \cos(\vartheta - \vartheta')]}.$$

Bezeichnen wir mit $f(\vartheta)$ den gegebenen Wert von V auf dem Kreise, so erhalten wir:

$$V = \frac{a^2 - R^2}{2\pi} \int_0^{2\pi} \frac{f(\vartheta) d\vartheta}{a^2 + R^2 - 2aR \cos(\vartheta - \vartheta')}.$$

Calorisches Potential.

Allgemeine Betrachtungen.

§ 7.

Ich will hier über die Lösung der Gleichung

$$(1) \qquad \Delta u = -\alpha^2 u$$

einige Sätze anführen, die ich schon früher einmal entwickelt habe (Liouville's Journal, 1872 und 1879). Diese Lösung kommt in der Theorie der Wärme vor. Wenn wir nämlich einen homogenen festen Körper annehmen, der sich abkühlt, so genügt seine Temperatur in irgend einem seiner Punkte der Gleichung:

$$(2) \qquad \Delta V = k\frac{\partial V}{\partial t},$$

wo t die Zeit bedeutet; man stellt dann im Allgemeinen V als eine Reihe von Gliedern dar von der Form $ue^{-k^2 t}$, in denen u nur eine Function von x, y, z ist und die einzeln der Gleichung (2) genügen. Die Function u genügt somit einer Gleichung von der Form (1), und sie ist offenbar eine stetige Function von x, y, z, ebenso auch ihre ersten Ableitungen; diese Function ist es, die wir untersuchen wollen.

Sind a, b, c die rechtwinkligen Coordinaten eines festen Punktes und x, y, z diejenigen eines variablen Punktes und ist endlich r die Entfernung dieser beiden Punkte, so dass

$$r^2 = (x-a)^2 + (y-b)^2 + (z-c)^2$$

ist, so kann man zunächst verificieren, dass der Ausdruck $\frac{\cos \alpha r}{r}$ der Gleichung (1) genügt.

Nehmen wir sodann verschiedene Punkte (a, b, c), (a', b', c'), ... an, in denen Massen m, m', m'', ... concentriert sind, und sind r, r', r'', ... die Entfernungen derselben vom Punkte (x, y, z), so wird offenbar die Function

$$u = \Sigma m \frac{\cos \alpha r}{r}$$

ebenfalls der Gleichung (1) genügen. Setzen wir endlich an die Stelle der gegebenen materiellen Punkte eine oder mehrere continuierliche Massen, deren Volumenelement wir mit $d\omega$ und deren Dichtigkeit wir mit ρ bezeichnen, so erhalten wir das Integral

$$(3) \qquad u = \int \frac{\cos \alpha r}{r} \rho d\omega,$$

welches sich über sämtliche Massen erstreckt und der Gleichung (1) genügt, vorausgesetzt, dass der Punkt (x, y, z) ausserhalb der Massen liegt.

Denken wir uns, dass jedes Element der vorhergenannten Massen auf den Punkt (x, y, z) in der Entfernung r eine Anziehung ausübt, die gleich seiner Masse multipliciert mit $\frac{\cos \alpha r + \alpha r \sin \alpha r}{r^2}$ ist, so werden die Ableitungen von u nach x, y, z die Componenten der Anziehung der ganzen Masse auf den Punkt (x, y, z) darstellen.

Wir bezeichnen den Ausdruck (3) mit dem Namen **„calorisches Potential"**. Der Ausdruck

$$\int \frac{\sin \alpha r}{r} \rho d\omega$$

genügt ebenfalls der Gleichung (1), auch wenn der Punkt (x, y, z) innerhalb der Masse liegt; jedoch ist die Betrachtung desselben von geringerem Nutzen wie diejenige des Ausdrucks (3).

§ 8.

Man kann über das calorische Potential eine analoge Theorie aufstellen wie hinsichtlich des gewöhnlichen Potentials V, und wenn man sodann in den erhaltenen Resultaten $\alpha = 0$ setzte, so würde man wieder diejenigen Resultate finden, die wir im ersten und zweiten Kapitel auseinandergesetzt haben.

Man beweist wie für das Potential V, dass u und seine ersten Ableitungen stetige Functionen von x, y, z sind. Ich behaupte sodann, dass, wenn der Punkt (x, y, z) im Innern der Masse liegt,

$$\text{(a)} \qquad \Delta u + \alpha^2 u = -4\pi\rho$$

ist. Beschreiben wir nämlich eine sehr kleine Kugel, deren Mittelpunkt im Punkte (x, y, z) liegt, und setzen wir

$$u = u_1 + u_2,$$

wo u_1 der Teil von u ist, der dem Volumen der Kugel entspricht, und u_2 der übrige Teil, so haben wir zunächst

$$\text{(b)} \qquad \Delta u_2 = -\alpha^2 u_2.$$

Ferner sieht man sehr leicht, dass Δu_1 gleich

$$\Delta V = \Delta \int \frac{1}{r} \rho d\tau$$

ist, wo $d\tau$ das Volumenelement der Kugel bezeichnet; nun ist aber $\Delta V = -4\pi\rho$, mithin hat man:

$$\text{(c)} \qquad \Delta u_1 = -4\pi\rho,$$

und da u_1 unendlich klein ist, so erhält man, wenn man (b) und (c) addiert, die Gleichung (a).

Über die Lösung der Gleichung $\Delta v = \alpha^2 v$.

§ 9.

Bevor wir die Lösung der Gleichung

$$(1) \qquad \Delta u = -\alpha^2 u$$

untersuchen, wollen wir uns mit der Lösung der Gleichung

$$(2) \qquad \Delta v = \alpha^2 v,$$

da dies leichter ist, beschäftigen, um uns auf die Untersuchung der Function u vorzubereiten.

Verwandelt man α in $\alpha\sqrt{-1}$, so sieht man, dass die Function

$$\int \frac{\cos(\alpha r \sqrt{-1})}{r} \rho d\omega$$

der Gleichung (2) genügt, vorausgesetzt, dass der Punkt (x, y, z) ausserhalb der Massen angenommen wird.

Satz. 1. Es existiert eine Function v von x, y, z, welche nebst ihren ersten Ableitungen im Innern einer geschlossenen Fläche σ stetig ist, in diesem Raume der Gleichung

$$\Delta v = \alpha^2 v$$

genügt und in jedem Punkte der Fläche einen gegebenen Wert besitzt. 2. Nur eine Function genügt diesen Bedingungen.

Wir setzen allgemein zur Abkürzung

$$(Du)^2 = \left(\frac{\partial u}{\partial x}\right)^2 + \left(\frac{\partial u}{\partial y}\right)^2 + \left(\frac{\partial u}{\partial z}\right)^2$$

und bezeichnen mit u eine Function von x, y, z, welche der Bedingung genügt, dass sie nebst ihren Ableitungen erster Ordnung stetig und in jedem Punkte der Fläche der gegebenen Function U gleich ist. Es giebt unendlich viele Functionen, welche diesen Bedingungen genügen; wir suchen diejenige, welche den Ausdruck

$$\int [(Du)^2 + \alpha^2 u^2]\, d\omega \tag{2}$$

zu einem Minimum macht und bezeichnen sie mit v. Setzen wir

$$u = v + hw,$$

wo h eine Constante und w eine gewisse Function ist, so geht der Ausdruck (2) über in:

$$\int [(Dv)^2 + \alpha^2 v^2]\, d\omega + 2h \int \left(\frac{\partial v}{\partial x}\frac{\partial w}{\partial x} + \frac{\partial v}{\partial y}\frac{\partial w}{\partial y} + \frac{\partial v}{\partial z}\frac{\partial w}{\partial z}\right) d\omega$$
$$+ 2h\alpha^2 \int vw\, d\omega + h^2 \int [(Dw)^2 + \alpha^2 w^2]\, d\omega.$$

Wenden wir die Formel an

$$\int \left(\frac{\partial v}{\partial x}\frac{\partial w}{\partial x} + \frac{\partial v}{\partial y}\frac{\partial w}{\partial y} + \frac{\partial v}{\partial z}\frac{\partial w}{\partial z}\right) d\omega = -\int w\Delta v\, d\omega - \int w \frac{\partial v}{\partial n'}\, d\sigma, \tag{3}$$

so nimmt dieser Ausdruck die folgende Form an:

$$\int [(Dv)^2 + \alpha^2 v^2]\, d\omega - 2h \int w \frac{\partial v}{\partial n'}\, d\sigma$$
$$- 2h \int w\,(\Delta v - \alpha^2 v)\, d\omega + h^2 \int [(Dv)^2 + \alpha^2 v^2]\, d\omega.$$

Das zweite Glied dieser Formel verschwindet, weil nach Voraussetzung w auf σ gleich Null ist, und wenn für $u = v$ ein Minimum stattfinden soll, so muss das dritte Glied, welches mit h sein Zeichen wechselt, gleich Null sein, welches auch w sein möge. Mithin muss man für das gesuchte Minimum

$$\Delta v = \alpha^2 v$$

haben für alle Punkte, welche innerhalb σ liegen.

Es bleibt noch zu beweisen übrig, dass es keine zweite Funktion v' giebt, welche denselben Bedingungen genügt. Die Function $V = v - v'$ würde nämlich denselben Stetigkeitsbedingungen sowie der Gleichung

$$\Delta V = \alpha^2 V$$

genügen und überdies würde sie auf der Fläche σ gleich Null sein.

Wir können dann in der Gleichung (3) für v, w die Function V nehmen und erhalten so:

$$(4) \qquad \int \left[\left(\frac{\partial V}{\partial x}\right)^2 + \left(\frac{\partial V}{\partial y}\right)^2 + \left(\frac{\partial V}{\partial z}\right)^2 + \alpha^2 V^2 \right] d\omega = 0.$$

Hieraus folgt, dass V gleich Null oder $v' = v$ ist im ganzen Raume ω.

Verwandelt man in diesen Schlussfolgerungen α^2 in $-\alpha^2$, so hören sie auf, anwendbar zu sein, da man nicht mehr behaupten kann, dass der Ausdruck, welcher an die Stelle von (2) tritt, offenbar ein Minimum besitzen müsse, noch auch, dass die Gleichung, welche an die Stelle von (4) tritt, erfordere, dass V im ganzen Volumen ω gleich Null sei.

§ 10.

Wir betrachten ein von einer Fläche σ begrenztes Volumen und schreiben die bekannte Gleichung nieder:

$$(5) \qquad \int v \Delta w d\omega - \int w \Delta v d\omega = - \int v \frac{\partial w}{\partial n'} d\sigma + \int w \frac{\partial v}{\partial n'} d\sigma.$$

Mit r bezeichnen wir die Entfernung des Punktes (x, y, z) vom Punkte (a, b, c) des Elementes $d\omega$. Liegt der Punkt (x, y, z) ausserhalb des Volumens ω, so kann man in dieser Gleichung setzen:

$$w = \frac{\cos \alpha r}{r}$$

und nimmt man überdies an, dass v der Gleichung

$$\Delta v = -\alpha^2 v$$

genügt, so geht die Gleichung (5) über in:

$$(6) \qquad 0 = \int v \frac{\partial \frac{\cos \alpha r}{r}}{\partial n'} \partial\sigma - \int \frac{\cos \alpha r}{r} \frac{\partial v}{\partial n'} d\sigma.$$

Liegt der Punkt (x, y, z) innerhalb des Volumens ω, so beschreibe man um diesen Punkt als Mittelpunkt mit unendlich kleinem Radius eine Kugel und wende die Gleichung (5) auf das Volumen an, welches zwischen dieser Kugel und der Fläche σ enthalten ist. Man erhält dann wie im § 10 des zweiten Kapitels

$$(7) \quad 4\pi v = \int v \frac{\partial \frac{\cos \alpha r}{r}}{\partial n'} d\sigma - \int \frac{\cos \alpha r}{r} \frac{\partial v}{\partial n'} d\sigma.$$

Wäre v eine Lösung der Gleichung

$$\Delta v = \alpha^2 v,$$

so würde man dieselben Gleichungen (6) und (7) erhalten, nur dass darin α in $\alpha\sqrt{-1}$ umgeändert werden müsste.

§ 11.

Satz I. Wenn eine Function v von x, y, z der Gleichung $\Delta v = \alpha^2 v$ im ganzen Raume ausserhalb einer Fläche σ genügt, wenn sie ferner daselbst mit ihren ersten Ableitungen stetig ist und überdies Rv und $R^2 \frac{\partial v}{\partial R}$ endliche Werte behalten, wenn die Entfernung R eines festen Punktes vom Punkte (x, y, z) unendlich gross wird, so kann diese Function in diesem ganzen Raume als das calorische Potential einer auf σ verteilten Schicht betrachtet werden.

Für den innerhalb σ befindlichen Raum betrachten wir die Function, welche durch den Satz des § 9 geliefert wird und auf σ denselben Wert annimmt wie v; wir bezeichnen sie mit v_1 und wenden auf v_1 die Gleichung (6) an. Schliesst man dann ebenso wie im § 11 des zweiten Kapitels, so findet man:

$$v = -\frac{1}{4\pi} \int \left(\frac{\partial v_1}{\partial n'} + \frac{\partial v}{\partial n} \right) \frac{\cos(\alpha r \sqrt{-1})}{r} d\sigma.$$

Der Satz ist somit bewiesen und die Dichtigkeit der Schicht ist:

$$-\frac{1}{4\pi} \left(\frac{\partial v_1}{\partial n'} + \frac{\partial v}{\partial n} \right).$$

Bemerkung. Die Function v dieses Satzes ist vollständig bestimmt, sobald man ihren Wert auf der Fläche σ kennt; sie dient dazu, den folgenden Satz zu beweisen.

Satz II. Wenn eine Function v von x, y, z im Innern einer Fläche σ der Gleichung $\Delta v = \alpha^2 v$ genügt und daselbst mit ihren ersten Ableitungen stetig ist, so kann sie in diesem Raume als das calorische Potential einer auf σ verteilten Schicht betrachtet werden.

Schliesst man wie im § 13 des zweiten Kapitels, so findet man, dass die Dichtigkeit der Schicht ist:

$$\rho = -\frac{1}{4\pi} \left(\frac{\partial v_1}{\partial n} + \frac{\partial v}{\partial n'} \right),$$

wo v_1 die Function des vorigen Satzes ist, welche auf der Fläche σ denselben Wert hat wie v.

Denken wir uns ein derartiges System von drei Coordinaten, dass die Fläche σ durch einen constanten Wert einer der Coordinaten dargestellt wird, so wird ein Punkt der Fläche durch die beiden andern Coordinaten β_1, β_2 dargestellt werden. Betrachten wir ρ als eine beliebige Function von β_1 und β_2, so wird die allgemeinste Lösung der Gleichung $\Delta v = \alpha^2 v$, die jedoch den Stetigkeitsbedingungen genügt, im Innern von σ dargestellt durch die Formel:

$$\text{(A)} \qquad v = \int \frac{\cos\left(\alpha r \sqrt{-1}\right)}{r} \rho d\omega.$$

Lösung der Gleichung $\Delta u = -\alpha^2 u$.

§ 12.

Wir kehren jetzt zu der Lösung der Gleichung

$$\text{(a)} \qquad \Delta u = -\alpha^2 u$$

für das Innere der Fläche σ zurück. Man sieht zunächst unmittelbar, dass

$$\text{(B)} \qquad u = \int \frac{\cos \alpha r}{r} \rho d\omega$$

eine Lösung dieser Gleichung ist, und es bleibt nur noch zu beweisen, dass es die allgemeinste Lösung ist, unter der Voraussetzung immer, dass sie die Stetigkeitsbedingungen erfülle.

Die Function ρ von β_1 und β_2 nämlich lässt sich entwickeln in eine Reihe, deren sämtliche constante Coefficienten willkürlich sind, und wenn wir ρ in der Formel (A) durch diese Entwicklung ersetzen, so wird die Function v ebenfalls in eine Reihe entwickelt sein, deren Coefficienten respective von den ersten abhängen und ebenfalls als willkürlich betrachtet werden können. Diese Coefficienten werden durch die Bedingung bestimmt, dass v in jedem Punkte der Fläche σ einen gegebenen Wert haben solle.

Verwandelt man in der vorigen Rechnung α in $\alpha\sqrt{-1}$, so bleiben die Coefficienten reell und sie werden derart bestimmt, dass u in allen Punkten von σ eine gegebene Function von β_1 und β_2 ist.

Mithin kann man im Allgemeinen eine und nur eine Function von der Form (B) finden, welche in jedem Punkte von σ einen gegebenen Wert hat. Es kann jedoch eine Ausnahme für besondere Werte von α geben, die einen der Coefficienten der die Function u darstellenden Reihe unendlich gross machen würden.

Da nämlich sämtliche Coefficienten der Glieder der Entwicklung von (B) zunächst willkürlich sind, so genügt jedes dieser Glieder der Gleichung

$$\text{(a)} \qquad \Delta u = -\alpha^2 u,$$

und wenn eins dieser Glieder auf σ verschwindet, so wird sein Coefficient im Allgemeinen unendlich gross; das Problem wird also unmöglich. Alsdann aber hat man die Lösung eines andern Problems, welches darin besteht, eine Function (B) zu finden, die auf σ verschwindet.

Die Schlussfolgerungen des § 11 beweisen übrigens, dass die allgemeinste Lösung der Gleichung (a) von der Form (B) ist.

Lösung der Gleichung $\frac{\partial^2 u}{\partial x^2} + \frac{\partial^2 u}{\partial y^2} = -\alpha^2 u$.

§ 13.

Wir nehmen an, dass die Function u nur von x und y abhängt, und dass die Gleichung, welcher sie genügt, sich reduciert auf:

$$\frac{\partial^2 u}{\partial x^2} + \frac{\partial^2 u}{\partial y^2} = -\alpha^2 u. \tag{b}$$

Man bestätigt zunächst leicht, dass die Ausdrücke

$$M = \int_0^\pi \cos(\alpha r \cos\omega)\, d\omega$$

$$N = \int_0^\pi \cos(\alpha r \cos\omega) \log(r \sin^2\omega)\, d\omega$$

dieser Gleichung genügen. Man könnte sodann bezüglich der Gleichung (b) ganz ähnliche Sätze ableiten, wie diejenigen, welche wir für die Gleichung mit drei Coordinaten

$$\Delta u = -\alpha^2 u \tag{c}$$

erhalten haben. Wir beschränken uns aber darauf, den wichtigsten Satz anzuführen.

Satz. Die allgemeinste Lösung der Gleichung (b) in dem von einer Linie s eingeschlossenen Raume kann auf die Form gebracht werden:

$$\int N\rho\, ds,$$

wo ρ eine Function bezeichnet, welche längs der Linie s variiert. Die Function u kann ferner im Allgemeinen derart bestimmt werden, dass sie auf dem Contour s gleich einer gegebenen Function ist; es giebt jedoch Ausnahmen für besondere Werte von α.

Dieser Satz gilt auch noch, wenn die Linie s, welche die ebene Fläche einschliesst, aus mehreren geschlossenen und getrennten Linien besteht. In dem Falle, wo s nur aus einer geschlossenen Linie besteht, kann die vorstehende Lösung auf die Form gebracht werden:

$$\int M\rho\, ds.$$

Ebenso kann, wenn die Fläche σ sich auf eine einzige geschlossene Fläche reduciert, die Lösung der Gleichung (c) in die Form gebracht werden:

$$\int \frac{\sin \alpha r}{r} \rho\, d\sigma.$$

Indessen wollen wir diese beiden Sätze an dieser Stelle nicht beweisen.

§ 14.

Um eine bestimmtere Vorstellung zu haben, betrachten wir den einfachsten Fall, wo die Kurve s ein Kreis ist, dessen Radius wir mit R_1 bezeichnen, und führen Polarcoordinaten R und ϑ ein, deren Anfangspunkt im Mittelpunkte liegt. Die Function u von R und ϑ, welche der Gleichung (b) genügt, ist periodisch in Bezug auf ϑ, und die Periode ist 2π. Mithin ist u nach einem bekannten Satze in eine Reihe von folgender Form entwickelbar:

$$\begin{aligned} &C_0 + C_1 \cos\vartheta + C_2 \cos 2\vartheta + \cdots + C_n \cos n\vartheta + \cdots \\ &\quad + D_1 \sin\vartheta + D_2 \sin 2\vartheta + \cdots + D_n \sin n\vartheta + \cdots, \end{aligned}$$

wo C_n, D_n unabhängig von ϑ, aber Functionen von R sind. Substituiert man diese Reihe in die auf Polarcoordinaten transformierte Gleichung (b):

$$\frac{\partial^2 u}{\partial R^2} + \frac{1}{R}\frac{\partial u}{\partial R} + \frac{1}{R^2}\frac{\partial^2 u}{\partial \vartheta^2} = -\alpha^2 u,$$

so findet man, dass C_n, D_n der Gleichung genügen:

$$R^2 \frac{d^2 Q_n}{dR^2} + R \frac{dQ_n}{dR} + (\alpha^2 R^2 - n^2) Q_n = 0,$$

und da Q_n endlich bleiben muss für $R = 0$, so hat es den Wert:

$$\begin{aligned} Q_n(R, \alpha) = R^n \Bigg[1 &- \frac{\alpha^2 R^2}{2^2 (n+1)} + \frac{\alpha^4 R^4}{2^4 \cdot 1 \cdot 2 \cdot (n+1)(n+2)} \\ &- \frac{\alpha^6 R^6}{2^6 \cdot 1 \cdot 2 \cdot 3\, (n+1)(n+2)(n+3)} + \cdots \Bigg], \end{aligned}$$

abgesehen von einem Coefficienten. Somit hat man, wenn man mit A_n, B_n willkürliche Coefficienten bezeichnet:

$$u = A_0 Q_0(R, \alpha) + \cdots + (A_n \cos n\vartheta + B_n \sin n\vartheta)\, Q_n(R, \alpha) + \cdots$$

Man kann sämtliche Coefficienten und nur auf eine Weise derart bestimmen, dass u auf dem Contour gleich einer gegebenen periodischen Function $f(\vartheta)$ ist. und zwar hat man:

$$A_n = \frac{1}{\pi Q_n(R_1, \alpha)} \int_0^{2\pi} f(\vartheta) \cos n\vartheta d\vartheta,$$

$$B_n = \frac{1}{\pi Q_n(R_1, \alpha)} \int_0^{2\pi} f(\vartheta) \sin n\vartheta d\vartheta.$$

Es würde jedoch eine Ausnahme eintreten in dem Falle, wo α Wurzel einer der Gleichungen

$$\text{(d)} \qquad Q_0(R_1, \alpha) = 0, \ldots, \; Q_n(R_1, \alpha) = 0, \ldots$$

wäre, denn dann würden zwei der Coefficienten unendlich werden. In dem specielleren Falle, wo die Gleichung $Q_n(R_1, \alpha) = 0$ befriedigt wäre, und in welchem die beiden Integrale, welche in A_n und B_n vorkommen, gleich Null wären, könnten A_n, B_n beliebig sein.

Will man, dass die Function u auf dem ganzen Umfange des Kreises gleich Null sei, so würden im Allgemeinen sämtliche Coefficienten gleich Null sein; es giebt jedoch eine Ausnahme, nämlich wenn α eine Wurzel einer der Gleichungen (d) ist; ist die $n + 1^{\text{te}}$ befriedigt, so erhält man die Lösung:

$$u = (A_n \cos n\vartheta + B_n \sin n\vartheta) Q_n(R, \alpha).$$

§ 15.

Dieses Beispiel dient dazu, den folgenden **Satz,** der sich aus § 13 ergiebt, besser verständlich zu machen.

Man kann im Allgemeinen eine und nur eine Function bestimmen, welche im Innern eines Contours s der Gleichung

$$\frac{\partial^2 v}{\partial x^2} + \frac{\partial^2 v}{\partial y^2} = -\alpha^2 v$$

genügt, welche daselbst mit ihren Ableitungen erster Ordnung endlich und stetig ist und die in jedem Punkte dieses Contours einen variablen und willkürlich gegebenen Wert besitzt. Es giebt jedoch Ausnahmen für gewisse Werte von α, die in bestimmten Intervallen auf einander folgen, und für diese Werte von α existiert eine Function v, die verschieden von Null ist und allen vorhergehenden Bedingungen genügt, nur dass sie auf dem Contour, anstatt daselbst eine willkürliche Function zu sein, verschwindet. Wird diese Function v in die Formel

$$\text{(a)} \qquad u = (A \sin \alpha c t + B \cos \alpha c t) v,$$

wo A und B willkürliche Constanten sind, substituiert, so liefert sie eine Lösung der Gleichung:

(b) $$\frac{\partial^2 u}{\partial t^2} = c^2\left(\frac{\partial^2 u}{\partial x^2} + \frac{\partial^2 u}{\partial y^2}\right),$$

welche im Innern von s erfüllt sein muss und wo die Bedingung hinzuzufügen ist, dass v auf dem Contour s gleich Null ist.

Dieser Satz giebt die wahre Definition der einfachen Lösung der Gleichung (b).

Die Gleichung (b) bestimmt die normale Verrückung eines jeden Punktes einer schwingenden Membran; die Gleichung (a) stellt somit die einfache Schwingungsbewegung einer Membran dar, deren Begrenzungscontour s fest ist. Aus der Erfahrung weiss man, dass die einfachen Schwingungsbewegungen das Bestreben haben, sich einzeln hervorzubringen, obwohl die allgemeinste Bewegung die Summe von unendlich vielen solcher Bewegungen sein muss. Denn da sie unter einander incommensurable Töne geben, so müssen sie isoliert auftreten, um eine periodische Bewegung geben zu können.

Zweites Potential.

§ 16.

Wir wollen jetzt allgemeine Sätze beweisen, die sich auf die Lösung der Gleichung

$$\Delta\Delta u = 0$$

oder

$$\frac{\partial^4 u}{\partial x^4} + \frac{\partial^4 u}{\partial y^4} + \frac{\partial^4 u}{\partial z^4} + 2\frac{\partial^4 u}{\partial y^2 \partial^2 z} + 2\frac{\partial^4 u}{\partial z^2 \partial x^2} + 2\frac{\partial^4 u}{\partial x^2 \partial y^2} = 0$$

beziehen.

Diese Gleichung kommt in der Theorie der Elasticität vor. Wenn nämlich ein homogener fester Körper, dessen Elasticität nach allen Richtungen dieselbe ist, im elastischen Gleichgewichte sich befindet, und durch den Einfluss von Drucken, die auf seine Oberfläche ausgeübt werden, deformiert wird, so genügen die Projectionen der Verrückung irgend eines Punktes des Innern des Körpers jener Gleichung und die Componenten der elastischen Kräfte, welche im Innern des Körpers auf ebene Flächenelemente, die den Coordinatenebenen parallel sind, ausgeübt werden, genügen derselben Gleichung.

Die nachstehenden Sätze habe ich bereits früher einmal angegeben *(Journal de Liouville, t. XIV, 1869).*

Auf den Ausdruck $\Delta\Delta u$ bezügliche Formeln.

§ 17.

Denken wir uns einen Körper, dessen Volumen ω ist und der von der Oberfläche σ begrenzt wird, und betrachten wir die Formel (Kap. I, § 10):

$$(1)\quad \int v\Delta u d\omega - \int u\Delta v d\omega = -\int v\frac{\partial u}{\partial n'}d\sigma + \int u\frac{\partial v}{\partial n'}d\sigma,$$

so erhalten wir, wenn wir v in $\Delta u'$ verwandeln:

$$(2)\quad \int \Delta u\Delta u' d\omega = \int u\Delta\Delta u' d\omega - \int \Delta u'\frac{\partial u}{\partial n'}d\sigma + \int u\frac{\partial \Delta u'}{\partial n'}d\sigma.$$

In der Formel (1) sind u und v ebenso wie ihre ersten Ableitungen als stetig vorausgesetzt; mithin ist in der Formel (2) u denselben Bedingungen unterworfen und $\Delta u'$ muss mit seinen ersten Ableitungen ebenfalls als stetig vorausgesetzt werden.

Da die linke Seite der Gleichung (2) sich nicht ändert, wenn man u und u' vertauscht, so muss dasselbe mit der rechten Seite der Fall sein und daraus folgt:

$$\int u\Delta\Delta u' d\omega - \int \Delta u'\frac{\partial u}{\partial n'}d\sigma + \int u\frac{\partial \Delta u'}{\partial n'}d\sigma$$
$$= \int u'\Delta\Delta u d\omega - \int \Delta u\frac{\partial u'}{\partial n'}d\sigma + \int u'\frac{\partial \Delta u}{\partial n'}d\sigma,$$

oder:

$$\int u\Delta\Delta u' d\omega - \int u'\Delta\Delta u d\omega$$
$$(3)\quad = \int\left(-u\frac{\partial \Delta u'}{\partial n'} + u'\frac{\partial \Delta u}{\partial n'}\right)d\sigma - \int\left(\Delta u\frac{\partial u'}{\partial n'} - \Delta u'\frac{\partial u}{\partial n'}\right)d\sigma.$$

Offenbar wird diese Gleichung gelten, wenn die Functionen u, u' und ihre Ableitungen von den drei ersten Ordnungen stetig sind.

Die Formel (3) spielt in der Theorie der Gleichung $\Delta\Delta u = 0$ eine ähnliche Rolle, wie die Gleichung (1) in der Theorie der Gleichung $\Delta u = 0$.

Definition und Eigenschaften des zweiten Potentials.

§ 18.

Betrachten wir das durch das dreifache Integral

$$V = \iiint \frac{\varphi(a, b, c)}{r}\, da\, db\, dc$$

gegebene Potential, wobei sich die Integration über ein Volumen ω erstreckt und in welchem r die Entfernung des Punktes (x, y, z) vom Punkte (a, b, c) bezeichnet, so haben wir

$$\Delta V = 0 \text{ oder } \Delta V = -4\pi\varphi(x, y, z),$$

je nachdem der Punkt (x, y, z) ausserhalb oder innerhalb des Volumens ω liegt.

Beachten wir, dass

$$\Delta r = \frac{2}{r}, \text{ somit } \Delta\Delta r = 0$$

ist, und betrachten wir sodann die Function

$$w = \iiint r\varphi(a, b, c)\, dadbdc,$$

so haben wir

$$\text{(a)} \qquad \frac{\partial^2 w}{\partial x^2} = \iiint \varphi(a, b, c)\left(\frac{1}{r} - \frac{(x-a)^2}{r^3}\right) dadbdc,$$

und somit:

$$\text{(b)} \qquad \Delta w = 2V.$$

Die Gleichung (a) und daher auch die Gleichung (b) findet statt, auch wenn der Punkt (x, y, z) im Innern des Volumens ω liegt; alsdann nämlich wird zwar die unter dem Integralzeichen stehende Function im Punkte (x, y, z) unendlich, da aber dieses Unendlich nur von der Ordnung $\frac{1}{r}$ ist, so erhält man, wenn man dieses Integral auf das Volumen einer unendlich kleinen Kugel, deren Mittelpunkt in jenem Punkte liegt, anwendet, nur ein unendlich kleines Resultat.

Da die Gleichung (b) in allen Fällen stattfindet, so erhält man, wenn man die Operation Δ an beiden Seiten vornimmt:

$$\Delta\Delta w = 0,$$

falls der Punkt (x, y, z) ausserhalb des Volumens ω, und

$$\Delta\Delta w = -8\pi\varphi(x, y, z),$$

falls er innerhalb desselben sich befindet.

Ich nenne w das **zweite Potential** der in ω eingeschlossenen Masse, und wenn es gilt, V von w zu unterscheiden, so soll V das erste Potential derselben Masse genannt werden. Denkt man sich im Punkte (x, y, z) die Einheit der Masse concentriert, so stellen die Ableitungen von w nach x, y, z die Abstossung der Masse des Körpers in Bezug auf diesen Punkt dar, wenn man sich zwischen zwei Molekülen eine gegenseitige Kraft wirksam denkt, der zufolge sie sich in ihrer geraden Verbindungslinie und unabhängig von ihrer Entfernung abstossen würden.

§ 19.

Denken wir uns auf der Fläche σ eine unendlich dünne Schicht Materie ausgebreitet und bezeichnen wir mit ρ die Dichtigkeit dieser Schicht und mit r die Entfernung des Punktes (x, y, z) von $d\sigma$, so erhalten wir für ihr zweites Potential:

$$\text{(c)} \qquad w = \int \rho r d\sigma.$$

w wird innerhalb und ausserhalb dieser Schicht der Gleichung $\Delta\Delta w = 0$ genügen und überdies daselbst mit allen seinen Ableitungen sich stetig ändern. Bezeichnen wir mit v und v' das erste Potential dieser Schicht, je nachdem der Punkt (x, y, z) innerhalb oder ausserhalb liegt, und ebenso mit w und w' den Ausdruck (c) in diesen beiden Fällen, so haben wir

$$\rho = -\frac{1}{4\pi}\left(\frac{\partial v}{\partial n'} + \frac{\partial v'}{\partial n}\right) = -\frac{1}{8\pi}\left(\frac{\partial \Delta w}{\partial n'} + \frac{\partial \Delta w'}{\partial n}\right),$$

und, wenn der Punkt die Schicht durchschreitet, so ändern sich die Function w und ihre Ableitungen der ersten beiden Ordnungen in stetiger Weise, während dasselbe im Allgemeinen für die Ableitungen dritter Ordnung nicht mehr der Fall ist.

Über eine Lösung der Gleichung $\Delta\Delta u = 0$.

§ 20.

Ich behaupte, dass man immer eine Function u finden kann, welche im Innern der Fläche σ der Gleichung

$$(1) \qquad \Delta\Delta u = 0$$

genügt, daselbst mit ihren Ableitungen der drei ersten Ordnungen sich stetig ändert und deren Wert, ebenso wie der Wert der an ihr ausgeführten Operation Δ, auf der Oberfläche gegeben ist.

Man kann dieser Aufgabe genügen, wenn man setzt:

$$u = w + v$$

$$(2) \qquad v = \int \frac{\rho'}{r}\, d\sigma, \quad w = \int \rho r\, d\sigma,$$

wo ρ und ρ' Functionen der Coordinaten jedes Punktes der Fläche σ sind und r die Entfernung des Punktes (x, y, z) von $d\sigma$ ist; v und w sind demnach das erste und das zweite Potential von zwei Massenschichten, welche diese Oberfläche bedecken.

Die Function $t = \Delta w$ genügt, der Gleichung (1) zufolge, der Gleichung:

$$\Delta t = 0,$$

und da Δu auf der Oberfläche einen gegebenen Wert φ hat, so hat $t = \Delta w = \Delta u$ auf dieser Oberfläche denselben Wert. Mithin ist nach einem bekannten Satze t vollständig bestimmt; man kann es ferner auf die Form bringen:

$$t = 2\int \frac{\rho}{r}\, d\sigma,$$

und wenn man

$$w = \int \rho r\, d\sigma$$

nimmt, so hat man $\Delta w = t$ und auf der Fläche σ ist $\Delta w = \varphi$.

Kennt man w, so erhält man den Wert von v auf der Oberfläche, wenn man den Wert von w von demjenigen abzieht, welcher für u gegeben worden war; somit wird der Wert von v vollständig bestimmt sein.

Demnach ist der Satz bewiesen und ferner ersieht man, wie man die Lösung auf die Form (2) bringen kann.

Allgemeine Lösung der Gleichung $\Delta\Delta u = 0$.

§ 21.

Wir betrachten eine Function u von x, y, z, welche im Innern der Fläche σ der Gleichung

$$\Delta\Delta u = 0$$

genügt, und nehmen an, dass daselbst u und seine Ableitungen der drei ersten Ordnungen sich in stetiger Weise ändern. In der Gleichung (2) des § 17 setzen wir $u' = u$ und erhalten:

$$\int (\Delta u)^2 d\omega = -\int \Delta u \frac{\partial u}{\partial n'} d\sigma + \int u \frac{\partial \Delta u}{\partial n'} d\sigma.$$

Nehmen wir sodann an, dass u auf der Fläche σ einem der beiden Systeme von Bedingungen:

$$(1^\circ) \qquad u = 0, \quad \Delta u = 0$$

$$(2^\circ) \qquad u = 0, \quad \frac{\partial u}{\partial n'} = 0$$

genüge, so reduciert sich die vorstehende Gleichung auf

$$\int (\Delta u)^2 d\omega = 0.$$

Man schliesst hieraus, dass Δu in allen Punkten innerhalb σ gleich Null ist und dass somit u selbst in derselben Ausdehnung Null ist; denn bekanntlich ist eine Function u, welche der Gleichung $\Delta u = 0$ im Innern der Fläche σ genügt und auf dieser Fläche verschwindet, in allen innerhalb befindlichen Punkten gleich Null (Kap. I, § 21).

Hieraus kann man leicht folgern, dass es nur eine Function geben kann, welche der Gleichung

$$\Delta\Delta u = 0$$

im Innern der Fläche σ genügt, daselbst mit ihren Ableitungen der drei ersten Ordnungen sich stetig ändert und für welche

$$u, \Delta u \text{ oder } u, \frac{\partial u}{\partial n'}$$

auf der Fläche einen gegebenen Wert haben.

Denn nehmen wir an, dass eine zweite Function u' denselben Bedingungen genügen könne, und setzen wir

$$u - u' = \vartheta,$$

so genügt ϑ in allen Punkten des Volumens ω der Gleichung

$$\Delta\Delta\vartheta = 0$$

und auf der Oberfläche dem einen der beiden Systeme von Bedingungen:

$$\vartheta = 0, \quad \Delta\vartheta = 0$$

oder

$$\vartheta = 0, \quad \frac{\partial\vartheta}{\partial n'} = 0;$$

somit ist nach dem, was wir eben bewiesen haben, ϑ in allen inneren Punkten gleich Null, und es ist $u' = u$.

§ 22.

Wir haben gesehen, dass man stets eine Function von der Form

$$u = \int \rho r d\sigma + \int \frac{\rho'}{r} d\sigma$$

finden kann, deren Wert ebenso wie der von Δu auf der Fläche σ gegeben ist, und aus dem Vorhergehenden folgern wir die beiden folgenden **Sätze:**

1. Es existiert eine und nur eine Function, welche im Innern der Fläche σ der Gleichung

$$\Delta\Delta u = 0$$

genügt, daselbst mit ihren Ableitungen der drei ersten Ordnungen sich stetig ändert, und deren Wert nebst dem auf sie bezüglichen Werte von Δ auf der Fläche gegeben ist.

2. Jede Function u, welche im Innern von σ der Gleichung $\Delta\Delta u = 0$ genügt und den vorher genannten Stetigkeitsbedingungen gehorcht, ist die Summe des ersten Potentials einer Schicht, welche die Fläche σ bedeckt, und des zweiten Potentials einer andern Schicht, welche dieselbe Oberfläche bedeckt.

Dieser zweite Satz giebt das allgemeine Integral der partiellen Differentialgleichung, ein Integral, in welchem die Dichtigkeiten ρ und ρ' der beiden Schichten irgend welche Functionen der Coordinaten der Fläche σ sind.

Man hat einen dem ersten der beiden vorhergehenden Theoreme ähnlichen Satz, in welchem man sich auf der Fläche σ an Stelle von u und Δu die Werte von u und $\frac{\partial u}{\partial n'}$ gegeben denkt; den Beweis desselben habe ich in meiner oben erwähnten Abhandlung gegeben, doch gehe ich an dieser Stelle auf denselben nicht ein.

Über die auf zwei Coordinaten reducierte Gleichung $\Delta\Delta u = 0$.

§ 23.

Nehmen wir an, dass u nicht von z abhängt, so reduciert sich die Gleichung $\Delta\Delta u = 0$ auf

$$\frac{\partial^4 u}{\partial x^4} + 2\frac{\partial^4 u}{\partial x^2 \partial y^2} + \frac{\partial^4 u}{\partial y^4} = 0.$$

Setzt man:

$$r^2 = (x-a)^2 + (y-b)^2,$$

so hat man:

$$\Delta\left(r^2 \log\frac{1}{r} + \frac{r^2}{2}\right) = 4\log\frac{1}{r},$$

$$\Delta\Delta\left(r^2 \log\frac{1}{r} + \frac{r^2}{2}\right) = 0.$$

Wir betrachten die beiden Functionen von x und y

$$V = \iint \log\frac{1}{r} \cdot \varphi(a, b)\,da\,db$$

$$w = \iint\left(r^2 \log\frac{1}{r} + \frac{r^2}{2}\right)\varphi(a, b)\,da\,db$$

und denken uns diese doppelten Integrale hinerstreckt über eine Fläche Ω; ferner nennen wir V und w respective das erste und das zweite Potential.

Wie wir (§ 2) gesehen haben, ist

$$\Delta V = 0 \text{ oder } = -2\pi\varphi(x, y),$$

je nachdem der Punkt (x, y) ausserhalb oder innerhalb der Fläche Ω sich befindet. Ferner hat man:

$$\Delta w = 4V$$

und hieraus folgt:

$$\Delta\Delta w = 0 \text{ oder } = -8\pi\varphi(x, y),$$

je nachdem der eine oder andere Fall stattfindet.

Hat man die vorstehenden Definitionen des ersten und des zweiten Potentials angenommen, so braucht man nur die Schlussfolgerungen der vorhergehenden Paragraphen anzuwenden, um hinsichtlich der auf zwei Dimensionen bezüglichen Gleichung $\Delta\Delta u = 0$ ähnliche Sätze zu erhalten, wie diejenigen, die wir für drei Dimensionen gefunden haben. Wir beschränken uns darauf den folgenden **Satz** anzuführen.

Jede Function, welche im Innern der Kurve s der Gleichung

$$\frac{\partial^4 u}{\partial x^4} + 2\frac{\partial^4 u}{\partial x^2 \partial y^2} + \frac{\partial^4 u}{\partial y^4} = 0$$

genügt und die nebst ihren Ableitungen der drei ersten Ordnungen daselbst stetig ist, ist die Summe des ersten Potentials einer Schicht, welche die Kurve s bedeckt, und des zweiten Potentials einer andern auf demselben Contour abgelagerten Schicht.

Sie ist somit von der Form:

$$\int\left(r^2 \log\frac{1}{r} + \frac{r^2}{2}\right)\varphi ds + \int \log\frac{1}{r}\,\psi ds,$$

wo φ und ψ zwei Functionen einer Coordinate, durch die ein Punkt des Contours s bestimmt werden kann, sind und r die Entfernung des Punktes (x, y) von dem Elemente ds ist.

Viertes Kapitel.

Vergleichung der Theorie des Potentials mit derjenigen der Wärme.

Das Potential irgend einer Masse genügt überall ausserhalb dieser Masse der Gleichung

$$\text{(a)} \qquad \Delta V = 0.$$

Wir denken uns nun einen isotropen Körper, so dass die Fortpflanzung der Wärme in ihm nach allen Richtungen in derselben Weise vor sich geht, und nehmen an, dass derselbe sich unter der Einwirkung constanter Wärmequellen im Wärmegleichgewicht befinde; die Temperatur V eines beliebigen Punktes (x, y, z) dieses Körpers genügt alsdann der Gleichung (a); ebenso wie das Potential muss sie eine stetige Function der Coordinaten dieses Punktes sein und ihre Ableitungen erster Ordnung sind ebenfalls stetig. Denn wenn man mit q den Coefficienten der Leitungsfähigkeit bezeichnet, so müssen die Wärmeströme für die Flächeneinheit, nämlich

$$-q\frac{\partial V}{\partial x}, \quad -q\frac{\partial V}{\partial y}, \quad -q\frac{\partial V}{\partial z},$$

welche durch ein ebenes zur Achse der x, der y oder der z senkrechtes Element hindurchgehen, stetige Functionen sein. Man sieht daher ohne Weiteres, dass eine sehr grosse Analogie zwischen dem Potential und der Gleichgewichtstemperatur eines Körpers besteht; wir werden aber überdies beweisen, dass eine völlige Identität zwischen diesen beiden Functionen existiert, so dass jede Aufgabe über das Potential ersetzt werden kann durch eine andere, welche sich auf ein Temperaturgleichgewicht bezieht.

Beweis der Formel $\Delta V = -4\pi\rho$.

§ 1.

Wir bemerken zunächst, dass man beweisen kann, dass die Gleichung

$$\Delta V = -4\pi\rho,$$

in welcher V das Potential einer Masse ist, deren Dichtigkeit im Punkte (x, y, z) gleich ρ ist, auch gerade diejenige ist, welche die Bewegung der Wärme in einem Körper giebt. Dieser Beweis ist von Riemann gegeben worden.

Wir betrachten ein unendlich kleines in der Masse gelegenes rechtwinkliges Parallelepipedon, dessen Kanten respective der x-, y-, z-Achse parallel sind und mit dx, dy, dz bezeichnet sein mögen, und wenden darauf die Gauss'sche Formel

$$\text{(b)} \qquad \int \frac{\partial V}{\partial n} d\sigma = -4\pi M$$

an (Kap. I, § 14)*). Das Integral erstreckt sich über die ganze Oberfläche des Parallelepipedons und M ist die darin enthaltene als stetig vorausgesetzte Masse.

Wird das Element ∂n der Normale nach aussen gezogen, so hat der Teil jenes Integrals, welcher sich auf die zur Abscisse x gehörige Seitenfläche $dydz$ bezieht, den Wert:

$$\text{(c)} \qquad -\frac{\partial V}{\partial x} dydz;$$

der Teil desselben Integrals für die parallele Seitenfläche, deren Abscisse $x + dx$ ist, hat den Wert:

$$\text{(d)} \qquad \left(\frac{\partial V}{\partial x} + \frac{\partial^2 V}{\partial x^2} dx\right) dydz,$$

und wir erhalten den Ausdruck

$$\frac{\partial^2 V}{\partial x^2} dxdydz$$

für die beiden Seitenflächen. Man erhält somit für die linke Seite der Gleichung (b)

$$\left(\frac{\partial^2 V}{\partial x^2} + \frac{\partial^2 V}{\partial y^2} + \frac{\partial^2 V}{\partial z^2}\right) dxdydz.$$

Ferner hat man für die rechte Seite der Gleichung (*b*)

$$-4\pi\rho dxdydz.$$

*) Man hat alsdann nicht den Beweis des § 12, sondern denjenigen des § 14 zu nehmen, da der erstere den zu beweisenden Satz voraussetzt.

Mithin erhält man schliesslich:

$$\text{(e)} \qquad \Delta V = -4\pi\rho,$$

und wenn der Punkt (x, y, z) ausserhalb der Masse angenommen wird:

$$\text{(f)} \qquad \Delta V = 0.$$

Hätte V die Temperatur eines Körpers bezeichnet, so würde in das Parallelepipedon ein Wärmestrom eingetreten sein, der durch den Ausdruck (c), wenn man diesen noch mit q multipliciert, dargestellt wird, und es würde aus demselben ein Wärmestrom ausgetreten sein, der durch den Ansdruck (d) dargestellt wird, wenn man sein Zeichen ändert und ihn mit demselben Coefficienten multipliciert. Im Falle des Temperaturgleichgewichts erhält man dann die Gleichung (f), indem man ausdrückt, dass die gesamte in das Element eingetretene Wärmemenge gleich Null ist. Man würde die Gleichung (e) erhalten, wenn man sich dächte, dass der Körper der Sitz einer Wärmequelle wäre, welche für die Einheit des Volumens und in der Einheit der Zeit eine Wärmemenge gleich $-4\pi q\rho$ erzeugte.

Bezeichnet V ein Potential, so kann man den Ausdruck (c) als eine Kraftmenge betrachten, welche durch die erste Seitenfläche $dydz$ hindurchtritt, und dieselbe mit dem Namen **„Kraftstrom“** bezeichnen.

§ 2.

Mit Hülfe der Gleichung (b) kann man auch den Coulomb'schen Satz (Kap. II, § 9) beweisen. Wir denken uns eine auf einer Fläche verteilte unendlich dünne Schicht, deren Potential in jedem Punkte dieser Fläche einen constanten Wert haben möge. Es sei $d\sigma$ ein Element dieser Fläche; wir construieren einen Kanal, welcher $d\sigma$ zum Querschnitt hat und dessen Oberfläche von Kraftlinien gebildet wird (Kap. I, § 2); ferner legen wir zwei Querschnitte $d\sigma_1$, $d\sigma_2$, den einen ausserhalb, den andern innerhalb σ. Dann ist der Wert von $\frac{\partial V}{\partial n}$ gleich Null längs der Seitenfläche des Kanals und im Innern von σ, und es bleibt

$$\left(\frac{\partial V}{\partial n}\right)_1 d\sigma_1 = -4\pi\rho d\sigma,$$

wo $\rho d\sigma$ die Masse ist, welche $d\sigma$ bedeckt, und wenn man $d\sigma_1$ unendlich nahe bei $d\sigma$ annimmt, so erhält man:

$$\rho = -\frac{1}{4\pi}\frac{\partial V}{\partial n}.$$

Identität des Potentials und der Gleichgewichtstemperatur.

§ 3.

Viele Sätze über das Potential werden beinahe unmittelbar evident, wenn man für sie diejenigen substituiert, welche ihnen beim Temperaturgleichgewicht entsprechen.

Nehmen wir z. B. einen Körper an, dessen sämtliche Oberflächenpunkte auf festen und gegebenen Temperaturen erhalten werden, so wird dieser Körper einem Temperaturgleichgewicht zustreben, welches vollkommen bestimmt ist. Dieser Satz kommt augenscheinlich auf das im § 16 des ersten Kapitels bewiesene Dirichlet'sche Prinzip zurück.

Denken wir uns ferner, dass die Temperatur in allen Punkten der Oberfläche eines Körpers gleich erhalten werde, so wird die Gleichgewichtstemperatur in allen inneren Punkten denselben Wert haben. Dieser Satz kommt auf den folgenden zurück: Wenn Massen ausserhalb einer Fläche gelegen sind und ihr Potential auf dieser Fläche einen constanten Wert hat, so wird ihr Potential in allen inneren Punkten denselben Wert besitzen.

Die Massenschichten, welche auf Flächen ausgebreitet sind und deren Potential man betrachtet, entsprechen in der Theorie des Temperaturgleichgewichts Wärmequellen, welche mit diesen Flächen in Berührung stehen.

§ 4.

Stellt V die Gleichgewichtstemperatur eines isotropen Körpers dar, so ist V nur im Innern der diesen Körper begrenzenden Fläche σ bestimmt; da wir aber alsdann die Function V ausserhalb dieses Raumes willkürlich bestimmen können, so denken wir uns, dass der von σ eingeschlossene Körper T nach allen Richtungen bis ins Unendliche verlängert werde, wobei wir jedoch annehmen, dass der Körper T von dem äusseren Körper T' durch eine unendlich dünne Schicht, welche der Sitz einer Wärmequelle ist, getrennt sei. Die Gleichgewichtstemperatur von T' nennen wir ebenfalls V.

Die Intensität der Quelle ist eine festbestimmte, sie ändert sich aber von einem Punkte der Oberfläche zum andern; die Temperatur ist ferner dieselbe an der Grenze des Raumes T und an der Grenze des unendlichen Raumes T'; endlich wird noch vorausgesetzt, dass die Temperatur in unendlicher Entfernung auf Null erhalten werde.

Nach dem, was wir gesehen haben (Kap. II, § 15), ist die Function V innerhalb und ausserhalb von σ identisch mit dem Potential einer auf σ verteilten Massenschicht, und es ist:

$$V = -\frac{1}{4\pi}\int\left(\frac{\partial V}{\partial n} + \frac{\partial V}{\partial n'}\right)\frac{1}{r}\,d\sigma,$$

wo r die Entfernung des Punktes (x, y, z) vom Elemente $d\sigma$ ist.

Über dem Elemente $d\sigma$ der Oberfläche nehmen wir die Masse zwischen T und T' als stetig an; alsdann sind die zu diesem Element senkrechten Wärmeströme in T und T' dieselben. Wir können also für dieses Element schreiben:

$$-q\frac{\partial V}{\partial n'} = U, \quad q\frac{\partial V}{\partial n} = U.$$

Diese Wärmeströme entstehen aus der an der Fläche σ unterhaltenen Wärmequelle, wenn man letztere um den unendlich kleinen das Element $d\sigma$ bedeckenden Teil vermindert. Nun sendet aber der auf $d\sigma$ gelegene Teil der Wärmequelle zwei normale Ströme von derselben Intensität $a d\sigma$, aber von entgegengesetzter Richtung aus, nämlich den einen nach dem Innern von σ, den andern nach aussen. Somit hat man:

$$-q\frac{\partial V}{\partial n'} = U + a, \quad q\frac{\partial V}{\partial n} = U - a,$$

und hieraus ergiebt sich die Formel:

$$\frac{\partial V}{\partial n'} + \frac{\partial V}{\partial n} = -\frac{2a}{q},$$

in welcher $2a$ die Wärmemenge ist, welche von der Quelle auf $d\sigma$ in der Einheit der Zeit und für die Flächeneinheit geliefert wird. Führt man diese Grösse in den Ausdruck von V ein, so erhält man:

$$V = \frac{1}{2\pi q}\int \frac{a}{r}\, d\sigma.$$

Isotherme Flächen oder Niveauflächen.

§ 5.

Betrachtet man ein System von Massen, deren Potential V man nimmt, so sind die Niveauflächen diejenigen Flächen, auf denen das Potential constant ist. Denken wir uns andererseits einen unbegrenzten festen Körper, der von einem oder mehreren Hohlräumen durchsetzt ist, in denen sich constant bleibende Wärmequellen befinden, so ist die Gleichgewichtstemperatur des Körpers durch diese Quellen bestimmt, und die Flächen, für welche die Temperatur dieselbe ist, werden **isotherme Flächen** genannt.

Offenbar sind die isothermen Flächen mit den Niveauflächen identisch.

Wir haben gesehen, dass, wenn eine Masse M im Innern einer Fläche σ liegt, ihr Potential ausserhalb dasselbe ist, wie dasjenige einer auf der Fläche passend verteilten Schicht. Die Dichtigkeit dieser Schicht aber ist im Allgemeinen sehr schwer zu bestimmen; diese Aufgabe wird dagegen leicht, wenn die Fläche σ eine Niveaufläche der Masse M ist und wenn man die allgemeine Gleichung dieser Flächen in der Form $V = \text{const.}$ kennt.

Wenn nämlich das Potential der Schicht auf der Fläche σ constant ist, so wird es auch in allen inneren Punkten constant sein, und ihr äusseres Potential, welches dasjenige der Masse ist, ist nach Voraussetzung eine bekannte Function. Man hat daher:

$$\rho = -\frac{1}{4\pi}\frac{\partial V}{\partial n}.$$

Nehmen wir in dieser Formel dV als constant an, so wird dn die Entfernung der Fläche σ von der unendlich nahe gelegenen Niveaufläche sein; mithin steht die Dichtigkeit der Schicht oder ihre Dicke, wenn man die Schicht als homogen voraussetzt, im umgekehrten Verhältnis zur Entfernung der beiden Flächen. Ferner weiss man, dass die Masse dieser Schicht gleich M ist (Kap. II, § 16).

Diese Schicht heisst **Niveauschicht** und ihre Anziehung auf einen Punkt ihrer äusseren Oberfläche ist normal zu der Fläche. Ferner wollen wir noch bemerken, dass zwei Niveauschichten in einem Punkte, der ausserhalb der einen wie der anderen liegt, dasselbe Potential besitzen.

§ 6.

Die confokalen Ellipsoide, welche durch die Gleichung

$$\frac{x^2}{\rho^2} + \frac{y^2}{\rho^2 - b^2} + \frac{z^2}{\rho^2 - c^2} = 1, \tag{1}$$

wo der Parameter ρ der Ungleichheit

$$\rho > c > b$$

genügt, gegeben sind, bilden ein System von isothermen Flächen oder ein System von Niveauflächen.

Man beweist sehr leicht, dass eine zwischen zwei homothetischen*) Ellipsoiden enthaltene homogene Schicht auf einen in ihrem innern Hohlraum liegenden Punkt M keine Wirkung ausübt, indem man zeigt, dass ein Kegel von unendlich kleiner Öffnung, dessen Spitze in M liegt, aus dieser Schicht zwei Elemente ausschneidet, deren Anziehung auf die Spitze von derselben Grösse, aber von entgegengesetzter Richtung ist. Mithin erhält man eine Reihe von Niveauschichten, indem man Schichten von derselben Masse nimmt, welche zwischen einem der confokalen Ellipsoide (1) und einem unendlich nahen homothetischen Ellipsoide liegen. Wie wir schon gesagt haben, ist die Wirkung irgend zweier dieser Schichten auf einen äusseren Punkt dieselbe.

Die beiden Systeme von ein- und zweischaligen Hyperboloiden

$$\frac{x^2}{\rho_1^2} + \frac{y^2}{\rho_1^2 - b^2} - \frac{z^2}{c^2 - \rho_1^2} = 1 \quad (b < \rho_1 < c) \tag{2}$$

$$\frac{x^2}{\rho_2^2} - \frac{y^2}{b^2 - \rho_2^2} - \frac{z^2}{c^2 - \rho_2^2} = 1 \quad (\rho_2 < b) \tag{3}$$

sind zu den Flächen (1) und zu einander orthogonal und geben durch ihre Durchschnittslinien die Kraftlinien einer jeden der vorher erwähnten Schichten.

Jedes der beiden Systeme von Hyperboloiden bildet ferner ein System von Niveauflächen und würde zu ähnlichen Schlüssen führen wie diejenigen, welche wir für die Ellipsoide erhalten haben.

*) D. h. concentrischen, ähnlichen und ähnlich liegenden.

Nehmen wir b und c unendlich klein an, so gehen die confokalen Ellipsoide in Kugeln über; ρ_1 und ρ_2, welche kleiner als c sind, werden ebenfalls unendlich klein; somit reducieren sich die Gleichungen (2) und (3) auf

$$\frac{x^2}{\rho_1{}^2}+\frac{y^2}{\rho_1{}^2-b^2}-\frac{z^2}{c^2-\rho_1{}^2}=0$$

$$\frac{x^2}{\rho_2{}^2}-\frac{y^2}{b^2-\rho_2{}^2}-\frac{z^2}{c^2-\rho_2{}^2}=0$$

und diese stellen Kegel dar. Multipliciert man die Nenner mit einer sehr grossen Grösse, so kann man diese Nenner als endlich annehmen und b und c werden constant bleiben. Jedes dieser Systeme von Kegelflächen giebt isotherme Flächen.

Isotherme Kegelflächen oder Niveaukegelflächen.

§ 7.

Wir denken uns einen unbegrenzten Körper im Temperaturgleichgewicht, in welchem die Temperatur längs der von einem und demselben Punkte O ausgehenden Geraden dieselbe ist. Nehmen wir sphärische Coordinaten r, ϑ, ψ, deren Mittelpunkt in O sich befindet, und die durch die Gleichungen

$$x=r\cos\vartheta$$
$$y=r\sin\vartheta\cos\psi$$
$$z=r\sin\vartheta\sin\psi$$

gegeben werden, so geht die Gleichung

$$\Delta V=0 \tag{1}$$

über in

$$\sin\vartheta\frac{\partial\left(r^2\frac{\partial V}{\partial r}\right)}{\partial r}+\frac{\partial\left(\sin\vartheta\frac{\partial V}{\partial\vartheta}\right)}{\partial\vartheta}+\frac{1}{\sin\vartheta}\frac{\partial^2 V}{\partial\psi^2}=0,$$

und da V unabhängig sein soll von r, so reduciert sich diese auf:

$$\sin\vartheta\frac{\partial\left(\sin\vartheta\frac{\partial V}{\partial\vartheta}\right)}{\partial\vartheta}+\frac{\partial^2 V}{\partial\psi^2}=0.$$

Setzen wir:

$$\frac{d\vartheta}{\sin\vartheta}=du \text{ oder } u=\log\operatorname{tang}\frac{\vartheta}{2},$$

so nimmt diese Gleichung die folgende sehr einfache Form an:

$$\frac{\partial^2 V}{\partial u^2}+\frac{\partial^2 V}{\partial\psi^2}=0, \tag{2}$$

welche der Gleichung

$$\frac{\partial^2 V'}{\partial x^2} + \frac{\partial^2 V'}{\partial y^2} = 0 \tag{3}$$

ganz ähnlich ist, und diese letztere Gleichung ist keine andere als die Gleichung (1) in rechtwinkligen Coordinaten, falls V unabhängig von z ist. Man kann aber eine noch grössere Analogie erhalten. Die Function V der Gleichung (2) hat in Bezug auf ψ die Periode 2π; somit ist ψ ein Winkel, den man nur von 0 bis 2π variieren zu lassen braucht, und u kann variieren von $-\infty$ bis $+\infty$, da ϑ von 0 bis π variieren muss. An Stelle der Coordinaten x, y der Gleichung (3) substituieren wir Polarcoordinaten, indem wir setzen:

$$x = R\cos\psi' = ae^{u'}\cos\psi'$$
$$y = R\sin\psi' = ae^{u'}\sin\psi';$$

dadurch geht die Gleichung (3) über in

$$\frac{\partial^2 V'}{\partial u'^2} + \frac{\partial^2 V'}{\partial \psi'^2} = 0. \tag{4}$$

Hier ist nun ψ' ein Winkel, den man nur von 0 bis 2π variieren zu lassen braucht, und u' muss sich von $-\infty$ bis $+\infty$ ändern. Demnach existiert jetzt völlige Identität zwischen den Functionen V und V', welche durch die Formeln (2) und (4) geliefert werden.

Nehmen wir also zwei Systeme von isothermen und zu einander orthogonalen Kurven an

$$\alpha' = \text{const.}, \quad \beta' = \text{const.},$$

wo α', β' die thermometrischen Parameter sind, so dass die Gleichung (3) übergeht in

$$\frac{\partial^2 V'}{\partial \alpha'^2} + \frac{\partial^2 V'}{\partial \beta'^2} = 0,$$

nehmen wir ferner an, dass α' und β' mit u' und ψ' durch die Gleichungen

$$\alpha' = f_1(u', \psi'), \quad \beta' = f_2(u', \psi')$$

verbunden seien, und setzen wir dann

$$\alpha = f_1(u, \psi), \quad \beta = f_2(u, \psi),$$

so genügt die Function V der Gleichung

$$\frac{\partial^2 V}{\partial \alpha^2} + \frac{\partial^2 V}{\partial \beta^2} = 0;$$

die beiden Systeme von Kegeln mit derselben Spitze

$$\alpha = \text{const.}, \quad \beta = \text{const.}$$

sind orthogonal zu einander, und jedes von ihnen stellt isotherme Kegelflächen dar.

Man kann bemerken, dass, wenn ein System von Kegelflächen isotherm ist, ein zu dem ersten orthogonales System von Kegelflächen ebenfalls isotherm ist.

Denken wir uns einen homogenen Körper, welcher zwischen zwei Kegelflächen eines und desselben isothermen Systems enthalten ist, und nehmen wir an, dass man jede der beiden Flächen auf einer und derselben Temperatur erhalte, so werden alle Kegelflächen dieses Systems, welche in dem Körper eingeschlossen sind, je eine und dieselbe Temperatur besitzen. Diese Eigenschaft wird gelten, wenn man annimmt, dass die Kegelflächen aus zwei Mänteln bestehen, indessen ist klar, dass sie ebenfalls gilt, wenn man sie auf einen einzigen Mantel reduciert.

§ 8.

Diese isothermen Kegelflächen können als Niveaukegelflächen betrachtet werden und den eben gemachten Bemerkungen zufolge kann man sie sich auf einen einzigen Mantel reduciert denken.

Um auf einer dieser Kegelflächen eine Niveauschicht zu erhalten, berechne man die Dichtigkeit nach der Formel

$$\rho = -\frac{1}{4\pi}\frac{\partial V}{\partial n};$$

da dV als constant angenommen wird, so ist dn die Entfernung zwischen einem Punkte der Kegelfläche und der unendlich nahe gelegenen Niveaukegelfläche; längs einer geradlinigen Erzeugenden ist dn proportional der Entfernung r von der Spitze des Kegels; bezeichnet man also mit b eine Constante, so hat man

$$\rho = \frac{b}{r}.$$

ρ ist somit die Ordinate eines Zweiges einer gleichseitigen Hyperbel, deren Asymptoten die Erzeugende und die durch die Spitze an die Mantelfläche des Kegels gelegte Normale sind; mithin ist ρ an der Spitze des Kegels unendlich und diese Eigenschaft entspricht dem, was man in der Electrostatik die Kraft der Spitzen nennt.

System von isothermen oder Niveau-Linien, welches zwei gegebenen Kurven oder einer einzigen entspricht.

§ 9.

Wenn wir isotherme Linien in einer Ebene betrachten, so geschieht dies der grösseren Bequemlichkeit wegen; in Wirklichkeit aber muss man sie als die Querschnitte von unbegrenzten isothermen Cylindern ansehen.

Wir betrachten einen ebenen Raum, der zwischen zwei geschlossenen Linien C und C_1, von denen die erste die zweite umschliesst, enthalten ist, und setzen voraus, dass diese Kurven weder sich selbst noch einander schneiden.

Denken wir uns jede der beiden Linien auf einerlei Temperatur erhalten, so wird der zwischenliegende Raum sich in ein Temperaturgleichgewicht setzen, und dadurch wird sich in diesem Zwischenraum ein völlig bestimmtes System isothermer Linien ergeben.

Zweitens nehmen wir eine geschlossene Linie C an, die sich nicht schneidet. Wir denken uns längs der Kurve C eine Wärmequelle, welche sie auf einer und derselben constanten Temperatur erhält. Unter dem Einfluss dieser Wärmequelle kann die ganze Ebene im Temperaturgleichgewicht sich befinden; wir haben daher ausserhalb ein System E von isothermen Linien, zu denen C gehört; im Innern von C ist die Temperatur V constant. Die Function V ausserhalb von C ist eine endliche und stetige Function, ebenso alle ihre Ableitungen (Kap. II, § 14); mithin kann man von dem Werte derselben in einem Punkte übergehen zu ihrem Werte in einem benachbarten Punkte mit Hülfe der Taylor'schen Reihe.

Wir können eine Kurve bilden, die innerhalb C liegt und derselben unendlich nahe ist, indem wir nach innen Normalen dn' errichten, welche der Gleichung genügen:

$$\frac{\partial V}{\partial n} dn' = \text{const.},$$

und die Endpunkte dieser Normalen durch eine Linie verbinden. Wird diese Kurve C' ebenso wie C bis zu einer und derselben Temperatur erwärmt, so wird sie dieselben isothermen Linien erzeugen. Man kann somit nach und nach die Wärmequelle in das Innere des Contours C zurückdrängen, wenn man V nach der Taylor'schen Reihe bestimmt, und wird nach einander Kurven C', C'', ... erhalten, von denen jede in die vorhergehende eingeschlossen ist und, auf einer und derselben Temperatur erhalten, als isotherme Linien die Linien C', C'', ... giebt, die ebenso wie die Linien E ausserhalb von ihr liegen.

Die Grenze dieser Kurven ist im Allgemeinen eine nicht geschlossene Linie L. Der einfachste Fall ist der, wo sie sich auf eine isotherme Linie

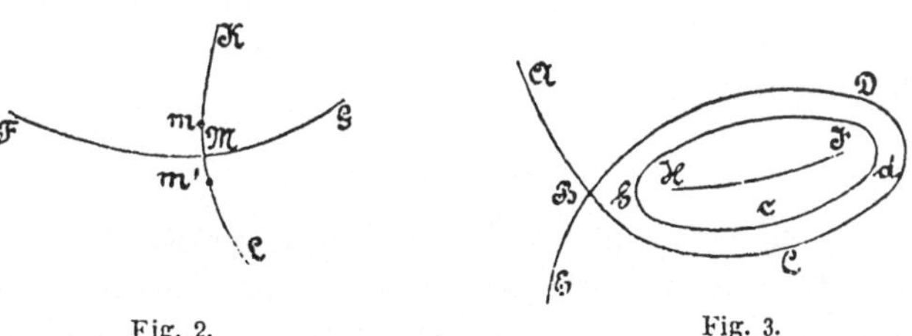

Fig. 2. Fig. 3.

FG (Fig. 2) reduciert, welche keinen geschlossenen Teil enthält. Kommt man zu einer nichtgeschlossenen Linie $ABCDE$ (Fig. 3), die aber eine Schleife BCD enthält, so kann man auf diese Schleife die vorhergehende Construction anwenden und sie durch eine unendlich nahe liegende innere Kurve bcd

ersetzen, welche eine höhere Temperatur besitzen wird und deren verschiedene Teile dieselben Wärmeströme aussenden werden wie die entsprechenden Elemente von *BDC*; man wird also schliesslich im Allgemeinen *BCD* durch eine nicht geschlossene Linie *HI* ersetzen, welche von dem Teile *ABE* getrennt ist; diese Linie *HI* wird aber eine höhere Temperatur besitzen wie *ABE*. Was die auf *ABE* gelegene Wärmequelle anlangt, so muss man annehmen, dass sie sich nicht geändert habe. Man erhält auf diese Weise zur Erzeugung des Systems von isothermen Linien zwei Wärmequellen, die auf den beiden Linien *ABE* und *HI*, welche isotherm aber auf zwei verschiedenen Temperaturen sind, sich befinden.

Allgemein, werden die Wärmequellen, welche das System isothermer Linien erzeugen, auf ihre geringste Ausdehnung reduciert, so werden sie auf einer oder auf mehreren Linien von der Art wie *FG* liegen, auf deren jeder die Temperatur dieselbe ist. In besonderen Fällen reducieren sich diese Linien auf Punkte.

Das System der isothermen Linien kann als ein System von Niveaulinien betrachtet werden und, wenn man dem Vorhergehenden gemäss die Massen, welche sie hervorbringen können, auf ihre geringste Ausdehnung reduciert, so werden dieselben auf einer oder auf mehreren solchen Linien wie *FG* liegen, auf deren jeder das Potential constant ist. Bezeichnet man mit dn und dn' die Elemente der Normale auf jeder Seite von *FG*, so hat man:

$$\frac{\partial V}{\partial n} = \frac{\partial V}{\partial n'}$$

und man erhält für die Dichtigkeit der Masse in einem Punkte dieser Linie:

$$\rho = -\frac{1}{4\pi}\left(\frac{\partial V}{\partial n} + \frac{\partial V}{\partial n'}\right) = -\frac{1}{2\pi}\frac{\partial V}{\partial n}.$$

Wir haben bewiesen, dass es ein und nur ein System von isothermen Linien giebt, welches durch die beiden Linien C und C_1 oder durch die einzige Linie C bestimmt wird. Ihre wirkliche Bestimmung kann jedoch sehr schwierig sein. Bezeichnen wir mit β ihren thermometrischen Parameter, so ist die Gleichung dieser Linien

$$\beta = \text{const.}$$

Ziehen wir die orthogonalen Trajectorien dieser Kurven, so geben sie ebenfalls ein System von isothermen Linien. Ihr thermometrischer Parameter sei α. Transformiert man die Coordinaten x, y in α, β, so erhält man:

$$\frac{\partial^2 V}{\partial x^2} + \frac{\partial^2 V}{\partial y^2} = h^2\left(\frac{\partial^2 V}{\partial \alpha^2} + \frac{\partial^2 V}{\partial \beta^2}\right),$$

wenn man setzt:

$$h^2 = \left(\frac{\partial \alpha}{\partial x}\right)^2 + \left(\frac{\partial \alpha}{\partial y}\right)^2.$$

§ 10.

Wir stellen uns jetzt die Aufgabe, eine Function V zu bestimmen, welche entweder in dem Zwischenraum von C und C_1 oder im Innern von C der Gleichung

$$(1) \qquad \frac{\partial^2 V}{\partial x^2} + \frac{\partial^2 V}{\partial y^2} = 0$$

genügt, die nebst ihren Ableitungen erster Ordnung endlich und stetig ist und im ersten Falle auf C und C_1, im zweiten auf C allein gegebene Werte besitzt.

Wir bringen zunächst die Gleichung (1) auf die Form

$$(2) \qquad \frac{\partial^2 V}{\partial \alpha^2} + \frac{\partial^2 V}{\partial \beta^2} = 0.$$

Wir betrachten zuerst den ersten Fall, und es seien

$$\beta = \beta_1, \quad \beta = \beta_2$$

die Gleichungen von C und C_1, wo β_1 und β_2 zwei Constanten sind. Lassen wir einen Punkt eine Kurve β beschreiben, so wird, wenn der Punkt zum Ausgangspunkte zurückkehrt, V denselben Wert wieder annehmen, und α wird um eine Grösse ω gewachsen sein; mithin besitzt V in Bezug auf α die Periode ω. Multipliciert man α und β mit einer passenden Zahl, so kann man diese Periode gleich 2π machen und die Gleichung (2) wird ihre Form nicht ändern.

Man genügt der Gleichung (2) und der Bedingung der Periodicität, indem man setzt:

$$(3) \qquad v = (Ae^{n\beta} + Be^{-n\beta})(G \cos n\alpha + H \sin n\alpha),$$

wo n eine ganze Zahl ist und A, B, G, H willkürliche Constanten sind. Die gesuchte Function V wird die Summe einer unendlichen Anzahl von solchen Lösungen wie v sein, deren Coefficienten man leicht den auf die Contoure bezüglichen Bedingungen gemäss bestimmt.

Wir nehmen sodann an, dass man nicht mehr als einen Contour C habe, der durch eine Gleichung von der Form $\beta = \beta_1$ gegeben ist, jedoch beschränken wir uns auf den Fall, wo die isothermen Linien eine Grenze haben, die durch eine einzige Linie FG (Fig. 2) dargestellt wird, und deren Gleichung wir durch $\beta = \beta_2$ bezeichnen können. Die Function V wird ebenfalls in Bezug auf α periodisch sein und zwar können wir annehmen, dass sie die Periode 2π habe. Man erhält ebenfalls eine partikuläre Lösung, wenn man die Formel (3) nimmt. Ist aber M ein Punkt von FG und ist KL die Linie $\alpha = \text{const}$, welche durch denselben hindurchgeht, so muss man trotzdem annehmen, dass α auf der einen und der andern Seite dieser Linie zwei verschiedene Werte habe. Auf der Linie KL nehmen wir zwei Punkte m und m' unendlich nahe bei M und auf jeder Seite von FG an. Man muss ausdrücken, dass der Ausdruck (3) in m und m' unendlich wenig verschiedene Werte annimmt und dass seine Ableitung $\frac{\partial v}{\partial \beta}$ daselbst, abgesehen von einer unendlich kleinen Grösse, gleiche und entgegengesetzte Werte erhält. Setzt man nämlich:

$$h = \sqrt{\left(\frac{\partial \alpha}{\partial x}\right)^2 + \left(\frac{\partial \alpha}{\partial y}\right)^2},$$

so hat man:

$$h \frac{\partial v}{\partial \beta} = \frac{\partial v}{\partial n},$$

wo ∂n das Element der Normale an die Linie FG ist, und je nachdem dieses Element ∂n auf der einen oder andern Seite dieser Linie genommen wird, muss $\frac{\partial v}{\partial n}$ zwar gleiche, aber entgegengesetzte Werte haben, wenn man will, dass $\frac{\partial v}{\partial x}$, $\frac{\partial v}{\partial y}$ stetige Functionen von x und y seien. Mithin hat auch $\frac{\partial v}{\partial \beta}$ in den beiden Punkten m und m' gleiche, aber entgegengesetzte Werte. Diese Bedingungen vermindern die Anzahl der willkürlichen Coefficienten der Formel (3). Die gesuchte Function V ist sodann die Summe von unendlich vielen dieser partikulären Lösungen und die Coefficienten der Reihe berechnen sich gemäss der für den Contour geltenden Bedingung.

Knotenlinien einer Membran.

§ 11.

Wir haben gesehen (Kap. III, § 15), dass die Verrückung u einer Membran bei einer einfachen schwingenden Bewegung gegeben wird durch die Formel

$$u = (A \sin act + B \cos act) v,$$

wo v eine Function ist, die an der erwähnten Stelle bestimmt worden ist und die im Innern eines Contours s der Gleichung

$$\frac{\partial^2 v}{\partial x^2} + \frac{\partial^2 v}{\partial y^2} = -a^2 v \tag{1}$$

und auf diesem Contour der Bedingung $v = 0$ genügt. Wir haben ferner gesehen, dass sich die Function v auf die Form bringen lässt:

$$v = \int N \rho ds \text{ mit } N = \int_0^\pi \cos(ar \cos\omega) \log(r \sin^2\omega) d\omega,$$

wo ρ eine Function einer Coordinate ist, die einen Punkt des Contours s zu bestimmen vermag.

Wie in den vorhergehenden Paragraphen nehmen wir an, dass der Contour s aus zwei geschlossenen Linien gebildet werde, die sich weder selbst noch gegenseitig schneiden und von denen die eine die andere einschliesst, oder dass dieser Contour s nur aus einer einzigen Linie, welche sich nicht schneidet, bestehe. Wir denken uns das System von isothermen Linien, welches wir in diesen beiden Fällen betrachtet haben, beschränken uns aber im zweiten Falle auf die Untersuchung des Falles, wo sich die Grenze der isothermen Linien auf eine einzige nicht geschlossene Linie, welche keinen geschlossenen Teil enthält, reduciert.

§ 12.

Nehmen wir wieder die Coordinaten α, β, so geht die Gleichung (1) über in

$$\frac{\partial^2 v}{\partial \alpha^2} + \frac{\partial^2 v}{\partial \beta^2} = -\frac{a^2}{h^2} v, \tag{2}$$

wenn man setzt:

$$h^2 = \left(\frac{\partial \alpha}{\partial x}\right)^2 + \left(\frac{\partial \alpha}{\partial y}\right)^2.$$

In dem Falle, wo die Membran innerhalb einer einzigen geschlossenen Linie enthalten ist, wollen wir inneren Rand die Grenzlinie der isothermen Linien nennen und in beiden Fällen den inneren Rand durch $\beta = b$, den äusseren durch $\beta = B$ darstellen. Im ersten Falle ist $v = 0$ für $\beta = b$, im zweiten Falle muss v zu beiden Seiten des inneren Randes gleiche Werte und $\frac{\partial v}{\partial \beta}$ gleiche aber entgegengesetzte Werte annehmen.

v muss eine periodische Function von α sein und man kann annehmen, dass diese Periode gleich 2π ist. Wir bezeichnen mit g die ganze Zahl, welche angiebt, wie oft v zwischen $\alpha = 0$ und $\alpha = 2\pi$ auf dem Contour $\beta = b$ verschwindet, d. h. die Anzahl der Knotenlinien, welche ihn treffen.

Wir setzen voraus, dass man eine Function v bestimmen könne, welche den vorstehenden Bedingungen auf dem innern Contour genügt und die wir mit $v(\alpha, \beta, g, a)$ bezeichnen wollen, und nehmen an, dass man darauf a derart wählen könne, dass v für $\beta = B$ gleich Null wird.

(Wenn ich auch nicht beweisen kann, dass diese Eigenschaft allgemein gilt, so ist sie doch sicher in verschiedenen Fällen richtig, z. B. wenn die Membran von einer Ellipse oder von zwei confokalen Ellipsen begrenzt wird, oder wenn sie zwischen zwei excentrischen Kreisen enthalten ist.)

Wir nehmen also an, dass a bestimmt werde durch die Gleichung:

$$v(\alpha, B, g, a) = 0, \tag{3}$$

und zwar seien

$$a_1, a_2, \ldots, a_p, \ldots \tag{4}$$

die unendlich vielen Wurzeln dieser Gleichung. Dieselben hängen nicht von α ab, ändern sich aber mit B, und man kann setzen für die Wurzel a_p:

$$a_p = f(B); \tag{5}$$

hieraus folgt auch, dass die Function $v(\alpha, \beta, g, a)$ einen Factor von der Form $\varphi(a, \beta)$ enthält und dass die Gleichung $\varphi(a, B) = 0$ sämtliche Wurzeln (4) besitzt.

Alle Schlussfolgerungen meines *Cours de Physique mathématique* (§§ 70, 71, 72), welche sich auf die Knotenlinien einer elliptischen Membran beziehen, sind auf die gegenwärtige Membran anwendbar. Man hat daher die folgenden Sätze:

Satz I. Betrachten wir eine Wurzel a_p der Reihe (4) und lassen wir B von b aus wachsen, so wird die Wurzel a_p, welche zuerst unendlich gross war, beständig abnehmen.

Satz II. Die Grössen (4) hängen von B ab; sind dieselben für einen Wert von B nach der Grösse geordnet, so sind sie es auch für jeden andern Wert von B.

Nehmen wir z. B. die Wurzel a_p. Die Gleichung (5) ist äquivalent der folgenden:

$$v(\alpha, B, g, a_p) = 0.$$

Umgekehrt entsprechen dem Werte von a_p verschiedene von α unabhängige Werte von B, welche dieser letzteren Gleichung genügen; mithin wird $v(\alpha, \beta, g, a_p)$ verschwinden für

$$(6) \qquad \beta = B_1, \quad \beta = B_2, \quad \beta = B_3, \ldots$$

und diese Lösungen geben Knotenlinien. Endlich beweist man durch eine am erwähnten Orte (§ 72) angegebene Schlussfolgerung, dass es innerhalb des Contours $p-1$ von diesen Knotenlinien giebt. Wir gelangen somit zu dem bemerkenswerten Resultat, dass ein System von Knotenlinien mit isothermen Linien, welche durch die Formel $\beta = \text{const.}$ geliefert werden, zusammenfällt.

§ 13.

Es giebt noch ein anderes System von Knotenlinien, welches das erste rechtwinklig schneidet. Ich behaupte zunächst, dass eine Knotenlinie den Contour $\beta = B$ nur unter rechtem Winkel treffen kann. Nach dem Obigen kann man nämlich setzen:

$$(7) \qquad v(\alpha, \beta, a) = \psi(\alpha, \beta)\varphi(a, \beta).$$

Trifft die Knotenlinie diesen Contour für $\alpha = \alpha_1$, so hat man $\psi(\alpha_1, B) = 0$; ferner hat man $\varphi(a, B) = 0$. Differentiieren wir die Gleichung (7) nach β, so erhalten wir:

$$\frac{\partial v}{\partial \beta} = \psi \frac{\partial \varphi}{\partial \beta} + \varphi \frac{\partial \psi}{\partial \beta},$$

und die beiden Glieder auf der rechten Seite sind gleich Null im Punkte (α_1, B); mithin ist $\frac{\partial v}{\partial \beta}$ und daher $\frac{\partial v}{\partial n'}$ gleich Null in diesem Punkte; ferner ist $\frac{\partial v}{\partial \alpha}$ nicht gleich Null, mithin ist die Knotenlinie normal auf dem Contour. Denken wir uns sodann die Membran äusserlich begrenzt durch eine der Knotenlinien (6) $\beta = B_i$, so sind die vorstehenden Bemerkungen auf die so begrenzte Membran anwendbar; mithin wird die Linie $\beta = B_i$ von den Knotenlinien des andern Systems normal getroffen.

Einer der Formel (7) des § 10 Kap. III analogen Formel zufolge erhalten wir, da v auf s gleich Null ist:

$$2\pi v = \int N \frac{\partial v}{\partial n'} ds,$$

indem man s im zweiten Falle auf den äusseren Contour reduciert. Mithin hat die Dichtigkeit der Schicht, welche das Potential v erzeugt und auf s verteilt ist, den Wert:

$$\rho = \frac{1}{2\pi} \frac{\partial v}{\partial n'},$$

und sie ist gleich Null in den Punkten, durch welche Knotenlinien hindurchgehen.

System von isothermen oder Niveau-Flächen, welche zwei gegebenen Flächen oder einer einzigen Fläche entsprechen.

§ 14.

Wir denken uns zunächst zwei Kegelflächen mit derselben Spitze, von denen die eine die andere einschliesst, oder nur eine einzige Kegelfläche. Diesen zwei Kegelflächen oder dieser Kegelfläche entsprechen, der Rechnung des § 7 zufolge, zwei ebene Kurven oder nur eine, und wenn man das zu diesen letzteren gehörige System von isothermen Linien bestimmt hat, so kann man daraus ein entsprechendes System von Kegelflächen ableiten. Man kann somit auf diese Kegelflächen die Betrachtungen der §§ 9 und 10 ausdehnen.

Denken wir uns zwei geschlossene Flächen σ und σ_1, deren erste die zweite einschliesst und die sich weder selbst noch gegenseitig schneiden, so gehören diese beiden Flächen augenscheinlich zu einem System von isothermen Flächen.

Aus den Schlüssen des § 9 ersehen wir ferner, dass einer geschlossenen Fläche σ, welche sich nicht schneidet, auch ein System von isothermen Flächen entspricht, die man betrachten kann als herrührend von inneren Wärmequellen, welche auf Flächen $\sigma_1, \sigma_2, \ldots$, die keinen geschlossenen Teil enthalten und die selbst isotherm sind, verteilt sind. Der einfachste Fall ist der, wo sich die Flächen $\sigma_1, \sigma_2, \ldots$ auf eine einzige reducieren.

Mit andern Worten, eine geschlossene Fläche σ, die sich nicht schneidet, gehört zu einem System von Niveauflächen, welches durch Massen hervorgebracht ist, die auf den Flächen $\sigma_1, \sigma_2, \ldots$, auf deren jeder das Potential constant ist, ausgebreitet sind.

Aus dem Vorhergehenden dürfte man den Nutzen eines Systems von Coordinaten erkennen, welches von einer Schaar von Niveauflächen und den auf ihnen senkrecht stehenden Kraftlinien gebildet ist, und es gilt jetzt, den Ausdruck von ΔV in diesem Coordinatensystem zu suchen.

Wenn man auf einer der Niveauflächen σ ihre beiden Systeme von Krümmungslinien zieht und längs einer jeden von diesen Linien die Kraftlinien, welche durch sie hindurchgehen, errichtet, so erhält man zwei Systeme von Flächen, welche zu den Niveauflächen orthogonal sind, die aber im Allgemeinen aufhören, zu einander orthogonal zu sein, wenn man sich von der Fläche σ entfernt. Wenn man die Kraftlinien anwendet, kann man demnach ΔV nicht nach der Formel von Lamé bestimmen, welche von einem dreifachen System orthogonaler Flächen abhängt.

Digression über die Differentiation nach Bögen.

§ 15.

Wir werden uns jetzt mit der Differentiation einer Function der Coordinaten x, y, z eines Punktes in Bezug auf Bögen beschäftigen; damit sich aber die Begriffe in der einfachsten und natürlichsten Weise darstellen, wollen wir zunächst annehmen, dass die Bögen in einer und derselben Ebene gezogen seien.

Wir haben also eine Function u der rechtwinkligen Coordinaten x, y eines Punktes M, deren Wert in einem gewissen Raume für die verschiedenen Lagen dieses Punktes gegeben ist. Wenn der Punkt M, auf einer Linie s angenommen, einen unendlich kleinen Bogen ds dieser Linie beschreibt, so wird die Function u einen unendlich kleinen Zuwachs erhalten, den wir durch

$$\frac{\partial u}{\partial s} ds$$

darstellen. Bezeichnen wir mit dn ein Element der Normale an die Kurve s und durchläuft der Punkt M dies Element dn, so wächst die Function u um eine Grösse, die wir durch

$$\frac{\partial u}{\partial n} dn$$

darstellen. Es stellen also $\frac{\partial u}{\partial s}, \frac{\partial u}{\partial n}$ die unendlich kleinen Zuwächse der Function u dar und zwar dieselben geteilt durch den Bogen ds oder dn, welcher die unendlich kleine Verrückung des Punktes M angiebt. Trotzdem muss man sich wohl hüten, s und n als ein wirkliches System von zwei unabhängigen Veränderlichen zu betrachten.

Ist die Kurve s geschlossen, so bezeichnen wir mit v den Winkel, welchen die äussere Normale mit der x-Achse bildet, und nehmen an, dass der Anfangspunkt O der rechtwinkligen Coordinaten im Innern der Kurve liege, und dass der Bogen s wachse, wenn sich der Punkt M in dem Winkel der positiven Coordinaten von Oy nach Ox hin bewegt. Wenn der Punkt M auf der Linie s um ds fortschreitet, so nehmen die Coordinaten x und y um

$$ds \sin v, \quad - ds \cos v$$

zu; man hat daher:

$$\frac{\partial u}{\partial s} ds = \frac{\partial u}{\partial x} ds \sin v - \frac{\partial u}{\partial y} ds \cos v$$

oder:

(1) $$\frac{\partial u}{\partial s} = \frac{\partial u}{\partial x} \sin v - \frac{\partial u}{\partial y} \cos v.$$

Man findet ebenso:

(2) $$\frac{\partial u}{\partial n} = \frac{\partial u}{\partial x} \cos v + \frac{\partial u}{\partial y} \sin v.$$

Hat man nur eine einzige Ableitung auszuführen, so kann man das geradlinige Element dn durch ein Element einer Kurve ersetzen, welche zur Kurve s normal ist.

§ 16.

Wenn sich der Punkt M auf der Kurve s bewegt, so ändert sich der Winkel v in ganz bestimmter Weise und somit kann man die Ableitungen der rechten Seiten der Formeln (1) und (2) in Bezug auf s bilden. Differentiiert man die Formel (1) in Bezug auf s, so erhält man:

$$\frac{\partial \frac{\partial u}{\partial s}}{\partial s} = \left(\sin v \frac{\partial}{\partial x} - \cos v \frac{\partial}{\partial y}\right) \left(\frac{\partial u}{\partial x} \sin v - \frac{\partial u}{\partial y} \cos v\right).$$

Die Glieder auf der rechten Seite können wir in zwei Teile teilen, in diejenigen, welche man erhält, wenn man v constant lässt, und welche sind:

$$\frac{\partial^2 u}{\partial x^2} \sin^2 v - 2 \frac{\partial^2 u}{\partial x \partial y} \sin v \cos v + \frac{\partial^2 u}{\partial y^2} \cos^2 v,$$

und diejenigen, welche sich daraus ergeben, dass v variiert, und die zur Summe haben:

$$\left(\frac{\partial u}{\partial x} \cos v + \frac{\partial u}{\partial y} \sin v\right) \frac{\partial v}{\partial s} = \frac{\partial u}{\partial n} \frac{\partial v}{\partial s}.$$

Man erhält daher folgende Formel:

$$\frac{\partial \frac{\partial u}{\partial s}}{\partial s} = \frac{\partial^2 u}{\partial x^2} \sin^2 v - 2 \frac{\partial^2 u}{\partial x \partial y} \sin v \cos v + \frac{\partial^2 u}{\partial y^2} \cos^2 v + \frac{\partial u}{\partial n} \frac{\partial v}{\partial s},$$

die wir folgendermassen schreiben:

$$\text{(A)}\qquad \frac{\partial^2 u}{\partial x^2}\sin^2 v - 2\frac{\partial^2 u}{\partial x\partial y}\sin v\cos v + \frac{\partial^2 u}{\partial y^2}\cos^2 v = \frac{\partial\frac{\partial u}{\partial s}}{\partial s} - \frac{\partial u}{\partial n}\frac{\partial v}{\partial s},$$

und in welcher $\frac{\partial v}{\partial s}$ die Krümmung des Bogens s darstellt.

Verfahren wir mit der Formel (2) ebenso, so erhalten wir zunächst:

$$\frac{\partial\frac{\partial u}{\partial n}}{\partial s} = \left(\sin v\frac{\partial}{\partial x} - \cos v\frac{\partial}{\partial y}\right)\left(\frac{\partial u}{\partial x}\cos v + \frac{\partial u}{\partial y}\sin v\right),$$

und schliessen hieraus:

$$\text{(B)}\qquad \left(\frac{\partial^2 u}{\partial x^2} - \frac{\partial^2 u}{\partial^2 y}\right)\sin v\cos v - \frac{\partial^2 u}{\partial x\partial y}(\cos^2 v - \sin^2 v) = \frac{\partial\frac{\partial u}{\partial n}}{\partial s} + \frac{\partial u}{\partial s}\frac{\partial v}{\partial s}.$$

Die Ableitung der Formeln (1) und (2) nach n lässt sich nicht ausführen, bevor man nicht den Sinn genauer festgestellt hat, welchen man mit dieser zweiten Ableitung verbinden will. Zu dem Zwecke nehmen wir an, dass die Linie s zu einem System von Kurven gehört, welche durch eine und dieselbe, einen veränderlichen Parameter enthaltende Gleichung gegeben werden; sodann ziehen wir die orthogonalen Trajectorien dieser Kurven; alsdann gehört der Bogen dn, welcher zu ds normal ist, einer dieser Trajectorien an.

Differentiieren wir jetzt die Formel (1) nach n, so erhalten wir, indem wir wie vorher verfahren:

$$\text{(C)}\qquad \frac{\partial\frac{\partial u}{\partial s}}{\partial n} = \left(\frac{\partial^2 u}{\partial x^2} - \frac{\partial^2 u}{\partial y^2}\right)\sin v\cos v - \frac{\partial^2 u}{\partial x\partial y}(\cos^2 v - \sin^2 v) - \frac{\partial u}{\partial n}\frac{\partial v}{\partial n}.$$

Diese zweite Ableitung hängt von $\frac{\partial v}{\partial n}$ oder von der Krümmung des Bogens dn ab; ist dn geradlinig, so ist das letzte Glied gleich Null.

Aus den Formeln (B) und (C) leitet man her:

$$\frac{\partial\frac{\partial u}{\partial n}}{\partial s} + \frac{\partial u}{\partial s}\frac{\partial v}{\partial s} = \frac{\partial\frac{\partial u}{\partial s}}{\partial n} + \frac{u}{\partial n}\frac{\partial v}{\partial n},$$

und diese Formel zeigt, dass die Reihenfolge der Zeichen $\frac{\partial}{\partial s}$ und $\frac{\partial}{\partial n}$ an der Function u nicht umgekehrt werden kann.

Differentiiert man (2) nach n, so erhält man:

$$\text{(D)}\qquad \frac{\partial\frac{\partial u}{\partial n}}{\partial n} = \frac{\partial^2 u}{\partial x^2}\cos^2 v + 2\frac{\partial^2 u}{\partial x\partial y}\cos v\sin v + \frac{\partial^2 u}{\partial y^2}\sin^2 v - \frac{\partial u}{\partial s}\frac{\partial v}{\partial n},$$

eine Gleichung, deren letztes Glied verschwindet, wenn dn geradlinig ist.

§ 17.

Wir betrachten sodann ein System von Flächen σ, welches durch eine einen Parameter enthaltende Gleichung gegeben wird, und denken uns das System von Linien, welches auf diesen Flächen orthogonal ist. Auf jeder Fläche σ construieren wir die beiden Systeme von Krümmungslinien und bezeichnen mit s_1, s_2 die Linien dieser beiden Systeme und mit s die auf den Flächen σ orthogonalen Linien.

Durch einen beliebigen Punkt M ziehen wir die Tangenten MX_1, MY_1, MZ_1, an die drei durch ihn hindurchgehenden Linien s, s_1, s_2, und es seien (a, b, c), (a_1, b_1, c_1), (a_2, b_2, c_2) die Cosinus der Winkel, welche diese Tangenten mit den Coordinatenachsen bilden. Bezeichnen wir mit u eine Function der Coordinaten x, y, z des variablen Punktes M, so haben wir die Gleichungen:

$$(1)\qquad \begin{cases} \dfrac{\partial u}{\partial s} = a\dfrac{\partial u}{\partial x} + b\dfrac{\partial u}{\partial y} + c\dfrac{\partial u}{\partial z} \\ \dfrac{\partial u}{\partial s_1} = a_1\dfrac{\partial u}{\partial x} + b_1\dfrac{\partial u}{\partial y} + c_1\dfrac{\partial u}{\partial z} \\ \dfrac{\partial u}{\partial s_2} = a_2\dfrac{\partial u}{\partial x} + b_2\dfrac{\partial u}{\partial y} + c_2\dfrac{\partial u}{\partial z}, \end{cases}$$

und aus diesen leiten wir her:

$$(2)\qquad \begin{cases} \dfrac{\partial u}{\partial x} = a\dfrac{\partial u}{\partial s} + a_1\dfrac{\partial u}{\partial s_1} + a_2\dfrac{\partial u}{\partial s_2} \\ \dfrac{\partial u}{\partial y} = b\dfrac{\partial u}{\partial s} + b_1\dfrac{\partial u}{\partial s_1} + b_2\dfrac{\partial u}{\partial s_2} \\ \dfrac{\partial u}{\partial z} = c\dfrac{\partial u}{\partial s} + c_1\dfrac{\partial u}{\partial s_1} + c_2\dfrac{\partial u}{\partial s_2}. \end{cases}$$

Differentiieren wir die erste Gleichung (1) nach s, so erhalten wir:

$$\frac{\partial\frac{\partial u}{\partial s}}{\partial s} = \left(a\frac{\partial}{\partial x} + b\frac{\partial}{\partial y} + c\frac{\partial}{\partial z}\right)\left(a\frac{\partial u}{\partial x} + b\frac{\partial u}{\partial y} + c\frac{\partial u}{\partial z}\right);$$

entwickeln wir die rechte Seite, als ob a, b, c constant wären, und addieren sodann die Glieder, welche sich daraus ergeben, dass a, b, c mit s variieren, so erhalten wir:

$$\begin{aligned} \frac{\partial\frac{\partial u}{\partial s}}{\partial s} = {} & a^2\frac{\partial^2 u}{\partial x^2} + b^2\frac{\partial^2 u}{\partial y^2} + c^2\frac{\partial^2 u}{\partial z^2} \\ & + 2bc\frac{\partial^2 u}{\partial y\partial z} + 2ca\frac{\partial^2 u}{\partial z\partial x} + 2ab\frac{\partial^2 u}{\partial x\partial y} \\ & + \frac{\partial u}{\partial x}\frac{\partial a}{\partial s} + \frac{\partial u}{\partial y}\frac{\partial b}{\partial s} + \frac{\partial u}{\partial z}\frac{\partial c}{\partial s}. \end{aligned}$$

Bildet man die beiden analogen Gleichungen und addiert man, so folgt:

$$(3)\quad \left\{\begin{aligned} \frac{\partial \frac{\partial u}{\partial s}}{\partial s} + \frac{\partial \frac{\partial u}{\partial s_1}}{\partial s_1} + \frac{\partial \frac{\partial u}{\partial s_2}}{\partial s_2} &= \frac{\partial^2 u}{\partial x^2} + \frac{\partial^2 u}{\partial y^2} + \frac{\partial^2 u}{\partial z^2} \\ &+ \frac{\partial u}{\partial x}\left(\frac{\partial a}{\partial s} + \frac{\partial a_1}{\partial s_1} + \frac{\partial a_2}{\partial s_2}\right) \\ &+ \frac{\partial u}{\partial y}\left(\frac{\partial b}{\partial s} + \frac{\partial b_1}{\partial s_1} + \frac{\partial b_2}{\partial s_2}\right) \\ &+ \frac{\partial u}{\partial z}\left(\frac{\partial c}{\partial s} + \frac{\partial c_1}{\partial s_1} + \frac{\partial c_2}{\partial s_2}\right). \end{aligned}\right.$$

Ersetzen wir schliesslich die Ableitungen von u nach x, y, z durch die Ableitungen von u nach s, s_1, s_2 mit Hülfe der Gleichungen (2), so wird der Coefficient von $\frac{\partial u}{\partial s}$ auf der rechten Seite der vorstehenden Gleichung den Ausdruck

$$(4)\quad \left(a\frac{\partial a}{\partial s} + b\frac{\partial b}{\partial s} + c\frac{\partial c}{\partial s}\right) + \left(a\frac{\partial a_1}{\partial s_1} + b\frac{\partial b_1}{\partial s_1} + c\frac{\partial c_1}{\partial s_1}\right) + \left(a\frac{\partial a_2}{\partial s_2} + b\frac{\partial b_2}{\partial s_2} + c\frac{\partial c_2}{\partial s_2}\right),$$

welcher aus drei aus je drei Gliedern gebildeten Teilen besteht, zum Werte haben. Der erste Teil ist gleich Null. Um die Bedeutung des zweiten Teiles zu erhalten, lassen wir den Punkt M nach M' rücken, indem wir ihn

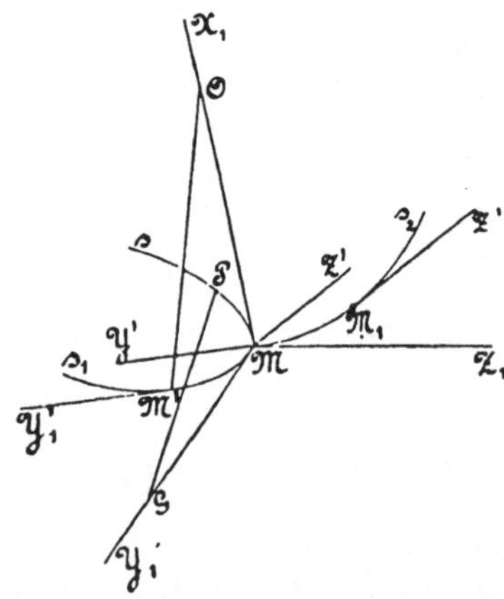

Fig. 4.

um die Strecke ds_1 auf dem Bogen s_1 fortschreiten lassen. Es sei $M'Y_1'$ die Tangente an ds_1 im Punkte M'. Ziehen wir MY'' parallel zu $M'Y_1'$, so kann man diese Gerade als in der Ebene X_1MY_1 liegend betrachten und man erhält:

$$\begin{aligned} Y_1MY'' = \cos Y''MX_1 &= a\left(a_1 + \frac{\partial a_1}{\partial s_1}ds_1\right) + b\left(b_1 + \frac{\partial b_1}{\partial s_1}ds_1\right) + c\left(c_1 + \frac{\partial c_1}{\partial s_1}ds_1\right) \\ &= \left(a\frac{\partial a_1}{\partial s_1} + b\frac{\partial b_1}{\partial s_1} + c\frac{\partial c_1}{\partial s_1}\right)ds_1. \end{aligned}$$

Bezeichnen wir den Winkel Y_1MY' mit $p_{1,0}$, so hat der zweite Teil der Formel (4) den Wert $\frac{p_{1,0}}{ds_1}$. Machen wir $MM_1 = ds_2$, ziehen die Tangente $M_1 Z_1'$ und legen durch den Punkt M die Parallele MZ', bezeichnen wir ferner mit $p_{2,0}$ den Winkel $Z'MZ_1$, so ist der dritte Teil der Formel (4) gleich $\frac{p_{2,0}}{ds_2}$.

Indem wir noch vier andere ganz ähnliche unendlich kleine Winkel einführen, bringen wir die Formel (3) auf folgende Form:

$$(5)\left\{\begin{aligned} \Delta u = {} & \frac{\partial \frac{\partial u}{\partial s}}{\partial s} + \frac{\partial \frac{\partial u}{\partial s_1}}{\partial s_1} + \frac{\partial \frac{\partial u}{\partial s_2}}{\partial s_2} \\ & - \left(\frac{p_{1,0}}{ds_1} + \frac{p_{2,0}}{ds_2}\right)\frac{\partial u}{\partial s} - \left(\frac{p_{2,1}}{ds_2} + \frac{p_{0,1}}{ds}\right)\frac{\partial u}{\partial s_1} - \left(\frac{p_{0,2}}{\partial s} + \frac{p_{1,2}}{\partial s_1}\right)\frac{\partial u}{\partial s_2}, \end{aligned}\right.$$

wobei

$$\left\{\begin{aligned} \frac{p_{1,0}}{ds_1} &= a\frac{\partial a_1}{\partial s_1} + b\frac{\partial b_1}{\partial s_1} + c\frac{\partial c_1}{\partial s_1} \\ \frac{p_{2,1}}{ds_2} &= a_1\frac{\partial a_2}{\partial s_2} + b_1\frac{\partial b_2}{\partial s_2} + c_1\frac{\partial c_2}{\partial s_2} \\ \frac{p_{0,2}}{ds} &= a_2\frac{\partial a}{\partial s} + b_2\frac{\partial b}{\partial s} + c_2\frac{\partial c}{\partial s}, \end{aligned}\right. \qquad \left\{\begin{aligned} \frac{p_{2,0}}{ds_2} &= a\frac{\partial a_2}{\partial s_2} + b\frac{\partial b_2}{\partial s_2} + c\frac{\partial c_2}{\partial s_2} \\ \frac{p_{0,1}}{\partial s} &= a_1\frac{\partial a}{\partial s} + b_1\frac{\partial b}{\partial s} + c_1\frac{\partial c}{\partial s} \\ \frac{p_{1,2}}{\partial s_1} &= a_2\frac{\partial a_1}{\partial s_1} + b_2\frac{\partial b_1}{\partial s_1} + c_2\frac{\partial c_1}{\partial s_1} \end{aligned}\right.$$

ist.

§ 18.

Im Punkte M' und in der Ebene Y_1MX_1 errichten wir eine Normale auf ds_1, welche MX_1 in einem Punkte O trifft; der Winkel MOM' ist gleich $p_{1,0}$. In der Formel (5) ist $p_{1,0}$ positiv, wenn der Punkt O nach der Seite zu liegt, nach welcher der Bogen s wächst, negativ in dem entgegengesetzten Falle, und ähnliche Bemerkungen würde man in Bezug auf die andern fünf analogen Winkel zu machen haben.

Da der Bogen s_1 eine Krümmungslinie der Fläche σ ist, so ist $M'O$ Normale an diese Fläche, und man sieht, dass $\frac{ds}{p_{1,0}}$ den Hauptkrümmungsradius $R_{1,0}$ von σ längs der Kurve s_1 darstellt; ebenso ist $\frac{ds_2}{p_{2,0}}$ der Hauptkrümmungsradius $R_{2,0}$ von σ längs der Kurve s_2. Ziehen wir sodann längs der Bogen s_1 und s_2, welche durch den Punkt M gehen, die zu den Flächen σ orthogonalen Linien, so ergeben sich dadurch zwei Flächen, die wir respective mit σ_2 und σ_1 bezeichnen wollen. Die Linie s, welche die Durchschnittslinie dieser beiden Flächen ist, ist im Allgemeinen keine Krümmungslinie für diese Flächen; ebenso sind s_1 und s_2 nicht Krümmungslinien von σ_2 und σ_1. Nehmen wir aber $PM = ds$ und errichten wir eine Normale PG auf ds, welche in der Ebene PMY liegt, so ist der Winkel PGM nach dem Obigen gleich $p_{0,1}$; $\frac{p_{0,1}}{ds}$ ist die Krümmung des Normalschnittes der Fläche σ_1, welcher tangential zu dem Bogen s gelegt ist, und wir bezeichnen sie mit $\frac{1}{R_{0,1}}$. Dasselbe machen wir für die drei andern analogen Ausdrücke und erhalten:

$$\Delta u = \frac{\partial \frac{\partial u}{\partial s}}{\partial s} + \frac{\partial \frac{\partial u}{\partial s_1}}{\partial s_1} + \frac{\partial \frac{\partial u}{\partial s_2}}{\partial s_2}$$
$$-\left(\frac{1}{R_{1,0}} + \frac{1}{R_{2,0}}\right)\frac{\partial u}{\partial s} - \left(\frac{1}{R_{2,1}} + \frac{1}{R_{0,1}}\right)\frac{\partial u}{\partial s_1} - \left(\frac{1}{R_{0,2}} + \frac{1}{R_{1,2}}\right)\frac{\partial u}{\partial s_2}.$$

Die Linien $R_{1,0}$, $R_{2,0}, \ldots$ müssen offenbar positiv oder negativ genommen werden in denselben Fällen, wie die Winkel $p_{1,0}$, $p_{2,0}, \ldots$ Wir bemerken ferner, dass der Coefficient von $\frac{\partial u}{\partial s_1}$ mit verändertem Vorzeichen die Summe der Krümmungen der beiden Normalschnitte der Fläche σ_1 darstellt, welche durch den Punkt M gelegt und zu einander senkrecht sind; er ist somit gleich der Summe der Hauptkrümmungen der Fläche σ_1. Dieselbe Bemerkung gilt für den Coefficienten von $\frac{\partial u}{\partial s_2}$.

§ 19.

Zweiter Beweis der Formel, welche Δu giebt. — Durch eine andere Schlussreihe erhalten wir den Ausdruck von Δu unter einer andern Form. Wir bezeichnen mit F den Ausdruck der Kraft, welche im Punkte (x, y, z) durch ein System irgend welcher Massen, deren Potential V ist, hervorgebracht wird, und erstrecken das Integral

$$(1) \qquad I = \int F^2 d\omega$$

über ein Volumen ω. Wir denken uns wiederum das System der Flächen σ und die Linien, welche zu ihnen orthogonal sind, und behalten für die Linien s, s_1, s_2 dieselbe Bedeutung bei wie vorher.

Die Grösse F^2 wird gegeben durch die Formel

$$F^2 = \left(\frac{\partial V}{\partial x}\right)^2 + \left(\frac{\partial V}{\partial y}\right)^2 + \left(\frac{\partial V}{\partial z}\right)^2 = \left(\frac{\partial V}{\partial s}\right)^2 + \left(\frac{\partial V}{\partial s_1}\right)^2 + \left(\frac{\partial V}{\partial s_2}\right)^2,$$

wenn man sich die Kraft nach den drei Tangenten an die durch den Punkt (x, y, z) gehenden Bogen s, s_1, s_2 zerlegt. Bezeichnen wir zur Abkürzung mit V', V_1', V_2' die Ableitungen von V nach s, s_1, s_2, so haben wir:

$$F^2 = V'^2 + V_1'^2 + V_2'^2,$$

und die Formel (1) geht über in:

$$I = \iiint (V'^2 + V_1'^2 + V_2'^2)\, ds\, ds_1\, ds_2.$$

Wir denken uns, dass man die Massen um eine unendlich kleine Grösse ändert, so dass V und F Änderungen erleiden, und suchen die Änderung, die sich daraus für I ergiebt. Wir haben zunächst:

$$(2) \qquad \frac{1}{2}\,\delta I = \iiint (V'\delta V' + V_1'\delta V_1' + V_2'\delta V_2')\, ds\, ds_1\, ds_2;$$

sodann ist, weil das Product $ds_1 ds_2$ das Flächenelement $d\sigma$ darstellt:

$$\int V'\delta V' ds\, ds_1\, ds_2 = \int V' d\sigma \frac{\partial \delta V}{\partial s} ds = V'\delta V d\sigma - \int \delta V \frac{\partial (V' d\sigma)}{\partial s} ds.$$

Bezeichnen wir ebenfalls mit $d\sigma_1$ die Fläche des krummlinigen Rechtecks, welches über ds_2 und ds construiert ist, und mit $d\sigma_2$ diejenige, welche ds und ds_1 zu Seiten hat, so haben wir ebenso:

$$\int V_1'\delta V_1' ds\, ds_1\, ds_2 = \int V_1' d\sigma_1 \frac{\partial \delta V}{\partial s_1} ds_1 = V_1'\delta V d\sigma_1 - \int \delta V \frac{\partial (V_1' d\sigma_1)}{\partial s_1} ds_1$$

$$\int V_2'\delta V_2' ds\, ds_1\, ds_2 = \int V_2' d\sigma_2 \frac{\partial \delta V}{\partial s_2} ds_2 = V_2'\delta V d\sigma_2 - \int \delta V \frac{\partial (V_2' d\sigma_2)}{\partial s_2} ds_2.$$

Mithin enthält der Ausdruck (2) das folgende dreifache Integral:

$$-\iiint \delta V \left[\frac{\partial (V' d\sigma)}{\partial s} ds + \frac{\partial (V_1' d\sigma_1)}{\partial s_1} ds_1 + \frac{\partial (V_2' d\sigma_2)}{\partial s_2} ds_2 \right].$$

Der Coefficient von δV muss denselben Wert behalten, welches auch das System der Flächen σ sein möge, und wenn wir für diese Flächen Ebenen nehmen, welche der xy-Ebene parallel sind, so können wir für s, s_1, s_2 Linien nehmen, welche den Achsen der x, y, z parallel sind; wir erhalten alsdann für den Coefficienten von δV:

$$\left(\frac{\partial^2 V}{\partial x^2} + \frac{\partial^2 V}{\partial y^2} + \frac{\partial^2 V}{\partial z^2} \right) dx\, dy\, dz.$$

Wir folgern hieraus die elegante Formel:

$$(3) \qquad \Delta V d\omega = \frac{\partial (V' d\sigma)}{\partial s} ds + \frac{\partial (V_1' d\sigma_1)}{\partial s_1} ds_1 + \frac{\partial (V_2' d\sigma_2)}{\partial s_2} ds_2.$$

§ 20.

Es ist sehr leicht, die Formel des § 18 wiederzufinden. Wir betrachten das krummlinige Parallelepipedon, welches über den durch den Punkt M gehenden Linien ds, ds_1, ds_2 construiert ist und dessen Grundfläche $d\sigma = ds_1 ds_2$ zwischen vier Elementen von Krümmungslinien enthalten ist seine gegenüberliegende Grundfläche $d\sigma'$ liegt auf der unendlich benachbarten Fläche σ, die σ' genannt werden möge. Um $d\sigma'$ zu erhalten, ziehe man in den Endpunkten von ds_1, ds_2 die orthogonalen Linien s; dieselben bestimmen auf σ' zwei Linien ds_1', ds_2', die sich im Punkte M', dem Endpunkte von ds, treffen, und die Projectionen von ds_1', ds_2' auf die beiden Krümmungslinien, welche durch M' gehen, sind die beiden Seiten von $d\sigma'$. Vernachlässigt man aber unendlich kleine Grössen von höherer Ordnung, so kann man die Linien ds', ds_1' für die Seiten von $d\sigma'$ nehmen.

Dies vorausgeschickt, erhalten wir:

$$\frac{\partial(V'd\sigma)}{\partial s}ds = \frac{\partial V'}{\partial s}d\sigma ds + V'\frac{\partial(d\sigma)}{\partial s}ds = \frac{\partial\frac{\partial V}{\partial s}}{\partial s}dsd\sigma + \frac{\partial V}{\partial s}(d\sigma' - d\sigma).$$

Man erhält sodann leicht:

$$d\sigma' = ds_1 ds_2\left(1 - \frac{ds}{R_{1,0}}\right)\left(1 - \frac{ds}{R_{2,0}}\right)$$

oder:

$$d\sigma' - d\sigma = -\left(\frac{1}{R_{1,0}} + \frac{1}{R_{2,0}}\right)d\omega.$$

Hieraus ergiebt sich:

$$\frac{\partial(V'd\sigma)}{\partial s}ds = \frac{\partial\frac{\partial V}{\partial s}}{\partial s}d\omega - \left(\frac{1}{R_{1,0}} + \frac{1}{R_{2,0}}\right)\frac{\partial V}{\partial s}d\omega.$$

In derselben Weise kann man die beiden andern Glieder der rechten Seite von (3) transformieren.

§ 21.

Wir wenden die Formel (3) jetzt auf den Fall an, wo die Linien s, s_1, s_2 die Schnittlinien von drei Systemen untereinander orthogonaler Flächen sind. Dazu brauchen wir nur anzunehmen, dass die Flächen, die wir mit σ_1 und σ_2 bezeichnet haben, zu einander orthogonal sind. Es seien

$$f_1(x, y, z) = \rho_1,\ f_2(x, y, z) = \rho_2,\ f_3(x, y, z) = \rho_3,$$

wo ρ_1, ρ_2, ρ_3 drei variable Parameter sind, die Gleichungen der Flächen dieser drei Systeme.

Wir setzen:

$$h = \sqrt{\left(\frac{\partial\rho}{\partial x}\right)^2 + \left(\frac{\partial\rho}{\partial y}\right)^2 + \left(\frac{\partial\rho}{\partial z}\right)^2}$$

$$h_1 = \sqrt{\left(\frac{\partial\rho_1}{\partial x}\right)^2 + \left(\frac{\partial\rho_1}{\partial y}\right)^2 + \left(\frac{\partial\rho_1}{\partial z}\right)^2}$$

$$h_2 = \sqrt{\left(\frac{\partial\rho_2}{\partial x}\right)^2 + \left(\frac{\partial\rho_2}{\partial y}\right)^2 + \left(\frac{\partial\rho_2}{\partial z}\right)^2}$$

und bezeichnen mit dx, dy, dz die Projectionen von ds auf die Coordinatenachsen. Da ds normal zur Fläche σ ist, so haben wir:

$$\frac{\partial x}{\partial s}=\frac{1}{h}\frac{\partial \rho}{\partial x},\quad \frac{\partial y}{\partial s}=\frac{1}{h}\frac{\partial \rho}{\partial y},\quad \frac{\partial z}{\partial s}=\frac{1}{h}\frac{\partial \rho}{\partial z}.$$

Multipliciren wir diese drei Gleichungen mit dx, dy, dz und addieren wir sie dann, so erhalten wir die erste der folgenden drei Gleichungen:

$$ds=\frac{d\rho}{h},\quad ds_1=\frac{d\rho_1}{h_1},\quad ds_2=\frac{d\rho_2}{h_2},$$

und die beiden andern werden ebenso erhalten. Bemerkt man überdies, dass

$$d\sigma=ds_1ds_2,\ d\sigma_1=dsds_2,\ d\sigma_2=dsds_1$$
$$d\omega=dsds_1ds_2$$

ist, so findet man die Lamé'sche Formel:

$$\Delta V=hh_1h_2\left[\frac{\partial\left(\frac{h}{h_1h_2}\frac{\partial V}{\partial \rho}\right)}{\partial \rho}+\frac{\partial\left(\frac{h_1}{h_2h}\frac{\partial V}{\partial \rho_1}\right)}{\partial \rho_1}+\frac{\partial\left(\frac{h_2}{hh_1}\frac{\partial V}{\partial \rho_2}\right)}{\partial \rho_2}\right].$$

Will man ΔV in sphärischen Coordinaten ausdrücken, so nehme man für die Flächen σ concentrische Kugeln vom Radius r, für die Flächen σ_1 Ebenen, welche durch die Polarachse gehen und mit einer dieser Ebenen den Winkel ψ bilden, endlich für die Flächen σ_2 Kegel, deren Spitze im Mittelpunkte liegt und deren Erzeugende mit der Polarachse den Winkel ϑ bildet. Man hat alsdann:

$$ds=dr,\ ds_1=r\sin\vartheta d\psi,\ ds_2=rd\vartheta,$$

und wenn man die Formel (3) anwendet:

$$\Delta V=\frac{\partial\left(r^2\frac{\partial V}{\partial r}\right)}{\partial r}\sin\vartheta+\frac{\partial\left(\sin\vartheta\frac{\partial V}{\partial \vartheta}\right)}{\partial \vartheta}+\frac{1}{\sin\vartheta}\frac{\partial^2 V}{\partial \psi^2}.$$

Ausdruck von ΔV, wenn man darin den Parameter eines Systems von Niveauflächen einführt.

§ 22.

Wir wollen ein System von Niveauflächen σ und die zugehörigen Kraftlinien betrachten. Auf diesen Flächen ziehen wir die Krümmungslinien s_1 und s_2. Die Niveauflächen können als ein System von isothermen Flächen betrachtet werden. Wir bezeichnen mit α ihren thermometrischen Parameter, der sich nur mit s ändert. Denken wir uns ein Temperaturgleichgewicht, in welchem jede von diesen Flächen auf einer constanten Temperatur bleibt, so ändert sich V weder mit s_1 noch mit s_2 und der im § 17 gegebene Ausdruck von ΔV geht über in:

$$\text{(a)} \qquad \frac{d\dfrac{dV}{ds}}{ds} - \left(\frac{p_{1,0}}{ds_1} + \frac{p_{2,0}}{ds_2}\right)\frac{dV}{ds}.$$

Die Gleichung $\Delta V = 0$ muss sich alsdann reducieren auf

$$\frac{d^2V}{d\alpha^2} = 0,$$

da V von der Form $C\alpha + C'$ wird, wo C und C' willkürliche Constanten sind; mithin reduciert sich der Ausdruck (a) auf $h^2 \frac{d^2V}{d\alpha^2}$, wenn man wie im vorigen Paragraphen setzt:

$$h^2 = \left(\frac{\partial\alpha}{\partial x}\right)^2 + \left(\frac{\partial\alpha}{\partial y}\right)^2 + \left(\frac{\partial\alpha}{\partial z}\right)^2.$$

Man erhält daher schliesslich:

$$\Delta V = h^2 \frac{\partial^2 V}{\partial\alpha^2} + \frac{\partial\dfrac{\partial V}{\partial s_1}}{\partial s_1} + \frac{\partial\dfrac{\partial V}{\partial s_2}}{\partial s_2} - \left(\frac{p_{2,1}}{ds_2} + \frac{p_{0,1}}{ds}\right)\frac{\partial V}{\partial s_1} - \left(\frac{p_{0,2}}{ds} + \frac{p_{1,2}}{ds_1}\right)\frac{\partial V}{\partial s_2}.$$

§ 23.

Wir zeigen jetzt, wie man diese Formel berechnen kann. Die Cosinus a, b, c werden zunächst erhalten aus den Gleichungen:

$$a = \frac{1}{h}\frac{\partial\alpha}{\partial x}, \quad b = \frac{1}{h}\frac{\partial\alpha}{\partial y}, \quad c = \frac{1}{h}\frac{\partial\alpha}{\partial z}.$$

Sind M und M' zwei um ds_1 von einander abstehende Punkte der Linie s_1, errichten wir ferner in diesen beiden Punkten auf der Fläche σ Normalen, welche sich in einem Punkte O schneiden, und projicieren wir MO, OM', ds_1 auf die x-Achse, so haben wir:

$$-R_{1,0}\frac{\partial a}{\partial s_1} ds_1 = a_1 ds_1,$$

oder die erste der drei analogen Gleichungen:

$$a_1 = -R_{1,0}\frac{\partial a}{\partial s_1}, \quad b_1 = -R_{1,0}\frac{\partial b}{\partial s_1}, \quad c_1 = -R_{1,0}\frac{\partial c}{\partial s_1},$$

und ebenso erhalten wir:

$$a_2 = -R_{2,0}\frac{\partial a}{\partial s_2}, \quad b_2 = -R_{2,0}\frac{\partial b}{\partial s_2}, \quad c_2 = -R_{2,0}\frac{\partial c}{\partial s_2}.$$

Daraus ergeben sich die folgenden Formeln:

$$\frac{p_{0,2}}{ds} = -R_{2,0}\left(\frac{\partial a}{\partial s_2}\frac{\partial a}{\partial s} + \frac{\partial b}{\partial s_2}\frac{\partial b}{\partial s} + \frac{\partial c}{\partial s_2}\frac{\partial c}{\partial s}\right)$$

$$\frac{p_{0,1}}{ds} = -R_{1,0}\left(\frac{\partial a}{\partial s_1}\frac{\partial a}{\partial s} + \frac{\partial b}{\partial s_1}\frac{\partial b}{\partial s} + \frac{\partial c}{\partial s_1}\frac{\partial c}{\partial s}\right)$$

$$\frac{p_{2,1}}{ds_2} = R_{1,0}R_{2,0}\left(\frac{\partial a}{\partial s_1}\frac{\partial \frac{\partial a}{\partial s_2}}{\partial s_2} + \frac{\partial b}{\partial s_1}\frac{\partial \frac{\partial b}{\partial s_2}}{\partial s_2} + \frac{\partial c}{\partial s_1}\frac{\partial \frac{\partial c}{\partial s_2}}{\partial s_2}\right)$$

$$\frac{p_{1,2}}{ds_1} = R_{1,0}R_{2,0}\left(\frac{\partial a}{\partial s_2}\frac{\partial \frac{\partial a}{\partial s_1}}{\partial s_1} + \frac{\partial b}{\partial s_2}\frac{\partial \frac{\partial b}{\partial s_1}}{\partial s_1} + \frac{\partial c}{\partial s_2}\frac{\partial \frac{\partial c}{\partial s_1}}{\partial s_1}\right).$$

Da die Bogen s_1 und s_2 nicht als zwei unabhängige Veränderliche betrachtet werden können, so wollen wir sie durch zwei solche Veränderliche ersetzen. Es sei

$$F(x, y, z, \alpha) = 0$$

die Gleichung der Fläche σ und

$$\varphi_1(x, y, \alpha) = \beta, \quad \varphi_2(x, y, \alpha) = \gamma,$$

wo β und γ zwei variable Parameter sind, seien die Projectionen der Krümmungslinien s_2 und s_1 auf die xy-Ebene. Nach diesen drei Gleichungen sind die Coordinaten x, y, z irgend eines Punktes Functionen von β, γ und α. Bezeichnen wir mit dl ein Element einer auf der Fläche σ gezogenen Kurve, so ist:

$$dl^2 = dx^2 + dy^2 + dz^2.$$

Differentiieren wir x, y, z, indem wir α als constant betrachten, und substituieren wir dann, so erhalten wir für dl^2 einen Ausdruck von folgender Form:

$$dl^2 = \frac{1}{H_1^2}d\beta^2 + Md\beta d\gamma + \frac{1}{H_2^2}d\gamma^2.$$

Macht man nach einander $\gamma = 0$, $\beta = 0$, so wird:

$$ds_1 = \frac{d\beta}{H_1}, \quad ds_2 = \frac{d\gamma}{H_2}, \quad M = 0.$$

Hiernach erhalten wir für die Ausdrücke der Ableitungen nach s_1 und s_2 die folgenden Formeln:

$$\frac{\partial u}{\partial s_1} = H_1\frac{\partial u}{\partial \beta}, \qquad \frac{\partial u}{\partial s_2} = H_2\frac{\partial u}{d\gamma}$$

$$\frac{\partial \frac{\partial u}{\partial s_1}}{\partial s_1} = H_1\frac{\partial}{\partial \beta}\left(H_1\frac{\partial u}{\partial \beta}\right), \qquad \frac{\partial \frac{\partial u}{\partial s_2}}{\partial s_2} = H_2\frac{\partial}{\partial \gamma}\left(H_2\frac{\partial u}{\partial \gamma}\right).$$

Potential in krystallisierten Körpern.

Definitionen.

§ 24.

Wenn man die Coordinatenachsen passend wählt, so genügt die Temperatur V in einem krystallinischen Körper einer Gleichung von der Form:

$$A\frac{\partial^2 V}{\partial x^2}+B\frac{\partial^2 V}{\partial y^2}+C\frac{\partial^2 V}{\partial z^2}=k\frac{\partial V}{\partial t},$$

die zuerst von Duhamel gegeben wurde (*Journal de l'École Polytechnique, Cahier XXI, 1832*); dabei bezeichnen A, B, C, k positive Constanten und t die Zeit. Mithin genügt die Gleichgewichtstemperatur in solchen Körpern der Gleichung:

$$(1)\qquad A\frac{\partial^2 V}{\partial x^2}+B\frac{\partial^2 V}{\partial y^2}+C\frac{\partial^2 V}{\partial z^2}=0.$$

Denken wir uns ein ebenes Element ω, dessen Normale mit den Achsen die Winkel ξ, η, ζ bildet, so haben wir für den Wärmestrom, welcher durch dieses Element hindurchgeht:

$$U=U_x\cos\xi+U_y\cos\eta+U_z\cos\zeta,$$

wo U dieser Strom bezogen auf die Flächeneinheit ist, und U_x, U_y, U_z die ebenso gerechneten Ströme sind, welche durch drei zu den Coordinatenachsen senkrechte und durch einen und denselben Punkt des Elements ω gehende ebene Elemente hindurchtreten. Vorausgesetzt, dass die Fortpflanzung der Wärme in diesem Mittel nach zwei entgegengesetzten Richtungen in gleicher Weise vor sich geht, werden U_x, U_y, U_z zu $A\frac{\partial V}{\partial x}$, $B\frac{\partial V}{\partial y}$, $C\frac{\partial V}{\partial z}$ proportional sein, und somit hat man, wenn man die Coefficienten der Gleichung (1) mit einer passenden Zahl multipliciert hat:

$$U_x=A\frac{\partial V}{\partial x},\quad U_y=B\frac{\partial V}{\partial y},\quad U_z=C\frac{\partial V}{\partial z}$$

und

$$U=A\frac{\partial V}{\partial x}\cos\xi+B\frac{\partial V}{\partial y}\cos\eta+C\frac{\partial V}{\partial z}\cos\zeta.$$

Wir setzen:

$$P=\sqrt{A^2\cos^2\xi+B^2\cos^2\eta+C^2\cos^2\zeta}\ ,$$

$$(2)\quad \cos\alpha=\frac{A\cos\xi}{P},\quad \cos\beta=\frac{B\cos\eta}{P},\quad \cos\gamma=\frac{C\cos\zeta}{P},$$

sodann ziehen wir durch den Mittelpunkt I des Elementes ω eine Gerade t in der Richtung (α, β, γ) und nehmen auf dieser Geraden vom Punkte I aus eine unendlich kleine Strecke ∂t. Sind V und V' die Werte von V im Punkte I und in dem zweiten Endpunkte von ∂t, so ist die Grösse

$$\frac{\partial V}{\partial x}\cos\alpha + \frac{\partial V}{\partial y}\cos\beta + \frac{\partial V}{\partial z}\cos\gamma$$

gleich $\frac{V'-V}{\partial t}$. Dieser Ausdruck kann als ein Differentialquotient betrachtet werden, den wir durch $\frac{\partial V}{\partial t}$ darstellen, da die Richtung der Linie t vollständig durch die Gleichungen (2) bestimmt wird. Somit haben wir:

$$U = P\frac{\partial V}{\partial t}.$$

§ 25.

Dieselbe Function V, welche der Gleichung (1) genügt, kann für eine gewisse Anziehung als ein Potential betrachtet werden. Bezeichnen wir mit (a, b, c) die Coordinaten irgend eines Punktes eines Volumens H, so genügt der Ausdruck

$$(3) \qquad V = \iiint \frac{\varphi\,(a, b, c)}{r}\,da\,db\,dc,$$

in welchem r den Wert

$$r = \sqrt{\frac{(x-a)^2}{A} + \frac{(y-b)^2}{B} + \frac{(z-c)^2}{C}}$$

besitzt, in jedem Punkte (x, y, z) ausserhalb des Volumens H der Gleichung (1). Denken wir uns in diesem Volumen eine Masse M, deren Dichtigkeit in jedem Punkte $\varphi\,(a, b, c)$ ist, so werden wir sagen, der Ausdruck (3) sei das Potential der Masse M in dem krystallisierten Mittel mit den Coefficienten A, B, C. Stellen wir die Kraft dar, deren Componenten

$$-\frac{\partial V}{\partial x},\ -\frac{\partial V}{\partial y},\ -\frac{\partial V}{\partial z}$$

sind, so erhalten wir:

$$\frac{\partial V}{\partial x} = -\int \frac{\varphi\,(a, b, c)}{r^3}\,\frac{x-a}{A}\,da\,db\,dc.$$

Somit würde jedes Teilchen der Masse auf den Punkt (x, y, z), in welchem die positive oder negative Masseneinheit concentriert ist, eine Anziehung oder Abstossung ausüben, welche durch das Product aus

$$\frac{1}{r^3}\sqrt{\left(\frac{x-a}{A}\right)^2 + \left(\frac{y-b}{B}\right)^2 + \left(\frac{z-c}{C}\right)^2}$$

und der Masse des Teilchens dargestellt würde, und diese Wirkung würde nicht in die Richtung der sie verbindenden Geraden fallen, sondern nach einer Linie gerichtet sein, welche mit den Achsen Winkel bildet, deren Cosinus zu $\frac{x-a}{A}$, $\frac{y-b}{B}$, $\frac{z-c}{C}$ proportional sind.

Eigenschaften der Function, welche der Gleichung $\Delta' V=0$ genügt.

§ 26.

Zur Abkürzung setzen wir:

$$A\frac{\partial^2 V}{\partial x^2}+B\frac{\partial^2 V}{\partial y^2}+C\frac{\partial^2 V}{\partial z^2}=\Delta' V,$$

so dass die Gleichung (1) übergeht in

$$\Delta' V=0.$$

Wir bezeichnen mit $d\omega$ das Volumenelement eines Körpers und mit $d\sigma$ das Element der ihn begrenzenden Oberfläche. Sind v und w zwei nebst ihren ersten Ableitungen stetige Functionen, so erhält man die folgenden Gleichungen (Kap. I, § 5):

$$\int v\frac{\partial^2 w}{\partial x^2}d\omega=\int v\frac{\partial w}{\partial x}\cos\xi d\sigma-\int\frac{\partial v}{\partial x}\frac{\partial w}{\partial x}d\omega$$

$$\int v\frac{\partial^2 w}{\partial y^2}d\omega=\int v\frac{\partial w}{\partial y}\cos\eta d\sigma-\int\frac{\partial v}{\partial y}\frac{\partial w}{\partial y}d\omega$$

$$\int v\frac{\partial^2 w}{\partial z^2}d\omega=\int v\frac{\partial w}{\partial z}\cos\zeta d\sigma-\int\frac{\partial v}{\partial z}\frac{\partial w}{\partial z}d\omega,$$

wo ξ, η, ζ die Winkel sind, welche die Normale an die Fläche mit den Coordinatenachsen bildet. Multiplicieren wir diese drei Gleichungen mit A, B, C und addieren sie dann, so folgt:

$$\int v\Delta' w d\omega-\int v\left(A\frac{\partial w}{\partial x}\cos\xi+B\frac{\partial w}{\partial y}\cos\eta+C\frac{\partial w}{\partial z}\cos\zeta\right)d\sigma$$
$$=-\int\left(A\frac{\partial v}{\partial x}\frac{\partial w}{\partial x}+B\frac{\partial v}{\partial y}\frac{\partial w}{\partial y}+C\frac{\partial v}{\partial z}\frac{\partial w}{\partial z}\right)d\omega,$$

und da die rechte Seite durch die Vertauschung von v und w nicht geändert wird, so schliessen wir:

$$\int v\Delta' w d\omega-\int v\left(A\frac{\partial w}{\partial x}\cos\xi+B\frac{\partial w}{\partial y}\cos\eta+C\frac{\partial w}{\partial z}\cos\zeta\right)d\sigma$$
$$=\int w\Delta' v d\omega-\int w\left(A\frac{\partial v}{\partial x}\cos\xi+B\frac{\partial v}{\partial y}\cos\eta+C\frac{\partial v}{\partial z}\cos\zeta\right)d\sigma.$$

Ziehen wir durch einen Punkt des Elementes $d\sigma$ eine Gerade t in der durch die Formeln (2) im § 24 gelieferten Richtung (α,β,γ), so haben wir:

$$A\frac{\partial w}{\partial x}\cos\xi+B\frac{\partial w}{\partial y}\cos\eta+C\frac{\partial w}{\partial z}\cos\zeta=P\frac{\partial w}{\partial t};$$

somit geht die vorige Gleichung über in:

$$\int v\Delta' w d\omega-\int w\Delta' v d\omega=\int vP\frac{\partial w}{\partial t}d\sigma-\int wP\frac{\partial v}{\partial t}d\sigma.$$

Wir bemerken, dass cos α, cos β, cos γ von demselben Vorzeichen sind wie cos ξ, cos η, cos ζ; mithin macht die Linie t mit der äusseren Normale einen spitzen Winkel; sie ist also auch von der Fläche aus nach aussen gerichtet. Die Ableitungen $\frac{\partial w}{\partial t}$, $\frac{\partial v}{\partial t}$ können auf der Fläche σ discontinuierlich sein; man muss sie alsdann durch Ableitungen nach der gerade entgegengesetzten Richtung t', welche in das Innere von σ geht, ersetzen. Man erhält so:

$$(a) \qquad \int v\Delta' w d\omega - \int w\Delta' v d\omega = - \int vP\frac{\partial w}{\partial t'}d\sigma + \int wP\frac{\partial v}{\partial t'}d\sigma.$$

§ 27.

Nehmen wir an, dass die Function v der Gleichung $\Delta' v = 0$ genügt, dass sie sich mit ihren ersten Ableitungen innerhalb und ausserhalb der Fläche σ stetig ändert, dass sie auf der Fläche innen und aussen denselben Wert annimmt, und schliesslich, dass

$$\lim\left(v\sqrt{\frac{x^2}{A}+\frac{y^2}{B}+\frac{z^2}{C}}\right)$$

eine ganz bestimmte Constante ist, wenn der Punkt (x, y, z) sich ins Unendliche entfernt, so werden wir zeigen, dass die Function v als das Potential einer unendlich dünnen auf σ verteilten Schicht betrachtet werden kann.

Setzen wir

$$w = \frac{1}{r}, \quad r = \sqrt{\frac{(x_1-\alpha)^2}{A}+\frac{(y_1-\beta)^2}{B}+\frac{(z_1-\gamma)^2}{C}},$$

wo (x_1, y_1, z_1) ein fester Punkt innerhalb der Fläche σ und (α, β, γ) ein Punkt des Elementes $d\omega$ ist, so haben wir:

$$\Delta' w = 0,$$

und wir können die Gleichung (a) anwenden auf das Volumen, welches zwischen der Fläche σ und einer Kugel mit unendlich kleinem Radius R, deren Mittelpunkt im Punkte (x_1, y_1, z_1) liegt, enthalten ist. Das Integral

$$\int\frac{1}{r}\left(A\frac{\partial v}{\partial x}\cos\xi + B\frac{\partial v}{\partial y}\cos\eta + C\frac{\partial v}{\partial z}\cos\zeta\right)d\sigma,$$

hinerstreckt über die Kugel, ist eine unendlich kleine Grösse von der Ordnung von R, deren Wert man vernachlässigen kann. Untersuchen wir sodann den Wert des Integrals

$$(b) \qquad \int v\left(A\frac{\partial\frac{1}{r}}{\partial x}\cos\xi + B\frac{\partial\frac{1}{r}}{\partial y}\cos\eta + C\frac{\partial\frac{1}{r}}{\partial z}\cos\zeta\right)d\sigma,$$

wo sich die Integration über dieselbe Kugel erstreckt.

Verlegen wir den Anfangspunkt der Coordinaten in den Punkt (x_1, y_1, z_1), so ist:

$$r^2 = \frac{x^2}{A} + \frac{y^2}{B} + \frac{z^2}{C},$$

$$\cos\xi = -\frac{x}{R}, \quad \cos\eta = -\frac{y}{R}, \quad \cos\zeta = -\frac{z}{R}.$$

Bezeichnen wir noch mit ψ die Länge eines Punktes (x, y, z) der sphärischen Oberfläche und mit ϑ das Complement seiner Breite, so haben wir:

$$d\sigma = R^2 \sin\vartheta d\vartheta d\psi,$$

und das Integral (b) hat zum Wert das Product des Wertes von v im Punkte (x_1, y_1, z_1) und des Integrals

$$\int_0^{2\pi}\int_0^{\pi} \frac{R^3}{r^3} \sin\vartheta d\psi d\vartheta.$$

Setzt man:

$$x = R\sin\vartheta\cos\psi, \; y = R\sin\vartheta\sin\psi, \; z = R\cos\vartheta,$$

so nimmt es die folgende Form an:

$$\int_0^{\pi}\int_0^{2\pi} \frac{\sin\vartheta d\vartheta d\psi}{\left(\frac{\sin^2\vartheta\cos^2\psi}{A} + \frac{\sin^2\vartheta\sin^2\psi}{B} + \frac{\cos^2\vartheta}{C}\right)^{\frac{3}{2}}}.$$

Man sieht leicht, dass der dritte Teil dieses Integrals das Volumen eines Ellipsoides darstellt, dessen Halbachsen $\sqrt{A}$, $\sqrt{B}$, $\sqrt{C}$ sind; es hat somit den Wert $4\pi\sqrt{ABC}$.

Hiernach geht die Gleichung (a) über in:

$$0 = -\int vP\frac{\partial\frac{1}{r}}{\partial t'}d\sigma + \int\frac{1}{r}P\frac{\partial v}{\partial t'}d\sigma + 4\pi\sqrt{ABC}\,v.$$

Wir betrachten sodann das Volumen, welches zwischen der Fäche σ und einer andern Fläche σ', welche die erstere einschliesst, enthalten ist. Da $\frac{1}{r}$ in diesem Intervalle nicht unendlich wird, so kann man die Gleichung (a) auf dieses ganze Volumen anwenden, und man erhält, wenn man annimmt, dass die Fäche σ' ins Unendliche rückt:

$$0 = \int vP\frac{\partial\frac{1}{r}}{\partial t}d\sigma - \int P\frac{1}{r}\frac{\partial v}{\partial t}d\sigma.$$

Diese Gleichung subtrahieren wir von der vorhergehenden und erhalten:

$$v = -\frac{1}{4\pi\sqrt{ABC}}\int \frac{1}{r} P\left(\frac{\partial v}{\partial t} + \frac{\partial v}{\partial t'}\right) d\sigma.$$

Hieraus geht hervor, dass v das Potential einer auf σ verteilten Schicht ist, deren Dichtigkeit gegeben ist durch den Ausdruck

$$-\frac{1}{4\pi\sqrt{ABC}} P\left(\frac{\partial v}{\partial t} + \frac{\partial v}{\partial t'}\right).$$

§ 28.

Wir denken uns einen unendlich grossen Krystall, den wir in zwei Teile teilen, von denen der eine T innerhalb, der andere T' ausserhalb σ gelegen ist, und nehmen an, dass diese beiden Räume durch einen unendlich kleinen Zwischenraum getrennt seien. Die Function v kann auch als eine Gleichgewichtstemperatur betrachtet werden, welche durch eine Wärmequelle, die sich mit der Zeit nicht ändert und auf der Fläche σ gelegen ist, bestimmt wird. Auf jedem Element $d\sigma$ wird sich ein Element der Wärmequelle befinden, welches in der Zeiteinheit eine Wärmemenge erzeugt, die gleich

$$-P\left(\frac{\partial v}{\partial t} + \frac{\partial v}{\partial t'}\right) d\sigma$$

ist. Hieraus ergeben sich zwei einander gleiche Wärmeströme, von denen der eine in das Innere von σ dringt, der andere nach aussen geht, und von denen man annehmen kann, dass der eine die Richtung der Linie t', der andere die der Linie t hat.

Wert von $\Delta' V$ im Innern der Masse.

§ 29.

Es sei ρ die Dichtigkeit einer Masse, welche sich in einem Volumen ω befindet; wir betrachten das Potential

$$V = \int \frac{\rho}{r} d\omega,$$

wo r den Ausdruck

$$\sqrt{\frac{(x-a)^2}{A} + \frac{(y-b)^2}{B} + \frac{(z-c)^2}{C}},$$

in welchem (a, b, c) die Coordinaten von $d\omega$ sind, bezeichnet, und suchen den Wert von $\Delta' V$ in einem Punkte der Masse. Da die Rechnung derjenigen in den §§ 7 und 8 des ersten Kapitels vollkommen analog ist, so können wir uns bei derselben kurz fassen.

Man erhält, wie in jenem Paragraphen,

$$\frac{\partial V}{\partial x}=\int \rho \frac{\partial \frac{1}{r}}{\partial x}d\omega=-\int \rho \frac{\partial \frac{1}{r}}{\partial a}d\omega=-\int \frac{\rho \cos\lambda}{r}d\sigma+\int \frac{1}{r}\frac{\partial \rho}{\partial a}d\omega,$$

wo λ den Winkel zwischen der Normale der Fläche und der x-Achse bedeutet. Man hat ferner:

$$\frac{\partial^2 V}{\partial x^2}=\int \frac{\rho \cos\lambda}{r^3}\frac{x-a}{A}d\sigma-\int \frac{\partial \rho}{\partial a}\frac{1}{r^3}\frac{x-a}{A}d\omega.$$

Da der Punkt (x, y, z) in der Masse liegend gedacht wird, so beschreiben wir um diesen Punkt als Mittelpunkt eine Kugel mit unendlich kleinem Radius R_1; wir teilen also die Masse in zwei Teile, von denen der eine innerhalb, der andere ausserhalb der Kugel liegt. Sind V_1 und V_2 die entsprechenden Teile von V, so ist $\Delta' V_2 = 0$ und somit $\Delta' V = \Delta' V_1$. Wenden wir die vorstehende Formel auf V_1 an, und sind α, β, γ die Richtungswinkel der den Punkt (x, y, z) mit dem Punkte (a, b, c) verbindenden Geraden, so haben wir:

$$A\frac{\partial^2 V_1}{\partial x^2}=-\int \frac{R\rho \cos^2\alpha}{r^3}d\sigma'+\int \frac{\partial \rho}{\partial a}\frac{R}{r^3}\cos\alpha\, d\omega',$$

wo $d\sigma'$ und $d\omega'$ die Elemente der Oberfläche und des Volumens der Kugel sind.

Addieren wir zu dieser Gleichung die beiden analogen Gleichungen, so folgt:

$$\begin{aligned}\Delta' V &= -\int \frac{R\rho}{r^3}d\sigma'+\int \frac{R}{r^3}\left(\frac{\partial \rho}{\partial a}\cos\alpha+\frac{\partial \rho}{\partial b}\cos\beta+\frac{\partial \rho}{\partial c}\cos\gamma\right)d\omega' \\ &= -\int \frac{R\rho}{r^3}d\sigma'+\int \frac{R}{r^3}\frac{\partial \rho}{\partial R}d\omega'.\end{aligned}$$

Ersetzen wir $d\sigma'$ durch $R_1^2 d\bar{\omega}$ und $d\omega'$ durch $R^2 d\bar{\omega} dR$, wo $d\bar{\omega}$ das Oberflächenelement der Einheitskugel ist und fügen wir bei den auf die Fläche bezüglichen Grössen den Index 1 hinzu, so erhalten wir:

$$\Delta' V=-\int \frac{R_1^3}{r_1^3}\rho_1 d\bar{\omega}+\int d\bar{\omega}\int \frac{\partial \rho}{\partial R}\frac{R^3}{r^3}dR.$$

Nun ist aber die Grösse

$$\frac{R}{r}=\frac{1}{\left(\frac{\sin^2\vartheta\cos^2\psi}{A}+\frac{\sin^2\vartheta\sin^2\psi}{B}+\frac{\cos^2\vartheta}{C}\right)^{\frac{1}{2}}}$$

unabhängig von R; man erhält daher für das letze Integral

$$\int \frac{R_1^3}{r_1^3}(\rho_1-\rho_0)d\bar{\omega},$$

wo ρ_0 der Wert von ρ im Mittelpunkt der Kugel ist. Substituieren wir dies, so bleibt:

$$\Delta' V = -\rho_0 \int \frac{R_1^3}{r_1^3} d\bar{\omega} = -4\pi\rho_0 \sqrt{ABC},$$

da der Wert des letzten Integrals im § 27 erhalten worden war.

Mittlerer Wert des Ausdrucks $P\frac{\partial V}{\partial t}$ auf einer geschlossenen Fläche.

§ 30.

Nehmen wir an, dass V das Potential von Massen sei, von denen die einen, deren Masse M ist, innerhalb einer geschlossenen Fläche σ, die andern ausserhalb σ sich befinden, und setzen wir in der Formel (a) des § 26 $w=1$ und $v=V$, so erhalten wir:

$$\int \Delta' V d\omega = \int P\frac{\partial V}{\partial t} d\sigma.$$

Nun ist aber:

$$\Delta' V = -4\pi\rho \sqrt{ABC},$$

wenn man ρ in den Teilen, in welchen sich keine wirkende Masse befindet, als Null betrachtet; mithin hat man die Formel:

$$\text{(a)} \qquad \int P\frac{\partial v}{\partial t} d\sigma = -4\pi M \sqrt{ABC},$$

welche, durch den Flächeninhalt von σ geteilt, den Mittelwert von $P\frac{\partial V}{\partial t}$ auf dieser Fläche giebt.

Betrachten wir den besonderen Fall, wo sämtliche Massen sich auf einen innern oder äussern Punkt Q, dessen Masse die Einheit ist, reducieren. Nimmt man dann diesen Punkt als Coordinatenanfangspunkt, während (x, y, z) irgend ein Punkt von σ ist, so hat man

$$V = \frac{1}{r} = \frac{1}{\sqrt{\frac{x^2}{A} + \frac{y^2}{B} + \frac{z^2}{C}}};$$

somit giebt die Formel (a)

$$\int P \frac{\partial \frac{1}{r}}{\partial t} d\sigma = -4\pi \sqrt{ABC} \text{ oder } = 0,$$

je nachdem der Punkt Q ein innerer oder äusserer ist.

Diese Formel stellt einen Satz aus der Analysis dar, welcher den im Kap. I, § 13 gegebenen von Gauss einschliesst.

Fünftes Kapitel.

Über die Anziehung verschiedener Körper, welche von Flächen zweiter Ordnung begrenzt sind.

Gebrauch der Niveauflächen zur Bestimmung der Anziehung eines Körpers.

§ 1.

Wir nehmen im Allgemeinen einen homogenen Körper an, dessen Volumen man in unendlich dünne Schichten zerlegen kann durch Flächen, welche in der Gleichung

$$(1) \qquad F(x, y, z, k) = 0$$

enthalten sind, wobei k ein variabler Parameter ist, derart, dass jede von diesen Flächen für sich zu einem bekannten System von Niveauflächen gehört, und ferner, dass jede so erhaltene Schicht eine Niveauschicht in dem zugehörigen System von Niveauflächen ist (Kap. IV, § 5). Alsdann ist die Untersuchung der Anziehung des Volumens des Körpers zurückgeführt auf die Bestimmung der Componenten der Anziehung einer Niveauschicht, die man alsdann nach k integrieren muss.

Wir stellen durch

$$(2) \qquad \Phi(x, y, z, k, \alpha) = 0$$

die Gleichung des Systems von Niveauflächen dar, zu welchem jede Fläche (1) gehört, wo α der thermometrische Parameter dieser Flächen ist. Ist k zuerst gewählt, so wird die Gleichung (2) für einen passenden Wert von α mit der Gleichung (1) zusammenfallen. Den Abstand zwischen der Fläche (2) für diese Werte von k und α und der Fläche, welche demselben Werte von k und $\alpha + d\alpha$ entspricht, bezeichnen wir mit ε. Dem erwähnten Paragraphen zufolge ändert sich die Dicke der Niveauschicht proportional zu $\frac{1}{\varepsilon}$ und sie kann dargestellt werden durch den Ausdruck $\frac{g}{\varepsilon}$, wo g constant ist und durch das Volumen dieser Schicht bestimmt wird.

§ 2.

Wir haben bereits erwähnt (Kap. IV, § 6), dass ein System von confokalen Ellipsoiden ein System von Niveauflächen bildet, und dass man eine Niveauschicht auf einer dieser Flächen erhält, wenn man eine Schicht nimmt, die zwischen dieser Fläche und einem innerhalb derselben befindlichen und unendlich nahen homothetischen Ellipsoide eingeschlossen ist. Wenn demnach der Körper, dessen Anziehung gesucht wird, ein Ellipsoid ist, so kann man für die Flächen (1) mit diesem ähnliche und ähnlich liegende Ellipsoide nehmen, und wenn k constant genommen wird, so werden die Flächen (2) confokale Ellipsoide sein.

Nach dem Vorhergehenden kann man leicht die Niveauschicht wieder erhalten, welche den confokalen Ellipsoiden entspricht, wenn diese als Niveauflächen genommen werden.

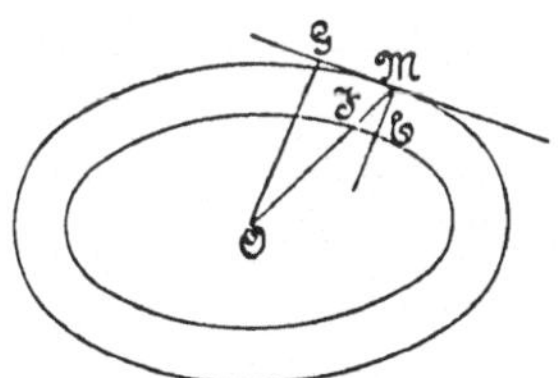

Fig. 5.

Wir bemerken zunächst, dass der Abstand zwischen zwei unendlich nahen homothetischen Ellipsoiden sich proportional dem Lote ändert, welches vom Mittelpunkte des Ellipsoides auf die Berührungsebene gefällt ist.

Denn es sei ME eine Normale an das äussere Ellipsoid im Punkte M.

Wir verbinden den Punkt M mit dem Mittelpunkte O und fällen die Senkrechte OG auf die Tangentialebene in M. Durch die beiden Geraden OM und OG legen wir eine Ebene, welche die beiden Flächen in den beiden in der Figur angedeuteten homothetischen Ellipsen schneidet.

Aus der Aehnlichkeit der beiden Dreiecke IEM und MGO folgt:

$$ME = \frac{MI}{MO} OG.$$

Nun ist aber $\frac{MI}{MO}$ constant, und wenn man mit a und $a + da$ zwei Halbachsen der Ellipsoide bezeichnet, welche nach einer und derselben Geraden gerichtet sind, so hat man:

$$\frac{MI}{MO} = \frac{da}{a},$$

mithin:

$$ME = OG \frac{da}{a},$$

und die Entfernung zwischen den beiden Ellipsoiden ist proportional OG. Es ist klar, dass umgekehrt, wenn man unendlich nahe dem äusseren Ellipsoid eine Fläche von der Art construiert, dass ihr Abstand ME von dem ersteren proportional OG ist, diese zweite Fläche ein homothetisches Ellipsoid ist.

Wir bezeichnen jetzt mit f den Abstand zwischen dem Ellipsoide

$$\frac{x^2}{a^2}+\frac{y^2}{b^2}+\frac{z^2}{c^2}=1 \tag{3}$$

und dem unendlich nahen confokalen Ellipsoide

$$\frac{X^2}{a^2+s}+\frac{Y^2}{b^2+s}+\frac{Z^2}{c^2+s}=1. \tag{4}$$

Die Gleichungen der Normale im Punkte (x, y, z) des Ellipsoids (3) sind:

$$\frac{X-x}{\frac{x}{a^2}}=\frac{Y-y}{\frac{y}{b^2}}=\frac{Z-z}{\frac{z}{c^2}}, \tag{5}$$

und wenn in diesen Gleichungen X, Y, Z die Coordinaten des Schnittpunktes des Ellipsoides (4) mit dieser Normale darstellen, so ist jedes der Glieder (5) gleich

$$\frac{f}{\sqrt{\frac{x^2}{a^4}+\frac{y^2}{b^4}+\frac{z^2}{c^4}}}=fP,$$

wo P das Lot vom Anfangspunkte auf die Tangentialebene im Punkte (x, y, z) ist. Substituieren wir in (4) die Werte

$$X=x\left(1+\frac{fP}{a^2}\right),\ldots,$$

indem wir s und f als unendlich kleine Grössen betrachten, so erhalten wir:

$$f=\frac{s}{2P},$$

mithin steht f im umgekehrten Verhältnis zu P.

Hieraus und aus § 1 ergiebt sich, dass die Dicke der auf dem Ellipsoide (3) gelegenen Niveauschicht proportional zu P ist; diese Schicht wird also begrenzt von einem mit dem Ellipsoide (3) homothetischen und demselben unendlich nahe gelegenen Ellipsoide.

§ 3.

Dieselbe Schlussreihe in umgekehrter Ordnung kann dazu dienen, zu beweisen, dass die confokalen Ellipsoide ein System von Niveauflächen bilden.

Als Ausgangspunkt für den Beweis nehmen wir den folgenden **Satz:** Eine zwischen zwei homothetischen Ellipsoiden enthaltene

Schicht übt auf einen im Innern liegenden Punkt keine Wirkung aus. Die tangentiale Componente der Anziehung der Schicht ist daher auf der äusseren Oberfläche wie auf der inneren gleich Null und ihre Anziehung auf einen Punkt der äusseren Fläche ist normal zu dieser Fläche. Diese Schicht erzeugt somit eine Schaar von äusseren Niveauflächen, zu denen auch die äussere Oberfläche S der Schicht gehört. Ihre Dicke ist proportional der Entfernung P des Mittelpunktes von der Tangentialebene; mithin steht die Entfernung zwischen der Fläche S und der unendlich nahen äusseren Niveaufläche S_1 im umgekehrten Verhältnis zu P, demnach ist S_1 ein mit S confokales Ellipsoid. Wenn wir auf S_1 eine homothetische innere Schicht construieren, so wird sie dieselben Niveauflächen erzeugen wie die vorhergehende Schicht, und das confokale Ellipsoid S_2, welches ausserhalb in einer unendlich kleinen Entfernung gelegt ist, wird dem System der Niveauflächen angehören. Und so weiter. Man sieht also, dass ein System von confokalen Ellipsoiden eine Schaar von Niveauflächen bildet.

Anziehung einer ellipsoidischen Schicht auf einen Punkt ihrer äusseren Oberfläche.

§ 4.

Es sei eine homogene Schicht zwischen zwei homothetischen und unendlich nahen Ellipsoiden enthalten; wir suchen ihre Anziehung auf einen Punkt M ihrer äusseren Oberfläche. Wie wir wissen, ist diese Kraft nach der an das äussere Ellipsoid gelegten inneren Normale gerichtet und sie besitzt den Wert (Kap. II, § 8 oder Kap. IV, § 2):

$$-\frac{\partial V}{\partial n} = 4\pi\rho,$$

wo ∂n das Element der äusseren Normale und ρ die Dichtigkeit der Schicht, d. h. das Product aus der Dicke E in die Dichtigkeit h der Masse ist. Wir erhalten daher für diese Anziehung den Wert:

$$4\pi h E.$$

Wie wir aber eben gesehen haben, ist

$$E = P\frac{da}{a},$$

wo

$$P = \frac{1}{\sqrt{\frac{x^2}{a^4} + \frac{y^2}{b^4} + \frac{z^2}{c^4}}}$$

ist; demnach ist die Anziehung der Schicht auf den Punkt M gleich:

$$4\pi h P\frac{da}{a}.$$

Nun haben die Cosinus der Winkel, welche die Normale mit den drei Achsen bildet, die Werte:

$$-P\frac{x}{a^2},\quad -P\frac{y}{b^2},\quad -P\frac{z}{c^2},$$

somit erhält man für die drei Componenten der Anziehung:

$$-4\pi h P^2 x\frac{da}{a^3},\quad -4\pi h P^2 y\frac{da}{ab^2},\quad -4\pi h P^2 z\frac{da}{ac^2}.$$

Componenten der Anziehung eines homogenen Ellipsoids auf einen Punkt.

§ 5.

Wir setzen zunächst voraus, dass der Punkt (x, y, z), welcher von einem Ellipsoide angezogen wird, ausserhalb desselben liege. Es seien A, B, C die drei Halbachsen dieses homogenen Ellipsoids. Wir zerlegen sein Volumen durch die Oberflächen von homothetischen Ellipsoiden in unendlich dünne Schichten, stellen durch a, b, c und $a - da, b - db, c - dc$ die nach A, B, C gerichteten Halbachsen der Flächen dar, welche eine dieser Schichten $\mathfrak{S}$ begrenzen, und bezeichnen mit E das Ellipsoid, dessen Halbachsen a, b, c sind. Durch den Punkt (x, y, z) legen wir ein Ellipsoid E', welches confokal mit E ist und dessen Halbachsen a', b', c' sind; sodann legen wir ein Ellipsoid E_1', welches homothetisch zu E' und demselben unendlich nahe ist und dessen Achsen mit $a' - da'$, $b' - db'$, $c' - dc'$ bezeichnet seien. Wählen wir da' so, dass die zwischen E' und E_1' eingeschlossene homogene Schicht $\mathfrak{S}'$ dieselbe Masse wie die Schicht $\mathfrak{S}$ hat, so werden diese beiden Niveauschichten auf jeden äusseren Punkt und somit auch auf den Punkt (x, y, z) dieselbe Anziehung ausüben. Somit braucht man, um die Anziehung von $\mathfrak{S}$ zu berechnen, nur die Anziehung von $\mathfrak{S}'$ zu bestimmen.

Da die beiden Ellipsoide E und E' confokal sind, so hat man:

$$a'^2 - b'^2 = a^2 - b^2,\quad a'^2 - c'^2 = a^2 - c^2,$$

und man kann setzen:

$$a'^2 - a^2 = b'^2 - b^2 = c'^2 - c^2 = s;$$

dann ist, da der Punkt (x, y, z) auf der Oberfläche des Ellipsoids E' liegt:

$$\text{(1)}\qquad \frac{x^2}{a^2+s} + \frac{y^2}{b^2+s} + \frac{z^2}{c^2+s} = 1.$$

Es wird somit s durch eine Gleichung dritten Grades gegeben, und da diese nur eine positive Wurzel hat, so ist s durch diese Gleichung vollständig bestimmt.

Nach dem vorigen Paragraphen sind die Componenten der Anziehung der Schicht $\mathfrak{S}'$ auf den Punkt (x, y, z):

$$(2)\qquad -4\pi P'^2 x\frac{da'}{a'^3},\quad -4\pi P'^2 y\frac{da'}{a'b'^2},\quad -4\pi P'^2 z\frac{da'}{a'c'^2},$$

wenn P' die vom Anfangspunkte auf die Tangentialebene im Punkte (x, y, z) gefällte Senkrechte ist und die Dichtigkeit gleich der Einheit angenommen wird.

Das Volumen der Schicht $\mathfrak{S}$ ist die Differenz der Volumina der beiden Ellipsoide, von denen sie begrenzt wird; es ist somit gleich

$$\frac{4}{3}\pi abc - \frac{4}{3}\pi abc\left(1-\frac{da}{a}\right)^3 = 4\pi bcda.$$

Das Volumen der Schicht $\mathfrak{S}'$ ist ebenso $4\pi b'c'da'$, und da diese beiden Volumina gleich sind, so hat man:

$$da' = \frac{bc}{b'c'}da.$$

Setzen wir diesen Wert für da' in die Ausdrücke (2) ein, so erhalten wir für die Componenten der Anziehung der Schicht $\mathfrak{S}$ auf den Punkt (x, y, z):

$$dX = -4\pi P'^2 x\frac{bc}{a'^3b'c'}da$$

$$dY = -4\pi P'^2 y\frac{bc}{a'b'^3c'}da$$

$$dZ = -4\pi P'^2 z\frac{bc}{a'b'c'^3}da.$$

Setzen wir

$$\frac{a}{b} = m,\quad \frac{a}{c} = n,\quad \frac{s}{a^2} = t,$$

so sind m und n constant und die Gleichung (1) geht über in:

$$(3)\qquad \frac{x^2}{1+t} + \frac{y^2}{\frac{1}{m^2}+t} + \frac{z^2}{\frac{1}{n^2}+t} = a^2.$$

Von einer Schicht zur andern ändert sich a und t ändert sich mit a nach dieser Formel; differentiieren wir also die Gleichung (3), so erhalten wir:

$$-\left[\frac{x^2}{(1+t)^2} + \frac{y^2}{\left(\frac{1}{m^2}+t\right)^2} + \frac{z^2}{\left(\frac{1}{n^2}+t\right)^2}\right]dt = 2ada$$

oder:

$$da = -\frac{a^3}{2P'^2}dt.$$

Der Ausdruck von dX wird somit:

$$dX = 2\pi x\frac{dt}{(1+t)\sqrt{(1+t)(1+m^2t)(1+n^2t)}}.$$

§ 6.

Bezeichnen wir mit σ den Wert von s, wenn das veränderliche Ellipsoid mit den Halbachsen a, b, c mit dem gegebenen Ellipsoid zusammenfällt, so ist σ die positive Wurzel der Gleichung:

$$\frac{x^2}{A^2+\sigma}+\frac{y^2}{\frac{A^2}{m^2}+\sigma}+\frac{z^2}{\frac{A^2}{n^2}+\sigma}=1.$$

Um die Componente der Anziehung des gegebenen Ellipsoids nach der x-Achse zu erhalten, integrieren wir den Ausdruck von dX, indem wir bemerken, dass $t=\infty$ wird für $a=0$, und erhalten:

$$X=2\pi x\int_{\infty}^{\frac{\sigma}{A^2}}\frac{dt}{(1+t)\sqrt{(1+t)(1+m^2t)(1+n^2t)}}$$

oder, wenn wir jetzt wieder $\frac{s}{A^2}$ für t setzen:

$$X=-2\pi x\int_{\sigma}^{\infty}\frac{ds}{(s+A^2)\sqrt{\left(1+\frac{s}{A^2}\right)\left(1+\frac{s}{B^2}\right)\left(1+\frac{s}{C^2}\right)}}.$$

Setzen wir hierauf zur Abkürzung:

$$D=\sqrt{\left(1+\frac{s}{A^2}\right)\left(1+\frac{s}{B^2}\right)\left(1+\frac{s}{C^2}\right)},$$

so folgt:

$$(4)\qquad \left\{\begin{aligned} X&=-2\pi x\int_{\sigma}^{\infty}\frac{ds}{(s+A^2)\,D}\\ Y&=-2\pi y\int_{\sigma}^{\infty}\frac{ds}{(s+B^2)\,D}\\ Z&=-2\pi z\int_{\sigma}^{\infty}\frac{ds}{(s+C^2)\,D}.\end{aligned}\right.$$

§ 7.

Diese Ausdrücke wollen wir auf eine andere Form bringen. Wir verändern die Variable s, indem wir setzen:

$$1+\frac{s}{A^2}=\frac{1}{u^2};$$

sodann setzen wir unter der Voraussetzung, dass A die grösste der Halbachsen ist:

$$\frac{A^2-B^2}{A^2}=\lambda^2,\quad \frac{A^2-C^2}{A^2}=\lambda'^2,\quad \frac{A}{\sqrt{A^2+\sigma}}=q,$$

und führen die Masse M des Ellipsoids ein, dessen Dichtigkeit gleich der Einheit angenommen worden war. Ersetzen wir den Factor BC durch $\frac{3}{4}\frac{M}{\pi A}$, so erhalten wir:

$$X=-\frac{3Mx}{A^3}\int_0^q\frac{u^2du}{(1-\lambda^2u^2)^{\frac{1}{2}}(1-\lambda'^2u^2)^{\frac{1}{2}}}$$

$$Y=-\frac{3My}{A^3}\int_0^q\frac{u^2du}{(1-\lambda^2u^2)^{\frac{3}{2}}(1-\lambda'^2u^2)^{\frac{1}{2}}}$$

$$Z=-\frac{3Mz}{A^3}\int_0^q\frac{u^2du}{(1-\lambda^2u^2)^{\frac{1}{2}}(1-\lambda'^2u^2)^{\frac{3}{2}}}.$$

Befindet sich der Punkt (x, y, z) auf der Oberfläche des gegebenen Ellipsoids, so ist $\sigma=0$ und somit $q=1$; man hat daher in diesen drei Formeln einfach $q=1$ zu setzen.

Liegt der Punkt (x, y, z) innerhalb des gegebenen Ellipsoids, so legen wir durch diesen Punkt das homothetische Ellipsoid, dessen Achsen wir mit A', B', C' bezeichnen. Die Wirkung der zwischen diesen beiden Ellipsoiden gelegenen Schicht auf den Punkt (x, y, z) ist gleich Null, da sie in unendlich dünne Schichten zerlegt werden kann, welche durch homothetische Flächen begrenzt werden und deren Wirkung einzeln gleich Null ist. Man braucht also nur die Anziehung des Ellipsoids mit den Halbachsen A', B', C' zu suchen. Um die drei Componenten derselben zu erhalten, muss man in den vorstehenden Formeln ebenfalls $q=1$ nehmen und $\frac{M}{A^3}$ durch das ersetzen, was aus dieser Grösse für das betreffende Ellipsoid wird; aber der Wert dieser Grösse bleibt derselbe. Mithin hat man nur in den vorstehenden Formeln $q=1$ zu setzen, und daraus folgt ferner der folgende von Maclaurin herrührende

Satz. Die Componente der Attraction eines homogenen Ellipsoids auf einen inneren Punkt nach einer der Achsen hängt nur von der zu dieser Achse parallelen Coordinate des Punktes ab und ist dieser Coordinate proportional.

Potential eines vollen homogenen Ellipsoids.

§ 8.

Bezeichnen wir mit V das Potential des Ellipsoids in Bezug auf den Punkt (x, y, z), so sind die Componenten X, Y, Z der Anziehung desselben auf diesen Punkt gleich $\frac{\partial V}{\partial x}, \frac{\partial V}{\partial y}, \frac{\partial V}{\partial z}$. Ihrer Symmetrie wegen nehmen wir die Formeln (4) von § 6.

Nimmt man den Punkt (x, y, z) auf der Oberfläche des Ellipsoids an, so ist $\sigma = 0$ und man hat demnach:

$$\frac{\partial V}{\partial x} = -2\pi x \int_0^\infty \frac{ds}{(s+A^2)D}$$

$$\frac{\partial V}{\partial y} = -2\pi y \int_0^\infty \frac{ds}{(s+B^2)D}$$

$$\frac{\partial V}{\partial z} = -2\pi z \int_0^\infty \frac{ds}{(s+C^2)D},$$

wobei

$$D = \frac{\sqrt{(s+A^2)(s+B^2)(s+C^2)}}{ABC}$$

ist. Nach den Auseinandersetzungen am Schlusse des vorigen Paragraphen werden ferner diese Formeln auch gelten, wenn der Punkt (x, y, z) im Innern des Ellipsoids liegt.

Aus den drei Ableitungen von V ergiebt sich die Formel:

$$(1) \quad V = -\pi\left[x^2\int_0^\infty \frac{ds}{D(s+A^2)} + y^2\int_0^\infty \frac{ds}{D(s+B^2)} + z^2\int_0^\infty \frac{ds}{D(s+C^2)}\right] + H,$$

wo H unabhängig von x, y, z ist und den Wert von V im Mittelpunkte des Ellipsoids darstellt. Den Wert von H werden wir nachher bestimmen.

Um den Wert von V in einem äusseren Punkte zu erhalten, setzen wir den Formeln (4) zufolge:

$$V = -\pi\left[x^2\int_\sigma^\infty \frac{ds}{D(s+A^2)} + y^2\int_\sigma^\infty \frac{ds}{D(s+B^2)} + z^2\int_\sigma^\infty \frac{ds}{D(s+C^2)}\right] + U,$$

sodann differentiieren wir nach x und erhalten:

$$\frac{\partial v}{\partial x} = -2\pi x\int_\sigma^\infty \frac{ds}{D(s+A^2)} + \frac{\pi}{D_1}\left(\frac{x^2}{\sigma+A^2} + \frac{y^2}{\sigma+B^2} + \frac{z^2}{\sigma+C^2}\right)\frac{\partial\sigma}{\partial x} + \frac{\partial U}{\partial x},$$

wo

$$D_1 = \frac{\sqrt{(\sigma+A^2)(\sigma+B^2)(\sigma+C^2)}}{ABC}$$

gesetzt ist. Nun genügt aber σ der Gleichung

$$(2) \qquad \frac{x^2}{\sigma+A^2} + \frac{y^2}{\sigma+B^2} + \frac{z^2}{\sigma+C^2} = 1,$$

mithin hat man:

$$\frac{\partial V}{\partial x} = -2\pi x \int_\sigma^\infty \frac{ds}{D(s+A^2)} + \frac{\pi}{D_1}\frac{\partial \sigma}{\partial x} + \frac{\partial U}{\partial x}.$$

Vergleicht man diese Gleichung mit der ersten Formel (4) des § 6, so erhält man:

$$\frac{\partial U}{\partial x} = -\frac{\pi}{D_1}\frac{\partial \sigma}{\partial x}.$$

Ebenso hat man:

$$\frac{\partial U}{\partial y} = -\frac{\pi}{D_1}\frac{\partial \sigma}{\partial y}$$

$$\frac{\partial U}{\partial z} = -\frac{\pi}{D_1}\frac{\partial \sigma}{\partial z}$$

und hieraus folgt:

$$U = \pi \int_\sigma^\infty \frac{ds}{D} + H_1,$$

wo H_1 eine Constante ist. Nimmt man an, dass der Punkt (x, y, z) ins Unendliche rücke, so wird σ unendlich. Ich werde zeigen, dass die drei ersten Glieder des Ausdrucks von V alsdann verschwinden; das Integral, welches in U vorkommt, ist dann ebenfalls gleich Null, und da V gleich Null wird, so verschwindet H_1.

Wir untersuchen also, was aus dem Ausdruck

$$x^2 \int_\sigma^\infty \frac{ds}{D(s+A^2)}$$

wird, wenn der Punkt (x, y, z) sich ins Unendliche entfernt. Bezeichnen wir mit μ die kleinste der drei Halbachsen A, B, C, so haben wir nach und nach:

$$D > \frac{(s+\mu^2)^{\frac{3}{2}}}{ABC}, \quad D(s+A^2) > \frac{(s+\mu^2)^{\frac{5}{2}}}{ABC}$$

$$\int_\sigma^\infty \frac{ds}{D(s+A^2)} < ABC \int_\sigma^\infty \frac{ds}{(s+\mu^2)^{\frac{5}{2}}} \text{ oder } < \frac{2}{3} ABC \frac{1}{(\sigma+\mu^2)^{\frac{3}{2}}}.$$

Nun ist aber nach (2)

$$\frac{x^2}{A^2+\sigma} < 1,$$

daraus folgt:

$$x^2 \int_\sigma^\infty \frac{ds}{D(s+A^2)} < \frac{2}{3} ABC \frac{\sigma + A^2}{(\sigma+\mu^2)^{\frac{3}{2}}}.$$

eine Grösse, welche gleich Null ist für $\sigma=\infty$. Ebenso würde man beweisen, dass die drei folgenden Glieder von V gleich Null sind; mithin verschwindet H_1.

Demnach hat man für den Wert von V in einem äusseren Punkte:

$$(3)\qquad V=\pi\int\limits_{\sigma}^{\infty}\left(1-\frac{x^2}{s+A^2}-\frac{y^2}{s+B^2}-\frac{z^2}{s+C^2}\right)\frac{ds}{D}.$$

Wir können jetzt die Constante H der Formel (1) berechnen. Die beiden Ausdrücke (1) und (3) müssen nämlich denselben Wert annehmen, wenn der Punkt (x, y, z) auf der Oberfläche des Ellipsoids

$$\frac{x^2}{A^2}+\frac{y^2}{B^2}+\frac{z^2}{C^2}=1$$

liegt, d. h. auf der Grenze, auf welcher diese Formeln beide anwendbar sind. Man hat alsdann $\sigma=0$ und man muss alsdann in (3) Null als untere Grenze des Integrals nehmen. Die Formel (3) wird:

$$(4)\qquad V=\pi\int\limits_{0}^{\infty}\left(1-\frac{x^2}{s+A^2}-\frac{y^2}{s+B^2}-\frac{z^2}{s+C^2}\right)\frac{ds}{D},$$

und man hat:

$$H=\pi\int\limits_{0}^{\infty}\frac{ds}{D}.$$

Hiernach giebt die Formel (4) das Potential des Ellipsoids in einem inneren Punkte.

Nachdem Dirichlet die Formeln (3) und (4) aufgestellt hatte (Crelle's Journal, Bd. 32, 1846), hat er sie mittelst des Satzes im § 19 des ersten Kapitels verificiert.

Potential einer homogenen zwischen zwei homothetischen Ellipsoiden enthaltenen Schicht.

§ 9.

In dem Ausdruck des Potentials eines Ellipsoids mit den Halbachsen a, b, c in Bezug auf den äusseren Punkt (x, y, z)

$$V=\pi\int\limits_{\sigma}^{\infty}\left(1-\frac{x^2}{a^2+s}-\frac{y^2}{b^2+s}-\frac{z^2}{c^2+s}\right)\frac{ds}{\sqrt{\left(1+\frac{s}{a^2}\right)\left(1+\frac{s}{b^2}\right)\left(1+\frac{s}{c^2}\right)}}$$

setzen wir:

$$s=a^2t,\quad \frac{a}{b}=m,\quad \frac{a}{c}=n,$$

und erhalten:

$$ds = a^2 dt, \quad D = \sqrt{\left(1+\frac{s}{a^2}\right)\left(1+\frac{s}{b^2}\right)\left(1+\frac{s}{c^2}\right)} = \sqrt{(1+t)(1+m^2t)(1+n^2t)}$$

und somit:

$$V = \pi \int_{t_1}^{\infty} \left(a^2 - \frac{x^2}{1+t} - \frac{y^2}{\frac{1}{m^2}+t} - \frac{z^2}{\frac{1}{n^2}+t}\right)\frac{dt}{D},$$

wenn man für t_1 die positive Wurzel der Gleichung nimmt:

$$(1) \qquad \frac{x^2}{1+t_1} + \frac{y^2}{\frac{1}{m^2}+t_1} + \frac{z^2}{\frac{1}{n^2}+t_1} = a^2.$$

Suchen wir den unendlich kleinen Zuwachs von V, welcher aus der Veränderung von a in $a+da$, wodurch t_1 nach der Gleichung (1) einen Zuwachs dt_1 erleidet, hervorgeht, so erhalten wir die Formel

$$dV = 2\pi a da \int_{t_1}^{\infty} \frac{dt}{D} - \pi\left(a^2 - \frac{x^2}{1+t_1} - \frac{y^2}{\frac{1}{m^2}+t_1} - \frac{z^2}{\frac{1}{n^2}+t_1}\right)\frac{dt_1}{D_1},$$

in welcher das letzte Glied, der Gleichung (1) zufolge, gleich Null ist. Dieser Ausdruck stellt offenbar das Potential v einer zwischen zwei homothetischen und unendlich nahen Ellipsoiden enthaltenen Schicht dar, mithin hat man für dieses Potential:

$$v = 2\pi a da \int_{t_1}^{\infty} \frac{dt}{\sqrt{(1+t)(1+m^2t)(1+n^2t)}}.$$

Setzt man

$$u_1 = \frac{1}{\sqrt{t_1+1}}, \quad \frac{a^2-b^2}{a^2} = \lambda^2, \quad \frac{a^2-c^2}{a^2} = \lambda'^2,$$

und bezeichnet man mit M die Masse $4\pi bc da$ der Schicht, so verwandelt sich diese Formel in die folgende:

$$v = \frac{M}{a}\int_0^{u_1} \frac{du}{\sqrt{(1-\lambda^2u^2)(1-\lambda'^2u^2)}}.$$

§ 10.

W i r s u c h e n j e t z t d a s P o t e n t i a l d e r s e l b e n S c h i c h t f ü r e i n e n P u n k t i h r e s H o h l r a u m s. Da dieses Potential in diesem ganzen Raume dasselbe ist, so verlegen wir diesen Punkt in den Anfangspunkt der Coordinaten.

Wir haben zunächst für das Potential des Ellipsoids mit den Halbachsen a, b, c in Bezug auf den Anfangspunkt

$$V=\pi\int_0^\infty \frac{ds}{D}=\pi a^2\int_0^\infty \frac{dt}{\sqrt{(1+t)(1+m^2t)(1+n^2t)}},$$

und wenn wir das Differential von V in Bezug auf a nehmen, so erhalten wir für das gesuchte Potential:

$$v=2\pi a da\int_0^\infty \frac{dt}{\sqrt{(1+t)(1+m^2t)(1+n^2t)}}$$

oder nach der oben erwähnten Transformation:

$$v=\frac{M}{a}\int_0^1 \frac{du}{\sqrt{(1-\lambda^2u^2)(1-\lambda'^2u^2)}}$$

Potential eines aus homogenen unendlich dünnen und homothetischen Schichten gebildeten Ellipsoids.

§ 11.

Wir nehmen den Punkt (x, y, z) ausserhalb des Ellipsoids an, welches aus unendlich dünnen Schichten, deren Dichtigkeit als Function von a vorausgesetzt wird, zusammengesetzt ist. Stellen wir jene Function durch $\varphi(a)$ dar, so erhalten wir für das Potential einer dieser Schichten

$$v=2\pi\varphi(a)a da\int_{t_1}^\infty \frac{dt}{\sqrt{(1+t)(1+m^2t)(1+n^2t)}},$$

wo t_1 die positive Wurzel der Gleichung

$$\text{(p)}\qquad \frac{x^2}{1+t}+\frac{m^2y^2}{1+m^2t}+\frac{n^2z^2}{1+n^2t}=a^2$$

ist. Setzen wir

$$\int_0^a \varphi(a)a da=F(a),$$

so folgt daraus $F(0)=0$, und wir erhalten für das Potential des Ellipsoids:

$$V=2\pi\int_0^A F'(a)da\int_t^\infty \frac{dt}{D},$$

wo A die grösste Halbachse des gegebenen Ellipsoids ist. Nun ist aber:

$$\int F'(a)da\int_t^\infty \frac{dt}{D}=F(a)\int_t^\infty \frac{dt}{D}+\int F(a)\frac{dt}{D};$$

bezeichnen wir also mit t_1 den Wert von t, welcher $a = A$ entspricht, so haben wir:

$$V = 2\pi F(A)\int_{t_1}^{\infty}\frac{dt}{D} + 2\pi\int_{\infty}^{t_1} F(a)\,\frac{dt}{D}$$

oder:

$$V = 2\pi\int_{t_1}^{\infty}[F(A) - F(a)]\,\frac{dt}{D},$$

in welcher Formel man in $F(a)$ die Grösse a durch ihren aus der Gleichung (p) abgeleiteten Wert zu ersetzen hat.

Um die Componenten der Anziehung dieses Ellipsoids auf einen äusseren Punkt zu erhalten, braucht man nur die Ableitungen von V nach x, y, z zu bilden. Man erhält z. B.:

$$\frac{\partial V}{\partial x} = -\,2\pi\int_{t_1}^{\infty} F'(a)\,\frac{\partial a}{\partial x}\,\frac{dt}{D}.$$

Differentiiert man die Gleichung (p), so folgt:

$$\frac{\partial a}{\partial x} = \frac{1}{a}\,\frac{x}{1+t},$$

und da $F'(a) = a\varphi(a)$ ist, so ergiebt sich:

$$\frac{\partial V}{\partial x} = -\,2\pi x\int_{t_1}^{\infty}\varphi(a)\,\frac{dt}{(1+t)D}.$$

Denkt man sich einen hohlen Körper, welcher zwischen zwei homothetischen Ellipsoiden enthalten und aus ebensolchen Schichten wie in der vorstehenden Aufgabe gebildet ist, so hat man für das Potential einer dieser Schichten in einem inneren Punkte:

$$v = 2\pi\varphi(a)\,a da\int_{0}^{\infty}\frac{dt}{D},$$

und wenn man mit A und A_0 die halben grossen Achsen der Ellipsoide, welche den Körper begrenzen, bezeichnet, so erhält man für sein Potential in einem Punkte des Hohlraums

$$V = 2\pi\big(F(A) - F(A_0)\big)\int_{0}^{\infty}\frac{dt}{D}.$$

Potential eines aus homogenen unendlich dünnen und confokalen Schichten gebildeten Ellipsoids.

§ 12.

Das Potential eines homogenen Ellipsoids mit den Halbachsen a, b, c, dessen Dichtigkeit gleich der Einheit ist, hat in einem äusseren Punkte (x, y, z) den Wert:

$$v = \pi \int_{\sigma}^{\infty} \left(1 - \frac{x^2}{s+a^2} - \frac{y^2}{s+b^2} - \frac{z^2}{s+c^2}\right) \frac{ds}{D},$$

wenn man

$$D = \frac{\sqrt{(s+a^2)(s+b^2)(s+c^2)}}{abc}$$

setzt und für σ die positive Wurzel der Gleichung

$$\frac{x^2}{a^2+\sigma} + \frac{y^2}{b^2+\sigma} + \frac{z^2}{c^2+\sigma} = 1$$

nimmt.

Setzt man

$$\text{(h)} \qquad a^2 + s = \rho^2, \quad a^2 - b^2 = \beta^2, \quad a^2 - c^2 = \gamma^2,$$

so erhält man:

$$v = 2\pi abc \int_{\rho_1}^{\infty} \left(1 - \frac{x^2}{\rho^2} - \frac{y^2}{\rho^2 - \beta^2} - \frac{z^2}{\rho^2 - \gamma^2}\right) \frac{d\rho}{\sqrt{(\rho^2-\beta^2)(\rho^2-\gamma^2)}},$$

wo die untere Grenze ρ_1 des Integrals gleich $\sqrt{a^2+\sigma_1}$ ist. ρ_1 ist somit die reelle positive und a übersteigende Wurzel der Gleichung dritten Grades in ρ_1^2:

$$\frac{x^2}{\rho_1^2} + \frac{y^2}{\rho_1^2 - \beta^2} + \frac{z^2}{\rho_1^2 - \gamma^2} = 1.$$

Setzen wir:

$$I = \int_{\rho_1}^{\infty} \left(1 - \frac{x^2}{\rho^2} - \frac{y^2}{\rho^2 - \beta^2} - \frac{z^2}{\rho^2 - \gamma^2}\right) \frac{d\rho}{\sqrt{(\rho^2-\beta^2)(\rho^2-\gamma^2)}},$$

so erhalten wir:

$$v = 2\pi abcI.$$

Wir denken uns ein zweites, dem ersten confokales Ellipsoid, für welches der Punkt (x, y, z) ebenfalls ein äusserer ist. In dem Ausdruck seines Potentials v' bleibt die Grösse ρ_1 dieselbe, und wenn wir mit a', b', c' seine Halbachsen bezeichnen, so erhalten wir:

$$v' = 2\pi a'b'c'I.$$

Mithin verhalten sich die Potentiale der beiden Ellipsoide zu einander wie ihre Volumina, und man kann den folgenden **Satz** aussprechen, der zuerst von Legendre in seiner Abhandlung: *Recherches sur l'attraction des sphéroïdes homogènes (Mémoires des Savants étrangers, p. 413, 1785)* angegeben wurde:

Zwei confokale und homogene Ellipsoide üben auf einen äusseren Punkt Anziehungen aus, die gleichgerichtet und ihren Massen proportional sind.

§ 13.

Wir nehmen das zweite Ellipsoid unendlich nahe dem ersten an und bezeichnen seine Halbachsen mit $a + da$, $b + db$, $c + dc$. Da die Grössen β und γ, welche die Brennpunkte bestimmen, constant sind, so erhalten wir, wenn wir die Gleichungen (h) differentiieren:

$$ada = bdb = cdc.$$

Somit ist:

$$v' = 2\pi(abc + bcda + cadb + abdc) I$$
$$= 2\pi\left(abc + \left(bc + \frac{a^2c}{b} + \frac{a^2b}{c}\right)da\right)I.$$

Das Potential der zwischen den beiden Ellipsoiden enthaltenen Schicht hat somit den Wert:

$$2\pi I\left(bc + \frac{a^2c}{b} + \frac{a^2b}{c}\right)da,$$

oder wenn man b und c durch ihre Werte in a ersetzt:

$$(1) \qquad 2\pi I \frac{3a^4 - 2(\beta^2 + \gamma^2)a^2 + \beta^2\gamma^2}{\sqrt{(a^2 - \beta^2)(a^2 - \gamma^2)}} da.$$

Hat man ein Ellipsoid, welches aus homogenen unendlich dünnen zwischen confokalen Ellipsoiden enthaltenen Schichten, deren Dichtigkeitsänderung durch die Function $\varphi(a)$ ausgedrückt wird, zusammengesetzt ist, so erhält man für sein Potential:

$$V = 2\pi I \int_{\gamma}^{a} \frac{3a^4 - 2(\beta^2 + \gamma^2)a^2 + \beta^2\gamma^2}{\sqrt{(a^2 - \beta^2)(a^2 - \gamma^2)}} \varphi(a) da,$$

wenn man für die untere Grenze die Grösse γ nimmt, die grösser als β vorausgesetzt ist; denn γ ist alsdann der kleinste Wert von a.

Die Componenten der Anziehung des Körpers bildet man, indem man die Ableitungen von V nach x, y, z nimmt.

Der Ausdruck (1) des Potentials einer confokalen Schicht ist gleich dem Product aus $\frac{3}{2}$ I in die Masse der Schicht. Bildet man daher auf confokalen Ellipsoiden, welche ein System von Niveauflächen darstellen, homogene confokale Schichten, so werden die Anziehungen derselben auf einen und denselben äusseren Punkt von derselben Richtung und ihren Massen proportional sein, ebenso wie die Anziehungen der verschiedenen Niveauschichten. Es besteht nur der eine Unterschied, dass für diese letzteren Schichten die Anziehung auf einen Punkt ihrer äusseren Oberfläche normal zu dieser Fläche ist.

Geht man von dem Ausdruck des Potentials eines Ellipsoids für einen inneren Punkt aus und führt man eine ganz ähnliche Rechnung aus wie diejenige, welche uns dazu gedient hat, den Ausdruck (1) zu bestimmen, so findet man für das Potential derselben Schicht in einem Punkte (x, y, z) seines Hohlraums den Ausdruck:

$$2\pi J \frac{3a^4 - 2(\beta^2 + \gamma^2)\,a^2 + \beta^2\gamma^2}{\sqrt{(a^2 - \beta^2)(a^2 - \gamma^2)}}\,da - 2\pi a da\left(1 - \frac{x^2}{a^2} - \frac{y^2}{b^2} - \frac{z^2}{c^2}\right),$$

wo gesetzt ist:

$$J = \int_a^\infty \left(1 - \frac{x^2}{\rho^2} - \frac{y^2}{\rho^2 - \beta^2} - \frac{z^2}{\rho^2 - \gamma^2}\right) \frac{d\rho}{\sqrt{(\rho^2 - \beta^2)(\rho^2 - \gamma^2)}}.$$

§ 14.

Legendre hat seinen Satz, nachdem er ihn in der oben erwähnten Abhandlung ausgesprochen, für die Umdrehungsellipsoide bewiesen; später haben Laplace und Legendre, jeder auf ganz verschiedene Weise, einen Beweis desselben für den allgemeinen Fall gegeben; somit ist es unrichtig, wie bereits mehrere deutsche Geometer bemerkt haben, dass man diesem Satze häufig den Namen Maclaurin's beilegt.

Mit der Theorie der Anziehung der homogenen Ellipsoide haben sich Newton, Maclaurin, d'Alembert, Lagrange, Legendre, Laplace, Gauss, Ivory, Poisson, Chasles, Dirichlet und Andere beschäftigt. Unter allen Arbeiten aber, die über diesen Gegenstand gemacht worden sind, stehen zwei vorn an, diejenige von Maclaurin *(De causa physica fluxus et refluxus maris, 1740)*, in welcher er das Problem der Anziehung eines Ellipsoides auf einen inneren Punkt und auf einen Punkt seiner Oberfläche vollständig löste, und diejenige von Legendre, welcher die Anziehung eines Ellipsoides auf einen äusseren Punkt bestimmte, indem er sie auf die eines andern Ellipsoids zurückführte, welches mit dem ersten confokal ist und dessen Oberfläche durch diesen Punkt geht.

Potential einer mit einer unendlich dünnen Schicht von constanter Dichtigkeit bedeckten Ellipse.

§ 15.

Wir betrachten eine Ellipse, welche A und B zu Halbachsen hat und deren Gleichungen sind:

$$(1) \qquad Z = 0, \quad \frac{X^2}{A^2} + \frac{Y^2}{B^2} = 1,$$

wobei X, Y, Z die laufenden Coordinaten sind, und denken uns diese Ellipse mit einer unendlich dünnen Schicht bedeckt, deren Dichtigkeit constant und gleich ρ ist.

Riemann hat für das Potential dieser Ellipse im Punkte (x, y, z) die Formel gegeben:

$$(2) \quad V = 2\rho \int_\sigma^\infty \sqrt{1 - \frac{x^2}{A^2+s} - \frac{y^2}{B^2+s} - \frac{z^2}{s}} \cdot \frac{ds}{\sqrt{s\left(1+\frac{s}{A^2}\right)\left(1+\frac{s}{B^2}\right)}},$$

wo die untere Grenze σ des Integrals die positive Wurzel der Gleichung

$$\frac{x^2}{A^2+\sigma} + \frac{y^2}{B^2+\sigma} + \frac{z^2}{\sigma} = 1$$

ist.

Diese Formel kann man erhalten, wenn man die elliptische Schicht als die Grenze eines ellipsoidischen Körpers betrachtet, welcher von der Fläche

$$(3) \qquad \frac{X^2}{A^2} + \frac{Y^2}{B^2} + \frac{Z^2}{C^2} = 1$$

begrenzt und von unendlich dünnen homothetischen Schichten gebildet wird, wenn man die Halbachse C gegen Null convergieren lässt.

Betrachten wir ein Ellipsoid, welches innerhalb des Ellipsoids (3) liegt und zu ihm homothetisch ist, und setzen wir

$$\frac{A}{B} = m, \quad \frac{A}{C} = n,$$

so hat dasselbe zur Gleichung

$$(4) \qquad X^2 + m^2Y^2 + n^2Z^2 = A^2h^2,$$

wo $h < 1$ ist. Der Durchschnitt dieser Oberfläche mit dem Cylinder

$$(5) \qquad X^2 + m^2Y^2 = A^2k^2$$

besteht aus zwei zur xy-Ebene parallelen Ellipsen. Daraus folgt, dass zwei unendlich kleine Cylinder, deren Grundflächen einander gleich sind und auf der Ebene der in der xy-Ebene gezogenen Kurve (5) liegen, in jeder Schicht gleiche Massen ausschneiden werden. Nimmt man also an, dass C der Null zustrebe. so wird das Ellipsoid in eine unendlich dünne Schicht übergehen, die auf der Ellipsenfläche (1) verteilt und aus unendlich schmalen homogenen und homothetischen Streifen zusammengesetzt ist.

§ 16.

Man kann nun die Sache so einrichten, dass alle diese Streifen von derselben Dichtigkeit werden.

Nehmen wir auf der Ebene der Kurve (5) ein unendlich kleines Flächenelement $d\omega$, welches wir als Basis eines geraden Cylinders nehmen, so wird derselbe in dem ellipsoidischen Körper ein Volumen ausschneiden, welches den Wert hat:

$$2d\omega\int_0^{Z_1}\varphi(a)dZ,$$

wo Z_1 die Coordinate des Ellipsoids (3) ist und a nach den Gleichungen (4) und (5) den Wert hat:

$$a = \sqrt{n^2Z^2 + A^2k^2}.$$

Da auch

$$Z_1 = \frac{A}{n}\sqrt{1-k^2}$$

ist, so wird der Ausdruck dieses Volumens:

$$2d\omega\int_0^{\frac{A}{n}\sqrt{1-k^2}}\varphi\left(\sqrt{n^2Z^2 + A^2k^2}\right)dZ.$$

Setzen wir:

$$Z = \frac{A}{n}\sqrt{1-k^2}\sin\vartheta,$$

so erhalten wir für dieses Volumen:

$$\frac{2A}{n}\sqrt{1-k^2}\,d\omega\int_0^{\frac{\pi}{2}}\varphi\left(A\sqrt{1-(1-k^2)\cos^2\vartheta}\right)\cos\vartheta d\vartheta,$$

und wenn man mit g eine Constante bezeichnet und

$$\varphi(a) = \frac{g}{\sqrt{A^2 - a^2}}$$

setzt, so reduciert sich dieser Ausdruck auf

$$\frac{\pi}{n}g d\omega.$$

Demnach wird die Dichtigkeit der Schicht gleich der Constanten ρ sein, wenn man sezt:

$$\frac{\pi}{n}g = \rho \text{ oder } g = \frac{n\rho}{\pi}.$$

An der Grenze wird C unendlich klein und g unendlich gross.

Im § 11 haben wir gesehen, dass das Potential des ellipsoidischen Körpers den Wert besitzt:

$$V = 2\pi \int_{t_1}^{\infty} \psi(a^2) \frac{dt}{D},$$

wenn man für a^2 und $\psi(a^2)$ die folgenden Ausdrücke nimmt:

$$a^2 = \frac{x^2}{1+t} + \frac{m^2y^2}{1+m^2t} + \frac{n^2z^2}{1+n^2t},$$

$$\psi(a^2) = F(A) - F(a) = \int_a^A \varphi(a) a da,$$

und t_1 die positive Wurzel der Gleichung ist:

$$\frac{x^2}{1+t_1} + \frac{m^2y^2}{1+m^2t_1} + \frac{n^2z^2}{1+n^2t_1} = A^2.$$

Es ist:

$$\psi'(a^2) = -\frac{1}{2}\varphi(a) = -\frac{g}{2}\frac{1}{\sqrt{A^2-a^2}}$$

und hieraus folgt für das Potential des Ellipsoids:

$$V = 2n\rho \int_{t_1}^{\infty} \sqrt{A^2 - \frac{x^2}{1+t} - \frac{m^2y^2}{1+m^2t} - \frac{n^2z^2}{1+n^2t}} \frac{dt}{\sqrt{(1+t)(1+m^2t)(1+n^2t)}}.$$

Um das Potential der elliptischen Schicht zu erhalten, machen wir C unendlich klein oder n unendlich gross und finden so

$$V = 2\rho \int_{t_1}^{\infty} \frac{\sqrt{A^2 - \frac{x^2}{1+t} - \frac{m^2y^2}{1+m^2t} - \frac{z^2}{t}}}{\sqrt{(1+t)(1+m^2t)t}} dt,$$

und wenn wir hierin $\frac{s}{A^2}$ für t setzen, so erhalten wir die Formel (2).

§ 17.

Wir wollen jetzt die Formel (2) verificieren, wie es Riemann gethan hat.

Wenn allgemein eine Function V von x, y, z den folgenden Bedingungen genügt:

1) V ist ausserhalb einer Fläche σ eine stetige Function von x, y, z, ebenso wie ihre Ableitungen erster Ordnung;

2) V genügt in dem ganzen Raume ausser auf dieser Fläche der Gleichung $\Delta V = 0$;

3) In der ganzen Ausdehnung von σ hat man

$$\frac{\partial V}{\partial N} + \frac{\partial V}{\partial N'} = -4\pi\rho,$$

wo dN und dN' die auf beiden Seiten von σ errichteten Normalelemente sind;

4) Die Grösse $V\sqrt{x^2+y^2+z^2}$ bleibt endlich, wenn der Punkt (x, y, z) sich ins Unendliche entfernt,

so stellt V das Potential einer unendlich dünnen auf σ verteilten Massenschicht dar, deren Dichtigkeit in jedem Punkte ρ ist. Dieser Satz wird genau ebenso bewiesen, wie der des § 15 im ersten Kapitel.

Betrachtet man x, y, z als variable Coordinaten und σ als einen variablen Parameter, so stellt die Gleichung

$$\frac{x^2}{A^2+\sigma}+\frac{y^2}{B^2+\sigma}+\frac{z^2}{\sigma}=1 \tag{6}$$

ein System von confokalen Ellipsoiden dar, deren Brennpunkte auf der x- und y-Achse liegen, und die Grenze der kleinsten Ellipsoide ist genau die Ellipse (1). Offenbar besitzt diese Gleichung eine und nur eine positive Wurzel; die beiden andern sind negativ und die eine zwischen $-\infty$ und $-A^2$, die andere zwischen $-A^2$ und 0 enthalten.

Die Gleichung (6) lässt sich schreiben:

$$\sigma(\sigma+A^2)(\sigma+B^2)-\sigma(\sigma+B^2)x^2-\sigma(\sigma+A^2)y^2-(\sigma+A^2)(\sigma+B^2)z^2=0,$$

mithin ist, wenn $z=0$, die eine der drei Wurzeln gleich Null.

Ist z nicht Null, so ist das Product der drei Wurzeln positiv. Nun ist aber, wenn $z=0$ ist, das Product der beiden andern Wurzeln, welche nicht Null sind, gleich

$$\alpha^2\beta^2-\beta^2x^2-\alpha^2y^2$$

und somit negativ oder positiv, je nachdem der Punkt (x, y) ausserhalb oder innerhalb der Ellipse (1) liegt. Hiernach ist diejenige Wurzel, welche Null wird, negativ oder positiv, je nachdem der Punkt (x, y) ausserhalb oder innerhalb dieser Ellipse liegt.

Mithin ist für $z=0$ die grösste Wurzel der Gleichung (6), die wir alsdann mit σ' bezeichnen wollen, grösser als Null, wenn der Punkt (x, y, z) ausserhalb des Cylinders

$$\frac{X^2}{A^2}+\frac{Y^2}{B^2}=1$$

liegt, und σ' ist gleich Null, wenn der Punkt (x, y, z) im Innern des Cylinders liegt. Diese Bemerkungen werden uns später von Nutzen sein.

Setzen wir zur Abkürzung

$$1-\frac{x^2}{s+A^2}-\frac{y^2}{s+B^2}-\frac{z^2}{s}=H,$$

so haben wir

$$V=2\rho\int_{\sigma}^{\infty}\frac{\sqrt{H}\,ds}{\sqrt{s\left(1+\frac{s}{A^2}\right)\left(1+\frac{s}{B^2}\right)}}.$$

§ 18.

Um bei der Berechnung der Ableitungen von V die Differentiationen nach der unteren Grenze zu vermeiden, ersetzt Riemann die auf reelle Werte bezügliche Integration durch eine Integration, die sich auf imaginäre Werte erstreckt.

Es werde $s = \xi + \eta\sqrt{-1}$ gesetzt und ξ als die Abscisse und η als die Ordinate eines Punktes einer Ebene in Bezug auf rechtwinklige Coordinatenachsen betrachtet.

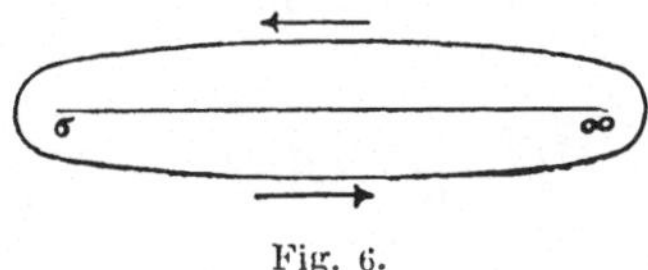

Fig. 6.

Wir ziehen die gerade Linie, welche vom Punkte $s = \sigma$ nach dem Punkte $s = \infty$ geht; sodann ziehen wir eine Kurve $\mathfrak{L}$, welche diese Gerade einschliesst und von ihr nur unendlich wenig entfernt ist. Diese Linie können wir als geschlossen betrachten; sie schliesst weder den Punkt $s = -A^2$ noch den Punkt $s = -B^2$ ein. Sie enthält auch nicht den Punkt $s = 0$, wenn wir annehmen, dass man nicht $\sigma = \sigma' = 0$ hat, was nur stattfinden kann, wenn der Punkt (x, y, z) auf die xy-Ebene und in das Innere der Ellipse

$$z = 0, \quad \frac{x^2}{A^2} + \frac{y^2}{B^2} = 1$$

rückt. Der Contour $\mathfrak{L}$ wird daher nur einen kritischen Punkt der zu integrierenden Function einschliessen, nämlich den Punkt $s = \infty$, um welchen herum die Function des Factors $\frac{1}{\sqrt{s}}$ wegen ihr Zeichen ändert; mithin ist das Integral genommen längs des Contours $\mathfrak{L}$ gleich dem Doppelten dieses Integrals genommen längs der geraden Linie, welche von $s = \sigma$ bis $s = \infty$ geht. Somit können wir schreiben:

$$V = \rho \int \frac{\sqrt{H} ds}{\sqrt{s\left(1 + \frac{s}{A^2}\right)\left(1 + \frac{s}{B^2}\right)}},$$

wenn wir uns das Integral längs des Contours $\mathfrak{L}$ genommen denken.

Setzen wir

$$s\left(1 + \frac{s}{A^2}\right)\left(1 + \frac{s}{B^2}\right) = P,$$

so finden wir

$$\Delta(H^{\frac{1}{2}}) = -H^{-\frac{3}{2}}\left[\frac{x^2}{(s+A^2)^2}+\frac{y^2}{(s+B^2)^2}+\frac{z^2}{s^2}\right]$$
$$-H^{-\frac{1}{2}}\left[\frac{1}{s+A^2}+\frac{1}{s+B^2}+\frac{1}{s}\right].$$

Nun ist

$$\frac{dH}{ds}=\frac{x^2}{(s+A^2)^2}+\frac{y^2}{(s+B^2)^2}+\frac{z^2}{s^2}$$
$$\frac{d\log P}{ds}=\frac{1}{s+A^2}+\frac{1}{s+B^2}+\frac{1}{s},$$

somit folgt:

$$\Delta(H^{\frac{1}{2}}) = -H^{-\frac{3}{2}}\frac{dH}{ds}-H^{-\frac{1}{2}}\frac{d\log P}{ds}=-H^{-\frac{3}{2}}\frac{d\log(HP)}{ds}.$$

Man hat daher:

$$\Delta V = -\rho\int\frac{1}{\sqrt{HP}}\frac{d\log(HP)}{ds}ds = -\rho\int(HP)^{-\frac{3}{2}}d(HP).$$

Das unbestimmte Integral hat den Wert $\frac{-2}{\sqrt{HP}}$, ein Ausdruck, der für jeden dem Contour $\mathfrak{L}$ angehörenden Wert von s einen vollkommen bestimmten Wert hat; mithin ist das Integral, längs dieses Contours genommen, gleich Null und es ist $\Delta V = 0$, welches die verlangte zweite Bedingung ist.

§ 19.

Man sieht leicht, dass V, $\frac{\partial V}{\partial x}$, $\frac{\partial V}{\partial y}$ überall stetig sind.

Wir untersuchen sodann die Ableitung

$$\frac{\partial V}{\partial z} = -\rho z\int\frac{ds}{s\sqrt{HP}},$$

wo sich das Integral über die ganze Linie $\mathfrak{L}$ erstreckt.

Wir setzen zunächst voraus, dass der Punkt (x, y, z) ausserhalb des Cylinders

$$\text{(a)}\qquad \frac{X^2}{A^2}+\frac{Y^2}{B^2}=1$$

liege. Für $z=0$ hat man $\sigma=\sigma'>0$ und $H=0$; die unter dem Integralzeichen stehende Function enthält den Factor $\frac{1}{\sqrt{s-\sigma'}}$, welcher unendlich wird für $s=\sigma'$, jedoch ergiebt sich daraus kein unendliches Element für das Integral; mithin hat das Integral einen endlichen Wert und $\frac{\partial V}{\partial z}$ verschwindet wegen des Factors z, welcher Null ist.

Man hat daher, wenn man mit ε eine unendlich kleine Grösse bezeichnet:

$$\left(\frac{\partial V}{\partial z}\right)_{z=\varepsilon} - \left(\frac{\partial V}{\partial z}\right)_{z=-\varepsilon} = 0;$$

somit ist $\frac{\partial V}{\partial z}$ eine stetige Function in dem ganzen Teile der xy-Ebene, welcher ausserhalb der Ellipse (a) liegt.

Nehmen wir sodann an, dass der Punkt (x, y, z) im Innern des Cylinders (a) liege, so hat man $\sigma = \sigma' = 0$ für $z = 0$ und die unter dem Integralzeichen stehende Function ist unendlich für den Punkt $s = 0$, welcher jetzt in $\mathfrak{L}$ eingeschlossen ist. In diesem Contour ziehen wir die Linie AIB (Fig. 7), die diesem Punkt unendlich nahe liegt und die von $\mathfrak{L}$ eingeschlossene Fläche in zwei Teile teilt. Alsdann kann die Integrationskurve

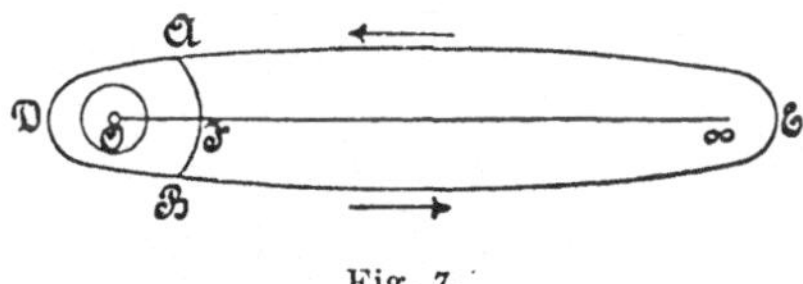

Fig. 7.

ersetzt werden durch 1) die Linie $AIBEA$, welche sich ins Unendliche erstreckt, 2) den unendlich kleinen Contour $BIADB$, denn die Linie AIB wird in den beiden neuen Contouren im entgegengesetzten Sinne durchlaufen. Das auf den ersten dieser beiden Contoure bezügliche Integral ist endlich und, mit dem Factor z multipliciert, gleich Null; wir haben uns also noch mit dem Integral, genommen längs des Contours $BIADB$ zu beschäftigen.

Setzt man $i = \sqrt{-1}$, so hat man:

$$\int \frac{ds}{s\sqrt{H}\sqrt{P}} = \int \frac{i\,ds}{s\sqrt{z^2 - s - \frac{sx^2}{s+A^2} - \frac{sy^2}{s+B^2}} \cdot \sqrt{\left(1+\frac{s}{A^2}\right)\left(1+\frac{s}{B^2}\right)}}.$$

Wenn der erste Contour durchlaufen ist und man zum Punkte B zurückkehrt, so hat $\sqrt{H}$ sein Zeichen geändert. Wir nehmen daher dieses vorstehende Integral für den zweiten Contour mit dem Zeichen —. Dieser zweite Contour kann für die Integration durch einen unendlich kleinen um den Punkt $s = 0$ beschriebenen Kreis ersetzt werden. Wir setzen also

$$s = re^{\vartheta i},$$

wo r den Radius des Kreises bezeichnet. Nehmen wir an, dass r eine unendlich kleine Grösse von höherer Ordnung wie diejenige von z^2 ist, so finden wir für dieses Integral

$$\int_0^{2\pi} \frac{d\vartheta}{\sqrt{z^2}} = \frac{2\pi}{\sqrt{z^2}}.$$

Man hat daher

$$\frac{\partial V}{\partial z} = -\rho z \frac{2\pi}{\sqrt{z^2}}.$$

Je nachdem z positiv oder negativ ist, ist $\sqrt{z^2} = +z$ oder $\sqrt{z^2} = -z$ und $\frac{\partial V}{\partial z}$ ist gleich $-2\pi\rho$ oder gleich $+2\pi\rho$. Somit hat man auf der Fläche der Ellipse

$$\left(\frac{\partial V}{\partial z}\right)_{z=\varepsilon} - \left(\frac{\partial V}{\partial z}\right)_{z=-\varepsilon} = -4\pi\rho.$$

§ 20.

Offenbar ist $\frac{\partial V}{\partial z}$ im ganzen übrigen Raume eine stetige Function. Es bleibt also noch zu beweisen übrig, dass

$$\lim V \sqrt{x^2 + y^2 + z^2}$$

einen endlichen Wert hat, wenn der Punkt (x, y, z) sich ins Unendliche entfernt.

Man hat zunächst

$$P = s\left(1 + \frac{s}{A^2}\right)\left(1 + \frac{s}{B^2}\right) > \frac{s^3}{A^2 B^2}$$

$$\frac{1}{\sqrt{P}} < ABs^{-\frac{3}{2}},$$

und die Grösse

$$H = 1 - \frac{x^2}{s + A^2} - \frac{y^2}{s + B^2} - \frac{z^2}{s},$$

welche für $s = \sigma$ verschwindet, variiert von 0 bis 1, wenn s, reell bleibend, von σ bis ins Unendliche wächst. Mithin haben wir, wenn wir in der Formel (7) H durch 1 ersetzen:

$$V < 2\rho \int_\sigma^\infty \frac{ds}{\sqrt{P}} < 2\rho AB \int_\sigma^\infty s^{-\frac{3}{2}} ds$$

oder

$$V < 4\rho AB\sigma^{-\frac{1}{2}}$$

(a) $$V\sqrt{\sigma} < 4\rho AB.$$

Man hat ferner

$$\lim \frac{x^2 + y^2 + z^2}{\sigma} = \lim\left(\frac{x^2}{\sigma + A^2} + \frac{y^2}{\sigma + B^2} + \frac{z^2}{\sigma}\right) = 1$$

oder

$$\text{(b)} \qquad \lim \frac{\sqrt{x^2+y^2+z^2}}{\sqrt{\sigma}} = 1.$$

Endlich hat man, nach (a) und (b):

$$\lim V \sqrt{x^2+y^2+z^2} < 4\rho AB.$$

Potential einer elliptischen, aus unendlich schmalen homogenen und homothetischen Streifen bestehenden Schicht.

§ 21.

Wie wir gesehen haben (§ 15), kann eine solche Schicht betrachtet werden als die Grenze eines ellipsoidischen Körpers, welcher aus homogenen und homothetischen Schichten besteht, wenn die Achse $2C$ unendlich klein wird, und dieser Körper hat zum Potential (§ 16):

$$V = 2\pi \int_{t_1}^{\infty} \psi(a^2) \frac{dt}{D},$$

wenn man setzt:

$$a^2 = \frac{x^2}{1+t} + \frac{m^2y^2}{1+m^2t} + \frac{n^2z^2}{1+n^2t}$$

$$D = \sqrt{(1+t)(1+m^2t)(1+n^2t)}.$$

Man hat daher auch für das Potential der untersuchten Schicht:

$$V = \frac{2\pi}{n} \int_{t_1}^{\infty} \psi(a^2) \frac{dt}{\sqrt{t(1+t)(1+m^2t)}},$$

wenn gesetzt wird:

$$a^2 = \frac{x^2}{1+t} + \frac{m^2y^2}{1+m^2t} + \frac{z^2}{t}.$$

Wir nehmen an, dass die Dichtigkeit der Schicht eine gegebene Function $\chi(a)$ sei, und bestimmen die Function $\frac{1}{n}\psi(a^2)$.

Nach § 16 haben wir für die Dichtigkeit der Schicht:

$$(\alpha) \qquad \chi(a) = \frac{2A}{n} \sqrt{1-k^2} \int_0^{\frac{\pi}{2}} \varphi\left[A\sqrt{1-(1-k^2)\cos^2\vartheta}\right] \cos\vartheta d\vartheta;$$

wir haben ferner:

$$\varphi(a) = -2\psi'(a^2);$$

setzen wir zur Vereinfachung:

$$(\beta) \qquad \frac{1}{n}\psi'[A^2(1-x)] = -\frac{1}{4A}f'(x),$$

und machen wir noch

$$1 - k^2 = u,$$

so ist, da

$$a = Ak = A\sqrt{1-u}$$

ist, $\chi(a)$ eine Function von u, $\omega(u)$, und die Gleichung (α) geht über in:

$$\omega(u) = \sqrt{u}\int_0^{\frac{\pi}{2}} f'(u\cos^2\vartheta)\cos\vartheta d\vartheta.$$

Hieraus muss man die Function f herleiten.

Ändern wir die Variable ϑ, indem wir setzen:

$$u\cos^2\vartheta = v,$$

so erhalten wir:

$$\omega(u) = \frac{1}{2}\int_0^u f'(v)\frac{dv}{\sqrt{u-v}}.$$

Multiplicieren wir mit $\frac{du}{\sqrt{\alpha - u}}$ und integrieren von 0 bis α, so folgt:

$$\int_0^\alpha \frac{\omega(u)du}{\sqrt{\alpha-u}} = \frac{1}{2}\int_0^\alpha \frac{du}{\sqrt{\alpha-u}}\int_0^u f'(v)\frac{dv}{\sqrt{u-v}}.$$

Die Integration nach u lässt sich ausführen, und da man augenscheinlich hat:

$$\int_0^a dx\int_0^x f(x,y)dy = \int_0^a dy\int_y^a f(x,y)dx,$$

weil diese doppelten Integrale beide ein und dasselbe Volumen darstellen, so erhält man durch Anwendung dieser Formel:

$$\int_0^\alpha \frac{\omega(u)du}{\sqrt{\alpha-u}} = \frac{1}{2}\int_0^\alpha f'(v)dv\int_v^\alpha \frac{du}{\sqrt{(\alpha-u)(u-v)}}.$$

Da $\alpha > v$, so hat man:

$$\int \frac{du}{\sqrt{(\alpha-u)(u-v)}} = \arccos\frac{\alpha+v-2u}{\alpha-v},$$

und hieraus folgt:

$$\int_0^\alpha \frac{\omega(u)du}{\sqrt{\alpha-u}} = \frac{\pi}{2}\int_0^\alpha f'(v)dv,$$

oder

$$(\gamma) \qquad f(\alpha) = \frac{2}{\pi} \int_0^\alpha \frac{\omega(u)du}{\sqrt{\alpha - u}} + \text{const.}$$

Aus der Formel (β) ergiebt sich:

$$\frac{1}{n} \psi \left[A^2(1 - x)\right] = \frac{A}{4} f(x),$$

oder

$$\frac{1}{n} \psi(a^2) = \frac{A}{4} f\left(\frac{A^2 - a^2}{A^2}\right).$$

Da $\psi(a^2)$ für $a = A$ verschwindet, so muss die willkürliche Constante der Formel (γ) unterdrückt werden; man hat daher:

$$\frac{1}{n} \psi(a^2) = \frac{A}{2\pi} \int_0^{\frac{A^2 - a^2}{A^2}} \frac{\omega(u)du}{\sqrt{\frac{A^2 - a^2}{A^2} - u}}$$

oder, wenn man $\frac{A^2 - s^2}{A^2}$ für u setzt:

$$\frac{1}{n} \psi(a^2) = \frac{1}{\pi} \int_a^A \frac{\chi(s)s ds}{\sqrt{s^2 - a^2}}.$$

Diese Rechnung findet sich in dem Werke von Betti: *Teorica delle forze newtoniane.**)

Über die Umkehrung der Integrationen in einem doppelten bestimmten Integrale.

§ 22.

Wir nehmen zwei Grössen a und t an, die mit einander durch die Gleichung

$$(\alpha) \qquad a = \lambda(t)$$

verbunden sind, und bezeichnen mit t' den Wert von t für $a = 0$ und mit t_1 den Wert von t für $a = A$.

Wir betrachten a als die Abscisse und t als die dazu rechtwinklige Ordinate einer Kurve. Der einfachste Fall unserer Aufgabe ist der, wo der zwischen den Punkten $(0, t')$ und (A, t_1) enthaltene Bogen der Kurve von einer Parallelen zu einer der beiden Coordinatenachsen nur in einem Punkte getroffen wird. Alsdann hat man für die Umkehrung der Reihenfolge der Integrationen die folgende Formel:

---

*) Unter dem Titel: „Lehrbuch der Potentialtheorie und ihrer Anwendungen auf Electrostatik und Magnetismus" deutsch herausgegeben von W. Franz Meyer, Stuttgart 1885.

$$(\beta) \qquad \int_0^A da \int_{t_1}^{t'} \Phi(a,t)dt = \int_{t_1}^{t'} dt \int_{\lambda(t)}^{A} \Phi(u,t)du.$$

Um diese Formel zu beweisen, nehmen wir die Differentiale der beiden Seiten in Bezug auf A und erhalten für die linke Seite:

$$dA \int_{t_1}^{t'} \Phi(A,t)dt$$

und für die rechte Seite:

$$dA \int_{t_1}^{t'} \Phi(A,t)dt - \frac{dt_1}{dA} \int_{\lambda(t_1)}^{A} \Phi(u,t)du.$$

Das letzte Glied ist gleich Null, da $\lambda(t_1) = A$ ist. Die beiden Integrale (β) bestehen somit aus identischen Elementen, und wir brauchen nur noch zu bemerken, dass sie für $A = 0$ verschwinden; dies ist für das erste evident und das zweite verschwindet gleichfalls, da $t_1 = t'$ ist für $A = 0$.

Man sieht leicht, aus welchem Grunde die vorstehende Schlussreihe fehlerhaft ist, wenn der Kurvenbogen, welcher die beiden Punkte $(0, t)$ und (A, t_1) verbindet, von einer Parallelen zu einer der Coordinatenachsen in mehreren Punkten getroffen wird.

Im Allgemeinen denkt man sich in einem solchen Integral wie das erste in (β), welches zwischen den beiden Constanten 0 und A genommen ist, da beständig mit demselben Vorzeichen behaftet und zwar mit demjenigen von A; ebenso nimmt man im zweiten Integral allgemein an, dass dt beständig das Zeichen von $t' - t_1$ habe. Nun wird aber nach dem Beweise, den wir für die Formel (β) gegeben haben, diese Formel auch anwendbar sein, vorausgesetzt dass man sich denkt, dass da im ersten Integrale und dt im zweiten Integrale variable Zeichen annehmen.

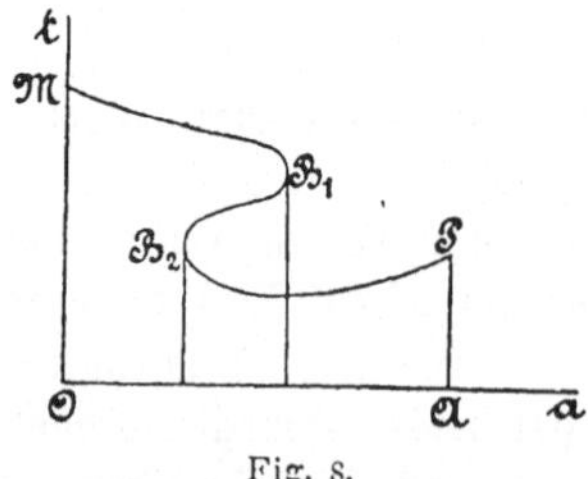

Fig. 8.

Es sei MB_1B_2P (Fig. 8) der Bogen der Kurve (α), welcher zwischen den beiden Punkten $(0, t')$ und (A, t_1) enthalten ist, und es seien B_1 und B_2 zwei Punkte dieses Bogens, in welchen die Tangente parallel zur t-Achse ist. Wenn wir annehmen, dass ein Punkt diesen Bogen im Sinne MB_1B_2P

durchlaufe, so wird da auf MB_1 positiv, auf B_1B_2 negativ, auf B_2P positiv sein. Bezeichnen wir mit α_1 und α_2 die Abscissen von B_1 und B_2 und stellen wir die Werte von t auf MB_1, B_1B_2 und B_2P respective durch $\chi_1(a)$, $\chi_2(a)$, $\chi_3(a)$ dar, so können wir das erste Integral (β) in folgender Weise zerlegen:

$$\int_0^A \Pi(a,t)da = \int_0^{\alpha_1} \Pi[a,\chi_1(a)]da + \int_{\alpha_1}^{\alpha_2} \Pi[a,\chi_2(a)]da + \int_{\alpha_2}^{A} \Pi[a,\chi_3(a)]da.$$

§ 23.

Wir betrachten, weil wir davon später werden Gebrauch zu machen haben, den besonderen Fall, wo der Bogen von einer Parallelen zur t-Achse nur in einem Punkte, dagegen von einer Parallelen zur a-Achse in zwei Punkten geschnitten werden kann (Fig. 9).

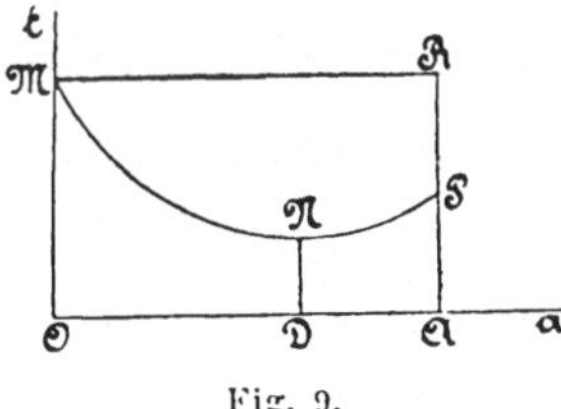

Fig. 9.

Alsdann kann das Integral der linken Seite von (β) durchaus angewendet werden, ohne dass man genötigt wäre, die vorige Festsetzung zu treffen, da a beständig wächst, wenn ein Punkt den Bogen MNP durchläuft, ohne wieder umzukehren.

Wie man leicht sieht, stellt dieses Integral das Volumen eines prismatischen Körpers dar, welcher $MNPR$ zur Basis hat und in der Fläche $Z = \Phi(a,t)$ endigt.

Sodann betrachten wir das zweite Integral (β). Bezeichnen wir mit m den kleinsten Wert von t, welcher in der Figur durch ND dargestellt ist, so lässt sich dieses Integral in folgender Weise zerlegen:

$$\int_{t_1}^{t'} \Psi(t,a)dt = \int_{t_1}^{m} \Psi(t,a)dt + \int_{m}^{t'} \Psi(t,a)dt.$$

Bezeichen $\lambda_1(t)$ und $\lambda_2(t)$ die Werte von a auf dem Bogen NP und auf dem Bogen NM, so ist:

$$\int_{t_1}^{t'} \Psi(t,a)dt = \int_{t_1}^{m} \Psi[t,\lambda_1(t)]dt + \int_{m}^{t'} \Psi[t,\lambda_2(t)]dt$$

$$= \int_{t_1}^{t'} \Psi[t,\lambda_2(t)]dt + \int_{m}^{t_1} \{\Psi[t,\lambda_2(t)] - \Psi[t,\lambda_1(t)]\}\,dt.$$

§ 24.

Wir werden ebenfalls den besonderen Fall zu betrachten haben, in welchem $\Phi(a, t)$ von der Form ist:

$$\varphi(a)\psi[a, \lambda(t)]F(t).$$

Alsdann geht die Formel (β) über in

$$\int_0^A \varphi(a)da \int_t^{t'} \psi[a, \lambda(t)]F(t)dt = \int_{t_1}^{t'} F(t)dt \int_{\lambda(t)}^{A} \psi[u, \lambda(t)]\varphi(u)du$$

oder

$$= \int_{t_1}^{t'} F(t)dt \int_{a}^{A} \psi(u, a)\varphi(u)du.$$

Potential eines geraden elliptischen Cylinders von endlicher Länge.

§ 25.

Es sei ein homogener Körper enthalten zwischen dem elliptischen Cylinder

$$\frac{x^2}{a^2} + \frac{y^2}{b^2} = 1$$

und den beiden Ebenen

$$z = 0, \quad z = H.$$

Wir nehmen die Dichtigkeit des Körpers zur Einheit und teilen ihn in Schnitte, die der xy-Ebene parallel sind und deren unendlich kleine Höhe dh sei. Nach dem, was wir im § 15 gesehen haben, hat das Potential des auf der xy-Ebene liegenden Schnittes den Wert

$$2dh \int_s^\infty \sqrt{1 - \frac{x^2}{s + a^2} - \frac{y^2}{s + b^2} - \frac{z^2}{s}} \frac{ds}{D},$$

wenn man

$$D = \sqrt{s\left(1 + \frac{s}{a^2}\right)\left(1 + \frac{s}{b^2}\right)}$$

setzt und die untere Grenze s die positive Wurzel der Gleichung

$$\frac{x^2}{s + a^2} + \frac{y^2}{s + b^2} + \frac{z^2}{s} = 1$$

ist.

Um das Potential v des in der Höhe h gelegenen Schnittes zu erhalten, müssen wir in dem vorstehenden Ausdruck z in $z - h$ verwandeln, wodurch wir erhalten:

$$v = 2dh \int_s^\infty \sqrt{1 - \frac{x^2}{s+a^2} - \frac{y^2}{s+b^2} - \frac{(z-h)^2}{s}} \frac{ds}{D},$$

wo die untere Grenze s des Integrals die positive Wurzel der Gleichung ist:

$$\frac{x^2}{s+a^2} + \frac{y^2}{s+b^2} + \frac{(z-h)^2}{s} = 1. \tag{1}$$

Wir erhalten daher für das Potential des zwischen den Ebenen $z=0$ und $z=H$ enthaltenen Cylinders:

$$V = 2\int_0^H dh \int_s^\infty \sqrt{1 - \frac{x^2}{s+a^2} - \frac{y^2}{s+b^2} - \frac{(z-h)^2}{s}} \frac{ds}{D},$$

wo die Integration zuerst nach s, sodann nach h ausgeführt werden muss; da sich aber die unbestimmte Integration nach h aber nicht nach s ausführen lässt, so wollen wir die Reihenfolge der Integrationen umkehren.

Setzen wir

$$\vartheta(s) = \sqrt{s\left(1 - \frac{x^2}{a^2+s} - \frac{y^2}{b^2+s}\right)},$$

so lässt sich die Gleichung (1) schreiben:

$$h = z \pm \vartheta(s). \tag{2}$$

Stellen wir die rechte Seite durch $\lambda(s)$ dar, so haben wir:

$$V = 2\int_0^H dh \int_s^\infty \sqrt{\frac{[\lambda(s) - z]^2 - (h-z)^2}{s}} \frac{ds}{D}.$$

Bezeichnen wir mit s' den Wert von s für $h=0$, so kann man V in folgender Weise in zwei Teile zerlegen:

$$V = 2\int_0^H dh \int_s^{s'} \Phi(h, s) ds + 2\int_0^H dh \int_{s'}^\infty \Phi(h, s) ds.$$

Da die Grenzen des zweiten Integrals constant sind, so kann man darin die Reihenfolge der Integrationen umkehren, ohne die Grenzen zu verändern, und das erste Integral kann nach der Formel des § 24 transformiert werden. Wir erhalten daher:

$$\tag{3} \left\{ \begin{aligned} V = {} & 2\int_\sigma^s \frac{ds}{s\sqrt{\left(1+\frac{s}{a^2}\right)\left(1+\frac{s}{b^2}\right)}} \int_h^H \sqrt{(h-z)^2 - (u-z)^2}\, du \\ & + 2\int_{s'}^\infty \frac{ds}{s\sqrt{\left(1+\frac{s}{a^2}\right)\left(1+\frac{s}{b^2}\right)}} \int_0^H \sqrt{\vartheta^2(s) - (h-z)^2}\, dh, \end{aligned} \right.$$

wo die untere Grenze σ des ersten Integrals der Wert von s für $h = H$, d. h. die positive Wurzel der Gleichung

$$\frac{x^2}{\sigma + a^2} + \frac{y^2}{\sigma + b^2} + \frac{(z - H)^2}{\sigma} = 1$$

ist. Man muss jedoch dafür sorgen, dass das erste Integral in dem im § 22 auseinandergesetzten Sinne verstanden wird, was die folgenden Betrachtungen nötig macht.

§ 26.

Setzen wir in der Gleichung (1) $z - h = z'$, so erhalten wir:

$$\frac{x^2}{s + a^2} + \frac{y^2}{s + b^2} + \frac{z'^2}{s} = 1 \tag{4}$$

und die positive Wurzel dieser Gleichung stellen wir dar durch

$$s = \psi(z'^2).$$

Betrachtet man x, y, z' als laufende Coordinaten und s als einen Parameter, so stellt die Gleichung (4) confokale Ellipsoide dar, deren Dimensionen mit s wachsen. Werden also x und y als constant angenommen, so wird, wenn z' wächst, s ebenfalls wachsen. Setzen wir wieder $h - z$ für z', so haben wir:

$$s = \psi[(h - z)^2] = \chi(h);$$

mithin wird s seinen kleinsten Wert für $h = z$ besitzen und es wird beständig zunehmen von diesem Werte von h an bis zu $h = \pm \infty$.

Wir construieren die Kurve, deren Abscisse h und deren Ordinate s ist (Fig. 10); es sei B ihr tiefster Punkt, welcher der Abscisse $OA = z$ entspricht; die Kurve ist symmetrisch zur Geraden BA.

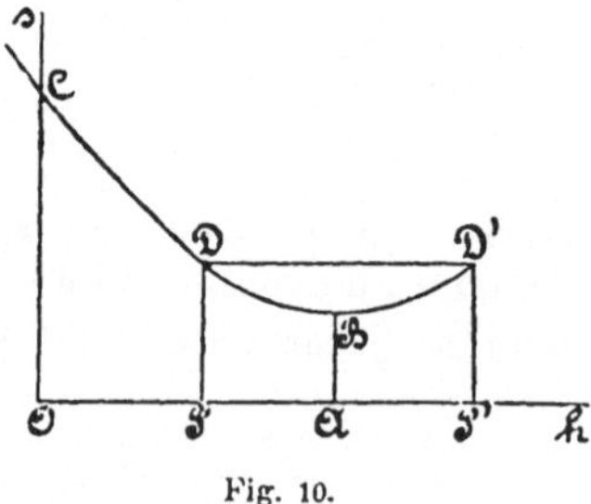

Fig. 10.

Wir unterscheiden zwei Fälle, je nachdem der Punkt (x, y, z) ausserhalb oder innerhalb des zwischen den verlängerten Ebenen der beiden Grundflächen des Cylinders enthaltenen Raumes gelegen ist. Im ersten Falle kann man $z > H$ annehmen, im zweiten ist z zwischen 0 und H enthalten.

Setzen wir zunächst $H < z$ voraus und nehmen wir $OP = H$, ist ferner PD die entsprechende Ordinate der Kurve, so ist $PD = \sigma$ und $OC = s'$. Bewegt sich ein Punkt auf der Kurve von D bis C, so bleibt ds beständig positiv, mithin ist auch ds beständig positiv in dem ersten Integrale (3).

Sodann setzen wir $H > z$ voraus und nehmen die Abscisse $OP' = H$. Es sei $P'D' = \sigma$. Bewegt sich ein Punkt auf der Kurve und geht von D' bis C, so wird ds von D' bis B negativ und von B bis C positiv sein.

§ 27.

Man hat:

$$2\int\sqrt{(h-z)^2-(u-z)^2}\,du$$
$$=(u-z)\sqrt{(h-z)^2-(u-z)^2}+(h-z)^2\arcsin\frac{u-z}{\sqrt{(h-z)^2}}.$$

Ist $z > H$, so ist auch $z > h$ und man hat in der Formel (2) beständig das Zeichen — zu nehmen; mithin ist:

$$2\int_h^H\sqrt{(h-z)^2-(u-z)^2}\,du$$
$$=(H-z)\sqrt{(h-z)^2-(H-z)^2}+(h-z)^2\arcsin\frac{H-z}{z-h}+(h-z)^2\frac{\pi}{2},$$

oder wenn man $h-z$ durch $-\vartheta(s)$ ersetzt:

$$2\int_h^H\sqrt{(h-z)^2-(u-z)^2}\,du$$
$$=(H-z)\sqrt{\vartheta^2(s)-(H-z)^2}+\vartheta^2(s)\left[\arcsin\frac{H-z}{\vartheta(s)}+\frac{\pi}{2}\right].$$

Mithin hat man, wenn $z > H$ ist:

$$V=\int_\sigma^{s'}\frac{ds}{s\sqrt{\left(1+\frac{s}{a^2}\right)\left(1+\frac{s}{b^2}\right)}}\Bigg[(H-z)\sqrt{\vartheta^2(s)-(H-z)^2}$$
$$+\vartheta^2(s)\arccos\frac{z-H}{\vartheta(s)}\Bigg]+U,$$

wenn man setzt:

$$U=\int_{s'}^{\infty}\frac{ds}{s\sqrt{\left(1+\frac{s}{a^2}\right)\left(1+\frac{s}{b^2}\right)}}\ (H-z)\sqrt{\vartheta^2(s)-(H-z)^2}+z\sqrt{\vartheta^2(s)-z^2}$$
$$+\vartheta^2(s)\left[\arcsin\frac{H-z}{\vartheta(s)}+\arcsin\frac{z}{\vartheta(s)}\right].$$

Ist z zwischen 0 und H enthalten, so muss man in der Formel (2) das Zeichen + oder — nehmen, je nachdem h grösser oder kleiner als z ist.

In dem ersten Integral (3) muss man alsdann annehmen, dass die Variable s, in Bezug auf welche integriert wird, von σ bis m, dem kleinsten Werte von s, und sodann von m nach s' geht, und es kann dieses Integral somit folgendermassen zerlegt werden:

$$\int_\sigma^m \Pi(h, s)\, ds + \int_m^{s'} \Pi(h, s) ds,$$

wenn man setzt:

$$\Pi(h, s) = \frac{1}{s\sqrt{\left(1+\frac{s}{a^2}\right)\left(1+\frac{s}{b^2}\right)}}\, 2\int_h^H \sqrt{(h-z)^2-(u-z)^2}\, du.$$

Für den ersten Teil muss man h in (2) mit dem Zeichen +, für den zweiten mit dem Zeichen — nehmen; somit wird dieser Ausdruck:

$$\int_\sigma^m \Pi[z+\vartheta(s), s] ds + \int_m^{s'} \Pi[z-\vartheta(s), s] ds$$

$$= \int_\sigma^{s'} \Pi[z-\vartheta(s), s] ds + \int_m^\sigma \{\Pi[z-\vartheta(s), s] - \Pi[z+\vartheta(s), s]\}\, ds.$$

Je nachdem $z < h$ oder $z > h$ ist, hat man:

$$2\int_h^H \sqrt{(h-z)^2-(u-z)^2}\, du$$

$$= (H-z)\sqrt{\vartheta^2(s)-(H-z)^2} + \vartheta^2(s)\left[\arcsin\frac{H-z}{\vartheta(s)} \mp \frac{\pi}{2}\right],$$

und daher ist:

$$\Pi[z-\vartheta(s), s] - \Pi[z+\vartheta(s), s] = \frac{\pi\vartheta^2(s)}{s\sqrt{\left(1+\frac{s}{a^2}\right)\left(1+\frac{s}{b^2}\right)}}.$$

Mithin erhält man, wenn z zwischen 0 und H enthalten ist:

$$V = \int_\sigma^{s'} \frac{ds}{s\sqrt{\left(1+\frac{s}{a^2}\right)\left(1+\frac{s}{b^2}\right)}}\left[(H-z)\sqrt{\vartheta^2(s)-(H-z)^2}\right.$$

$$\left. - \vartheta^2(s) \arccos\frac{H-z}{\vartheta(s)}\right] + \pi\int_m^\sigma \frac{\vartheta^2(s) ds}{s\sqrt{\left(1+\frac{s}{a^2}\right)\left(1+\frac{s}{b^2}\right)}} + U.$$

Das letzte Integral lässt sich genau berechnen, denn man hat:

$$\int\frac{\vartheta^2(s)ds}{s\sqrt{\left(1+\frac{s}{a^2}\right)\left(1+\frac{s}{b^2}\right)}}=ab\log\left[\frac{a^2+b^2}{2}+s+\sqrt{(a^2+s)(b^2+s)}\right]$$

$$-\frac{2ab}{a^2-b^2}x^2\left(\frac{b^2+s}{a^2+s}\right)^{\frac{1}{2}}+\frac{2ab}{a^2-b^2}y^2\left(\frac{a^2+s}{b^2+s}\right)^{\frac{1}{2}}.$$

Über die Bestimmung der Kraftlinien.

§ 28.

Die Kraftlinien, die aus einem Massensystem entstehen, sind in jedem ihrer Punkte tangential zur Resultante der Kräfte, welche in diesem Punkte wirken. Hiernach erhalten wir, wenn x, y, z die rechtwinkligen Coordinaten eines Punktes einer Kraftlinie und dx, dy, dz die Projectionen eines Elementes einer solchen Linie sind, die Gleichungen

$$\frac{dx}{\frac{\partial V}{\partial x}}=\frac{dy}{\frac{\partial V}{\partial y}}=\frac{dz}{\frac{\partial V}{\partial z}},\tag{1}$$

und dieses sind die Differentialgleichungen dieser Linien.

Es ist leicht, diese Gleichungen auf ein System von krummlinigen Coordinaten zu beziehen, das aus einem dreifachen System orthogonaler Flächen entsteht. Bezeichnen wir mit s, s_1, s_2 die drei Schnittlinien dieser Flächen, welche durch den Punkt (x, y, z) hindurchgehen, und betrachten wir die Componenten der Kraft nach den Tangenten dieser drei Linien in diesem Punkte, so haben wir die den Gleichungen (1) ganz analogen Gleichungen:

$$\frac{ds}{\frac{\partial V}{\partial s}}=\frac{ds_1}{\frac{\partial V}{\partial s_1}}=\frac{ds_2}{\frac{\partial V}{\partial s_2}},$$

und wenn wir nach den Rechnungen des § 21 im vierten Kapitel die Variablen ρ, ρ_1, ρ_2 einführen, so erhalten wir die Gleichungen

$$\frac{d\rho}{h^2\frac{\partial V}{\partial \rho}}=\frac{d\rho_1}{h_1^2\frac{\partial V}{\partial \rho_1}}=\frac{d\rho_2}{h_2^2\frac{\partial V}{\partial \rho_2}},$$

die man auch folgendermassen schreiben kann:

$$\frac{d\rho}{\frac{h}{h_1h_2}\frac{\partial V}{\partial \rho}}=\frac{d\rho_1}{\frac{h_1}{hh_2}\frac{\partial V}{\partial \rho_1}}=\frac{d\rho_2}{\frac{h_2}{hh_1}\frac{\partial V}{\partial \rho_2}}.\tag{2}$$

Ferner genügt V der Gleichung $\Delta V = 0$, die man demselben Paragraphen zufolge schreiben kann:

$$(3) \qquad \frac{\partial}{\partial \rho}\left(\frac{h}{h_1 h_2}\frac{\partial V}{\partial \rho}\right) + \frac{\partial}{\partial \rho_1}\left(\frac{h_1}{h h_2}\frac{\partial V}{\partial \rho_1}\right) + \frac{\partial}{\partial \rho_2}\left(\frac{h_2}{h h_1}\frac{\partial V}{\partial \rho_2}\right) = 0.$$

Man hat nun aber den folgenden Satz, der von Jacobi das Prinzip des letzten Multiplicators genannt worden ist.

Wenn in den simultanen Differentialgleichungen

$$(A) \qquad \frac{d\rho}{U} = \frac{d\rho_1}{U_1} = \frac{d\rho_2}{U_2}$$

U, U_1, U_2 Functionen von ρ, ρ_1, ρ_2 sind, welche der Gleichung

$$\frac{\partial U}{\partial \rho} + \frac{\partial U_1}{\partial \rho_1} + \frac{\partial U_2}{\partial \rho_2} = 0$$

genügen, und wenn man ferner ein Integral des Systems (A)

$$(B) \qquad f(\rho, \rho_1, \rho_2) = c_1$$

kennt, wo c_1 eine willkürliche Constante bezeichnet, so erhält man unmittelbar das andere Integral, wenn man setzt:

$$\int \frac{\partial \rho_2}{\partial c_1}(U_1 d\rho - U d\rho_1) = c_2,$$

wo c_2 eine willkürliche Constante ist und wo vorausgesetzt ist, dass ρ_2 mit Hülfe der Gleichung (B) ausgedrückt sei als Function von ρ, ρ_1, c_1.

Es folgt hieraus, dass, wenn man ein Integral der Gleichungen (2) kennt, man das zweite erhält, indem man setzt:

$$\int \frac{\partial \rho_2}{\partial c_1}\left(\frac{h_1}{h_2 h}\frac{\partial V}{\partial \rho_1} d\rho - \frac{h}{h_1 h_2}\frac{\partial V}{\partial \rho} d\rho_1\right) = c_2$$

und die Quadratur ausführt.

§ 29.

Es giebt zwei Fälle, welche auf diese Weise behandelt werden können: denjenigen, wo die Gleichung

$$(4) \qquad V = \text{const.}$$

unbegrenzte parallele Cylinder, und denjenigen, wo sie Rotationsflächen mit einer und derselben Achse darstellt. Das eine der Integrale wird nämlich die Gleichung einer Ebene, da im ersten Falle jene Linien in einer Ebene senkrecht zu den Cylindern liegen, im andern Falle in einer Ebene liegen, die durch die Rotationsachse hindurchgehen. Diese beiden Fälle kann man aber direct behandeln.

Nehmen wir an, dass die Gleichung (4) unbegrenzte zur z-Achse parallele Cylinder darstelle, so enthält die Function V nicht z und die Gleichungen (1) gehen über in:

$$\frac{\partial V}{\partial y}dx - \frac{\partial V}{\partial x}dy = 0, \quad dz = 0; \tag{5}$$

man hat daher das Integral:

$$z = c_1,$$

und da man hat:

$$\frac{\partial^2 V}{\partial x^2} + \frac{\partial^2 V}{\partial y^2} = 0,$$

so ist die linke Seite der Gleichung (5) ein exactes Differential, und es bleibt nur noch eine Quadratur auszuführen.

Nehmen wir an, dass die Gleichung (4) Rotationsflächen mit der z-Achse als Rotationsachse darstelle, setzen wir ferner

$$x^2 + y^2 = u^2,$$

und bezeichnen den Winkel, welchen die Meridianebene mit der zx-Ebene bildet, mit ϑ, so ist

$$\vartheta = c_1 \tag{6}$$

das eine der Integrale der Kraftlinien. Sodann ist die Gleichung der orthogonalen Trajectorien der durch (4) und (6) dargestellten Kurven:

$$\frac{\partial V}{\partial z}du - \frac{\partial V}{\partial u}dz = 0. \tag{7}$$

Die Gleichung $\Delta V = 0$ aber wird:

$$\frac{\partial^2 V}{\partial z^2} + \frac{\partial^2 V}{\partial u^2} + \frac{1}{u}\frac{\partial V}{\partial u} = 0$$

oder:

$$\frac{\partial\left(u\frac{\partial V}{\partial z}\right)}{\partial z} = -\frac{\partial\left(u\frac{\partial V}{\partial u}\right)}{\partial u}.$$

Multipliciert man somit die linke Seite der Gleichung (7) mit u, so wird sie ein exactes Differential, und man erhält für die Kraftlinien:

$$\vartheta = c_1, \quad \int u\left(\frac{\partial V}{\partial z}du - \frac{\partial V}{\partial u}dz\right) = c_2.$$

Kraftlinien eines Umdrehungsellipsoides.

§ 30.

Wir denken uns ein Umdrehungsellipsoid, welches aus homothetischen Schichten gebildet ist. Setzen wir in den Formeln des § 11 $b = a$ oder $m = 1$, so erhalten wir für das Potential dieses Körpers in Bezug auf einen äusseren Punkt:

$$V = 2\pi\int_{t_1}^{\infty}\psi(K)\frac{dt}{D},$$

wenn wir setzen:

$$D = (1 + t)\sqrt{1 + n^2 t},$$
$$u^2 = x^2 + y^2,$$
$$K = a^2 = \frac{u^2}{1+t} + \frac{n^2 z^2}{1 + n^2 t}$$
$$\psi(a^2) = 2\int_a^A \varphi(a)\,a\,da,$$

und t_1 die positive Wurzel der Gleichung

$$\text{(a)} \qquad \frac{u^2}{1+t_1} + \frac{n^2 z^2}{1+n^2 t_1} = A^2$$

ist.

Bilden wir die Gleichung (7) des vorigen Paragraphen, indem wir mit u multiplicieren und bemerken, dass $\psi(a^2) = 0$ ist, so erhalten wir die Gleichung:

$$\text{(b)} \qquad 2u\,du \int_{t_1}^{\infty} \psi'(K) \frac{n^2 z}{1 + n^2 t} \frac{dt}{D} - 2u\,dz \int_{t_1}^{\infty} \psi'(K) \frac{u}{1+t} \frac{dt}{D} = 0,$$

deren linke Seite ein exactes Differential ist.

Nun ist bekannt, dass, wenn man

$$dU = F(x, y)\,dx + F_1(x, y)\,dy$$

hat, daraus folgt, wenn mit α, β zwei willkürliche Constanten bezeichnet werden:

$$U = \int_\alpha^x F(x, y)\,dx + \int_\beta^y F_1(\alpha, y)\,dy,$$

und dass man häufig α derart wählen kann, dass das zweite Integral verschwindet.

Mithin erhalten wir, wenn wir mit dU die linke Seite der Gleichung (b) bezeichnen:

$$U = z\int_0^u du \int_{t_1}^{\infty} \psi'(K) \frac{2u}{\frac{1}{n^2} + t} \frac{dt}{D},$$

und da

$$\psi'(K) \frac{2u}{1+t} = \psi'(K) \frac{\partial K}{\partial u} = \frac{\partial \psi(K)}{\partial u}$$

ist, so ergiebt sich:

$$U = n^2 z \int_0^u du \int_{t_1}^{\infty} \frac{\partial \psi(K)}{\partial u} \frac{1+t}{1+n^2 t} \frac{dt}{D}$$
$$= n^2 z \int_0^u du \int_{t_1}^{\infty} \frac{\partial \psi(K)}{\partial u} \frac{dt}{(1+n^2 t)^{\frac{3}{2}}}.$$

Dieses Doppelintegral kann durch ein einfaches ersetzt werden. Setzen wir nämlich:

$$\int_0^u du \int_{t_1}^{\infty} \frac{\partial \psi(K)}{\partial u} \frac{dt}{(1+n^2t)^{\frac{3}{2}}} = \int_{t_1}^{\infty} \varphi(K)\chi(t)dt + \Lambda(z),$$

wo $\varphi(K)$, $\chi(t)$, $\Lambda(z)$ zu bestimmende Functionen sind, und differentiieren sodann beide Seiten nach u, so erhalten wir:

$$\int_{t_1}^{\infty} \frac{\partial \psi(K)}{\partial u} \frac{dt}{(1+n^2t)^{\frac{3}{2}}} = \int_{t_1}^{\infty} \frac{\partial \varphi(K)}{\partial u} \chi(t)\, dt - \varphi(K_1)\chi(t_1) \frac{\partial t_1}{\partial u},$$

wo K_1 der Wert von K für $t = t_1$ ist. Man genügt dieser Gleichung, wenn man setzt:

$$\varphi(K) = \psi(K), \quad \chi(t) = \frac{1}{(1+n^2t)^{\frac{3}{2}}};$$

denn dann hat man:

$$\varphi(K_1) = \psi(K_1) = \psi(A^2) = 0.$$

Daraus folgt:

$$U = n^2 z \int_{t_1}^{\infty} \psi(K) \frac{dt}{(1+n^2t)^{\frac{3}{2}}} + \lambda(z).$$

Um $\lambda(z)$ zu erhalten, bilden wir das Differential von U nach z und setzen es gleich dem zweiten Gliede der Formel (b). Wir finden so, dass $\lambda(z) = 0$ ist. Wir erhalten somit endlich als Gleichung der Kraftlinien in ihrer Meridianebene:

$$\text{(c)} \qquad z \int_{t_1}^{\infty} \psi(K) \frac{dt}{(1+n^2t)^{\frac{3}{2}}} = \text{const.},$$

wo t_1 eine Function von u und z ist, die durch die Gleichung (a) geliefert wird.

Diese Formel ist von Betti gegeben worden. Nimmt man an, dass n unendlich gross sei, so verwandelt sich das Ellipsoid in eine unendlich dünne kreisförmige Schicht, deren Dichtigkeit mit der Entfernung vom Mittelpunkte variiert (§§ 15 und 21). Man hat alsdann

$$K = \frac{u^2}{1+t} + \frac{z^2}{t};$$

die Function $\frac{1}{n}\psi(a^2)$ bestimmt sich nach § 21 und die Gleichung (c) wird:

$$z\int_{t_1}^{\infty}\frac{\psi(K)}{n}\frac{dt}{t^{\frac{3}{2}}} = \text{const.}$$

Diese Gleichung war schon vor der Gleichung (c) von Beltrami gegeben worden.

§ 31.

Ist das Ellipsoid vollständig homogen, so wird die Gleichung (c) der Kraftlinien:

$$z\int_{t_1}^{\infty}\left(A^2 - \frac{u^2}{1+t} - \frac{n^2 z^2}{1+n^2 t}\right)\frac{dt}{(1+n^2 t)^{\frac{3}{2}}} = \text{const.},$$

oder wenn man unter Voraussetzung eines abgeplatteten Ellipsoids

$$t = \frac{\rho^2}{A^2} - 1,$$

$$A^2 - \frac{A^2}{n^2} = \gamma^2, \quad t_1 = \frac{\rho_1^2}{A^2} - 1$$

setzt:

$$\text{(d)} \qquad z\int_{\rho_1}^{\infty}\left(1 - \frac{u^2}{\rho^2} - \frac{z^2}{\rho^2 - \gamma^2}\right)\frac{\rho d\rho}{(\rho^2 - \gamma^2)^{\frac{3}{2}}} = \text{const.}$$

Dieses Ellipsoid zerlegen wir in confokale Schichten. Die Anziehung aller dieser Schichten auf einen äusseren Punkt hat dieselbe Richtung und ist ihren Massen proportional; jede dieser Schichten hat daher dieselben Kraftlinien. Ebenso hat ein Ellipsoid, welches aus homogenen confokalen Schichten besteht, Kraftlinien, die durch die Gleichung (d) geliefert werden; diese Gleichung wird, wenn man die Quadratur ausführt:

$$\frac{z}{\sqrt{\rho_1^2 - \gamma^2}}\left[1 - \frac{u^2}{\gamma^2} - \frac{z^2}{3(\rho_1^2 - \gamma^2)} + \frac{u^2\sqrt{\rho_1^2 - \gamma^2}}{\gamma^3}\operatorname{arc\,tang}\frac{\gamma}{\sqrt{\rho_1^2 - \gamma^2}}\right] = \text{const.},$$

wo ρ_1 die positive Wurzel der Gleichung ist:

$$\frac{u^2}{\rho_1^2} + \frac{z^2}{\rho_1^2 - \gamma^2} = 1.$$

Ist das Ellipsoid ein verlängertes Rotationsellipsoid, so hat man γ^2 in $-\gamma^2$ zu verwandeln und erhält, wenn man beachtet, dass

$$\frac{1}{\sqrt{-1}}\operatorname{arc\,tang}\left(x\sqrt{-1}\right) = \frac{1}{2}\log\frac{1+x}{1-x}$$

ist, für die Kraftlinien die Gleichung:

$$\frac{z}{\sqrt{\rho_1^2+\gamma^2}}\left[1+\frac{u^2}{\gamma^2}-\frac{z^2}{3(\rho_1^2+\gamma^2)}-\frac{u^2\sqrt{\rho_1^2+\gamma^2}}{\gamma^3}\log\frac{\sqrt{\rho_1^2+\gamma^2}+\gamma}{\sqrt{\rho_1^2+\gamma^2}-\gamma}\right]=\text{const.},$$

wo ρ_1 die positive Wurzel der Gleichung ist:

$$\frac{u^2}{\rho_1^2}+\frac{z^2}{\rho_1^2+\gamma^2}=1.$$

Kraftlinien eines unbegrenzten elliptischen Cylinders.

§ 32.

Wir denken uns einen Cylinder, der aus homogenen homothetischen Schichten besteht. Dieser Cylinder kann als ein Ellipsoid, dessen eine Achse unendlich gross ist, betrachtet werden. Sein Potential ist unendlich, aber die Componenten seiner Attraction sind endlich und können aus den Componenten der Attraction eines aus homothetischen Schichten gebildeten Ellipsoids abgeleitet werden. Im § 11 setzen wir $c=\infty$, $n=0$; ferner setzen wir:

$$D=\sqrt{(1+t)(1+m^2t)}$$

$$K=a^2=\frac{x^2}{1+t}+\frac{m^2y^2}{1+m^2t}$$

und bezeichnen mit t_1 die positive Wurzel der Gleichung

$$\text{(a)}\qquad \frac{x^2}{1+t_1}+\frac{m^2y^2}{1+m^2t_1}=A^2.$$

Alsdann erhalten wir für die Componenten der Attraction des Cylinders nach der x- und y-Achse:

$$\text{(b)}\qquad \begin{cases} \dfrac{\partial V}{\partial x}=4\pi x\displaystyle\int_{t_1}^{\infty}\frac{\psi'(K)}{1+t}\frac{dt}{D} \\[2ex] \dfrac{\partial V}{\partial y}=4\pi y\displaystyle\int_{t_1}^{\infty}\psi'(K)\frac{m^2}{1+m^2t}\frac{dt}{D} \end{cases}$$

Die Kraftlinien sind parallel der xy-Ebene und haben zur Differentialgleichung:

$$\frac{\partial V}{\partial y}dx-\frac{\partial V}{\partial x}dy=0$$

oder:

$$\text{(c)}\qquad \int_{t_1}^{\infty}\psi'(K)\left(\frac{m^2y\,dx}{1+m^2t}-\frac{x\,dy}{1+t}\right)\frac{dt}{D}=0.$$

Die linke Seite ist das exacte Differential einer Function U von x und y und wir erhalten:

$$\text{(d)} \qquad U = y\int_0^x dx\int_{t_1}^{\infty}\frac{m^2}{1+m^2t}\psi'(K)\frac{dt}{D}.$$

Integriert man partiell, so geht diese Formel über in

$$U = y\left[x\int_{t_1}^{\infty}\frac{m^2}{1+m^2t}\psi'(K)\frac{dt}{D} + m^2\psi'(K_1)\int_{\frac{y^2}{A^2}-\frac{1}{m^2}}^{t_1}\frac{\sqrt{A^2(1+m^2t_1)-m^2y^2}}{(1+m^2t_1)^2}dt_1\right],$$

wo K_1 der Wert von K für $t = t_1$ und gleich A^2 ist.

Nun findet man leicht:

$$ym^2\int_{\frac{y^2}{A^2}-\frac{1}{m^2}}^{t_1}\frac{\sqrt{A^2(1+m^2t)-m^2y^2}}{(1+m^2t)^2}dt$$

$$= \frac{A^2}{m}\operatorname{arc\,tang}\frac{\sqrt{A^2(1+m^2t_1)-m^2y^2}}{my} - y\frac{\sqrt{A^2(1+m^2t_1)-m^2y^2}}{1+m^2t_1},$$

oder mit Benutzung der Gleichung (a):

$$= \frac{A^2}{m}\operatorname{arc\,tang}\frac{x\sqrt{\frac{1}{m^2}+t_1}}{y\sqrt{1+t_1}} - \frac{xy}{\sqrt{(1+t_1)(1+m^2t_1)}}.$$

Wir erhalten daher:

$$U = xy\int_{t_1}^{\infty}\frac{m^2}{1+m^2t}\psi'(K)\frac{dt}{D}$$

$$-xy\frac{\psi'(A^2)}{\sqrt{(1+t_1)(1+m^2t_1)}} + \frac{A^2}{m}\psi'(A^2)\operatorname{arc\,tang}\frac{x\sqrt{\frac{1}{m^2}+t_1}}{y\sqrt{1+t_1}}.$$

In dieser Formel, in welcher t_1 von x und y abhängt, treten x und y nicht in derselben Weise auf; wir ändern daher die Form des Ausdrucks von U ab.

Man hat die Gleichung:

$$\frac{\partial^2 V}{\partial x^2} + \frac{\partial^2 V}{\partial y^2} = 0;$$

nehmen wir daher die Ableitungen der Ausdrücke (b) und zwar von dem ersten nach x, von dem zweiten nach y, und setzen ihre Summe gleich Null, so erhalten wir:

$$\int_{t_1}^{\infty}\psi'(K)\frac{1}{1+t}\frac{dt}{D} - x\psi'(A^2)\frac{1}{1+t_1}\frac{1}{D_1}\frac{\partial t_1}{\partial x}$$

$$+\int_{t_1}^{\infty}\psi'(K)\frac{1}{\frac{1}{m^2}+t}\frac{dt}{D} - y\psi'(A^2)\frac{1}{\frac{1}{m^2}+t_1}\frac{1}{D_1}\frac{\partial t_1}{\partial y} = 0,$$

oder:

$$\int_{t_1}^{\infty}\psi'(K)\frac{1}{1+t}\frac{dt}{D}+\int_{t_1}^{\infty}\psi'(K)\frac{m^2}{1+m^2t}\frac{dt}{D}$$
$$=\psi'(A^2)\frac{1}{D_1}\left(\frac{x}{1+t_1}\frac{\partial t_1}{\partial x}+\frac{m^2y}{1+m^2t_1}\frac{\partial t_1}{\partial y}\right)$$
$$=\frac{2}{D_1}\psi'(A^2).$$

Hieraus folgt:

$$\int_{t_1}^{\infty}\psi'(K)\frac{m^2}{1+m^2t}\frac{dt}{D}=-\int_{t_1}^{\infty}\psi'(K)\frac{1}{1+t}\frac{dt}{D}+\frac{2}{D_1}\psi'(A^2).$$

Das erste Glied von U zerlegen wir in zwei Glieder, die gleich

$$\frac{xy}{2}\int_{t_1}^{\infty}\psi'(K)\frac{m^2}{1+m^2t}\frac{dt}{D}$$

sind, und ersetzen nur in dem einen von diesen Gliedern das Integral durch den vorstehenden Wert; dadurch erhalten wir:

$$U=\frac{xy}{2}\int_{t_1}^{\infty}\psi'(K)\frac{m^2}{1+m^2t}\frac{dt}{D}-\frac{xy}{2}\int_{t_1}^{\infty}\psi'(K)\frac{1}{1+t}\frac{dt}{D}$$
$$+\frac{A^2}{m}\psi'(A^2)\operatorname{arc\,tang}\frac{x\sqrt{\frac{1}{m^2}+t_1}}{y\sqrt{1+t_1}},$$

oder:

$$U=\frac{xy}{2}(m^2-1)\int_{t_1}^{\infty}\psi'(K)\frac{dt}{D^3}+\frac{A^2}{m}\psi'(A^2)\operatorname{arc\,tang}\frac{x\sqrt{\frac{1}{m^2}+t_1}}{y\sqrt{1+t_1}},$$

und die Gleichung $U=\text{const.}$ ist die der Kraftlinien.

§ 33.

Ist der Cylinder, welcher die Halbachsen A und B besitzt, vollständig homogen, so muss man $\psi'(K)=-1$ setzen, und wenn man

$$A^2(1+t)=\rho^2,\quad A^2-B^2=\beta^2$$

setzt und mit ρ_1 die positive Wurzel der Gleichung

$$\frac{x^2}{\rho_1^2}+\frac{y^2}{\rho_1^2-\beta^2}=1$$

bezeichnet, so hat man:

$$\frac{-1}{AB} U = \beta^2 xy \int_{\rho_1}^{\infty} \frac{d\rho}{\rho^2(\rho^2 - \beta^2)^{\frac{3}{2}}} + \operatorname{arc\,tang} \frac{x\sqrt{\rho_1^2 - \beta^2}}{y\rho_1}.$$

Führt man die Quadratur aus, so ergiebt sich

$$\frac{xy}{\beta^2}\left(\frac{2\rho_1^2 - \beta^2}{\rho_1\sqrt{\rho_1^2 - \beta^2}} - 1\right) + \operatorname{arc\,tang} \frac{x\sqrt{\rho_1^2 - \beta^2}}{y\rho_1} = \text{const.}$$

als Gleichung der Kraftlinien des homogenen elliptischen Cylinders, bei welchem die Entfernung der Brennpunkte des Querschnitts gleich 2β ist. Dies ist auch die Gleichung dieser Linien für eine elliptische confokale Schicht.

Zweiter Teil.

Electrostatik und Magnetismus.

Erstes Kapitel.

Allgemeine Prinzipien der Electrostatik.

Wir haben hier nicht die elementaren Erscheinungen zu beschreiben, durch welche sich die Electricität, deren Gleichgewichtsgesetze wir studieren wollen, offenbart; jedoch erinnern wir daran, dass man zwei Arten von Electricität unterscheidet: die positive oder Glas-Electricität und die negative oder Harz-Electricität. Gleichnamige Electricitäten stossen sich ab, ungleichnamige ziehen sich an. Zwei Mengen von diesen beiden Electricitäten, deren Wirkungen sich aufheben, wenn sie vereinigt werden, werden als gleich und von entgegengesetztem Vorzeichen betrachtet. Da die beiden Electricitäten gemessen werden können, wenn z. B. von der positiven Electricität eine zweimal oder dreimal u. s. w. grössere Menge genommen wird, so sagt man, sie habe eine doppelte, dreifache u. s. w. Masse. Wenn man diesen beiden Electricitäten den Namen electrischer Flüssigkeiten beilegt, so will man damit offenbar von vornherein keine Ähnlichkeit zwischen der Electricität und den flüssigen Körpern statuieren; vielmehr verdankt das Wort Flüssigkeit in dieser Theorie seinen Ursprung lediglich der sehr grossen Leichtigkeit, mit welcher sich die Electricität auf gewissen Körpern ausbreitet.

Nach einem von Coulomb erkannten und experimentell bewiesenen Gesetze findet die Wirkung eines Elementes einer electrischen Flüssigkeit auf ein anderes Element dieser Flüssigkeit im directen Verhältnis ihrer Massen und im umgekehrten Verhältnis des Quadrats ihrer Entfernungen statt.

Alle electrostatischen Erscheinungen gehen so vor sich, als ob jeder Körper im neutralen d. h. nicht electrischen Zustande eine ausserordentlich grosse und beinahe unbegrenzte Menge von beiden Electricitäten und zwar in jedem seiner Elemente eine gleiche Menge besässe.

Ein electrisierter Körper enthält ausser einer und derselben sehr grossen Menge jeder der beiden Electricitäten eine gewisse Menge nur der einen Electricität, und diese wird freie Electricität genannt.

Man teilt die Körper ein in gute und in schlechte Electricitätsleiter. In den gut leitenden Körpern pflanzt sich die Electricität mit einer ausserordentlichen Schnelligkeit fort. In gewissen Körpern dagegen bewegt sich die Electricität nur sehr langsam, und wenn sich auch das Ganze ihrer Masse in solchen Körpern nicht im Gleichgewichte befindet, so kann man doch diese Electricität während einer gewissen Zeit als merklich fest betrachten.

Teilt man einem isolierten Leiter Electricität mit, so nimmt sie in ausserordentlich kurzer Zeit den Zustand der Verteilung an, den sie annehmen muss, und man beweist sehr leicht, wie wir später sehen werden, dass sich die Electricität auf der Oberfläche des Körpers ausbreiten muss.

Die ausserordentlich dünne Schicht, welche die Electricität auf der Oberfläche bildet, wird auf dem Leiter zurückgehalten durch den Widerstand der Luft, den man jedoch nicht mit dem Drucke der Luft verwechseln darf. Denn wenn auch der Widerstand der Luft geringer wird, wenn der Druck von einer Atmosphäre bis zu einem Druck von ungefähr 3 mm Quecksilber abnimmt, so wächst doch darauf der Widerstand sehr schnell, wenn die Verdünnung der Luft bis zu den erreichbaren Grenzen fortgesetzt wird, und man darf wohl glauben, dass der absolut luftleere Raum einen noch grössern Widerstand bieten würde.

Die Wirkung der electrischen Schicht eines isolierten und jeder Influenz entrückten Leiters auf jeden inneren Punkt muss für das Gleichgewicht gleich Null sein; denn im andern Falle würde sie die neutrale Flüssigkeit, welche sich in diesem Punkte vorfindet, zerlegen und es würde kein Gleichgewicht existieren.

Nimmt man mehrere isolierte Leiter an, die mil Electricität geladen und vor einander aufgestellt sind, so werden sie eine gegenseitige Wirkung auf einander ausüben und die Electricität wird sich in's Gleichgewicht setzen. Es muss alsdann ebenfalls die Gesamtwirkung der electrischen Schichten auf einen Punkt des Innern eines beliebigen der Leiter gleich Null sein. Mithin wird, wie Poisson zuerst ausgesprochen hat, das Potential der Electricität aller dieser Schichten im Innern eines jeden Leiters constant sein, und diese Bedingungen sind immer erfüllt, sobald sie es auf den Oberflächen sind; übrigens aber wird sich dieser constante Wert des Potentials im Allgemeinen von einem Conductor zum andern ändern.

Ein nicht-leitender oder dielectrischer Körper enthält, wenn er electrisiert ist, im Allgemeinen Electricität in seinem Innern und man nennt electrische Dichtigkeit das Verhältnis der in einem Volumenelemente eingeschlossenen Electricitätsmenge zu diesem Elemente. Wenn aber eine electrische Schicht sich auf der Oberfläche eines Körpers befindet, wie dies für die electrisierten Leiter der Fall ist, so nennt man Dichtigkeit der Schicht das Verhältnis der auf jedem Oberflächenelement gelegenen electrischen Masse zu diesem Element.

Potential der Electricität.

§ 1.

Bezeichnen wir mit m und m' zwei Electricitätsmassen, die wir uns in zwei Punkten, deren Entfernung r ist, concentriert denken, so ist die Anziehung oder Abstossung zwischen diesen beiden Punkten nach der sie verbindenden Geraden gerichtet und ihre Grösse ist

$$hmm' \frac{1}{r^2},$$

wo h ein constanter Coefficient ist. Werden die Längeneinheit und die Krafteinheit als gewählt vorausgesetzt, so nehmen wir, damit sich der Coefficient h auf die Einheit reduciere, als Electricitätseinheit die Masse der positiven Electricität, welche in der Einheit der Entfernung von einer gleichen Masse dieselbe mit der Einheit der Kraft abstösst.

Bezeichnen wir allgemein mit r die Entfernung des Punktes (x, y, z) von jedem Punkte (a, b, c) einer electrischen Masse, so ist das Potential dieser Electricität im Punkte (x, y, z):

$$V = \iiint \frac{1}{r} D da db dc,$$

wo D die Dichtigkeit der positiven oder negativen Electricität im Punkte (a, b, c) ist.

Findet sich die Electricität in ausserordentlich dünnen Schichten auf einer oder mehreren Oberflächen verteilt, so erhält man, wenn man mit ρ die Dichtigkeit auf jedem Element $d\sigma$ dieser Oberflächen und mit r die Entfernung des Elementes $d\sigma$ vom Punkte (x, y, z) bezeichnet, für das Potential der Electricität:

$$V = \int \frac{1}{r} \rho d\sigma,$$

wobei sich die Integration über alle mit electrischen Schichten bedeckte Oberflächen erstreckt.

Wie schon erwähnt (I. Teil, Kap. I, § 1), haben die Componenten der electrischen Wirkung auf den Punkt (x, y, z), in welchem man sich eine Electricitätsmasse m, die ihr Vorzeichen in sich enthält, concentriert denkt, die Werte:

$$-m\frac{\partial V}{\partial x}, \quad -m\frac{\partial V}{\partial y}, \quad -m\frac{\partial V}{\partial z}.$$

Denken wir uns im Punkte (x, y, z) eine Kraft angebracht, die zu Componenten hat

$$-\frac{\partial V}{\partial x}, \quad -\frac{\partial V}{\partial x}, \quad -\frac{\partial V}{\partial z},$$

so wird dieselbe **electrische Kraft** in diesem Punkte genannt.

Electrische Schicht eines leitenden Körpers.

§ 2.

Wenn wir einen isolierten und electrisierten Leiter annehmen und X, Y, Z die Componenten der von diesem Körper und benachbarten Körpern ausgehenden electrischen Kraft im Punkte (x, y, z) im Innern des Leiters sind, so haben wir:

$$X = -\frac{\partial V}{\partial x}, \quad Y = -\frac{\partial V}{\partial y}, \quad Z = -\frac{\partial V}{\partial z},$$

wo V das Potential der gesamten Electricität ist, und wenn wir mit D die electrische Dichtigkeit in demselben Punkte bezeichnen, so ist

$$\Delta V = \frac{\partial^2 V}{\partial x^2} + \frac{\partial^2 V}{\partial y^2} + \frac{\partial^2 V}{\partial z^2} = -4\pi D.$$

(I. Teil, Kap. I, § 7).

Ist der Körper ein vollkommener Leiter und ist das Gleichgewicht eingetreten, so sind die Componenten X, Y, Z in allen innern Punkten des Körpers null, und man hat somit in diesen:

$$\frac{\partial V}{\partial x} = 0, \quad \frac{\partial V}{\partial y} = 0, \quad \frac{\partial V}{\partial z} = 0$$

und demnach ist V in allen Punkten des Körpers constant. Es geht daraus auch hervor, dass ΔV daselbst null ist und somit D ebenfalls.

Mithin verbreitet sich die ganze Electricität auf der Oberfläche des leitenden Körpers, auf der sie nur festgehalten werden kann durch den Widerstand des umgebenden Mittels.

Die Kraft ist gleich Null auf der inneren Fläche der Schicht und auf der äusseren hat sie den Wert

$$\text{(a)} \qquad -\frac{\partial V}{\partial n} = 4\pi\rho,$$

wo dn das Element der äusseren Normale und ρ die Dichtigkeit der Schicht ist (I. Teil, Kap. II, § 8 oder Kap. IV, § 2).

§ 3.

Ist ein isolierter Conductor A mit Electricität geladen und wird derselbe influenziert durch die Electricität dielectrischer Körper $B, C, \ldots$, so ist das Potential der auf A gelegenen Schicht die Summe 1) des Potentials V_1, welches von seiner Ladung M herrührt, die auf ihm unter der Voraussetzung, dass die Dielectrika beseitigt sind, verteilt ist; 2) des Potentials V_2 der Schicht, welche auf A durch die Körper $B, C, \ldots$ unter der Annahme, dass die Ladung von A null ist, induciert wird.

Wir haben nämlich zunächst

$$V_1 = \text{const.}$$

im Innern des Körpers A. Bezeichnen wir mit U das Potential der Electricität der Dielectrika, die wir in diesen Körpern als fest betrachten, so haben wir ebenfalls:

$$V_2 + U = \text{const.}$$

im Innern des Körpers A. Man hat daher auch in diesem Körper

$$V_1 + V_2 + U = \text{const.}$$

Da V_2 das Potential einer Schicht ist, deren Masse gleich Null ist, so ist $V_1 + V_2$ das Potential einer Massenschicht M, welche aus der Übereinanderlagerung der beiden gedachten Schichten gebildet ist, und die Electricität ist im Gleichgewicht infolge der letzten Gleichung.

§ 4.

Man kann zeigen, dass es keinen Teil der Oberfläche eines electrisierten Leiters giebt, der von Electricität frei wäre.

Denn das Potential hat einen constanten Wert in diesem Conductor; wenn aber die Räume innerhalb und ausserhalb der Oberfläche σ nicht überall durch Electricität getrennt wären, so würde das Potential der ganzen Electricität ausserhalb σ, so weit der Punkt (x, y, z) auf keine Electricität trifft, denselben constanten Wert haben (I. Teil, Kap. I, § 19); es würde also diesen selben Wert auf den beiden Flächen der Schicht besitzen. Mithin würde der Formel (a) zufolge die Dichtigkeit ρ auf der ganzen Oberfläche des Conductors null sein.

§ 5.

Wir wollen den electrostatischen Druck, d. h. die Kraft berechnen, mit welcher die electrische Masse auf jedem Element der Oberfläche des Conductors nach aussen getrieben wird.

Wird die Dichtigkeit D des Fluidums der Schicht als variabel vorausgesetzt und ihre Dicke mit e bezeichnet, so haben wir:

$$\rho = \int_0^e D dn.$$

Nehmen wir die x-Achse nach der Normale an die innere Fläche gerichtet an und wenden wir die Gleichung

$$\frac{\partial^2 V}{\partial x^2} + \frac{\partial^2 V}{\partial y^2} + \frac{\partial^2 V}{\partial z^2} = -4\pi D.$$

an, so sehen wir leicht, dass $\frac{\partial^2 V}{\partial y^2}$ und $\frac{\partial^2 V}{\partial z^2}$ vernachlässigt werden können und es bleibt:

$$\text{(b)} \qquad \frac{\partial^2 V}{\partial n^2} = -4\pi D.$$

Die abstossende Kraft $Pd\sigma$, welche auf das Element $d\sigma$ der Oberfläche des Conductors ausgeübt wird, setzt sich zusammen aus allen normalen Wirkungen, welche auf dieses Element stattfinden, und da $-\frac{\partial V}{\partial n}$ die electrische Kraft in der Masse der Schicht ist, so erhält man:

$$Pd\sigma = d\sigma\int_0^e\left(-\frac{\partial V}{\partial n}\right)Ddn = \frac{d\sigma}{4\pi}\int_0^e\frac{\partial V}{\partial n}\frac{\partial^2 V}{\partial n^2}dn = \frac{d\sigma}{8\pi}\left[\left(\frac{\partial V}{\partial n}\right)^2\right]_{n=e} = 2\pi\rho^2 d\sigma.$$

Mithin ist, wie Poisson zuerst ausgesprochen hat, der electrostatische Druck oder die electrische Spannung P proportional dem Quadrate der Dichtigkeit der Schicht oder dem Quadrate der electrischen Kraft an der äusseren Oberfläche der Schicht. Und wenn die Schicht im Gleichgewicht bleiben soll, so muss diese Spannung durch den Widerstand des umgebenden Mittels aufgehoben werden.

Nach der Schlussreihe, die (§ 2) angewandt wurde, um zu beweisen, dass die Electricität auf der Oberfläche des Körpers sich ausbreitet, scheint es, dass die Schicht diese Oberfläche umkleidet, indem sie ganz auf der äusseren Seite derselben sich befindet.

Die einfachste Art, sich die electrische Schicht geometrisch darzustellen, ist die, dass man D über die ganze Ausdehnung der Schicht constant annimmt. Alsdann wird, wenn der Conductor keiner weiteren Influenz ausgesetzt und seine Oberfläche beispielsweise ein Ellipsoid ist, die äussere Fläche der Schicht ein mit dem ersten homothetisches Ellipsoid sein, da bekanntlich eine derartige Schicht keine Wirkung auf irgend welchen inneren Punkt ausübt.

Nimmt man D constant, so erhält man durch Integration der Formel (b)

$$\frac{\partial V}{\partial n} = -4\pi Dn,$$

wobei man keine willkürliche Constante hinzufügen darf, da für $n = 0$ oder auf der inneren Fläche $\frac{\partial V}{\partial n} = 0$ ist. Integriert man von Neuem und bezeichnet man mit V_0 den Wert von V auf der inneren Fläche, so erhält man:

$$V = V_0 - 2\pi De^2$$

für das Potential auf der äusseren Fläche der Schicht.

Vergleichung zweier electrischen Zustände eines Systems von Leitern, die sich gegenseitig influenzieren.

§ 6.

Wenn zwei mit Electricität geladene Conductoren durch einen sehr feinen leitenden Faden verbunden sind, so ist ihr Potential dasselbe. Nun ist das Potential einer cylindrischen Schicht proportional dem Logarithmus ihres Radius. Mithin ist, da das Potential des Fadens dasselbe ist wie dasjenige der beiden Körper, die Electricitätsmenge des Fadens sehr gering. Allgemein ist, wenn man sich einen Conductor mit der Erde durch einen Draht verbunden denkt, sein Potential gleich Null und die Electricität des Drahtes kann vernachlässigt werden.

Wir betrachten jetzt mehrere mit Electricität geladene Leiter $A_1, A_2, \ldots, A_n$ und bezeichnen mit V das Gesamtpotential dieser Electricität und mit $\rho_1, \rho_2, \ldots, \rho_n$ die Functionen, welche die electrische Dichtigkeit auf den Oberflächen $\sigma_1, \sigma_2, \ldots, \sigma_n$ dieser Conductoren geben.

Zweitens nehmen wir an, dass diese Conductoren, ohne dass ihre Lage geändert würde, auf eine andere Art geladen werden. Es sei U das Gesamtpotential der neuen Ladungen, und es seien $\tau_1, \tau_2, \ldots$ die respectiven Dichtigkeiten auf den Conductoren.

Wir drücken das Potential der gesamten Electricitätsmasse des zweiten Zustandes auf diejenige des ersten aus und bezeichnen allgemein mit V_i, U_i die Werte von V und U auf σ_i. Diese Grösse kann man unter zwei verschiedenen Formen erhalten (I. Teil, Kap. I, § 25), und indem man diese beiden Ausdrücke gleichsetzt, erhält man:

$$\int V_1\tau_1 d\sigma_1 + \int V_2\tau_2 d\sigma_2 + \cdots = \int U_1\rho_1 d\sigma_1 + \int U_2\rho_2 d\sigma_2 + \cdots$$

Nun sind V und U auf den Flächen σ constant; mithin geht diese Gleichung über in:

$$(\alpha) \quad V_1\int \tau_1 d\sigma_1 + V_2\int \tau_2 d\sigma_2 + \cdots = U_1\int \rho_1 d\sigma_1 + U_2\int \rho_2 d\sigma_2 + \cdots$$

Nehmen wir den besonderen Fall, wo $V_1, V_2, \ldots$ und $U_1, U_2, \ldots$ sämtlich mit Ausnahme von V_1 und U_2 null sind und setzen wir

$$V_1 = U_2,$$

so ergiebt sich:

$$\int \tau_1 d\sigma_1 = \int \rho_2 d\sigma_2.$$

Hieraus folgt der **Satz**:

W e n n m e h r e r e L e i t e r $A_3, A_4, \ldots, A_n$ m i t d e m E r d b o d e n i n l e i t e n d e V e r b i n d u n g g e s e t z t s i n d, a b e r d e m e i n e n d e r b e i d e n a n d e r n A_1 o d e r A_2 d a s P o t e n t i a l V_1 g e g e b e n w i r d, i n d e m m a n i h n m i t e i n e r s o n s t u n b e s t i m m t e n, a b e r d i e s e s P o t e n t i a l e r z e u g e n d e n Q u e l l e i n V e r b i n d u n g s e t z t, w ä h r e n d d e r a n d e r e m i t d e m E r d b o d e n l e i t e n d v e r b u n d e n i s t, s o w i r d s i c h d i e s e r l e t z t e r e, m a g e r A_1 o d e r A_2 s e i n, m i t d e r s e l b e n E l e c t r i c i t ä t s m e n g e b e d e c k e n.

Wir nehmen sodann zwei andere electrische Zustände der Leiter an, bei denen $A_3, A_4, \ldots, A_n$ ohne Ladung sind; dagegen soll in dem einen dieser Zustände A_1 die Ladung M und A_2 die Ladung 0, in dem andern A_1 die Ladung 0 und A_2 die Ladung M haben. Alsdann giebt die Gleichung (α): $V_2 = V_1$. Mithin ist das Potential des zweiten Körpers in dem ersten electrischen Zustande gleich dem Potential des ersten Körpers in dem zweiten Zustande.

Über die Stabilität des Gleichgewichts der Electricität auf den Leitern.

§ 7.

Wir haben es als eine Erfahrungsthatsache hingestellt, dass, wenn man Leitern Electricität mitteilt, die Electricität in unmessbarer Zeit die Verteilung annimmt, welche sie haben muss, um sich im Gleichgewichte zu befinden. Es folgt daraus, dass die Electricität ausserordentlich rasche Schwingungen ausführt, die in ausserordentlich kurzer Zeit durch die Widerstände aufgehoben werden, und dass sie sich in einen Zustand stabilen Gleichgewichts setzt. Es handelt sich darum, die Stabilität dieses Gleichgewichts, welche eine fundamentale Eigenschaft der Electrostatik ist, analytisch zu beweisen. Ich werde hier den Beweis wiederholen, den ich im Borchardt'schen Journale (Bd. 85, Mai 1878) gegeben habe.

Das Potential einer auf einer Fläche σ verteilten Schicht in Bezug auf einen Punkt P ist:

$$V = \int \frac{1}{r} \rho d\sigma,$$

wenn man mit r die Entfernung des Punktes P von dem Element $d\sigma$ bezeichnet. Setzen wir sodann

$$\Omega = \int V \rho d\sigma,$$

indem wir ebenfalls das Integral über die ganze Oberfläche σ erstrecken, und nehmen wir an, dass die Dichtigkeit ρ beständig positiv bleibt, so sieht man leicht, dass Ω ein Minimum haben wird.

Nehmen wir nämlich an, dass die gegebene Masse der Schicht gleich M sei, und bezeichnen mit R die grösste Entfernung zwischen zwei Punkten von σ, so ist V in jedem Punkte der Fläche grösser als $\frac{M}{R}$. Mithin ist Ω grösser als $\frac{M}{R} \int \rho d\sigma = \frac{M^2}{R}$. Es existiert daher eine Art der Verteilung, für welche Ω ein Minimum ist.

§ 8.

Der Ausdruck von Ω lässt sich auf die Form bringen:

$$\Omega = \int \int \frac{1}{r} \rho d\sigma \rho' d\sigma',$$

wenn man mit $d\sigma'$ ein zweites Element der Oberfläche, mit ρ' die Dichtigkeit auf diesem Elemente und mit r die Entfernung zwischen $d\sigma$ und $d\sigma'$ bezeichnet.

Nehmen wir eine unendlich kleine Änderung in der Verteilung der Masse an, so wird sich ρ in $\rho + \delta\rho$ verwandeln, und wenn wir mit $\delta\Omega$ den entsprechenden Zuwachs von Ω bezeichnen, so erhalten wir:

$$\Omega + \delta\Omega = \int\!\!\int \frac{1}{r}(\rho + \delta\rho)(\rho' + \delta\rho')\,d\sigma d\sigma'$$

und somit

$$\delta\Omega = \int\!\!\int \frac{1}{r}\,\delta\rho d\sigma \rho' d\sigma' + \int\!\!\int \frac{1}{r}\,\delta\rho' d\sigma' \rho d\sigma + \int\!\!\int \frac{1}{r}\,\delta\rho d\sigma \delta\rho' d\sigma'.$$

Die beiden ersten Glieder der rechten Seite sind jedes gleich dem Integral

$$\int V\delta\rho d\sigma,$$

und es ist daher:

$$\text{(a)} \qquad \delta\Omega = 2\int V\delta\rho d\sigma + \int\!\!\int \frac{1}{r}\,\delta\rho d\sigma \delta\rho' d\sigma'.$$

Da $\delta\rho$ eine unendlich kleine Grösse ist, so ist der erste Teil von $\delta\Omega$ eine unendlich kleine Grösse der ersten Ordnung und die zweite eine unendlich kleine Grösse der zweiten Ordnung. Um Ω zu einem Minimum zu machen, müssen wir setzen:

$$\int V\delta\rho d\sigma = 0;$$

da aber die Masse gegeben ist, so hat man:

$$\int \delta\rho d\sigma = 0;$$

multiplicieren wir diese Gleichung mit einer Constanten $-c$ und addieren sie dann zu der vorigen, so folgt:

$$\int (V - c)\,\delta\rho d\sigma = 0.$$

Nach einem Prinzip der Variationsrechnung kann $\delta\rho$ in dieser Gleichung als willkürlich betrachtet werden, und daraus folgert man

$$V = c.$$

Damit aber Ω wirklich einen kleinsten Wert annehme, ist ferner notwendig, dass der folgende Teil von Ω

$$T = \int\!\!\int \frac{1}{r}\,\delta\rho d\sigma \delta\rho' d\sigma'$$

positiv sei. Nun besitzt aber dem oben Bewiesenen zufolge, wenn die Dichtigkeit überall positiv angenommen wird, Ω ein Minimum und, wie wir eben gesehen haben, entspricht dieses Minimum dem Werte

$$V = \text{const.};$$

mithin ist T positiv, welches auch das Vorzeichen sein möge, das $\delta\rho$ in jedem Punkte der Fläche annimmt.

Wir kehren zur Gleichung (a) zurück. Ihr erstes Glied ist offenbar beständig positiv, welches auch das Vorzeichen von ρ in jedem Element der Oberfläche sein möge. Mithin kann man, ohne sich vorher um das Vorzeichen von ρ zu kümmern, behaupten, dass Ω stets ein Minimum annehmen kann und dass es dieses annimmt, wenn V constant ist.

Wenn übrigens V eine positive Constante c ist, so nimmt diese Function im äusseren Raume von c bis zu 0 ab und die Dichtigkeit

$$\rho = -\frac{1}{4\pi}\frac{\partial V}{\partial n}$$

ist somit in allen Punkten von σ positiv. Wäre V constant und negativ auf σ, so würde ρ ebenfalls auf dieser ganzen Fläche negativ sein.

§ 9.

Wenn wir annehmen, dass die Schicht von einer wirklichen Materie gebildet werde, deren sämtliche Elemente sich nach dem Newton'schen Gesetze anziehen, und dass die Oberfläche σ eine normale Gegenwirkung ausübt, welche der Materie nicht gestattet, auf dieser Oberfläche zu gleiten, so ist die untersuchte Schicht im nicht-stabilen Gleichgewicht. Denn bei einer unendlich kleinen Verrückung der Materie ist die geleistete Arbeit $\frac{1}{2}\delta\Omega$ oder $\frac{1}{2}T$, welche Grösse positiv ist. Man kann hinzufügen, dass dieses Gleichgewicht unter allen Umständen nichtstabil ist. Das Gleichgewicht eines Systems ist nämlich labil, sobald man die Elemente eines Systems um sehr kleine Strecken derart verrücken kann, dass sie nicht mehr in ihre ursprüngliche Lage zurückkehren können; da aber im vorliegenden Falle $\frac{1}{2}\delta\Omega$ beständig positiv ist, so wird das System nicht wieder in seine Lage zurückkehren, welche Verrückung man auch damit vorgenommen haben möge.

Ersetzt man dagegen die materielle Schicht durch electrisches Fluidum, so wird, da sich gleichnamige Electricitäten abstossen, dagegen ungleichnamige sich anziehen, die aus der Verrückung resultierende Arbeit durch $-\frac{1}{2}\delta\Omega$ dargestellt und negativ sein. Mithin ist das Gleichgewicht stabil.

Wir wollen noch bemerken, dass der Ausdruck

$$\Omega = \iint \frac{1}{r}\,\rho d\sigma \rho' d\sigma'$$

positiv ist, da T stets positiv ist und man nur $\delta\rho$ mit einer sehr grossen Grösse a oder T mit a^2 zu multiplicieren braucht, um einen solchen Ausdruck wie Ω zu erhalten.

§ 10.

Wir nehmen jetzt an, dass der electrisierte leitende Körper von einem oder mehreren nichtleitenden Körpern, in denen die Electricität als absolut fest betrachtet wird, influenziert werde, und bezeichnen stets mit V das Potential der Electricität des Leiters und stellen durch $-U$ das Potential der Electricität der Dielectrika in Bezug auf die Oberfläche σ dar; U ist also eine in jedem Punkte von σ bekannte Function.

Bezeichnen wir mit Ω_1 das Doppelte des Potentials der ganzen Electricität auf die Electricität des Leiters, so haben wir (I. Teil, Kap. I, § 25):

$$\Omega_1 = \int (V - 2U)\rho d\sigma,$$

und hieraus folgt:

$$\delta\Omega_1 = \delta\Omega - 2\int U\delta\rho d\sigma$$

$$\text{(b)} \qquad \delta\Omega_1 = 2\int (V - U)\delta\rho d\sigma + T.$$

Um das Minimum zu erhalten, müssen wir setzen:

$$\int (V - U)\delta\rho d\sigma = 0,$$

und da die Masse der Schicht constant ist, so folgt wie oben, dass der Coefficient von $\delta\rho$ in diesem Integral constant ist. Man hat daher auf der ganzen Oberfläche

$$\text{(c)} \qquad V - U = \text{const.}$$

Da ferner das letzte Glied der Formel (b) stets positiv ist, so entspricht die Gleichung jederzeit einem Minimum von Ω_1.

Nimmt man eine unendlich kleine Verrückung der electrischen Masse auf dem Leiter an, so ist die daraus resultierende Arbeit $-\frac{1}{2}\delta\Omega_1$ und sie ist negativ, woraus folgt, dass das Gleichgewicht ebenfalls stabil ist.

Gauss hatte die Function Ω_1 betrachtet, um zu beweisen, dass man immer auf einer Fläche σ eine materielle Schicht von gegebener Masse derart verteilen kann, dass das Potential in jedem Punkte von σ bis auf eine Constante gleich einer gegebenen Function ist. Der berühmte Geometer hatte aber nicht bewiesen, dass Ω_1 immer ein Minimum annehmen kann.

§ 11.

Den vorstehenden Beweis habe ich im Borchardt'schen Journale mitgeteilt. Es ist jetzt sehr leicht, ihn auf eine beliebige Anzahl von einander getrennter Leiter auszudehnen.

Wir bemerken zunächst, dass $\frac{1}{2}\Omega$ das Potential einer Masse auf sich selbst ist, und nach § 26 des ersten Kapitels des ersten Teils hätten wir unmittelbar schliessen können, dass Ω und T stets positiv sind.

Wir bezeichnen mit $-U_1$, $-U_2, \ldots$ die Werte des Potentials der Electricität der Dielectrika auf den Oberflächen σ_1, $\sigma_2, \ldots$ der Leiter, und es seien ρ_1, $\rho_2, \ldots$ die Functionen, welche die Dichtigkeit der Electricität auf diesen Oberflächen darstellen; endlich sei V das Potential der gesamten Electricität der Leiter.

Betrachten wir den folgenden Ausdruck, welcher das Doppelte des Potentials der ganzen Electricität auf die Electricität der Leiter darstellt:

$$\Omega_1 = \int (V - 2U_1)\rho_1 d\sigma_1 + \int (V - 2U_2)\rho_2 d\sigma_2 + \cdots,$$

so erhalten wir, dem vorigen Paragraphen zufolge:

$$\text{(h)} \quad \delta\Omega_1 = 2\int (V - U_1)\delta\rho_1 d\sigma_1 + 2\int (V - U_2)\delta\rho_2 d\sigma_2 + \cdots + T,$$

wenn man setzt:

$$T = \int\int \frac{1}{r}\,\delta\rho d\sigma \delta\rho' d\sigma',$$

wo $\rho d\sigma$, $\rho' d\sigma'$ zwei Elemente der auf den Flächen σ_1, $\sigma_2, \ldots$ gelegenen Massen sind und r ihre Entfernung ist. Nach dem, was wir soeben gesagt haben, ist T positiv. Da die Masse einer jeden der Schichten constant ist, so hat man:

$$\int \delta\rho_1 d\sigma_1 = 0, \quad \int \delta\rho_2 d\sigma_2 = 0, \ldots$$

Multiplicieren wir diese Gleichungen respective mit den Constanten $-2C_1, -2C_2, \ldots$ und addieren sie dann zu (h), so erhalten wir:

$$\delta\Omega_1 = 2\int (V - U_1 - C_1)\,\delta\rho_1 d\sigma_1 + 2\int (V - U_2 - C_2)\,\delta\rho_2 d\sigma_2 + \cdots + T.$$

Nach einer bekannten Regel der Variationsrechnung müssen die Grössen $\delta\rho_1$, $\delta\rho_2, \ldots$ als vollständig willkürlich betrachtet werden und daraus ergeben sich für das Minimum von Ω_1 die folgenden Gleichungen:

$$V - U_1 = C_1, \quad V - U_2 = C_2, \ldots,$$

welche bezüglich auf den Oberflächen σ_1, $\sigma_2, \ldots$ stattfinden. Die Constanten C_1, $C_2, \ldots$ sind bestimmt durch die Bedingung, dass die Masse auf jeder dieser Flächen gegeben ist, und wir werden nachher zeigen, wie sie berechnet werden müssen. Mithin ist Ω_1 ein Minimum, und da die von einer unendlich kleinen Verrückung der electrischen Massen auf den Leitern geleistete Arbeit $-\frac{1}{2}\delta\Omega_1$ ist, so ist das Gleichgewicht stabil.

§ 12.

Es ist sehr leicht zu beweisen, dass nur ein Gleichgewichtszustand der Electricität existiert. Nehmen wir nämlich an, dass es zwei solche gäbe, und sind v und v' die Werte von V, m und m' die Werte von ρ in beiden Fällen, so haben wir auf irgend einer der Flächen σ_i:

$$v - U_i = \text{const.}, \quad v' - U_i = \text{const.}$$

Die auf den Oberflächen σ_i verteilten Schichten, deren Dichtigkeit $m - m'$ wäre, würden eine Gesamtmasse gleich Null und ein Potential $v - v'$ haben, welches auf diesen Flächen constant wäre. Bezeichnen wir dann mit $A_1, A_2, \ldots$ die constanten Werte dieses Potentials auf $\sigma_1, \sigma_2, \ldots$ und ist A_1 die grösste dieser Grössen, so wissen wir (I. Teil, Kap. I, § 20), dass der grösste Wert des Potentials $v - v'$ im ganzen Raume auf σ_1 stattfindet; mithin würde $\frac{\partial(v - v')}{\partial n}$ überall auf σ_1 negativ und die Dichtigkeit überall positiv sein, während die ganze Masse daselbst gleich Null ist. Man hat daher auf allen Flächen $A_1 = A_2 = \cdots = 0$ und $m - m' = 0$.

Bestimmung der Werte des Potentials im Innern der Leiter.

§ 13.

Wir nehmen ein System von n Leitern an, die sich gegenseitig influenzieren und ausserdem der Influenz der Dielectrika ausgesetzt sind. Wie in den vorhergehenden Paragraphen bezeichnen wir mit $-U_1, -U_2, \ldots$ die Werte des Potentials der Dielectrika auf den Oberflächen $\sigma_1, \sigma_2, \ldots$ der Leiter, mit $V_1, V_2, \ldots$ die Werte des Potentials V der Leiter auf diesen Oberflächen und endlich mit $C_1, C_2, \ldots$ die constanten Werte des Gesamtpotentials in den Leitern. Somit haben wir die Gleichungen:

$$V_1 - U_1 = C_1, \quad V_2 - U_2 = C_2, \ldots, \quad V_n - U_n = C_n.$$

$U_1, U_2, \ldots,$ sind gegebene Functionen und es handelt sich darum, die Grössen $C_1, C_2, \ldots$ aus den auf den Leitern abgelagerten Electricitätsmassen $M_1, M_2, \ldots$ zu bestimmen.

Wir schreiben diese Gleichungen folgendermassen:

$$V_1 = U_1 + C_1, \quad V_2 = U_2 + C_2, \ldots, \quad V_n = U_n + C_n.$$

Wir bedecken die Flächen $\sigma_1, \sigma_2, \ldots$ mit Schichten, deren Potentiale respective $U_1, U_2, \ldots$ sind; diese Aufgabe ist, wie wir wissen (I. Teil, Kap. II, § 15), stets und nur auf eine einzige Weise lösbar. Wären C_1, $C_2, \ldots$ bekannt und bildete man noch auf $\sigma_1, \sigma_2, \ldots$ andere Schichten, deren Potentiale $C_1, C_2, \ldots$ wären, so würde man auf diesen Flächen überhaupt Schichten haben, deren Potentiale $V_1, V_2, \ldots$ sein würden.

Nachdem dies vorausgeschickt ist, nehmen wir an, dass man die folgenden Aufgaben, die nach dem soeben erwähnten Satze vollkommen bestimmt sind, gelöst habe: Die Flächen derart mit Schichten zu bedecken, dass

1) $V = 1$ auf σ_1 und $V = 0$ auf $\sigma_2, \sigma_3, \ldots$

2) $V = 1$ auf σ_2 und $V = 0$ auf $\sigma_1, \sigma_3, \ldots$

u. s. w.

ist.

Wir bezeichnen die Massen der Schichten mit $m_{1,1}, m_{1,2}, m_{1,3}, \ldots$ im ersten Systeme, mit $m_{2,1}, m_{2,2}, m_{2,3}, \ldots$ im zweiten Systeme u. s. w. Will man, dass in diesen Systemen die Potentiale, welche gleich 1 sind, bezüglich $V_1 = C_1$, $V_2 = C_2, \ldots$ werden, so werden die Massen eines jeden Systems je nach dem Systeme mit $C_1, C_2, \ldots$ multipliciert. Lagern wir sodann diese Systeme von Schichten über einander, so haben wir auf den Flächen $\sigma_1, \sigma_2, \ldots$ die Potentiale $C_1, C_2, \ldots$ und die Schichten:

$$m_{1,1}C_1 + m_{2,1}C_2 + m_{3,1}C_3 + \cdots$$
$$m_{1,2}C_1 + m_{2,2}C_2 + m_{3,2}C_3 + \cdots$$
$$\cdots\cdots\cdots\cdots$$

Bezeichnen wir mit $\mu_1, \mu_2, \ldots$ die Massen der Schichten, wenn die Potentiale $U_1, U_2, \ldots$ sind, und fügen wir diese Massen zu den vorigen hinzu, so müssen wir die Massen $M_1, M_2, \ldots$ erhalten, welche wirklich auf den Leitern verteilt sind. Man hat daher die n Gleichungen:

$$\text{(a)} \quad \begin{cases} m_{1,1}C_1 + m_{2,1}C_2 + m_{3,1}C_3 + \cdots + \mu_1 = M_1 \\ m_{1,2}C_1 + m_{2,2}C_2 + m_{3,2}C_3 + \cdots + \mu_2 = M_2 \\ \cdots\cdots\cdots\cdots \end{cases}$$

zur Bestimmung der Constanten C. Da das Problem stets eine und nur eine Lösung haben muss (§§ 11 und 12), so sind diese Gleichungen stets mit einander verträglich.

§ 14.

Wir bemerken, dass man allgemein hat:

$$\text{(b)} \qquad m_{i,s} = m_{s,i}.$$

Denn $m_{s,i}$ ist die Electricitätsmasse, mit welcher σ_i bedeckt ist, wenn auf σ_s das Potential gleich 1, auf allen andern Flächen σ aber das Potential gleich 0 ist; ebenso ist $m_{i,s}$ die Electricitätsmasse, mit welcher σ_s bedeckt ist, wenn auf σ_i das Potential gleich 1, auf allen andern Flächen σ aber das Potential gleich 0 ist. Mithin sind nach § 6 dieses Kapitels diese beiden Grössen einander gleich.

Setzen wir

$$M_i - \mu_i = g_i,$$

und lösen wir die Gleichungen (a) auf, so erhalten wir Ausdrücke von der Form:

$$C_s = \alpha_{1,s}g_1 + \alpha_{2,s}g_2 + \cdots + \alpha_{n,s}g_n,$$

wo die Grössen $\alpha_{i,s}$ ein System von n^2 Grössen bilden, die Gleichungen wie

$$\alpha_{i,s} = \alpha_{s,i}$$

genügen, welche letzteren nach einem allgemeinen Satze über die Gleichungen ersten Grades aus den Gleichungen (b) sich ergeben. Diese Gleichung kann man übrigens direct beweisen, wenn man bemerkt, dass $\alpha_{i,s}$ das Potential von σ_s ist, wenn die Ladung von σ_i gleich 1 und die Ladungen der von σ_i verschiedenen Flächen gleich Null sind, und dann den Satz in § 6 anwendet.

Sämtliche Coefficienten $\alpha_{i,s}$ sind positiv, und wenn i verschieden ist von s, so hat man: $\alpha_{i,s} < \alpha_{s,s}$. Dies besagt, dass, wenn n Conductoren sich gegenseitig influenzieren, von denen nur einer eine Ladung gleich 1 hat, während die andern keine Ladung haben, alle ihre Potentiale positiv sind und das grösste Potential dasjenige des geladenen Körpers ist. Dieser Satz wird später bewiesen werden.

Sämtliche Coefficienten $m_{i,s}$ sind negativ, ausgenommen diejenigen, bei denen die beiden Indices gleich und die positiv sind, und man hat ferner:

$$m_{s,s} < -m_{1,s} - m_{2,s} - \cdots - m_{s-1,s} - m_{s+1,s} - \cdots - m_{n,s}.$$

Dies besagt, dass die von einem Conductor mit dem Potential 1 auf Conductoren mit dem Potential 0 inducierte Electricität der inducierenden Electricität entgegengesetzt und dass die Summe der inducierten Electricitätsmengen kleiner ist als die inducierende Electricitätsmenge.

Dieser Satz wird ebenfalls später bewiesen werden.

Energie des Systems der Leiter, wenn keine Dielectrika vorhanden sind.

§ 15.

Alsdann sind sämtliche Grössen μ gleich Null und man erhält für die Energie:

$$W = \frac{1}{2}\Sigma\int V\rho\, d\sigma = \frac{1}{2}\Sigma V_i\int\rho_i d\sigma_i$$

$$W = \frac{1}{2}\sum_i C_i M_i.$$

Ersetzt man die Grössen C_i durch ihre Werte, so erhält man:

$$W = \frac{1}{2}\sum_i M_i(\alpha_{1,i}M_1 + \alpha_{2,i}M_2 + \cdots + \alpha_{n,i}M_n)$$

$$W = \frac{1}{2}(\alpha_{1,1}M_1^2 + 2\alpha_{1,2}M_1 M_2 + \cdots).$$

Ersetzt man die Grössen M_i durch ihre Werte, so erhält man:

$$W = \frac{1}{2} \sum_i C_i (m_{1,i} C_1 + m_{2,i} C_2 + \cdots + m_{n,i} C_n)$$

$$W = \frac{1}{2} (m_{1,1} C_1^2 + 2 m_{1,2} C_1 C_2 + \cdots).$$

Die Grösse W ist, wie bekannt, stets positiv (I. Teil, Kap. I, § 23).

Allgemeine Sätze über die hohlen Leiter.

§ 16.

Satz I. Wenn ein electrisierter Leiter, gleichviel ob er influenziert wird oder nicht, einen Hohlraum enthält, so besitzt die innere Fläche des Leiters keine Electricität.

Denn das Potential ist constant in dem leitenden Körper und somit auf der inneren Begrenzungsfläche. Ist es aber auf dieser Fläche constant, so hat es denselben Wert in dem hohlen Teile; mithin ist die Dichtigkeit der Electricität gleich Null auf der inneren Fläche.

Satz II. Wenn ein Leiter hohl ist und in seiner Höhlung eine Electricitätsmenge M einschliesst, die auf einem Nichtleiter fest oder auf einem andern Leiter beweglich ist, so wird sich die Oberfläche der Höhlung mit einer Electricitätsmenge bedecken, die gleich $-M$ ist.

Sind σ und σ_1 die äussere und innere Begrenzungsfläche des Leiters, so legen wir eine Fläche σ' innerhalb σ, die σ_1 umschliesst. Bezeichnen wir mit B die innerhalb σ' befindliche Electricitätsmenge, so haben wir (I. Teil, Kap. I, § 12):

$$\int \frac{\partial V}{\partial n} d\sigma' = -4\pi B,$$

wo sich die Integration über die ganze Fläche σ' erstreckt und dn das Element der äusseren Normale ist. Nun ist V constant zwischen σ und σ_1; die linke Seite der Gleichung ist somit Null und man hat $B = 0$. Mithin ist die Electricitätsmenge, welche σ_1 umhüllt, gleich $-M$.

Setzt man die äussere Fläche σ in leitende Verbindung mit der Erde, so ist das Potential daselbst gleich Null. Es ist daher auch gleich Null ausserhalb und innerhalb von σ bis zur Fläche σ_1. Mithin ist die Dichtigkeit der Electricität, welche den Wert $-\frac{1}{4\pi}\frac{\partial V}{\partial n}$ besitzt, auf σ gleich Null. Somit wird die auf σ_1 befindliche Masse das Gleichgewicht in der innern Masse herstellen und das Potential dieser beiden Massen ist gleich Null in allen ausserhalb σ_1 gelegenen Punkten.

Satz III. Wenn ein hohler Conductor, mögen äussere Kräfte auf ihn wirken oder nicht, in seiner Höhlung eine Electricitätsmenge M einschliesst und man diesem Leiter die Ladung A mitgeteilt hat, so ist die electrische Masse, welche sich auf der äusseren Fläche befindet, gleich $A+M$ und verteilt sich daselbst, als ob der Leiter keine andere Electricität einschlösse. Ferner wird die äussere Wirkung des Leiters und der in seinem Hohlraum eingeschlossenen Electricität dieselbe sein, als wenn der Körper voll wäre und man ihm die Electricitätsmenge $A+M$ mitgeteilt hätte.

Denn betrachten wir die Massenschicht $-M$, welche sich auf σ_1 bildet, wenn das Potential auf σ gleich Null ist, so besitzt dieselbe mit der innern Masse M zusammen ausserhalb von σ_1 das Potential Null und ihre Wirkung ist gleich Null in allen ausserhalb dieser Fläche gelegenen Punkten.

Diese beiden Massen denken wir uns fest. Dem Leiter hat man eine Electricitätsmasse A mitgeteilt, und da er auf seiner innern Fläche mit einer Masse $-M$ bedeckt ist, so wird er sich auf seiner äusseren Fläche mit der Masse $A+M$ bedecken, und diese Masse, welche durch die innere Electricität nicht erregt wird, verteilt sich auf σ, als ob diese innere Masse nicht existierte.

Das Ensemble dieser Massen ist jetzt offenbar im Gleichgewicht und die Wirkung nach aussen reduciert sich auf diejenige der auf σ gelegenen Schicht.

Diese beiden letzten Sätze sind von Faraday mittelst geistreicher Versuche bestätigt worden. Doch will ich die Bemerkung nicht unterlassen, dass Poisson sie zuerst für eine Hohlkugel, in welcher sich beliebig angeordnete Electricität befindet, erkannt und bewiesen hat (*Bulletin de la Société philomatique* 1824).

Ebenso verdankt man Poisson das Verfahren zur Bestimmung der in einem Dielectrikum eingeschlossenen Electricitätsmenge, welches darin besteht, dass man diesen Körper in eine Hohlkugel setzt und die electrische Schicht mit einer constanten Dichtigkeit, welche auf ihrer Oberfläche sich bildet, bestimmt.

Electricität, welche durch einen electrischen Punkt auf der Oberfläche eines Leiters induciert wird.

§ 17.

Wir nehmen einen hohlen Conductor an und betrachten die Electricität, welche durch einen electrischen Punkt I, welcher in seiner Höhlung liegt und dessen Masse gleich -1 ist, induciert wird. Die auf der innern Fläche σ_1 inducierte Masse ist gleich $+1$. Bezeichnen wir mit v das Potential dieser Schicht in irgend einem ausserhalb σ_1 gelegenen Punkte und mit r die Entfernung dieses Punktes vom Punkte I, so haben wir:

$$v-\frac{1}{r}=0;$$

denn nach dem, was soeben bewiesen wurde, ist das Potential der Schicht und des Punktes I ausserhalb σ_1 gleich Null.

Diese Schicht ist diejenige, welche wir im § 17 des zweiten Kapitels des ersten Teiles betrachtet haben, und nach dem, was wir dort gesehen haben, ist das Potential dieser Schicht in einem inneren Punkte I' gleich dem Potential im Punkte I der Schicht, welche durch den Punkt I', in dem die Electricitätsmenge -1 concentriert wäre, induciert werden würde.

Setzen wir den Leiter mit der Erde in leitende Verbindung und betrachten wir die Electricität, welche auf seiner äusseren Oberfläche durch einen äusseren Punkt E, dessen Ladung -1 ist, induciert wird, so ist das Potential des Leiters gleich Null, mithin hat man, wenn man mit r die Entfernung des Punktes E von einem beliebigen innerhalb des Leiters befindlichen Punkte I und mit v das Potential der inducierten Schicht im Punkte I bezeichnet:

$$v - \frac{1}{r} = 0.$$

Nach dem, was wir im § 19 des citierten Kapitels gesehen haben, ist, wenn der Leiter mit dem Erdboden in leitende Verbindung gesetzt ist, das Potential der Schicht, welche durch die im äussern Punkte E concentrierte Masse -1 induciert wird, im äussern Punkte E' gleich dem Potential der Schicht, welche durch die in E' concentrierte Masse -1 induciert wird, im Punkte E.

Homogene und heterogene Schichten.

§ 18.

Wir nennen homogene Schichten diejenigen, welche nur eine Art von Electricität enthalten, und heterogene Schichten diejenigen, welche die beiden Electricitäten enthalten. Wir haben schon bemerkt, dass, wenn auf einen electrisierten Leiter keine äusseren Kräfte wirken, die Schicht, welche ihn bedeckt, homogen ist; denn das Potential V wird ausserhalb seinen grössten oder kleinsten Wert auf der Oberfläche besitzen und somit wird

$$\text{(a)} \qquad \rho = -\frac{1}{4\pi}\frac{\partial V}{\partial n}$$

daselbst überall dasselbe Vorzeichen haben. Es ist klar, dass, wenn die Gesamtmasse der Schicht verschiedene Werte annimmt, die Grösse ρ sich proportional ändert.

Wir wollen jetzt andere Fälle von Homogeneität betrachten, von denen die meisten sich in dem Buche von Carl Neumann: „Untersuchungen über das Logarithmische und Newton'sche Potential" finden.

Satz I. Wenn zwei Leiter, welche nur ihrer gegenseitigen Influenz ausgesetzt sind, mit Electricität geladen werden, so wird wenigstens der eine mit einer homogenen Schicht bedeckt sein.

Denn es seien C und C' die constanten Werte, welche das Potential der ganzen Electricität auf den beiden Leitern A und B annimmt. Die beiden extremen Werte von V ausserhalb A und B sind zwei der drei Grössen

$$C, C', 0$$

(I. Teil, Kap. I, § 22); mithin wird der eine dieser beiden Werte entweder C oder C', z. B. C sein. Somit ist V ausserhalb von A stets grösser oder stets kleiner als C; mithin besitzt der Formel (a) zufolge die Dichtigkeit auf der Oberfläche von A ein constantes Vorzeichen.

Bemerkung. Ist $C = C'$, so sind die beiden Schichten homogen und von demselben Vorzeichen. Ist $C > 0 > C'$, so sind die beiden Schichten homogen und von entgegengesetztem Vorzeichen, und zwar die erste positiv, die zweite negativ.

Zusatz. Wenn man, nachdem der Leiter A mit Electricität geladen ist, demselben einen Leiter B, der anfänglich im neutralen Zustande sich befindet, nähert, so wird die Schicht auf dem Leiter A homogen sein.

Denn die Dichtigkeit auf B ist nicht überall von demselben Zeichen, da die Schicht auf ihm eine Gesamtmasse gleich Null hat. Mithin ist, dem vorigen Satze zufolge, A mit einer homogenen Schicht bedeckt.

Satz II. Wenn zwei Leiter A und B gleiche, aber entgegengesetzte Ladungen $+M$ und $-M$ besitzen und nur ihrer gegenseitigen Einwirkung unterworfen sind, so ergeben sich auf den Leitern homogene Schichten, welche von verschiedenem Vorzeichen sind.

Ausserhalb der beiden Leiter besitzt das Potential sowohl positive wie negative Werte; denn denkt man sich eine Kugel vom Radius R, welche die Oberflächen σ und σ_1 der beiden Leiter einschliesst, so ist das Integral

$$\frac{1}{4\pi R}\int V d\omega,$$

hinerstreckt über alle Elemente $d\omega$ der Oberfläche der Kugel, gleich der Summe der Massen, welche sie einschliesst, d. h. gleich Null (I. Teil, Kap. I, § 18); mithin hat daselbst V Werte von beiden Vorzeichen. Sind C und C' die constanten Werte von V im Innern von A und B, so stellen zwei der Grössen

$$C, C', 0$$

die extremen Werte von V ausserhalb von A und B dar. Null aber ist keiner von diesen Werten, da V beiderlei Vorzeichen annimmt; mithin sind C und C' von verschiedenem Vorzeichen und zugleich jene extremen Werte. Man hat ferner für die Dichtigkeiten der beiden Schichten:

$$\rho = -\frac{1}{4\pi}\frac{\partial V}{\partial n}, \quad \rho' = -\frac{1}{4\pi}\frac{\partial V}{\partial n'},$$

wo dn, dn' die Elemente der äusseren Normale an die Flächen σ und σ' sind. $\frac{\partial V}{\partial n}, \frac{\partial V}{\partial n'}$ haben ein constantes, aber verschiedenes Vorzeichen; dasselbe gilt also auch von ρ und ρ', und da

$$\int \rho d\sigma = M, \quad \int \rho' d\sigma' = -M$$

ist, so ist ρ positiv und ρ' negativ.

Zusatz. Wenn ein Leiter die Ladung $+m$ besitzt, so ist die durch einen äusseren Punkt von der Masse $-m$ inducierte Schicht homogen.

Denn ersetzen wir den Punkt durch einen unendlich kleinen Leiter, so ergiebt sich dies aus dem vorigen Satze.

Satz III. Wenn ein Leiter die Ladung $M+1$ besitzt, wo M positiv ist, so ist die Schicht, welche auf ihm durch einen äusseren Punkt von der Masse -1 induciert wird, homogen.

Wir ersetzen den Punkt durch einen unendlich kleinen Leiter B, der mit einer Schicht, deren Masse gleich -1, bedeckt ist. Das Gesamtpotential V in B ist $-L$, wo L ein positive unendlich grosse Grösse ist. Die extremen Werte von V sind daher enthalten in

$$C, \; -L, 0.$$

Nun kann V offenbar positive Werte annehmen, denn in sehr grosser Entfernung reduciert sich's augenscheinlich auf $\frac{M+1}{r} - \frac{1}{r} = \frac{M}{r}$, wo r die Entfernung dieses sehr weit entfernten Punktes von dem electrischen Punkte ist. Mithin ist 0 kein extremer Wert von V und sein grösster Wert ist C, welches somit positiv ist. In der Formel (a) ist die Ableitung von V negativ und ρ ist positiv auf der ganzen Fläche σ.

§ 21.

Satz IV. Wenn ein System von Leitern isoliert ist und wenn einer A_1 allein mit Electricität geladen ist, während alle andern $A_2, A_3, \ldots$ ohne Ladung sind, so haben alle diese Körper ein Potential von demselben Zeichen wie das von A_1 und das Potential von A_1 ist, abgesehen vom Vorzeichen, das grösste.

Wir nehmen z. B. an, dass die Electricität von A_1 positiv sei, und beweisen, dass das Potential eines nicht geladenen Körpers A_2 weder ein Maximum noch ein Minimum sein kann.

Auf der Oberfläche des Leiters A_2 giebt es getrennte positive und negative Electricität. In einem Punkte dieser Oberfläche, in welchem die Electricität negativ ist, nimmt V von der Oberfläche aus zu; mithin kann V daselbst kein Maximum sein. Betrachtet man Punkte, in denen die Dichtigkeit positiv ist, so sieht man ebenso, dass V auf der Oberfläche von A_2 kein Minimum sein kann.

Somit kann V auf den Leitern $A_2, A_3, \ldots$ weder ein Maximum noch ein Minimum sein. Da es ein Maximum nur in einem Punkte werden kann, in welchem sich Materie befindet, so findet dieses Maximum auf A_1 statt und das Minimum kann sich nur im Unendlichen, wo V gleich Null ist, befinden. Mithin sind die Potentiale von $A_2, A_3, \ldots$ zwischen diesen extremen Werten von V enthalten und positiv.

§ 22.

Satz V. Wenn ein mit Electricität geladener Leiter B einen mit der Erde in leitender Verbindung stehenden Leiter A inducirt, so wird sich der Körper A mit einer Electricitätsmasse laden, die mit jener ungleichnamig und von geringerer Grösse ist.

Es seien V und V' die Potentiale von B und A und ρ und ρ' die Dichtigkeiten auf den Oberflächen σ und σ' von B und A.

Es seien ferner U und U' die Potentiale von B und A in einem andern Gleichgewichtszustande der Electricität, τ und τ' das, was aus den Dichtigkeiten auf σ und σ' wird.

Man hat:

$$V\int \tau d\sigma + V'\int \tau' d\sigma' = U\int \rho d\sigma + U'\int \rho' d\sigma'.$$

Nach Voraussetzung ist $V' = 0$; ferner nehmen wir an, dass $\int \tau d\sigma$ gleich Null sei, so dass B in dem zweiten Gleichgewichtszustande nicht geladen ist. Die vorige Gleichung reduciert sich dann auf:

$$U\int \rho d\sigma = -\, U'\int \rho' d\sigma'.$$

Nach dem vorigen Satze sind U und U' positiv, wenn $\int \tau' d\sigma'$ positiv ist, und U' ist grösser als U; mithin ist $\int \rho' d\sigma'$ von entgegengesetztem Zeichen wie $\int \rho d\sigma$ und kleiner als diese inducierende Masse.

§ 23.

Satz VI. Wenn ein mit Electricität geladener Leiter B mehrere mit dem Erdboden leitend verbundene Leiter $A_1, A_2, \ldots$ induciert, so laden sich diese Körper mit homogenen Schichten von entgegengesetzter Electricität wie diejenige der Schicht von B, und die Summe der Massen jener Schichten ist kleiner als die von B.

Wir nehmen zunächst an, dass die inducierten Körper sich auf einen einzigen A reducieren und nehmen beispielsweise die Electricität von B positiv.

Es sei C der Wert von V in B; V ist übrigens in A, welches mit der Erde in leitender Verbindung steht, gleich Null. Mithin sind die extremen Werte von $V: C$ und 0; daher ist die Dichtigkeit auf B überall von demselben Zeichen, also überall positiv und auf A ist sie überall negativ.

Die Masse der Schicht von A ist ferner nach dem vorigen Satze kleiner als die von B.

Um diese Resultate auf mehrere inducierte Leiter A_1, A_2, ... auszudehnen, braucht man nur zu bemerken, dass sie als unter sich verbunden und nur einen Leiter mit dem Potential Null bildend betrachtet werden können.

Satz VII. Wenn ein hohler Leiter A, der von aussen influenziert werden kann oder nicht, in seinem Hohlraum einen Leiter B enthält, so sind die B bedeckende Schicht und die innere Schicht von A homogen und von entgegengesetztem Vorzeichen.

Sind C und C' die Werte des Potentials in A und B, so sind es die extremen Werte des Potentials in dem Zwischenraume der beiden Körper. Daraus folgt wie vorher, dass die beiden Schichten homogen sind. Wir wissen ferner, dass ihre Massen gleich und von entgegengesetztem Vorzeichen sind.

Zweites Kapitel.

Specielle Probleme aus der Electrostatik.

Wir wollen jetzt die allgemeinen Sätze, die wir im vorhergehenden Kapitel erhalten haben, auf verschiedene specielle electrostatische Probleme anwenden und betrachten zunächst einige Aufgaben, in denen ein leitender Körper die Kugelform besitzt.

Potential einer kugelförmigen Schicht.

§ 1.

Der Übergang von rechtwinkligen geradlinigen Coordinaten x, y, z zu sphärischen Coordinaten r, ϑ, ψ, welche denselben Anfangspunkt O besitzen, geschieht durch die Formeln:

$$z = r\cos\vartheta$$
$$x = r\sin\vartheta\cos\psi$$
$$y = r\sin\vartheta\sin\psi.$$

Der Ausdruck von ΔV ist im I. Teile, Kap. IV, § 21 auf diese Coordinaten transformiert worden, und es ergab sich:

$$r^2\sin\vartheta\cdot\Delta V = \sin\vartheta\frac{\partial\left(r^2\frac{\partial V}{\partial r}\right)}{\partial r} + \frac{\partial\left(\sin\vartheta\frac{\partial V}{\partial\vartheta}\right)}{\partial\vartheta} + \frac{1}{\sin\vartheta}\frac{\partial^2 V}{\partial\psi^2} = 0.$$

Setzt man $\cos\vartheta = \mu$, so geht die Gleichung $\Delta V = 0$ über in:

$$(1)\qquad \frac{1}{1-\mu^2}\frac{\partial^2 V}{\partial\psi^2} + \frac{\partial\left[(1-\mu^2)\frac{\partial V}{\partial\mu}\right]}{\partial\mu} + \frac{\partial\left(r^2\frac{\partial V}{\partial r}\right)}{\partial r} = 0.$$

Die Lösung dieser Gleichung wurde zuerst von Laplace erhalten; sie findet sich auch in meinem *Cours de Physique mathématique* (§ 81 u. ff.). Ich will die Lösung kurz angeben.

§ 2.

Wir nehmen zunächst an, dass V der Gleichung $\Delta V = 0$ im Innern einer Kugel mit dem Radius a, deren Mittelpunkt in O liegt, genügen solle. Setzen wir, unter n eine ganze positive Zahl verstehend,

$$(2) \qquad V = r^n Y_n,$$

wo Y_n eine Function nur von ϑ und ψ ist, so erhalten wir die Gleichung:

$$(3) \qquad \frac{1}{1-\mu^2}\frac{\partial^2 Y_n}{\partial \psi^2} + \frac{\partial\left[(1-\mu^2)\frac{\partial Y_n}{\partial \mu}\right]}{\partial \mu} + n(n+1)Y_n = 0.$$

Wir erhalten eine partikuläre Lösung, wenn wir setzen:

$$Y_n = (A\cos l\psi + B\sin l\psi)\Theta,$$

wo A, B zwei Constanten sind und Θ eine Function ist, die nur von μ abhängt; es folgt daraus:

$$\frac{d\left[(1-\mu^2)\frac{d\Theta}{d\mu}\right]}{d\mu} + \left[n(n+1) - \frac{l^2}{1-\mu^2}\right]\Theta = 0.$$

Da Y sich nicht ändern darf, wenn man ψ um 2π vermehrt, sofern man in demselben Punkte des Raumes bleibt, so muss man annehmen, dass l eine ganze Zahl ist. Unterwerfen wir ferner l der Bedingung, dass es positiv und kleiner als n oder höchstens gleich n sein solle, so genügen wir der Gleichung in Θ, wenn wir setzen:

$$\Theta_{n,l} = (1-\mu^2)^{\frac{l}{2}}\left[\mu^{n-l} - \frac{(n-l)(n-l-1)}{2(2n-1)}\mu^{n-l-2} + \frac{(n-l)(n-l-1)(n-l-2)(n-l-3)}{2\cdot 4\cdot(2n-1)(2n-3)}\mu^{n-l-4} - \cdots\right],$$

wo die Indices n, l dazu dienen, die beiden ganzen Zahlen, welche in Θ eintreten, anzudeuten. Die Reihe zwischen den Parenthesen bricht von selbst ab und stellt eine ganze Function dar.

Wir erhalten daher eine Lösung der Gleichung (3), wenn wir für Y_n nehmen:

$$(A\cos l\psi + B\sin l\psi)\Theta_{n,l},$$

wo l die Werte $0, 1, 2, \ldots, n$ annehmen kann. Wir erhalten ebenfalls eine andere Lösung, wenn wir die Summe aller dieser Lösungen bilden, und haben so:

$$(4) \qquad Y_n = \sum_{l=0}^{l=n}(A_l\cos l\psi + B_l\sin l\psi)\Theta_{n,l}.$$

Für $l = 0$ kann man den Coefficienten B weglassen; mithin enthält dieser Ausdruck nur $2n+1$ willkürliche Constanten.

Man genügt somit der Gleichung (1), wenn man die Formel annimmt:

$$V = \frac{r^n}{a^n} Y_n,$$

wo Y_n den Wert (4) hat. Überdies hat man den allgemeinsten Wert, welcher im Innern der Kugel mit dem Radius a der Gleichung

$$\Delta V = 0$$

genügt und daselbst mit seinen Ableitungen erster Ordnung endlich und stetig bleibt, wenn man die Summe der vorstehenden Ausdrücke für alle Werte von n nimmt und setzt:

$$(5) \qquad V = Y_0 + Y_1 \frac{r}{a} + Y_2 \frac{r^2}{a^2} + \cdots + Y_n \frac{r^n}{a^n} + \cdots$$

Wie man weiss, ist die Function V vollständig bestimmt, wenn ihr Wert in jedem Punkte der Oberfläche der Kugel gegeben ist. Diese Bedingung muss zur Bestimmung der Coefficienten dienen, welche in jeder Function Y_n auftreten; man löst auf diese Weise eine Aufgabe, die bereits im I. Teile, Kap. II, § 20 auf andere Weise behandelt worden war.

§ 3.

Wir beschäftigen uns sodann mit dem äusseren Potential einer auf der Oberfläche der Kugel liegenden Schicht oder einer im Innern dieser Oberfläche befindlichen Masse. Vr muss, wie wir wissen, endlich bleiben für $r = \infty$.

In diesem Falle setzen wir, um zunächst eine partikuläre Lösung der Gleichung (1) zu finden.

$$V = r^{-n} Y,$$

wo n ebenfalls eine positive ganze Zahl ist und Y der Gleichung (3) genügt, wenn man darin $n(n+1)$ in $-n(-n+1)$ oder in $n(n-1)$ verwandelt. Man genügt somit der Gleichung (1), wenn man $Y = Y_{n-1}$ nimmt und setzt:

$$V = \left(\frac{a}{r}\right)^n Y_{n-1},$$

und man erhält als allgemeine Lösung:

$$(6) \qquad V = \frac{a}{r} Y_0 + \frac{a^2}{r^2} Y_1 + \cdots + \frac{a^n}{r^n} Y_{n-1} + \cdots$$

Dies wird sogar die allgemeine Lösung sein, da V derart bestimmt werden kann, dass es in jedem Punkte der Kugeloberfläche einen gegebenen Wert besitzt. Die Grenze von Vr für $r = \infty$, oder aY_0, stellt die Gesamtmasse, welche das Potential V besitzt, dar.

Stellt V das Potential einer unendlich dünnen auf der Oberfläche der Kugel verteilten Schicht dar, so wird es durch die Formel (5) innerhalb der Kugel und durch die Formel (6) ausserhalb derselben dargestellt werden, so dass es für $r = a$ denselben Wert annimmt, und wenn V auf der Oberfläche der Kugel einen gegebenen Wert $F(\vartheta, \psi)$ hat, so hat man die Gleichung

$$(7) \qquad Y_0 + Y_1 + Y_2 + \cdots + Y_n + \cdots = F(\vartheta, \psi),$$

welche dazu dient, die in den Functionen Y_n auftretenden Coefficienten zu bestimmen.

§ 4.

Wir wollen nunmehr andeuten, wie man die Functionen Y_n berechnen kann. Wir setzen

$$p = \cos\vartheta \cos\vartheta' + \sin\vartheta \sin\vartheta' \cos(\psi - \psi'),$$

und entwickeln unter der Voraussetzung, dass $\alpha < 1$ sei, den Ausdruck

$$(8) \qquad \frac{1}{(1 - 2\alpha p + \alpha^2)^{\frac{1}{2}}} = 1 + \alpha X_1 + \alpha^2 X_2 + \cdots\cdot + \alpha^n X_n + \cdots,$$

wie angegeben, nach Potenzen von α. Dieser Ausdruck stellt die reciproke Entfernung zweier Punkte dar und genügt der Gleichung (1), wenn man darin r durch α ersetzt. Man schliesst daraus, dass die Functionen X_n der Gleichung (3) genügen und ein specieller Fall der Functionen Y_n sind. Sie haben den Wert:

$$X_n = \frac{1\cdot 3\cdot 5\cdots(2n-1)}{1\cdot 2\cdot 3\cdots\cdot n}\left[p^n - \frac{n(n-1)}{2\cdot(2n-1)}p^{n-2} + \frac{n(n-1)(n-2)(n-3)}{2\cdot 4\cdot(2n-1)(2n-3)}p^{n-4} - \cdots\right].$$

Hat man die Gleichung (7), so berechnet sich Y_n nach der Formel:

$$Y_n = \frac{2n+1}{4\pi}\int_0^{\pi}\int_0^{2\pi} X_n F(\vartheta', \psi') \sin\vartheta' d\vartheta' d\psi'.$$

§ 5.

Die Function V stellt sich unter einer viel einfacheren Form dar, wenn die Masse, auf welche sie sich bezieht, symmetrisch in Bezug auf die Polarachse verteilt ist. Alsdann ist V unabhängig von ψ und die Y_n seiner Entwicklung genügen der weit einfacheren Gleichung:

$$\frac{d\left[(1-\mu^2)\frac{dY_n}{d\mu}\right]}{d\mu}+n\,(n+1)\,Y_n=0.$$

Sie reducieren sich somit auf $\Theta_{n,0}$ oder, bis auf einen Coefficienten, auf X_n, wenn $p=\mu=\cos\vartheta$ gesetzt wird.

So werden wir z. B. an Stelle der Gleichung (6) die Reihe ansetzen:

$$(9) \qquad V=A_0\frac{a}{r}+A_1X_1\frac{a^2}{r^2}+A_2X_2\frac{a^3}{r^3}+\cdots,$$

wo $A_0, A_1, A_2, \ldots$ zu bestimmende Coefficienten sind. Ist die Function V für $r=a$ gegeben und gleich $\varphi(\mu)$, so haben wir:

$$A_0+A_1X_1+A_2X_2+\cdots=\varphi(\mu).$$

Multiplicieren wir die beiden Seiten mit $X_n d\mu$ und integrieren von -1 bis $+1$, und wenden die Gleichungen an:

$$\int_{-1}^{+1} X_n X_{n'} d\mu = 0$$

$$\int_{-1}^{+1} X_n^2 d\mu = \frac{2}{2n+1},$$

so haben wir:

$$A_n=\frac{2n+1}{2}\int_{-1}^{+1} X_n\varphi(\mu)\,d\mu.$$

Die Formel (9) war von Legendre vor den Untersuchungen von Laplace über diesen Gegenstand in seiner Abhandlung über die Attraction der Sphäroide gegeben worden (*Mémoires des Savants étrangers, p. 422, 1785*). Er folgert daraus den nachstehenden **Satz**: Aus der Anziehung eines Sphäroids auf die äusseren Punkte der Rotationsachse kann man seine Anziehung auf einen beliebigen äusseren Punkt ableiten.

Denn auf der Rotationsachse sind $X_1, X_2, \ldots$ gleich 1, wie aus der Gleichung (8) sich ergiebt. Nimmt man den Wert von $\frac{\partial V}{\partial r}$ auf der Achse als constant an, so erhält man daraus den Wert von V auf dieser Achse bis auf eine Constante; entwickeln wir diese Function nach den Potenzen von $\frac{1}{r}$, und multiplicieren sodann die Glieder der Reihe vom zweiten an mit $X_1, X_2, \ldots$, so erhalten wir den Ausdruck von V im allgemeinen Falle.

Bestimmung der Dichtigkeit einer sphärischen Schicht, deren Potential in jedem Punkte der Oberfläche gegeben ist.

§ 6.

Diese Aufgabe ist im § 21 des zweiten Kapitels des ersten Teiles gelöst worden. Mit Hülfe der Laplace'schen Functionen kann man sie in folgender Weise behandeln.

Es sei $F(\vartheta, \psi)$ der Wert, welchen das Potential einer auf der Kugelfläche mit dem Radius a gelegenen Schicht für $r = a$ annimmt. Wir entwickeln diese Function nach Laplace'schen Functionen und setzen:

$$Y_0 + Y_1 + Y_2 + \cdots + Y_n + \cdots = F(\vartheta, \psi),$$

indem wir die Glieder nach der Formel des § 4 bestimmen. Nach dem Obigen haben wir für das Potential der Schicht respective innerhalb und ausserhalb:

$$V = Y_0 + Y_1 \frac{r}{a} + \cdots + Y_n \frac{r^n}{a^n} + \cdots$$

$$V' = Y_0 \frac{a}{r} + Y_1 \frac{a^2}{r^2} + \cdots + Y_n \frac{a^{n+1}}{r^{n+1}} + \cdots$$

Mithin erhält man, mit Anwendung der Formel

$$-4\pi\rho = \frac{\partial V'}{\partial r} - \frac{\partial V}{\partial r},$$

wo man auf der rechten Seite $r = a$ zu setzen hat, für die gesuchte Dichtigkeit:

$$\rho = \frac{1}{4\pi a}[Y_0 + 3Y_1 + \cdots + (2n+1)Y_n + \cdots].$$

Wir bemerken, dass, wenn man

$$Y_0 + Y_1 x + Y_2 x^2 + \cdots = \varphi(x)$$

setzt, wobei die in $\varphi(x)$ vorkommenden beiden Variablen ϑ, ψ nicht mit angedeutet sind,

$$V = \varphi\left(\frac{r}{a}\right), \quad V' = \frac{a}{r}\varphi\left(\frac{a}{r}\right)$$

$$\rho = \frac{1}{4a\pi}\left[2\frac{\partial\varphi(x)}{\partial x} + \varphi(x)\right] \text{ für } x = 1$$

ist.

Ist umgekehrt die Dichtigkeit der Schicht gegeben, so entwickeln wir die sie darstellende Function nach Laplace'schen Functionen und setzen

$$\rho = Z_0 + Z_1 + Z_2 + \cdots;$$

dann erhalten wir für das Potential:

$$V = 4\pi a\left(Z_0 + \frac{r}{3a}Z_1 + \frac{r^2}{5a^2}Z_2 + \cdots\right)$$

$$V' = \frac{4\pi a^2}{r}\left(Z_0 + \frac{a}{3r}Z_1 + \frac{a^2}{5r^2}Z_2 + \cdots\right).$$

Eine Kugel, welche durch eine in einem Nichtleiter feste Electricitätsmenge induciert wird.

§ 7.

Wir bezeichnen mit V das Potential der Schicht, welche durch einen dielectrischen Körper B, der als fest angesehene Electricität enthält, auf einer leitenden Kugel A induciert wird. Der electrische Zustand des Körpers B wird als bekannt vorausgesetzt; wir nehmen an, dass man sein Potential T als Function der sphärischen Coordinaten, deren Anfangspunkt im Mittelpunkt der Kugel A liegt, bestimmt habe. Ist $F(\vartheta, \psi)$ der Wert von T auf der Oberfläche der Kugel, so kann man $F(\vartheta, \psi)$ in die Reihe entwickeln

$$Y_0 + Y_1 + \cdots + Y_n + \cdots,$$

und erhält sodann für alle Punkte innerhalb der Kugel:

$$T = \sum_{n=0}^{n=\infty} \frac{r^n}{a^n} Y_n.$$

Für die inneren Punkte muss nun aber sein:

$$(1) \qquad V + T = \text{const.},$$

da die Gesamtwirkung der Schicht und des Körpers B daselbst gleich Null ist.

Mithin erhalten wir, wenn C eine Constante ist und wir das Glied Y_0 der Reihe der Y_n, da es constant ist, in C mit aufnehmen:

$$V = C - \sum_{n=1}^{n=\infty} \frac{r^n}{a^n} Y_n.$$

Die Constante C stellt (§ 3) den Quotienten aus der Masse der Schicht und dem Radius der Kugel dar. Bezeichnen wir mit M die bekannte Ladung der Kugel, so haben wir

$$(2) \qquad V = \frac{M}{a} - \sum_{n=1}^{n=\infty} \frac{r^n}{a^n} Y_n.$$

Sodann erhalten wir nach dem vorigen Paragraphen für das äussere Potential:

$$(3) \qquad V' = \frac{M}{r} - \sum_{n=1}^{n=\infty} \frac{a^{n+1}}{r^{n+1}} Y_n,$$

und für die Dichtigkeit der Schicht:

$$(4) \qquad \rho = \frac{1}{4\pi a}\left[\frac{M}{a} - \sum_{n=1}^{n=\infty}(2n+1)\,Y_n\right].$$

§ 8.

Liegt der inducierende Körper B in einer im Verhältnis zum Radius der Kugel sehr grossen Entfernung, so kann seine Anziehung in der ganzen Ausdehnung der Kugel als constant betrachtet werden. Setzen wir voraus, dass der Schwerpunkt der electrischen Masse von B auf der Polarachse liege, so kann sein Potential in einem Punkte der Oberfläche der Kugel bis auf eine Constante dargestellt werden durch

$$T = hz = ha\cos\vartheta,$$

und man erhält auf dieser Oberfläche:

$$V = C - ha\cos\vartheta,$$

wenn C eine Constante bezeichnet. Auf diese Weise ist V auf der Oberfläche auf die Form $Y_0 + Y_1 + Y_2 + \cdots$ gebracht, wenn man

$$Y_0 = C = \frac{M}{a}, \quad Y_1 = -ha\cos\vartheta$$

setzt und die andern Glieder gleich Null annimmt. Man hat daher:

$$V = \frac{M}{a} - hr\cos\vartheta$$

$$V' = \frac{M}{r} - \frac{a^3}{r^2}h\cos\vartheta$$

$$\rho = \frac{1}{4\pi a}\left(\frac{M}{a} - 3ha\cos\vartheta\right).$$

Bemerkung. Kehren wir zum allgemeinen Falle zurück und nehmen wir an, dass die Kugel mit dem Erdboden in leitende Verbindung gesetzt sei, so tritt an die Stelle der Gleichung (1) die folgende:

$$V + T = 0,$$

und man erhält an Stelle der Gleichung (2) die erste der drei Gleichungen:

$$V = -\sum_{n=0}^{n=\infty}\frac{r^n}{a^n}Y_n$$

$$V' = -\sum_{n=0}^{n=\infty}\frac{a^{n+1}}{r^{n+1}}Y_n$$

$$\rho = -\frac{1}{4\pi a}\sum_{n=0}^{n=\infty}(2n+1)\,Y_n,$$

wo jetzt von $n = 0$ an zu summieren ist. Die beiden andern Gleichungen ergeben sich aus der ersten.

Kugel, welche durch einen äusseren electrisierten Punkt induciert wird.

§ 9.

Wir behandeln die vorhergehende Aufgabe in dem besonderen Falle, wo der inducierende Körper sich auf einen Punkt B reduciert, den wir uns mit der Einheit der Electricität geladen denken.

Der grösseren Einfachheit wegen nehmen wir den Punkt B auf der Polarachse an und bezeichnen mit b seine Entfernung vom Mittelpunkte der Kugel. Für das Potential des Punktes B in einem Punkte innerhalb der Kugel (§ 4) haben wir:

$$T = \frac{1}{\sqrt{b^2 - 2rb\cos\vartheta + r^2}} = \frac{1}{b}\sum_{n=0}^{n=\infty}\frac{r^n}{b^n}X_n(\cos\vartheta),$$

und schliessen hieraus:

$$Y_n = \frac{a^n}{b^{n+1}}X_n(\cos\vartheta).$$

Mithin hat man der Formel (4) zufolge für den Ausdruck der Dichtigkeit der inducierten Schicht:

$$\begin{aligned}\rho &= \frac{M}{4\pi a^2} - \frac{1}{4\pi a}\sum_1^\infty(2n+1)\frac{a^n}{b^{n+1}}X_n(\cos\vartheta)\\ &= \frac{M}{4\pi a^2} + \frac{1}{4\pi ab}\left[1 - \sum_0^\infty(2n+1)\frac{a^n}{b^n}X_n(\cos\vartheta)\right].\end{aligned}$$

Diese Reihe ist leicht zu summieren. Man hat nämlich, wenn $\alpha < 1$ ist:

$$\text{(a)} \qquad \sum_0^\infty \alpha^n X_n(\cos\vartheta) = \frac{1}{\sqrt{1 - 2\alpha\cos\vartheta + \alpha^2}};$$

differentiiert man nach α und multipliciert darauf mit 2α, so folgt:

$$\sum_0^\infty 2n\alpha^n X_n(\cos\vartheta) = \frac{2\alpha\cos\vartheta - 2\alpha^2}{(1 - 2\alpha\cos\vartheta + \alpha^2)^{\frac{3}{2}}},$$

und wenn man diese Formel zu der vorigen addiert:

$$\sum_0^\infty(2n+1)\alpha^n X_n(\cos\vartheta) = \frac{1-\alpha^2}{(1 - 2\alpha\cos\vartheta + \alpha^2)^{\frac{3}{2}}}.$$

Bezeichnen wir also mit D die Entfernung eines Punktes M der Oberfläche der Kugel vom Punkte B, so erhalten wir für den Ausdruck der Dichtigkeit in m die folgende sehr einfache Formel, welche zum ersten Male von Poisson gegeben wurde:

$$\rho = \frac{M}{4\pi a^2} + \frac{1}{4\pi a}\left(\frac{1}{b} - \frac{b^2 - a^2}{D^3}\right).$$

Ist die Ladung M der Kugel gleich Null, so hat man:

$$\rho = \frac{1}{4\pi a}\left(\frac{1}{b} - \frac{b^2 - a^2}{D^3}\right),$$

und man findet, dass die Dichtigkeit ρ gleich Null ist auf dem durch die Gleichung

$$\cos\vartheta = \frac{b^2 + a^2 - (b^2 - a^2)^{\frac{2}{3}} b^{\frac{2}{3}}}{2ab}$$

bestimmten Kreise. Dieser Kreis scheidet die positive und die negative Electricität.

§ 10.

Wir nehmen sodann an, dass die leitende Kugel mit der Erde in leitende Verbindung gesetzt sei. Nach dem Schlusse des § 8 haben wir:

$$\rho = -\frac{1}{4\pi ab}\sum_0^\infty (2n+1)\frac{a^n}{b^n} X_n(\cos\vartheta)$$

oder:

$$\rho = -\frac{b^2 - a^2}{4\pi a D^3}.$$

Die auf der Kugel inducierte Gesamtmasse ist $-aY_0 = -\frac{a}{b}$.

Für das Potential V' dieser Schicht in Bezug auf einen äusseren Punkt P haben wir:

$$V' = -\sum_{n=0}^{n=\infty} \frac{a^{n+1}}{r^{n+1}} Y_n = -\frac{a}{br}\sum_0^\infty \frac{a^{2n}}{b^n r^n} X_n(\cos\vartheta),$$

und wenn man in der Formel (a) $\alpha = \frac{a^2}{br}$ setzt, so erhält man:

$$V' = -\frac{a}{b}\frac{1}{\sqrt{r^2 - \frac{2a^2}{b} r\cos\vartheta + \frac{a^4}{b^2}}}.$$

Verbinden wir den Mittelpunkt O der Kugel mit dem inducierenden Punkte B und nehmen wir auf der Geraden OB die Strecke $OB' = \frac{a^2}{b}$, so stellt die vorstehende Wurzelgrösse die Entfernung PB' dar, und es ist:

$$V' = -\frac{a}{b}\frac{1}{PB'}.$$

Mithin ist das Potential der Schicht in einem äusseren Punkte dasselbe wie dasjenige eines inneren Punktes, welcher in B' liegt und mit einer Electricitätsmenge gleich $-\frac{a}{b}$ geladen ist.

Wir kehren zu der Aufgabe des vorigen Paragraphen zurück. Das Potential der inducierten Kugel, welche als isoliert vorausgesetzt wird und mit einer Masse M geladen ist, ist der Formel (3) in § 7 zufolge:

$$V' = \frac{1}{r}\left(M + \frac{a}{b}\right) - \sum_{0}^{\infty} \frac{a^{n+1}}{r^{n+1}} Y_n.$$

Es ist somit gleich dem vorigen Potential vermehrt um das Potential einer Masse, welche gleich $M + \frac{a}{b}$ ist und im Mittelpunkt der Kugel sich befindet.

Hohlkugel, welche durch einen in ihrem Innern befindlichen dielectrischen Körper induciert wird.

§ 11.

Die Aufgabe, welche sich auf eine Hohlkugel bezieht, die durch in ihrem Innern gelegene feste Electricität induciert wird, kann auf directe Weise behandelt werden, wie es Poisson gethan hat *(Bulletin de la Société philomathique, 1824)*. Indessen erhält man unmittelbar die Lösung derselben auf Grund des Satzes III des § 16 des ersten Kapitels.

Es sei a der äussere und b der innere Radius des Leiters; es sei ferner A die Ladung, welche ihm mitgeteilt ist, und M die Masse der in der Höhlung befindlichen Electricität. Die innere Fläche bedeckt sich mit einer Electricitätsmenge gleich $-M$ und die äussere Fläche mit einer Electricitätsmenge gleich $A + M$, die sich auf ihr verteilt, als ob sie allein vorhanden wäre. Somit ist die Dichtigkeit auf dieser Oberfläche gleich

$$\rho = \frac{A + M}{4\pi a^2}.$$

Das Potential T der in der Höhlung befindlichen Electricität wird als bekannt betrachtet; es sei

$$T = \sum_{n=0}^{n=\infty} \frac{b^{n+1}}{r^{n+1}} Y_n$$

die Entwickelung desselben ausserhalb der Kugel mit dem Radius b. Das Potential V der inneren Schicht für alle Punkte ausserhalb dieser Schicht muss gleich $-T$ sein. Somit hat man

$$V = -\sum_{n=0}^{n=\infty} \frac{b^{n+1}}{r^{n+1}} Y_n.$$

und wie im § 7 erhält man für die Dichtigkeit ρ' dieser Schicht:

$$\rho' = \frac{1}{4\pi b}\left[-\frac{M}{b} - \sum_{n=1}^{n=\infty}(2n+1)\,Y_n\right].$$

Fall, in welchem der inducierende Körper sich auf einen Punkt reduciert. — Nehmen wir an, dass der nichtleitende Körper sich auf einen mit der Einheit der Electricität geladenen Punkt B reduciert, den wir auf der Polarachse annehmen können und dessen Entfernung vom Mittelpunkt wir mit c bezeichnen wollen, so haben wir

$$T = \frac{1}{\sqrt{c^2 - 2rc\cos\vartheta + r^2}} = \frac{1}{r}\sum_{n=0}^{n=\infty}\frac{c^n}{r^n}X_n(\cos\vartheta).$$

Die Electricitätsmasse auf der inneren Oberfläche ist -1, und schliesst man wie im § 9, so erhält man:

$$\rho' = \frac{1}{4\pi b}\left[-\frac{1}{b} - \frac{1}{b}\sum_{n=1}^{n=\infty}(2n+1)\frac{c^n}{b^n}X_n(\cos\vartheta)\right]$$

$$= -\frac{1}{4\pi b^2}\sum_{0}^{\infty}(2n+1)\frac{c^n}{b^n}X_n(\cos\vartheta) = -\frac{b^2-c^2}{4\pi b D^3},$$

wo D die Entfernung des Punktes der inneren Fläche vom Punkte B ist.

Ebenso hat man, wenn die Kugel mit der Erde in leitende Verbindung gesetzt ist:

$$\rho' = -\frac{b^2-c^2}{4\pi b D^3},$$

und auf der äusseren Oberfläche giebt es keine Electricität mehr.

Verbinden wir den Mittelpunkt O der Kugel mit dem Punkte B durch die Gerade OB und nehmen sodann auf dieser verlängerten Geraden $OB' = \frac{b^2}{c}$, so sehen wir leicht, wie im § 10, dass das Potential dieser inducierten Schicht in einem inneren Punkte dasselbe ist, wie das Potential des Punktes B', wenn derselbe mit der Electricitätsmenge $-\frac{b}{c}$ geladen ist.

Wir suchen ferner die Induction eines mit der Einheit der Electricität geladenen Punktes B auf eine unbegrenzte Scheibe, die mit dem Erdboden in leitende Verbindung gesetzt ist. Dazu nehmen wir an, dass in der vorigen Aufgabe $b - c$ sich nicht ändert, dagegen der Radius b unendlich gross wird, und schreiben die vorige Formel folgendermassen:

$$\rho' = -\frac{1}{4\pi}\frac{b+c}{b}\cdot\frac{b-c}{D^3}.$$

In der Grenze wird $\frac{b+c}{b} = 2$, $b - c$ ist die Entfernung p des Punktes B von der Scheibe und D die Entfernung dieses Punktes von einem beliebigen Punkte der vorderen Fläche der Scheibe, und man hat:

$$\rho' = -\frac{p}{2\pi D^3}.$$

Wir bemerken noch, dass das Gesamtpotential gleich Null ist in dem ganzen Raum, welcher auf derjenigen Seite der Scheibe liegt, die der, auf welcher der inducierende Punkt liegt, entgegengesetzt ist.

Kraft der Spitzen.

§ 12.

Wir wollen beweisen, dass, wenn ein mit Electricität geladener Leiter eine Spitze oder Kante hat, die Dichtigkeit der Electricität auf diesen Teilen unendlich gross ist.

Zu dem Zwecke werden wir das Gleichgewicht der Electricität auf einem Leiter, der mit einer Kante oder einer Spitze versehen ist, unter der Voraussetzung suchen, dass derselbe sich in einem Mittel befindet, dessen Widerstand unendlich gross oder wenigstens hinreichend gross ist.

Es seien zunächst zwei Leiter von der Form von Rotationskegeln gegeben, deren Spitzen in demselben Punkte liegen und deren Achsen entgegengesetzt gerichtet sind. Wir nehmen an, dass diese beiden Leiter mit ungleichnamigen Electricitäten geladen seien, und dass sie unter ihrem gegenseitigen Einfluss auf verschiedenen Potentialen K und K' sind. Auf jedem Rotationskegel, welcher dieselbe Spitze und dieselbe Achse wie die Leiter hat, besitzt das Potential V nur einen einzigen Wert, mithin reduciert sich die Gleichung $\Delta V = 0$ auf

$$\frac{d\left(\sin\vartheta \frac{dV}{d\vartheta}\right)}{d\vartheta} = 0,$$

wenn ϑ den Winkel zwischen der Erzeugenden des Kegels und seiner Achse bedeutet. Daraus folgt:

$$\frac{dV}{d\vartheta} = \frac{C}{\sin\vartheta}$$

$$V = C \log \operatorname{tang}\frac{\vartheta}{2} + C',$$

wo C und C' zwei willkürliche Constanten sind. Man bestimmt die beiden willkürlichen Constanten C und C' durch die Bedingung, dass sich V für $\vartheta = \alpha$ und $\vartheta = \pi - \beta$ respective auf K und K' reducieren solle, und erhält:

$$C = \frac{K - K'}{\log\left(\operatorname{tang}\frac{\alpha}{2}\operatorname{tang}\frac{\beta}{2}\right)},$$

$$C' = \frac{\log\left[\left(\operatorname{tang}\frac{\alpha}{2}\right)^{K'}\left(\operatorname{tang}\frac{\beta}{2}\right)^{K}\right]}{\log\left(\operatorname{tang}\frac{\alpha}{2}\operatorname{tang}\frac{\beta}{2}\right)}.$$

Bezeichnete man mit r die Entfernung irgend eines Punktes von der Spitze der Kegel, so erhielte man für die Dichtigkeiten ρ und ρ' der Electricitäten auf den beiden Leitern:

$$\rho = -\frac{1}{4\pi}\frac{1}{r}\frac{dV}{d\vartheta} = -\frac{1}{4\pi}\frac{C}{r\sin\alpha}$$

$$\rho' = +\frac{1}{4\pi}\frac{1}{r}\frac{dV}{d\vartheta} = \frac{1}{4\pi}\frac{C}{r\sin\beta};$$

mithin ändern sich auf jedem Leiter die Dichtigkeiten ρ und ρ' im umgekehrten Verhältnis des Abstandes r von der Spitze, und sie werden in diesem Punkte unendlich gross.

Allgemeiner nehmen wir an, dass die beiden Leiter zwei Kegel seien, deren Spitzen ebenfalls in demselben Punkte liegen und welche einer Schaar von isothermen Kegelflächen oder Niveaukegelflächen, die man bestimmen kann (I. Teil, Kap. IV, § 7), angehören. Es sei α der thermometrische Parameter dieser Kegel und β derjenige der zu den ersteren orthogonalen Kegel. Das Potential V ausserhalb der beiden Leiter genügt der Gleichung

$$\Delta V = 0 \text{ oder } \frac{\partial^2 V}{\partial\alpha^2} + \frac{\partial^2 V}{\partial\beta^2} = 0,$$

und die Gleichungen der Oberflächen der beiden Leiter sind:

$$\alpha = \alpha_1, \quad \alpha = \alpha_2,$$

wo α_1 und α_2 zwei Constanten sind. Hat das Potential auf den beiden Leitern die constanten Werte K und K', so ist das Potential V unabhängig von β und man hat:

$$\frac{d^2 V}{d\alpha^2} = 0, \quad V = C\alpha + C',$$

wo sich C und C' wie vorher bestimmen. Die Formel, welche die Dichtigkeit der Electricität giebt, ist

$$\rho = -\frac{1}{4\pi}\frac{\partial V}{\partial n},$$

wo dn das Element der äusseren Normale an die Leiter ist. Nimmt man dV constant, so ist dn der Abstand von dem unendlich nahen Niveaukegel; dn ändert sich also auf einer und derselben Erzeugenden proportional der Entfernung r von der Spitze des Kegels und r ändert sich im umgekehrten Verhältnis zu r.

Man erhält viel weniger einfache Resultate, wenn man einen einzigen Leiter hat, der eine Kante besitzt oder von einer Kegelfläche begrenzt wird.

Leiter mit einer Kante.

§ 13.

Wir betrachten einen Leiter, der von zwei ebenen Seitenflächen OA, OB, welche sich unter dem Winkel γ schneiden, begrenzt wird (Fig. 1); wir nehmen ihn senkrecht zu der Ebene AOB als unbegrenzt an, dagegen sei er begrenzt durch die cylindrische Fläche BCA. Um die Sache ein wenig

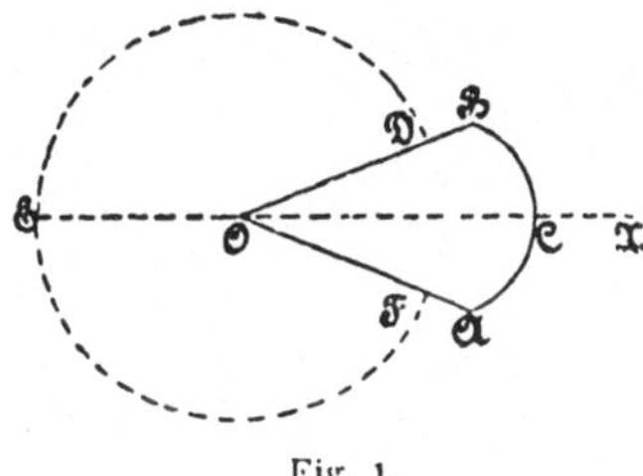

Fig. 1.

zu vereinfachen, nehmen wir diese cylindrische Fläche symmetrisch in Bezug auf die Ebene OX, welche den Flächenwinkel AOB halbiert.

Nimmt man in der Ebene AOB Polarcoordinaten r und ϑ, deren Anfangspunkt in O liegt, so kann die Gleichung $\Delta V = 0$ geschrieben werden:

$$\frac{\partial^2 V}{\partial r^2} + \frac{1}{r}\frac{\partial V}{\partial r} + \frac{1}{r^2}\frac{\partial^2 V}{\partial \vartheta^2} = 0;$$

man genügt derselben, indem man setzt:

$$V = Ar^n \sin n\vartheta.$$

Den Winkel ϑ rechnen wir von der Linie OB aus; will man, dass V nicht nur auf OB oder für $\vartheta = 0$, sondern auch auf OA oder für $\vartheta = 2\pi - \gamma$ verschwindet, so setze man:

$$n(2\pi - \gamma) = k\pi \quad \text{oder} \quad n = \frac{k\pi}{2\pi - \gamma},$$

wo k eine ganze Zahl ist. Wir erhalten so:

$$\text{(a)} \qquad V = Ar^{\frac{k\pi}{2\pi-\gamma}} \sin \frac{k\pi}{2\pi - \gamma}\vartheta.$$

Wir bezeichnen mit K das constante Potential des Leiters und setzen, des einfacheren Schreibens wegen,

$$\frac{\pi}{2\pi - \gamma} = p;$$

sodann beschreiben wir eine cylindrische Rotationsfläche DEF um die Kante des Leiters, aber ausserhalb desselben und mit einem Radius R, der kleiner ist als OB, wo die ebenen Flächen endigen.

In dem Raume *ODEFO* kann das Potential dargestellt werden durch die Summe aus der Constanten K und einer unendlichen Anzahl von solchen Lösungen wie (a); mithin kann man in diesem Raume setzen:

$$V = K + A_1 r^p \sin p\vartheta + A_2 r^{3p} \sin 3p\vartheta + A_3 r^{5p} \sin 5p\vartheta + \cdots$$

Die Glieder, welche von geraden Vielfachen des Bogens $p\vartheta$ abhängen, hat man sogleich weglassen können, wenn man beachtet, dass V denselben Wert annehmen muss für $\vartheta = u$ und $\vartheta = 2\pi - \gamma - u$, welches auch u sein möge.

Ist allgemein $f(x)$ eine zwischen $x = 0$ und $x = l$ gegebene Function, so lassen sich die Coefficienten der Reihe

$$a_1 \sin \frac{\pi x}{l} + a_2 \sin \frac{2\pi x}{l} + a_3 \sin \frac{3\pi x}{l} + \cdots$$

derart bestimmen, dass sie in jenem Intervalle die Function $f(x)$ darstellt. Daraus geht hervor, dass der für V erhaltene Wert alle wünschenswerte Allgemeinheit hat.

Nimmt man an, dass man durch den Versuch den Wert von V auf dem Contour eines Querschnitts des Cylinders *DEF* bestimmt habe und dass dieser Wert $f(\vartheta)$ sei, so werden einer bekannten Formel zufolge die Coefficienten $A_1, A_2, \ldots$ mit Hülfe der Gleichung

$$A_1 R^p \sin p\vartheta + A_2 R^{3p} \sin 3p\vartheta + A_3 R^{5p} \sin 5p\vartheta + \cdots = f(\vartheta) - K$$

bestimmt.

§ 14.

Um die Dichtigkeit auf den beiden ebenen Flächen des Leiters zu erhalten, wenden wir jetzt die Formel an:

$$\rho = \mp \frac{1}{4\pi r} \frac{\partial V}{\partial \vartheta},$$

und erhalten:

$$\rho = -\frac{p}{4\pi}(A_1 r^{p-1} + 3A_2 r^{3p-1} + 5A_3 r^{5p-1} + \cdots).$$

Da $p = \frac{\pi}{2\pi - \gamma}$ ist, so sind alle Exponenten vom zweiten an positiv; da jedoch der Winkel γ des Leiters kleiner als π vorausgesetzt ist, so ist der Exponent $p - 1$ oder $\frac{-\pi + \gamma}{2\pi - \gamma}$ negativ, mithin ist $\rho = \infty$ für $r = 0$ d. h. auf der Kante des Leiters, und man erkennt überdies die Ordnung, von welcher ρ unendlich gross wird.

Will man für eine der Seitenflächen den electrostatischen Druck auf eine Strecke l der Kante und von dieser Kante an bis zu einer kleinen Entfernung r_1 berechnen, so hat man für diese Grösse (I. Kap., § 5):

$$2\pi l \int_0^{r_1} \rho^2 dr = \frac{2\pi l p^2}{16\pi^2} A_1{}^2 \int_0^{r_1} r^{2p-2} dr = \frac{\pi l}{8(2\pi - \gamma)} \frac{A_1{}^2}{\gamma} r_1{}^{\frac{\gamma}{2\pi-\gamma}},$$

wenn man alle Glieder von ρ nach dem ersten vernachlässigt. Es ist wichtig zu bemerken, dass diese Grösse weder unendlich gross noch auch nur sehr gross ist, wenn der Winkel γ nicht sehr klein ist. Es geht daraus hervor, dass die vorstehenden Formeln wirklich auf den Versuch angewandt werden können, wenn der Winkel γ nicht sehr klein ist und wenn das Mittel, in welchem sich der Leiter befindet, hinreichend widerstandsfähig ist, wie es ein ausserordentlich verdünntes Gas sein würde.

Nimmt man $\gamma > \pi$ an, so bleiben die vorstehenden Formeln noch anwendbar. Alsdann aber ist der Exponent $p - 1$ des ersten Gliedes von ρ ebenso wie diejenigen der folgenden Glieder positiv. Mithin ist auf der Kante eines einspringenden Winkels des Leiters die Dichtigkeit gleich Null.

Conischer Leiter.

§ 15.

Wir betrachten sodann einen Leiter, von welchem ein Teil die Form eines Rotationskegels hat. Es sei BOA (Fig. 1) der konische Teil des Leiters und BCA der andere Teil, die wir alle beide als Rotationsflächen um die Achse OX annehmen. Auf diesem Leiter besitze das Potential den constanten Wert K. Das Potential V genügt ausserhalb des Leiters der Gleichung $\Delta V = 0$ und muss in allen durch die Achse OX gehenden Meridianen dieselben Werte besitzen. Mithin ist V unabhängig vom Winkel ψ, den jeder Meridian mit einem festen Meridian bildet, und hängt nur ab von den beiden Coordinaten ϑ und r (§ 1). Mithin kann man die Gleichung $\Delta V = 0$ schreiben:

$$\sin\vartheta \frac{\partial\left(r^2 \frac{\partial V}{\partial r}\right)}{\partial r} + \frac{\partial\left(\sin\vartheta \frac{\partial V}{\partial\vartheta}\right)}{\partial\vartheta} = 0.$$

Man erhält eine partikuläre Lösung, wenn man setzt

$$V = r^n T$$

und für T eine Function von ϑ nimmt, die der Gleichung genügt:

$$\sin\vartheta \frac{d^2T}{d\vartheta^2} + \cos\vartheta \frac{dT}{d\vartheta} + n(n+1)\, T \sin\vartheta = 0,$$

und setzt man:

$$\sin^2\vartheta = z,$$

so geht diese Gleichung über in:

$$(1) \qquad z(1-z)\frac{d^2T}{dz^2}+\left(1-\frac{3}{2}z\right)\frac{dT}{dz}+\frac{n(n+1)}{4}T=0.$$

Sie ist somit von der Form der Gleichung:

$$z(1-z)\frac{d^2P}{dz^2}+[\gamma-(\alpha+\beta+1)z]\frac{dP}{dz}-\alpha\beta P=0,$$

welche zur Lösung hat:

$$P=F(\alpha,\beta,\gamma,z)=1+\frac{\alpha\beta}{1\cdot\gamma}z+\frac{\alpha(\alpha+1)\beta(\beta+1)}{1\cdot 2\cdot\gamma\cdot(\gamma+1)}z^2+\cdots,$$

und wenn $\gamma > 1$ oder $\gamma = 1$ ist, so ist die andere Lösung unendlich für $z = 0$. In dem Falle, der uns beschäftigt, ist

$$\gamma=1,\quad \alpha=-\frac{n}{2},\quad \beta=\frac{n+1}{2},$$

mithin genügt man der Gleichung (1), wenn man setzt:

$$(2) \qquad T=F\left(-\frac{n}{2},\frac{n+1}{2},1,\sin^2\vartheta\right),$$

und wir müssen für T diese besondere Lösung nehmen, wenn wir nicht wollen, dass T unendlich werde für $\vartheta = 0$, d. h. auf der Geraden OE, von welcher aus wir den Winkel ϑ rechnen wollen. Da ferner die Grösse $\gamma-\alpha-\beta$ positiv ist, so bleibt T endlich für $\sin\vartheta = 1$.

§ 16.

Mittelst der Formel (2) kennt man T von $\vartheta = 0$ bis $\vartheta = \frac{\pi}{2}$, aber nicht von diesem letzteren Werte von ϑ an bis zu demjenigen, welcher der Fläche des Kegels entspricht. Um T in diesem letzteren Intervalle zu bestimmen, wenden wir die folgende Formel von Gauss an:

$$F(\alpha,\beta,\gamma,z)=\frac{\Pi(\gamma-1)\,\Pi(\gamma-\alpha-\beta-1)}{\Pi(\gamma-\alpha-1)\,\Pi(\gamma-\beta-1)}F(\alpha,\beta,\alpha+\beta+1-\gamma,1-z)$$
$$+\frac{\Pi(\gamma-1)\,\Pi(\alpha+\beta-\gamma-1)}{\Pi(\alpha-1)\,\Pi(\beta-1)}(1-z)^{\gamma-\alpha-\beta}F(\gamma-\alpha,\gamma-\beta,\gamma-\alpha-\beta+1,1-z),$$

in welcher $\Pi(y)$ das Integral

$$\int_0^\infty e^{-x}x^y dx$$

darstellt, falls $y > -1$ ist, und wenn y kleiner als -1 ist, so führt man den Wert von $\Pi(y)$ auf den Fall, wo $y > -1$ ist, zurück, indem man ein oder mehrere Male die Formel anwendet:

$$(3) \qquad (y+1)\,\Pi(y)=\Pi(y+1).$$

Hiernach erhalten wir:

$$T = \frac{\Pi\left(-\frac{1}{2}\right)}{\Pi\left(\frac{n}{2}\right)\Pi\left(-\frac{n+1}{2}\right)} F\left(-\frac{n}{2}, \frac{n+1}{2}, \frac{1}{2}, \cos^2\vartheta\right)$$

$$+ \frac{\Pi\left(-\frac{3}{2}\right)}{\Pi\left(-\frac{n}{2}-1\right)\Pi\left(\frac{n-1}{2}\right)} F\left(\frac{n}{2}+1, -\frac{n}{2}+\frac{1}{2}, \frac{3}{2}, \cos^2\vartheta\right)\cos\vartheta.$$

Wir bezeichnen mit α den halben Winkel an der Spitze des Kegels und wählen n so, dass

$$(4) \qquad T = 0 \text{ für } \vartheta = \pi - \alpha$$

d. h. auf der Oberfläche des Kegels ist.

Wir bemerken zunächst, dass für $\alpha = \frac{\pi}{2}$ diese Gleichung sich reduciert auf

$$\frac{\Pi\left(-\frac{1}{2}\right)}{\Pi\left(\frac{n}{2}\right)\Pi\left(-\frac{n+1}{2}\right)} = 0 \text{ oder } \Pi\left(-\frac{n+1}{2}\right) = \infty.$$

Daraus folgt, dass $\frac{n+1}{2}$ eine positive ganze Zahl ist, oder dass die Wurzeln n in diesem speciellen Falle die ungeraden Zahlen 1, 3, 5, ... sind.

Um die Gleichung (4) zu vereinfachen, transformieren wir das Verhältnis p der Coefficienten des Ausdrucks von T:

$$p = \frac{\Pi\left(-\frac{3}{2}\right)}{\Pi\left(-\frac{1}{2}\right)} \frac{\Pi\left(\frac{n}{2}\right)}{\Pi\left(-\frac{n}{2}-1\right)} \frac{\Pi\left(-\frac{n-1}{2}-1\right)}{\Pi\left(\frac{n-1}{2}\right)};$$

indem wir die Formel (3) und die folgende Formel:

$$\Pi(-z-1) = -\frac{\pi}{\sin\pi z}\frac{1}{\Pi(z)}$$

anwenden, erhalten wir:

$$p = 2\left[\frac{\Pi\left(\frac{n}{2}\right)}{\Pi\left(\frac{n-1}{2}\right)}\right]^2 \operatorname{tang}\frac{n\pi}{2}.$$

Mithin wird die Gleichung (4), welche n bestimmt:

$$(5)\quad\left\{\begin{aligned}0= {} & F\left(-\frac{n}{2}, \frac{n+1}{2}, \frac{1}{2}, \cos^2\alpha\right)\\ & -2\left[\frac{\Pi\left(\frac{n}{2}\right)}{\Pi\left(\frac{n-1}{2}\right)}\right]^2 \operatorname{tang}\frac{n\pi}{2}\cos\alpha\, F\left(\frac{n}{2}+1, -\frac{n}{2}+\frac{1}{2}, \frac{3}{2}, \cos^2\alpha\right).\end{aligned}\right.$$

Wir bemerken, dass die erste der beiden Functionen F, welche in dieser Gleichung vorkommen, eine ganze Function in Bezug auf $\cos^2\alpha$ ist, wenn man für n eine gerade Zahl nimmt, und bezeichnet man diese Function mit F_1, so hat man:

Für $n = 0$: $F_1 = 1$

„ $n = 2$: $F_1 = 1 - 3\cos^2\alpha$

„ $n = 4$: $F_1 = 1 - \frac{4\cdot 5}{2}\cos^2\alpha + \frac{5\cdot 7}{3}\cos^4\alpha$

. . . .

Ebenso reduciert sich die zweite Function F, die ich mit F_2 bezeichnen will, auf eine ganze Function von $\cos^2\alpha$ für $n = 1, 3, 5, \ldots$ und man hat:

Für $n = 1$: $F_2 = 1$

„ $n = 3$: $F_2 = 1 - \frac{5}{3}\cos^2\alpha$

„ $n = 5$: $F_2 = 1 - \frac{7\cdot 4}{2\cdot 3}\cos^2\alpha + \frac{7\cdot 9}{3\cdot 5}\cos^4\alpha$

. . . .

Bezeichnen wir mit P die rechte Seite der Gleichung (5) und mit ε eine unendlich kleine positive Grösse, so sind die Vorzeichen von P:

Für $n = 0$: $P = +$

„ $n = 1 - \varepsilon$: $P = -\infty$

„ $n = 1 + \varepsilon$: $P = +\infty$

„ $n = 2$: $P = \pm$, je nachdem $\cos^2\alpha \lesseqgtr \frac{1}{3}$

„ $n = 3 - \varepsilon$: $P = \mp$, je nachdem $\cos^2\alpha \lesseqgtr \frac{3}{5}$.

Führt man so fort, so kann man die Wurzeln der Gleichung separieren. Aus den vorstehenden Substitutionen ersieht man, dass immer eine Wurzel existiert, die zwischen 0 und 1 enthalten ist, und dass es eine oder zwei Wurzeln zwischen 1 und 3 giebt, je nachdem $\cos^2\alpha < \frac{3}{5}$ oder $\cos^2\alpha > \frac{3}{5}$ ist. Wir bezeichnen mit $n_1, n_2, n_3, \ldots$ die unendlich vielen Wurzeln der Gleichung (5), ihrer Grösse nach geordnet, und bezeichnen ebenso mit $T_1, T_2, \ldots$ die entsprechenden Ausdrücke von T.

§ 17.

Um den Punkt O als Mittelpunkt beschreiben wir eine sphärische Fläche DEF ausserhalb des Kegels und mit einem Radius R, der kleiner ist als die Erzeugende OB der konischen Fläche. In dem zwischen der Kugeloberfläche und dem Leiter enthaltenen Raume $ODEFO$ ist das Potential V die Summe aus der Constanten K und sämtlichen soeben betrachteten und mit einem Coefficienten A_i versehenen Lösungen

$$A_i r^{n_i} T_i.$$

Somit kann man setzen:

$$V = K + A_1 r^{n_1} T_1 + A_2 r^{n_2} T_2 + A_3 r^{n_3} T_3 + \cdots$$

Nehmen wir an, dass man durch den Versuch den Wert von V auf einem Meridian DEF der sphärischen Fläche bestimmt habe und stellen wir ihn durch $f(\vartheta)$ dar, so kann man leicht die Coefficienten $A_1, A_2, \ldots$ gemäss der Bedingungsgleichung

$$A_1 R^{n_1} T_1 + A_2 R^{n_2} T_2 + \cdots = f(\vartheta) - K$$

bestimmen. Man erhält sodann für die Dichtigkeit auf der Oberfläche des Leiters die Formel:

$$\rho = \frac{1}{4\pi}\frac{1}{r}\frac{\partial V}{\partial \vartheta} = \frac{1}{4\pi}\left(A_1 r^{n_1-1}\frac{dT_1}{d\vartheta} + A_2 r^{n_2-1}\frac{dT_2}{d\vartheta} + \cdots\right),$$

worin man $\vartheta = \pi - \alpha$ zu setzen hat.

In dieser Formel ist der erste Exponent $n_1 - 1$ negativ, alle andern sind positiv; mithin wird für $r = 0$ das erste Glied unendlich, während die andern verschwinden. Daraus folgt, dass die Dichtigkeit ρ an der Spitze des Kegels unendlich gross ist.

Wir berechnen jetzt die electrische Spannung auf einem Elemente der Oberfläche des Kegels, welches zwischen zwei Erzeugenden enthalten ist, die in zwei einen Winkel $d\psi$ bildenden Meridianebenen liegen, und welches sich nur von der Spitze bis zu einer Entfernung $r = r_1$ ausdehnt, die klein genug ist, um alle Glieder von ρ vom zweiten an gegenüber dem ersten vernachlässigen zu können.

$\frac{dT_1}{d\vartheta}$ für $\vartheta = \pi - \alpha$ enthält den Factor $\sin\alpha\cos\alpha$; wir setzen demnach:

$$\frac{dT_1}{d\vartheta} = H \sin\alpha \cos\alpha.$$

Das Element der Oberfläche des Kegels hat den Wert $r dr \sin\alpha\, d\psi$ und die electrische Spannung auf diesem Elemente ist:

$$2\pi \sin\alpha\, d\psi \int_0^{r_1} \rho^2 r dr = \frac{A_1^2 H^2}{16\pi} \sin^3\alpha \cos^2\alpha\, d\psi \frac{r_1^{2n_1}}{n_1}.$$

Diese Grösse ist im Allgemeinen nicht sehr gross, da der Exponent $2n_1$ positiv ist, so dass man, wenn man nur die auf diese Weise berechnete Spannung selbst betrachtet, nicht den Grund einsieht, weshalb die Electricität so schnell durch die Spitze hindurch ausströmt. Man muss jedoch voraussetzen, dass die electrische Schicht eine gewisse Dicke habe; der Verlust an Electricität muss demnach dadurch verursacht werden, dass, wenn ρ unendlich oder sehr gross ist, die Dicke der electrischen Schicht nicht mehr ausserordentlich gering ist, wie dies gewöhnlich der Fall ist, und daher entweicht die Electricität aus dem Leiter.

§ 18.

In dem Vorhergehenden ist vorausgesetzt worden, dass der Leiter eine kegelförmige Spitze besitze; die vorstehenden Rechnungen lassen sich aber mit geringer Modifikation auf einen Leiter anwenden, der einen einspringenden Kegel oder einen trichterförmigen Teil hat.

Alsdann muss man den Winkel α als stumpf annehmen, wodurch sich das Vorzeichen des zweiten Gliedes der Gleichung (5) ändert. Nehmen wir dieselben Substitutionen wieder vor, die oben auf der rechten Seite dieser Gleichung gemacht worden waren, so erhalten wir:

Für $n = 0 \quad : \; P = +$

„ $n = 1 - \varepsilon : \; P = +\infty$

„ $n = 1 + \varepsilon : \; P = -\infty$

„ $n = 2 \quad : \; P = \pm$, je nachdem $\cos^2\alpha \lesseqgtr \frac{1}{3}$,

„ $n = 3 - \varepsilon : \; P = \pm$, je nachdem $\cos^2\alpha \lesseqgtr \frac{3}{5}$.

In diesem Falle existiert keine Wurzel zwischen 0 und 1; die kleinste Wurzel n_1 ist zwischen 1 und 2 enthalten, wenn $\cos^2\alpha < \frac{1}{3}$ ist, sie ist zwischen 2 und 3 enthalten, wenn $\cos^2\alpha$ zwischen $\frac{1}{3}$ und $\frac{3}{5}$ liegt, sie ist grösser als 3, wenn $\cos^2\alpha > \frac{3}{5}$ ist.

Wir bemerken jedoch vor Allem, dass die Dichtigkeit ρ an der Spitze des Trichters in diesem Falle gleich Null ist.

Berechnung der Exponenten $n_1, n_2, n_3, \ldots$, welche in dem Ausdruck des Potentials des conischen Leiters auftreten.

§ 19.

Wenn der Winkel α zwischen 40° und 90° enthalten ist, so kann man leicht mit Hülfe der Gleichung (5), ohne ihre Form zu ändern, angenäherte Werte der Wurzeln n erhalten.

Hat man einen angenäherten Wert einer dieser Wurzeln gefunden, so verbessert man ihn, wenn man dazu den Ausdruck addiert:

$$-P : \frac{\partial P}{\partial n},$$

wo P die rechte Seite der Gleichung (5) bezeichnet, und wenn man

$$\Pi\left(\frac{n}{2}\right) : \Pi\left(\frac{n-1}{2}\right) = \lambda$$

setzt, so erhält man:

$$\frac{\partial P}{\partial n} = \frac{\partial F_1}{\partial n} - 2\lambda^2 \operatorname{tang}\frac{n\pi}{2}\cos\alpha\frac{\partial F_2}{\partial n} - \frac{\pi}{\cos^2\frac{n\pi}{2}}\lambda^2\cos\alpha F_2$$
$$-2\lambda^2 \operatorname{tang}\frac{n\pi}{2}\cos\alpha\left[\Psi\left(\frac{n}{2}\right) - \Psi\left(\frac{n-1}{2}\right)\right]F_2.$$

Nach der Bezeichnung von Gauss setzen wir allgemein:

$$\Psi(z) = \frac{1}{\Pi(z)}\frac{d\Pi(z)}{dz}.$$

Gauss hat eine Tafel der Werte dieser Function am Schlusse seiner Abhandlung: *Disquisitiones generales circa seriem infinitam* $1 + \frac{\alpha\beta}{1\cdot\gamma}x + \frac{\alpha(\alpha+1)\beta(\beta+1)}{1\cdot 2\cdot\gamma(\gamma+1)}x^2 + \cdots$ (Bd. III seiner Werke) gegeben.

§ 20.

Ist der Winkel α sehr klein, so muss man die Form der Gleichung (5) ändern. Die Transformation, die ich geben werde, ist sehr zweckmässig, wenn α ein Winkel zwischen 0 und 40° ist, und ausserordentlich bequem, wenn α ein sehr kleiner Winkel ist.

Man hat die folgende Formel (*Determinatio seriei nostrae etc.*, Gauss' Werke, Bd. III):

$$F(a, b, a+b, 1-x)$$
$$= -\frac{\Pi(a+b-1)}{\Pi(a-1)\Pi(b-1)}\left[\log x + \Psi(a-1) + \Psi(b-1) - 2\Psi(0)\right]F(a, b, 1, x)$$
$$-\frac{\Pi(a+b-1)}{\Pi(a-1)\Pi(b-1)}\left[A\frac{ab}{1}x + (A+B)\frac{a(a+1)b(b+1)}{1\cdot 2\cdot 1\cdot 2}x^2\right.$$
$$\left.+ (A+B+C)\frac{a(a+1)(a+2)b(b+1)(b+2)}{1\cdot 2\cdot 3\cdot 1\cdot 2\cdot 3}x^3 + \cdots\right],$$

wenn man setzt:

$$A = \frac{1}{a} + \frac{1}{b} - 2$$

$$B = \frac{1}{a+1} + \frac{1}{b+1} - \frac{2}{2}$$

$$C = \frac{1}{a+2} + \frac{1}{b+2} - \frac{2}{3}$$

$$\cdots\cdots\cdots\cdots$$

Diese Formel kann man anwenden auf die beiden Functionen F, welche in T (§ 16) vorkommen, und es ergiebt sich:

$$F\left(-\frac{n}{2}, \frac{n+1}{2}, \frac{1}{2}, \cos^2\vartheta\right) = -\frac{\Pi\left(-\frac{1}{2}\right)}{\Pi\left(-\frac{n}{2}-1\right)\Pi\left(\frac{n-1}{2}\right)} \times$$

$$\left\{\left[\log\sin^2\vartheta + \Psi\left(-\frac{n}{2}-1\right) + \Psi\left(\frac{n-1}{2}\right) - 2\Psi(0)\right] F\left(-\frac{n}{2}, \frac{n+1}{2}, 1, \sin^2\vartheta\right) + \left[\frac{1}{2} + \frac{n(n+1)}{2}\right]\sin^2\vartheta + \cdots\right\}$$

$$F\left(\frac{n}{2}+1, -\frac{n}{2}+\frac{1}{2}, \frac{3}{2}, \cos^2\vartheta\right) = -\frac{\Pi\left(\frac{1}{2}\right)}{\Pi\left(\frac{n}{2}\right)\Pi\left(-\frac{n+1}{2}\right)} \times$$

$$\left\{\left[\log\sin^2\vartheta + \Psi\left(\frac{n}{2}\right) + \Psi\left(-\frac{n+1}{2}\right) - 2\Psi(0)\right] F\left(\frac{n}{2}+1, \frac{-n+1}{2}, 1, \sin^2\vartheta\right) + \left[\frac{3}{2} - \frac{(n+2)(1-n)}{2}\right]\sin^2\vartheta + \cdots\right\}$$

Substituieren wir diese Ausdrücke in T, setzen $\cos\vartheta = -\cos\alpha$ und beachten die Formel

$$\Pi\left(-\frac{3}{2}\right)\Pi\left(\frac{1}{2}\right) = -\Pi^2\left(-\frac{1}{2}\right),$$

so nimmt die Gleichung $T = 0$ die folgende Form an:

$$\begin{aligned}&\left[\log\sin^2\alpha + \Psi\left(-\frac{n}{2}-1\right) + \Psi\left(\frac{n-1}{2}\right) - 2\Psi(0)\right]\cdot\left[1 - \frac{n(n+1)}{2\cdot 2}\sin^2\alpha + \cdots\right]\\ &+ \cos\alpha\left[\log\sin^2\alpha + \Psi\left(\frac{n}{2}+1\right) + \Psi\left(-\frac{n+1}{2}\right) - 2\Psi(0)\right]\cdot\left[1 - \frac{(n+2)(n-1)}{2\cdot 2}\sin^2\alpha + \cdots\right]\\ &+ \left[\frac{1}{2} + \frac{n(n+1)}{2}\right]\sin^2\alpha + \left[\frac{3}{2} - \frac{(n+2)(1-n)}{2}\right]\sin^2\alpha\cos\alpha + \cdots\cdots = 0.\end{aligned}$$

Ist α sehr klein, so kann man diese Gleichung auf folgende Form reducieren:

$$\text{(a)} \quad 4 \log \sin \alpha - 4\Psi(0) + \Psi\left(-\frac{n}{2} - 1\right) + \Psi\left(\frac{n-1}{2}\right) + \Psi\left(\frac{n}{2} + 1\right) + \Psi\left(-\frac{n+1}{2}\right) = 0,$$

und hieraus erhält man α vermittelst $\log \sin \alpha$, wenn man n als bekannt annimmt. Ist α nicht sehr klein, jedoch nicht grösser als 30°, so erhält man auf diese Weise einen Näherungswert von α, der einem gegebenen Werte von n entspricht, und dieser Wert erlaubt, zu einer grösseren Annäherung überzugehen. Giebt man den Wert von n_1 und sucht man den entsprechenden Wert von α, und wendet sodann die Formel

$$\Psi(z) = \Psi(z+1) - \frac{1}{z+1}$$

an, so dass man nur noch Functionen $\Psi(z)$ hat, für welche z zwischen 0 und 1 enthalten ist, so geht die Gleichung (a) über in:

$$4 \log \sin \alpha - 4\Psi(0) + \Psi\left(1 - \frac{n}{2}\right) + \Psi\left(\frac{n}{2}\right) + \Psi\left(\frac{1}{2} + \frac{n}{2}\right) + \Psi\left(\frac{1}{2} - \frac{n}{2}\right) + \frac{2}{n} - \frac{n}{1 - \frac{n^2}{4}} - \frac{4}{1 - n^2} = 0.$$

§ 21.

Eine genaue Tafel dieser Wurzeln habe ich nicht berechnet; indessen setze ich eine kleine Tafel hierher, welche einige Wurzeln n für bestimmte Werte des Winkels α mit einer gewissen Annäherung giebt und die es dem Leser gestattet, sich zu orientieren, wenn er diese Wurzeln für einen gewissen Wert dieses Winkels berechnen will.

α	n_1	n_2	n_3	n_4
0	0	1	2	3
36′ 36″	0,10	1,12	2,135	3,145
7° 57′	0,20	1,28	2,33	3,37
18° 54′	0,30	1,41	2,33	3,37
30° 9′	0,40	1,59	2,33	3,37
30° 33′	0,40	1,59	2,33	4
39° 14′	0,433	1,70	3	4
54° 44′	0,551	2	3	4
57° 25′	0,551	2	3	5
70° 8′	0,72	2,34	4	5
90°	1	3	5	7

Verteilung der Electricität auf zwei Kugeln, die sich gegenseitig influenzieren.

Allgemeiner Fall.

§ 22.

Diese Aufgabe wurde zum ersten Male von Poisson gelöst (*Mémoires de l'Académie des Sciences, 1811*).

Es seien a und b die Radien der beiden mit Electricität geladenen Kugeln A und B und c die Entfernung ihrer Mittelpunkte; c ist grösser als $a + b$. Die Schichten, welche die Kugeln A und B bedecken, haben die Verbindungslinie der Mittelpunkte der Kugeln zur Symmetrieachse. Entwickeln wir die Dichtigkeit ρ der ersten Schicht in eine Reihe nach den Y_n, die sich hier auf die Functionen X_n reducieren (§ 5), so erhalten wir:

$$\rho = A_0 X_0 + A_1 X_1 + \cdots + A_n X_n + \cdots,$$

wo $A_0, A_1, A_2, \ldots$ constante Coefficienten sind; alsdann erhalten wir für das innere und äussere Potential dieser Schicht (§ 6) respective:

$$V = 4\pi a \left[A_0 X_0 + A_1 X_1 \frac{r}{3a} + \cdots + A_n X_n \frac{r^n}{(2n+1)a^n} + \cdots\right]$$

$$V' = \frac{4\pi a^2}{r}\left[A_0 X_0 + A_1 X_1 \frac{a}{3r} + \cdots + A_n X_n \frac{a^n}{(2n+1)r^n} + \cdots\right].$$

$X_1, X_2, \ldots$ sind Functionen von $\mu = \cos\vartheta$, wo ϑ der Winkel ist, welchen die Centrallinie mit dem Radiusvector r bildet, der vom Mittelpunkte von A nach dem Punkte gezogen ist, in welchem das Potential genommen wird.

Wir bemerken, dass man, wenn

$$A_0 X_0 + A_1 X_1 \frac{x}{3} + \cdots + A_n X_n \frac{x^n}{2n+1} + \cdots = \varphi(\mu, x)$$

gesetzt wird, erhält:

$$V = 4\pi a\, \varphi\left(\mu, \frac{r}{a}\right)$$

$$V' = \frac{4\pi a^2}{r}\varphi\left(\mu, \frac{a}{r}\right).$$

Nun weiss man, dass im Falle $\mu = 1$ sich sämtliche Functionen X auf die Einheit reducieren. Bezeichnet man also $\varphi(1, x)$ mit $f(x)$, so erhält man:

$$f(x) = A_0 + A_1 \frac{x}{3} + \cdots + A_n \frac{x^n}{2n+1} + \cdots$$

Sodann sieht man, dass, wenn es gelingt $f(x)$ zu bestimmen, man die Coefficienten A und somit auch die Functionen ρ, V und V' kennt.

Wir erhalten ebenso für die Dichtigkeit σ der Schicht der Kugel B:

$$\sigma = B_0 X_0' + B_1 X_1' + \cdots + B_n X_n' + \cdots,$$

wo die Coefficienten B_n constant sind und X_n' das ist, was aus X_n wird, wenn man darin μ ersetzt durch μ', den Cosinus des Winkels, den die Verbindungslinie der Mittelpunkte mit dem Radiusvector r' bildet, der vom Mittelpunkte von B nach dem Punkte gezogen ist, für den das Potential betrachtet wird. Für das innere und äussere Potential dieser Schicht haben wir:

$$U = 4\pi b \sum_0^\infty B_n X_n' \frac{r'^n}{(2n+1) b^n}$$

$$U' = \frac{4\pi b^2}{r'} \sum_0^\infty B_n X_n' \frac{b^n}{(2n+1) r'^n}.$$

Setzt man:

$$\Sigma B_n X_n' \frac{x^n}{2n+1} = \Phi(\mu', x),$$

so erhält man:

$$U = 4\pi b \; \Phi\left(\mu', \frac{r'}{b}\right)$$

$$U' = \frac{4\pi b^2}{r'} \Phi\left(\mu', \frac{b}{r'}\right),$$

und um die Coefficienten B_n zu bestimmen, braucht man nur die Function zu berechnen:

$$F(x) = \Phi(1, x) = \sum_0^\infty B_n \frac{x^n}{2n+1}.$$

Das Dreieck, welches von den drei Linien r, r' und c gebildet wird, giebt:

$$\text{(a)} \qquad r\mu + r'\mu' = c.$$

Die Summe der Potentiale der beiden Schichten muss im Innern einer jeden Kugel einen constanten Wert besitzen; mithin hat man:

$$V + U' = \text{const. im Innern von } A,$$
$$V' + U = \text{const. im Innern von } B,$$

oder wenn wir mit C und G zwei Constanten bezeichnen:

$$a\,\varphi\left(\mu, \frac{r}{a}\right) + \frac{b^2}{r'} \Phi\left(\mu', \frac{b}{r'}\right) = C$$

$$\frac{a^2}{r} \varphi\left(\mu, \frac{a}{r}\right) + b\,\Phi\left(\mu', \frac{r'}{b}\right) = G.$$

Nehmen wir den angezogenen Punkt auf der Centrallinie an, so ist $\mu = 1$, $\mu' = 1$, die Gleichung (a) geht über in $r + r' = c$ und, wenn man diesen Punkt auf der Verlängerung dieser Linie nimmt, in $r - r' = c$ oder

$r' - r = c$, und die beiden Functionen φ und Φ verwandeln sich in f und F, so dass wir respective im Innern von A und von B erhalten:

$$af\left(\frac{r}{a}\right) + \frac{b^2}{c-r}F\left(\frac{b}{c-r}\right) = C$$
$$\frac{a^2}{c-r'}f\left(\frac{a}{c-r'}\right) + bF\left(\frac{r'}{b}\right) = G,$$

wenn man r und r' als positiv oder negativ betrachtet.

Nach dem, was oben auseinandergesetzt wurde, können wir, wenn wir f und F mit Hülfe dieser beiden Gleichungen berechnet haben, die Lösung der Aufgabe leicht vollständig erledigen.

Setzen wir:

$$\frac{r}{a} = x, \quad \frac{r'}{b} = y,$$

so haben wir:

$$af(x) + \frac{b^2}{c-ax}F\left(\frac{b}{c-ax}\right) = C$$
$$\frac{a^2}{c-by}f\left(\frac{a}{c-by}\right) + bF(y) = G,$$

und hierin sind x und y zwischen -1 und $+1$ enthalten. Zwischen diesen beiden Gleichungen eliminieren wir die Function F. Dazu verwandeln wir y in $\frac{b}{c-ax}$, welches kleiner als 1 ist, sodann combinieren wir die beiden Gleichungen, und wenn wir des einfacheren Schreibens wegen

$$\frac{c^2-b^2}{a} = k$$

setzen, so finden wir:

$$\text{(b)} \qquad f(x) - \frac{b}{k-cx}f\left(\frac{c-ax}{k-cx}\right) = \frac{C}{a} - \frac{Gb}{a}\frac{1}{c-ax},$$

worin, wie schon erwähnt, x zwischen -1 und $+1$ enthalten ist.

§ 23.

Betrachten wir zunächst die Gleichung (b) ohne rechte Seite, d. h. die Gleichung

$$\text{(c)} \qquad f(x) - \frac{b}{k-cx}f\left(\frac{c-ax}{k-cx}\right) = 0,$$

so finden wir leicht die Lösung:

$$f(x) = \frac{H}{\sqrt{c-(k+a)x+cx^2}},$$

wo H eine Constante ist, und diese Function bildet einen Teil der Lösung der Gleichung (b). Für $x = 1$ aber wird die unter dem Wurzelzeichen stehende Grösse gleich $2c - k - a = \frac{b^2 - (a-c)^2}{a}$ und hat einen negativen Wert; für $x = 0$ andererseits ist sie positiv; mithin wird die Wurzelgrösse zwischen $x = 0$ und $x = 1$ gleich Null und imaginär; somit muss man $H = 0$ setzen.

Man bemerke, dass man der Gleichung (c) ebenfalls genügen kann mittelst derselben Formel, wenn man darin für H statt einer Constanten eine Function von x nimmt, welche bei Verwandlung von x in $\frac{c - ax}{k - cx}$ unverändert bleibt. Man sieht aber leicht, dass diese neue Function ebenfalls nicht brauchbar sein würde und dass man $H = 0$ setzen müsste.

Wir wollen sodann die Gleichung (b) auflösen 1. für den Fall, dass man ihre rechte Seite auf $\frac{C}{a}$ reduciert, 2. für den Fall, dass man die rechte Seite auf $-\frac{Gb}{a}\frac{1}{c-ax}$ reduciert, und addieren sodann die so erhaltenen Functionen, um den Wert der gesuchten Function zu erhalten. Nun braucht man aber, um diese beiden Aufgaben zu lösen, nur die Gleichung (b) zu lösen, wenn man darin die rechte Seite durch

$$\frac{1}{p - qx}$$

ersetzt, und für die erste Aufgabe $p = 1$, $q = 0$, für die zweite $p = c$, $q = a$ zu setzen. Schliesslich multipliciert man noch die beiden Resultate mit $\frac{C}{a}$, respective mit $-\frac{Gb}{a}$.

§ 24.

Um die Gleichung

$$f(x) - \frac{b}{k - cx} f\left(\frac{c - ax}{k - cx}\right) = \frac{1}{p - qx}$$

aufzulösen, setzen wir:

$$f(x) = \psi_0(x) + \psi_1(x) + \cdots + \psi_n(x) + \cdots$$

und brauchen nur zu nehmen:

$$\psi_0(x) = \frac{1}{p - qx},$$

$$\psi_{n+1}(x) = \frac{b}{k - cx}\,\psi_n\left(\frac{c - ax}{k - cx}\right).$$

Um dieser letzteren Gleichung zu genügen, setzen wir:

$$\psi_n(x) = \frac{1}{p_n - q_n x},$$

wo p_n, q_n Constanten sind. Dies giebt:

$$\frac{1}{p_{n+1} - q_{n+1}x} = \frac{b}{kp_n - cq_n - (cp_n - aq_n)x},$$

und somit:

$$\text{(d)} \qquad \begin{cases} bp_{n+1} = kp_n - cq_n \\ bq_{n+1} = cp_n - aq_n. \end{cases}$$

In der ersten dieser beiden Formeln verwandeln wir n in $n+1$, also:

$$bp_{n+2} = kp_{n+1} - cq_{n+1}$$

und eliminieren schliesslich zwischen diesen drei Formeln q_n und q_{n+1}. Wir haben so:

$$bp_{n+2} - (k - a)p_{n+1} + bp_n = 0$$

oder:

$$p_{n+2} - gp_{n+1} + p_n = 0,$$

wenn gesetzt wird:

$$\frac{k-a}{b} = \frac{c^2 - a^2 - b^2}{ab} = g.$$

Man genügt dieser letzteren Gleichung, wenn man setzt:

$$p_n = si^n + ti'^n,$$

wo s und t unabhängig von n und i, i' die Wurzeln der Gleichung zweiten Grades

$$i^2 - gi + 1 = 0$$

sind. Sodann erhält man aus der ersten der Gleichungen (d)

$$q_n = \frac{k - bi}{c} si^n + \frac{k - bi'}{c} ti'^n.$$

Um die beiden Constanten s und t zu bestimmen, setze man $n = 0$ in den Ausdrücken von p_n, q_n; man erhält so:

$$s + t = p$$
$$\frac{k - bi}{c} s + \frac{k - bi'}{c} t = q,$$

wo p und q bekannt sind. Es ist also:

$$s = \frac{qc - (k - bi')p}{b(i' - i)}$$
$$t = \frac{-qc + (k - bi)p}{b(i' - i)}$$

und

$$i' = \frac{g}{2} + \sqrt{\frac{g^2}{4} - 1}, \quad i = \frac{g}{2} - \sqrt{\frac{g^2}{4} - 1}.$$

§ 25.

Bezeichnen wir mit p_n, q_n die Werte von p_n, q_n, wenn man darin $p = c$, $q = a$ setzt, und mit p_n', q_n' die Werte von p_n, q_n, wenn man darin $p = 1$, $q = 0$ setzt, so erhalten wir mit Benutzung dieser Bezeichnungen:

$$f(x) = \frac{C}{a}\sum_0^\infty \frac{1}{p_n' - q_n' x} - \frac{Gb}{a}\sum_0^\infty \frac{1}{p_n - q_n x}.$$

Bilden wir die Grössen p_n', q_n', p_n, q_n, so ist zunächst:

$$p_0' = 1,\quad q_0' = 0,\quad s' = -\frac{k - bi'}{b(i' - i)},\quad t' = \frac{k - bi}{b(i' - i)}.$$

Beachten wir sodann die Gleichungen:

$$i + i' = g,\quad ii' = 1$$
$$(k - bi)(k - bi') = k^2 - kbg + b^2 = c^2,$$

so finden wir:

$$p_n' = s'i^n + t'i'^n = \frac{-(a + bi)i^n + (a + bi')i'^n}{b(i' - i)}$$

$$q_n' = \frac{k - bi}{c}s'i^n + \frac{k - bi'}{c}t'i'^n = \frac{c(i'^n - i^n)}{b(i' - i)}.$$

Ebenso erhalten wir:

$$p_0 = c,\quad q_0 = a,\qquad s = -\frac{ci}{i' - i},\quad t = \frac{ci'}{i' - i}$$

$$p_n = si^n + ti'^n \qquad = \frac{c(i'^{n+1} - i^{n+1})}{i' - i}$$

$$q_n = \frac{k - bi}{c}si^n + \frac{k - bi'}{c}ti'^n = \frac{(a + bi)i'^{n+1} - (a + bi')i^{n+1}}{i' - i}.$$

Mithin erhalten wir schliesslich die folgende Formel:

$$f(x) = \frac{Cb}{a}\sum_0^\infty \frac{i' - i}{(a + bi' - cx)i'^n - (a + bi - cx)i^n}$$
$$- \frac{Gb}{a}\sum_0^\infty \frac{i' - i}{[c - (a + bi)x]i'^{n+1} - [c - (a + bi')x]i^{n+1}}.$$

Hieraus leiten wir $F(y)$ her, indem wir die Buchstaben a und b, C und G mit einander vertauschen, und erhalten:

$$F(y) = \frac{Ga}{b}\sum_0^\infty \frac{i' - i}{(b + ai' - cy)i'^n - (b + ai - cy)i^n}$$
$$- \frac{Ca}{b}\sum_0^\infty \frac{i' - i}{[c - (b + ai)y]i'^{n+1} - [c - (b + ai')y]i^{n+1}}.$$

§ 26.

Die beiden Constanten C und G bestimmen sich durch die Ladungen, die den beiden Kugeln mitgeteilt worden sind und die wir als bekannt voraussetzen. Nach der Formel, welche V' giebt, ist $4\pi a^2 A_0$ die Ladung der Kugel A; somit ist A_0 die mittlere Dichtigkeit auf dieser Kugel, und ebenso ist B_0 die mittlere Dichtigkeit auf der Kugel B und diese beiden Grössen sind bekannt. Nun stellen aber A_0 und B_0 die Werte von $f(x)$ und $F(x)$ für $x=0$ dar; mithin ergeben sich zur Bestimmung von C und G die folgenden beiden Gleichungen:

$$A_0 = \frac{Cb}{a}\sum_0^\infty \frac{i'-i}{(a+bi')i'^n-(a+bi)i^n} - \frac{Gb}{ac}\sum_0^\infty \frac{i'-i}{i'^{n+1}-i^{n+1}}$$

$$B_0 = \frac{Ga}{b}\sum_0^\infty \frac{i'-i}{(b+ai')i'^n-(b+ai)i^n} - \frac{Ga}{bc}\sum_0^\infty \frac{i'-i}{i'^{n+1}-i^{n+1}}.$$

§ 27.

Nach den Auseinandersetzungen im § 22 geht man von $f(x)$ zu $\varphi(\mu, x)$ über, indem man $f(x)$ nach Potenzen von x entwickelt und die Glieder dieser Entwickelung respective mit den Coefficienten $X_0, X_1, X_2, \ldots$ der Entwickelung von

$$(1-2\mu x+x^2)^{-\frac{1}{2}} = X_0 + X_1 x + X_2 x^2 + \cdots$$

multipliciert. Nun ist $f(x)$ in Teile zerlegt worden von der Form $\frac{1}{P-Qx}$ und man hat:

$$\frac{1}{P-Qx} = \frac{1}{P}\left(1+\frac{Q}{P}x+\frac{Q^2}{P^2}x^2+\cdots\right);$$

mithin ist der entsprechende Teil von $\varphi(\mu, x)$:

$$\frac{1}{P}\left(X_0 + X_1\frac{Q}{P}x + X_2\frac{Q^2}{P^2}x^2+\cdots\right) = (P^2-2PQ\mu x+Q^2x^2)^{-\frac{1}{2}}.$$

Setzen wir sodann:

$$\mathrm{A}_n = c(i'^{n+1}-i^{n+1})$$
$$\mathrm{B}_n = (a+bi)i'^{n+1} - (a+bi')i^{n+1}$$
$$\mathrm{A}_n' = (a+bi')i'^n - (a+bi)i^n,$$

so ergiebt sich:

$$p_n = \frac{1}{i'-i}\mathrm{A}_n, \qquad q_n = \frac{1}{i'-i}\mathrm{B}_n,$$
$$p_n' = \frac{1}{b(i'-i)}\mathrm{A}_n', \quad q_n' = \frac{1}{b(i'-i)}\mathrm{A}_{n-1},$$

und sodann erhalten wir:

$$\varphi(\mu, x) = \frac{Cb(i'-i)}{a}\sum_0^\infty \frac{1}{\sqrt{A_n'^2 - 2A_{n-1}A_n'\mu x + A_{n-1}^2 x^2}}$$
$$- \frac{Gb(i'-i)}{a}\sum_0^\infty \frac{1}{\sqrt{A_n^2 - 2A_n B_n \mu x + B_n^2 x^2}}.$$

Hieraus können wir erhalten:

$$V = 4\pi a \varphi\left(\mu, \frac{r}{a}\right), \quad V' = \frac{4\pi a^2}{r}\varphi\left(\mu, \frac{a}{r}\right).$$

Die Dichtigkeit ρ auf der Kugel A hat den Wert:

$$\rho = -\frac{1}{4\pi}\left(\frac{\partial V'}{\partial r} - \frac{\partial V}{\partial r}\right) = 2\frac{\partial \varphi(\mu, x)}{\partial x} + \varphi(\mu, x) \text{ für } x = 1.$$

Nun findet man, wenn man

$$\psi = (A - Bx + Cx^2)^{-\frac{1}{2}}$$

setzt, für $x = 1$:

$$2\frac{d\psi}{dx} + \psi = \frac{A - C}{(A - B + C)^{\frac{3}{2}}};$$

mithin folgt:

$$\rho = \frac{Cb}{a}(i'-i)\sum_0^\infty \frac{A_n'^2 - A_{n-1}^2}{(A_n'^2 - 2A_{n-1}A_n'\mu + A_{n-1}^2)^{\frac{3}{2}}}$$
$$- \frac{Gb}{a}(i'-i)\sum_0^\infty \frac{A_n^2 - B_n^2}{(A_n^2 - 2A_n B_n \mu + B_n^2)^{\frac{3}{2}}}.$$

Die in diesem Paragraphen berechneten Grössen beziehen sich auf die Kugel A. Man erhält analoge Grössen für die Kugel B, wenn man die Buchstaben a und b, C und G, μ und μ' in den vorstehenden Formeln mit einander vertauscht.

§ 28.

Wir wollen nun diese Ausdrücke transformieren. Da i' grösser als i und ihr Product gleich der Einheit ist, so setzen wir:

$$i' = e^\beta, \quad i = e^{-\beta};$$

bemerkt man sodann, dass

$$\frac{a + bi'}{c} \cdot \frac{a + bi}{c} = 1, \quad \frac{b + ai'}{c}\,\frac{b + ai}{c} = 1$$

ist, so kann man, wenn man mit η, η' zwei positive Grössen bezeichnet, ebenfalls setzen:

$$\frac{a+bi'}{c}=e^{\eta},\quad \frac{a+bi}{c}=e^{-\eta}$$

$$\frac{b+ai'}{c}=e^{\eta'},\quad \frac{b+ai}{c}=e^{-\eta'}.$$

Man erhält sodann:

$$e^{\eta+\eta'}=\frac{a+bi'}{c}\,\frac{b+ai'}{c}=i'=e^{\beta},$$

woraus folgt:

$$\eta+\eta'=\beta.$$

Aus diesen Formeln ergiebt sich ferner:

$$\sinh\eta=\frac{b}{c}\sinh\beta,\quad \sinh\eta'=\frac{a}{c}\sinh\beta$$

$$c=a\cosh\eta+b\cosh\eta'.$$

Ferner haben wir:

$$\mathrm{A}_n=2c\sinh(n+1)\beta,\quad \mathrm{B}_n=2c\sinh[(n+1)\beta-\eta],\quad \mathrm{A}_n'=2c\sinh(n\beta+\eta).$$

Bezeichnen wir mit H und L die Potentiale der Kugeln A und B und ersetzen wir folglich C und G durch $\frac{H}{4\pi}$ und $\frac{L}{4\pi}$, so erhalten wir:

$$\varphi(\mu,x)$$

$$=\frac{Hb}{4\pi ac}\sinh\beta\sum_0^\infty[\sinh^2(n\beta+\eta)-2\mu x\sinh(n\beta+\eta)\sinh n\beta+x^2\sinh^2 n\beta]^{-\frac{1}{2}}$$

$$-\frac{Lb}{4\pi ac}\sinh\beta\sum_0^\infty[\sinh^2(n+1)\beta-2\mu x\sinh(n+1)\beta\sinh[(n+1)\beta-\eta]+x^2\sinh^2[(n+1)\beta-\eta]]^{-\frac{1}{2}}$$

und

$$\rho=\frac{Hb}{4\pi ac}\sinh\beta\sum_0^\infty\frac{\sinh^2(n\beta+\eta)-\sinh^2 n\beta}{[\sinh^2(n\beta+\eta)-2\mu\sinh n\beta\sinh(n\beta+\eta)+\sinh^2 n\beta]^{\frac{3}{2}}}$$

$$-\frac{Lb}{4\pi ac}\sinh\beta\sum_0^\infty\frac{\sinh^2[(n+1)\beta-\eta]-\sinh^2(n+1)\beta}{[\sinh^2[(n+1)\beta-\eta]-2\mu\sinh(n+1)\beta\sinh[(n+1)\beta-\eta]+\sinh^2(n+1)\beta]^{\frac{3}{2}}}.$$

Mit M und M' bezeichnen wir die Massen der Electricität auf den beiden Kugeln A und B; dieselben haben die Werte $4\pi a^2 A_0$ und $4\pi b^2 B_0$ und wir erhalten zwischen diesen Massen und den Potentialen die folgenden beiden Gleichungen:

$$M=\frac{ab}{c}\sinh\beta\left[H\sum_0^\infty\frac{1}{\sinh(n\beta+\eta)}-L\sum_0^\infty\frac{1}{\sinh(n+1)\beta}\right]$$

$$M'=\frac{ab}{c}\sinh\beta\left[L\sum_0^\infty\frac{1}{\sinh(n\beta+\eta')}-H\sum_0^\infty\frac{1}{\sinh(n+1)\beta}\right].$$

§ 29.

Der Ausdruck für die Dichtigkeit ρ vereinfacht sich bedeutend für die Punkte der Kugel A, welche auf der Verbindungslinie der Mittelpunkte der beiden Kugeln und auf ihrer Verlängerung liegen.

Für den auf der Centrallinie gelegenen Punkt ist $\mu = 1$ und man findet:

$$\rho = \frac{Hb}{4\pi ac}\sinh\beta\sum_0^\infty \frac{\sinh(n\beta+\eta)+\sinh n\beta}{[\sinh(n\beta+\eta)-\sinh n\beta]^2}$$

$$-\frac{Lb}{4\pi ac}\sinh\beta\sum_0^\infty \frac{\sinh[(n+1)\beta-\eta]+\sinh(n+1)\beta}{[\sinh[(n+1)\beta-\eta]-\sinh(n+1)\beta]^2},$$

oder:

$$\rho = \frac{b}{8\pi ac}\,\frac{\sinh\beta\cosh\frac{\eta}{2}}{\sinh^2\frac{\eta}{2}}\left\{H\sum_0^\infty \frac{\sinh\left(n\beta+\frac{\eta}{2}\right)}{\cosh^2\left(n\beta+\frac{\eta}{2}\right)} - L\sum_0^\infty \frac{\sinh\left[(n+1)\beta-\frac{\eta}{2}\right]}{\cosh^2\left[(n+1)\beta-\frac{\eta}{2}\right]}\right\}.$$

Für den auf der Verlängerung der Centrallinie gelegenen Punkt ist $\mu = -1$ und es ist:

$$\rho = \frac{Hb}{4\pi ac}\sinh\beta\sum_0^\infty \frac{\sinh(n\beta+\eta)-\sinh n\beta}{[\sinh(n\beta+\eta)+\sinh n\beta]^2}$$

$$-\frac{Lb}{4\pi ac}\sinh\beta\sum_0^\infty \frac{\sinh[(n+1)\beta-\eta]-\sinh(n+1)\beta}{[\sinh[(n+1)\beta-\eta]+\sinh(n+1)\beta]^2},$$

oder:

$$\rho = \frac{b}{8\pi ac}\,\frac{\sinh\beta\sinh\frac{\eta}{2}}{\cosh^2\frac{\eta}{2}}\left\{H\sum_0^\infty \frac{\cosh\left(n\beta+\frac{\eta}{2}\right)}{\sinh^2\left(n\beta+\frac{\eta}{2}\right)} - L\sum_0^\infty \frac{\cosh\left[(n+1)\beta-\frac{\eta}{2}\right]}{\sinh^2\left[(n+1)\beta-\frac{\eta}{2}\right]}\right\}.$$

Fall, wo sich die Kugeln berühren.

§ 30.

In dem Falle, wo die beiden Kugeln mit einander in Berührung sind, kann man verschiedene ziemlich einfache Formeln erhalten; in diesem Falle sind die Potentiale der beiden Kugeln gleich.

Um diesen speciellen Fall zu behandeln, untersuchen wir zunächst, was aus der Reihe

$$(1)\qquad \sum_{n=0}^{n=\infty}\left[\frac{\sinh\beta}{\sinh(n+z)\beta}-\frac{\sinh\beta}{\sinh(n+1)\beta}\right]$$

wird, wenn β sich der Null nähert.

Wir beginnen mit der Summation der Reihe:

$$(2)\qquad \sum_{n=-\infty}^{n=+\infty} \frac{1}{\sinh(n+z)\beta} = \sum_{-\infty}^{+\infty} \frac{1}{\sinh\left(z\beta - \frac{\beta}{2} + \frac{2n+1}{2}\beta\right)}.$$

Wir bezeichnen $\sqrt{-1}$ mit i. Die Function $\operatorname{tangam} u$, welche $2K$ und $4iK'$ zu Perioden hat, wird dargestellt durch die folgende Doppelreihe:

$$\operatorname{tangam} u = -\frac{1}{k'} \sum_{m=-\infty}^{m=+\infty} \sum_{n=-\infty}^{n=+\infty} \frac{(-1)^n}{u-(2m+1)K - n\cdot 2iK'},$$

wo k' das Complement des Moduls k ist. Da man

$$\sum_{-\infty}^{+\infty} \frac{(-1)^n}{z-n\cdot 2iK'} = \frac{\pi}{2K'} \sum_{-\infty}^{+\infty} \frac{-(-1)^n i}{\frac{\pi}{2iK'}z - n\pi} = \frac{\pi}{2K'} \frac{1}{\sinh\left(\frac{\pi z}{2K'}\right)}$$

hat, so ergiebt sich:

$$(3)\qquad \operatorname{tangam} u = -\frac{\pi}{2K'k'} \sum_{m=-\infty}^{m=+\infty} \frac{1}{\sinh\left[\frac{u\pi}{2K'} - (2m+1)\frac{\pi K}{2K'}\right]}.$$

Setzen wir in dieser Formel

$$\frac{\pi K}{K'} = \beta,$$

und schreiben u für $\frac{\pi u}{2K'}$, so erhalten wir:

$$\sum_{m=-\infty}^{m=+\infty} \frac{1}{\sinh\left[u+(2m+1)\frac{\beta}{2}\right]} = -\frac{2Kk'}{\beta} \operatorname{tangam} \frac{2Ku}{\beta}.$$

Diese Formel wenden wir auf die Reihe (2) an, multiplicieren sodann mit $\sinh\beta$ und erhalten:

$$(4)\qquad \sum_{-\infty}^{+\infty} \frac{\sinh\beta}{\sinh(n+z)\beta} = -\frac{2Kk'}{\beta} \sinh\beta \operatorname{tangam} 2K\left(z-\frac{1}{2}\right).$$

Die linke Seite lässt sich schreiben:

$$\sum_{0}^{\infty} \frac{\sinh\beta}{\sinh(n+z)\beta} + \sum_{1}^{\infty} \frac{\sinh\beta}{\sinh(-n+z)\beta}$$

$$= \sum_{0}^{\infty} \frac{\sinh\beta}{\sinh(n+z)\beta} - \sum_{0}^{\infty} \frac{\sinh\beta}{\sinh(n+1-z)\beta}$$

$$= \sum_{0}^{\infty} \left[\frac{\sinh\beta}{\sinh(n+z)\beta} - \frac{\sinh\beta}{\sinh(n+1)\beta}\right] - \sum_{0}^{\infty} \left[\frac{\sinh\beta}{\sinh(n+1-z)\beta} - \frac{\sinh\beta}{\sinh(n+1)\beta}\right].$$

In der Formel (4) lassen wir jetzt β sich der Null nähern; in der Grenze erhalten wir $2K = \pi$, $k = 0$, $k' = 1$, und wenn wir die Grenze der Reihe (1) mit $\chi(z)$ bezeichnen, so geht die Gleichung (4) über in:

$$\chi(z) - \chi(1 - z) = \pi \cot \pi z.$$

Nun hat man aber, wenn $z < 1$ ist, die bekannte Formel:

$$\text{(a)} \qquad \int_0^1 \frac{t^{z-1} - 1}{1 - t}\, dt - \int_0^1 \frac{t^{-z} - 1}{1 - t}\, dt = \pi \cot \pi z,$$

und wenn man diese Formel mit der vorhergehenden vergleicht, so folgt:

$$\chi(z) = \int_0^1 \frac{t^{z-1} - 1}{1 - t}\, dt.$$

Eine Constante hat man auf der rechten Seite nicht hinzuzufügen, da sie, ebenso wie die linke, für $z = 1$ verschwindet.

§ 31.

Dieses Resultat wenden wir auf die beiden in Berührung befindlichen electrisierten Kugeln an. In den Formeln des § 28 hat man $H = L$, $c = a + b$ zu setzen und β, η und η' unendlich klein zu nehmen. Man erhält daher:

$$\eta = \frac{b}{a + b}\beta, \quad \eta' = \frac{a}{a + b}\beta,$$

und aus den beiden letzten Formeln jenes Paragraphen leitet man her:

$$M = \frac{ab}{a + b} H \int_0^1 \frac{t^{-\frac{a}{a+b}} - 1}{1 - t}\, dt$$

$$M' = \frac{ab}{a + b} H \int_0^1 \frac{t^{-\frac{b}{a+b}} - 1}{1 - t}\, dt.$$

Suchen wir die Gesamtladung $\mathfrak{M}$ der beiden Kugeln, so erhalten wir, wenn wir diese beiden Gleichungen addieren, die Gleichung:

$$\mathfrak{M} = \frac{ab}{a + b} H \left(\int_0^1 \frac{t^{-\frac{a}{a+b}} - 1}{1 - t}\, dt + \int_0^1 \frac{t^{-\frac{b}{a+b}} - 1}{1 - t}\, dt \right),$$

wodurch das Potential H bestimmt wird.

Man braucht nur eins von diesen beiden Integralen zu berechnen; man hat nämlich der Formel (a) zufolge für ihre Differenz:

$$\int_0^1 \frac{t^{-\frac{a}{a+b}} - t^{-\frac{b}{a+b}}}{1-t}\,dt = \pi \cot \frac{b\pi}{a+b}.$$

Nimmt man $a > b$ an, so ist die Cotangente positiv, was bedeutet, dass die Ladung der grösseren Kugel grösser ist als diejenige der kleineren.

Entfernt man die beiden Kugeln von einander soweit, dass sie nicht mehr auf einander wirken, so wird die Dichtigkeit auf jeder gleichförmig und das Verhältnis der Dichtigkeit auf der Kugel B zu der Dichtigkeit auf der Kugel A ist:

$$\frac{M'}{b^2} : \frac{M}{a^2} = \frac{a^2}{b^2}\left(\int_0^1 \frac{t^{-\frac{b}{a+b}} - 1}{1-t}\,dt\right) : \left(\int_0^1 \frac{t^{-\frac{a}{a+b}} - 1}{1-t}\,dt\right).$$

Um des einfacheren Schreibens willen, setzen wir:

$$\frac{b}{a+b} = \alpha,$$

und erhalten:

$$\int_0^1 \frac{t^{-\frac{a}{a+b}} - 1}{1-t}\,dt = \int_0^1 \left(\frac{t^{\alpha} - 1}{1-t} + t^{\alpha-1}\right) dt = \int_0^1 \frac{t^{\alpha} - 1}{1-t}\,dt + \frac{1}{\alpha}.$$

Daraus ergiebt sich für das Verhältnis der Dichtigkeiten:

$$\frac{a^2}{b(a+b)}\left(\int_0^1 \frac{t^{-\alpha} - 1}{1-t}\,dt\right) : \left(1 + \alpha \int_0^1 \frac{t^{\alpha} - 1}{1-t}\,dt\right).$$

Wir untersuchen, was aus diesem Verhältnis wird, wenn die Kugel B unendlich klein wird im Verhältnis zur Kugel A. Man muss alsdann in dieser Formel α gegen Null convergieren lassen. Ersetzen wir $t^{-\alpha}$ durch

$$1 - \alpha \log t + \frac{\alpha^2}{1 \cdot 2} (\log t)^2 - \cdots,$$

so erhalten wir für die Grenze des Verhältnisses der Dichtigkeiten:

$$\int_0^1 \frac{\log \frac{1}{t}}{1-t}\,dt = \frac{\pi^2}{6} = 1{,}644936 \ldots$$

Anstatt dieser von Poisson gefundenen Zahl hatte Coulomb geglaubt, aus seinen Versuchen auf die Zahl 2 schliessen zu müssen.

§ 32.

Stellen wir durch $\Psi(z)$ die schon im § 19 dieses Kapitels auf diese Weise bezeichnete Function dar, so hat man die Formel:

$$\int_0^1 \frac{z^\mu - z^\lambda}{1-z}\,dz = \Psi(\lambda) - \Psi(\mu),$$

vorausgesetzt, dass μ und λ grösser als -1 sind (vgl. z. B. die Nr. 37 der Abhandlung von Gauss: *Disquisitiones generales circa seriem infinitam* $1 + \frac{\alpha\beta}{1\cdot\gamma}x + \cdots$, Werke Bd. III). Man hat daher die folgenden Formeln:

$$\int_0^1 \frac{t^{-\frac{a}{a+b}} - 1}{1-t}\,dt = \Psi(0) - \Psi\left(\frac{-a}{a+b}\right)$$

$$\int_0^1 \frac{t^{-\frac{b}{a+b}} - 1}{1-t}\,dt = \Psi(0) - \Psi\left(\frac{-b}{a+b}\right).$$

Am Ende der erwähnten Abhandlung hat Gauss eine Tafel der Werte von $\Psi(z)$ gegeben, wenn z zwischen 0 und 1 enthalten ist, und auf diesen Fall kann man die vorstehenden Functionen Ψ zurückführen mittelst der Formel:

$$\Psi(z) = \Psi(z+1) - \frac{1}{z+1}.$$

§ 33.

Wir wenden jetzt die Formeln des § 27 auf den Fall an, wo die Kugeln A und B in Berührung sind. Die Entfernung c ihrer Mittelpunkte ist alsdann gleich $a+b$ und die beiden Wurzeln i und i' werden gleich 1. Nehmen wir i' und i unendlich wenig verschieden von 1 an und gehen sodann zur Grenze über, so erhalten wir:

$$\frac{A_n}{i'-i} = (n+1)c, \quad \frac{B_n}{i'-i} = (n+1)c - b, \quad \frac{A_n'}{i'-i} = nc + b.$$

Da $G = C$ oder $L = H$ ist, so folgt:

$$\varphi(\mu, x) = \frac{Hb}{4\pi a}\left\{ \sum_0^\infty \frac{1}{[(nc+b)^2 - 2nc(nc+b)\,\mu x + n^2c^2x^2]^{\frac{1}{2}}} \right.$$
$$\left. - \sum_1^\infty \frac{1}{[n^2c^2 - 2nc(nc-b)\,\mu x + (nc-b)^2x^2]^{\frac{1}{2}}} \right\},$$

und sodann:

$$(2)\quad \begin{cases} \rho = \dfrac{Hb}{4\pi a}\left\{ \displaystyle\sum_0^\infty \dfrac{(nc+b)^2 - n^2c^2}{[(nc+b)^2 - 2nc(nc+b)\mu + n^2c^2]^{\frac{3}{2}}} \right. \\ \left. \qquad + \displaystyle\sum_1^\infty \dfrac{(nc-b)^2 - n^2c^2}{[n^2c^2 - 2nc(nc-b)\mu + (nc-b)^2]^{\frac{3}{2}}} \right\}. \end{cases}$$

Man kann aus diesen Reihen eine einzige machen und zwar erhält man:

$$\rho = \frac{H}{4\pi a} + \frac{Hb^2}{4\pi a}\sum_1^\infty \left\{ \frac{2nc+b}{[b^2 + 2nc(nc+b)(1-\mu)]^{\frac{3}{2}}} - \frac{2nc-b}{[b^2+2nc(nc-b)(1-\mu)]^{\frac{3}{2}}} \right\}.$$

Diese Reihe ist sehr convergent, vorausgesetzt, dass μ nicht gleich 1 oder sehr nahe gleich 1 ist. Übrigens entspricht der Wert $\mu = 1$ dem Berührungspunkte der beiden Kugeln und daselbst ist ρ offenbar gleich Null.

Obwohl die letzte Formel im Allgemeinen sehr bequem ist, kann man doch über den Ausdruck von ρ noch die folgenden Bemerkungen machen:

Wenn man in der zweiten Summe der Formel (2) n in $-n$ verwandelt und sodann von $n = -1$ bis $n = -\infty$ summiert, so erhält man:

$$\rho = \frac{Hb^2}{4\pi a}\sum_{-\infty}^{+\infty} \frac{2nc+b}{[b^2 + 2nc(nc+b)(1-\mu)]^{\frac{3}{2}}}.$$

Ferner sieht man, dass

$$\rho = -\frac{Hb^2}{4\pi a(1-\mu)}\frac{\partial F(z)}{\partial z} \quad \text{für } z = 0$$

ist, wenn man setzt:

$$F(z) = \sum_{-\infty}^{+\infty} \frac{1}{[b^2 + 2(nc+z)(nc+z+b)(1-\mu)]^{\frac{1}{2}}}.$$

Verteilung der Electricität auf zwei durch einen leitenden Faden verbundenen Kugeln.

§ 34.

Wenn die beiden Kugeln durch einen leitenden Faden verbunden sind, so sind ihre Potentiale H und L einander gleich. Mithin werden die beiden letzten Formeln des § 28:

$$\mathfrak{M} = \frac{ab}{c} H \sinh\beta \left[\sum_0^\infty \frac{1}{\sinh(n\beta + \eta)} - \sum_0^\infty \frac{1}{\sinh(n+1)\beta} \right]$$

$$\mathfrak{M}' = \frac{ab}{c} H \sinh\beta \left[\sum_0^\infty \frac{1}{\sinh(n\beta + \eta')} - \sum_0^\infty \frac{1}{\sinh(n+1)\beta} \right].$$

Bezeichnen wir mit $\mathfrak{M}$ die Summe der Ladungen der beiden Kugeln, so erhalten wir, wenn wir diese beiden Gleichungen addieren:

$$\mathfrak{M} = \frac{ab}{c} H \sinh\beta \sum_0^\infty \left[\frac{1}{\sinh(n\beta + \eta)} + \frac{1}{\sinh(n\beta + \eta')} - \frac{2}{\sinh(n+1)\beta} \right].$$

Nimmt man an, dass man durch den Versuch die Grösse $\mathfrak{M}$ bestimmt habe, so ergiebt sich H vermittelst dieser Gleichung. Die Glieder dieser Reihe nehmen sehr schnell ab.

Darauf können wir M durch die erste Gleichung berechnen. Fasst man die beiden darin vorkommenden Reihen zu einer zusammen, so erhält man:

$$M = \frac{ab}{c} H \sinh\beta \sum_0^\infty \left[\frac{1}{\sinh(n\beta + \eta)} - \frac{1}{\sinh(n+1)\beta} \right].$$

§ 35.

Die Differenz der Ladungen der beiden Kugeln lässt sich mittelst einer elliptischen Function darstellen. Man hat nämlich:

$$M - M' = \frac{ab}{c} H \sinh\beta \left[\sum_0^\infty \frac{1}{\sinh(n\beta + \eta)} - \sum_0^\infty \frac{1}{\sinh(n\beta + \eta')} \right].$$

Erinnert man sich, dass $\beta = \eta + \eta'$ ist, so kann man die erste Summe auf folgende Form bringen:

$$\sum_0^\infty \frac{1}{\sinh\left[\frac{\eta - \eta'}{2} + (2n+1)\frac{\beta}{2}\right]},$$

und für die zweite Summe, genommen mit dem ihr vorangehenden Zeichen -1, erhält man nach und nach:

$$\sum_0^\infty \frac{1}{\sinh\left[\frac{\eta - \eta'}{2} + (-2n-1)\frac{\beta}{2}\right]}$$

$$= \sum_1^\infty \frac{1}{\sinh\left[\frac{\eta - \eta'}{2} + (-2n+1)\frac{\beta}{2}\right]}$$

$$= \sum_{-1}^{-\infty} \frac{1}{\sinh\left[\frac{\eta - \eta'}{2} + (2n+1)\frac{\beta}{2}\right]}.$$

Durch Addition dieser beiden Summen folgt:

$$\sum_{-\infty}^{+\infty} \frac{1}{\sinh\left[\frac{\eta-\eta'}{2}+(2n+1)\frac{\beta}{2}\right]}$$

Wie wir im § 30 sahen, hat man aber, wenn man

$$\frac{\pi K}{K'}=\beta$$

setzt:

$$\sum_{-\infty}^{+\infty} \frac{1}{\sinh\left(u+\frac{2n+1}{2}\beta\right)}=-\frac{2Kk'}{\beta}\operatorname{tangam}\frac{2K}{\beta}u;$$

mithin erhalten wir:

$$M-M'=\frac{ab}{c}H\sinh\beta\,\frac{2Kk'}{\beta}\operatorname{tangam}\frac{K(\eta'-\eta)}{\beta}.$$

Zur Berechnung der Grösse K und des Moduls k wendet man die bekannten Formeln an:

$$q=e^{-\frac{\pi K'}{K}}=e^{-\frac{\pi^2}{\beta}}$$

$$\sqrt{\frac{2K}{\pi}}=1+2q+2q^4+2q^9+2q^{16}+\cdots$$

$$\sqrt{\frac{2k'K}{\pi}}=1-2q+2q^4-2q^9+2q^{16}-\cdots$$

§ 36.

Wir beschäftigen uns ferner mit dem Ausdrucke der Dichtigkeit der Electricität auf den beiden Kugeln. Da dieselben durch einen leitenden Faden verbunden sind, so kann dieser Faden nebst den beiden Kugeln als ein einziger leitender Körper betrachtet werden und somit besitzt die Electricität auf den Oberflächen der beiden Kugeln nur ein einziges Vorzeichen.

Die zweite Summe des im § 28 gefundenen Ausdrucks von ρ kann man, wenn man $n+1$ in n verwandelt und, statt von $n=0$ an zu summieren, von $n=1$ an summiert, folgendermassen schreiben:

$$\sum_{n=1}^{n=\infty} \frac{\sinh^2(n\beta-\eta)-\sinh^2(n\beta)}{\left[\sinh^2(n\beta-\eta)-2\mu\sinh(n\beta-\eta)\sinh(n\beta)+\sinh^2(n\beta)\right]^{\frac{3}{2}}}$$

und wenn man n in $-n$ verwandelt:

$$\sum_{n=-1}^{n=-\infty} \frac{\sinh^2(n\beta+\eta)-\sinh^2(n\beta)}{\left[\sinh^2(n\beta+\eta)-2\mu\sinh(n\beta+\eta)\sinh(n\beta)+\sinh^2(n\beta)\right]^{\frac{3}{2}}}.$$

Die Glieder der zweiten Summe sind alsdann genau von derselben Form wie die der ersten und man hat:

$$\rho=\frac{Hb}{4\pi ac}\sinh\beta\sum_{n=-\infty}^{n=+\infty}\frac{\sinh^2(n\beta+\eta)-\sinh^2(n\beta)}{[\sinh^2(n\beta+\eta)-2\mu\sinh(n\beta+\eta)\sinh(n\beta)+\sinh^2(n\beta)]^{\frac{3}{2}}}.$$

Betrachten wir jetzt die Function:

$$F(z)=\sum_{-\infty}^{+\infty}\frac{\sinh^2(n\beta+\eta+z)-\sinh^2(n\beta+z)}{[\sinh^2(n\beta+\eta+z)-2\mu\sinh(n\beta+\eta+z)\sinh(n\beta+z)+\sinh^2(n\beta+z)]^{\frac{3}{2}}},$$

so ist dies eine doppelt-periodische Function von z, deren beide Perioden β und πi sind, und es ist:

$$\rho=\frac{Hb}{4\pi ac}\sinh\beta F(0).$$

Die Function $F(z)$ kann ferner auf eine einfachere Function zurückgeführt werden; denn man hat:

$$F(z)=\frac{\sinh\eta}{\mu-\cosh\eta}\frac{\partial\Lambda(z)}{\partial z},$$

wenn man setzt:

$$\Lambda(z)=\sum_{-\infty}^{+\infty}\frac{1}{[\sinh^2(n\beta+\eta+z)-2\mu\sinh(n\beta+\eta+z)\sinh(n\beta+z)+\sinh^2(n\beta+z)]^{\frac{1}{2}}}.$$

Die Function $\Lambda(z)$ besitzt ebenfalls die beiden Perioden β und πi und alle ihre Glieder sind positiv, wenn man z nur reelle Werte beilegt.

Untersuchung der Function $\Lambda(z)$.

§ 37.

Wir suchen die Null- und Unendlichkeitsstellen der doppeltperiodischen Function $\Lambda(z)$.

Um die Nullstellen von $\Lambda(z)$ zu bestimmen, fassen wir sämtliche Glieder in folgender Weise zu je zweien zusammen:

$$[\sinh^2(n\beta+\eta+z)-2\mu\sinh(n\beta+\eta+z)\sinh(n\beta+z)+\sinh^2(n\beta+z)]^{-\frac{1}{2}}$$

und

$$[\sinh^2[(-n-1)\beta+\eta+z]-2\mu\sinh[(-n-1)\beta+\eta+z]\sinh[(-n-1)\beta+z] \\ +\sinh^2[(-n-1)\beta+z]]^{-\frac{1}{2}}.$$

Denkt man sich im ersten Ausdruck $[\sinh(n\beta+\eta+z)]^{-1}$ und im zweiten Ausdruck $[\sinh[(n+1)\beta-\eta-z]]^{-1}$ als Factor herausgesetzt, so kann man bewirken, dass beide Ausdrücke gleich und von entgegengesetztem Vorzeichen werden, wenn man setzt:

$$\sinh(n\beta+\eta+z) = -\sinh[(n+1)\beta-z]$$
$$\sinh(n\beta+z) = -\sinh[(n+1)\beta-\eta-z];$$

hieraus folgt:

$$z = \frac{\eta'}{2} + \frac{2s+1}{2}\pi i,$$

wo s eine ganze Zahl ist. Diese Formel giebt die Nullstellen der Function $\Lambda(z)$.

Um die Unendlichkeitsstellen von $\Lambda(z)$ zu erhalten, setzen wir:

$$n\beta + z = u$$

und setzen den Nenner des allgemeinen Gliedes von $\Lambda(z)$ gleich Null, also:

$$[\sinh(u+\eta) - e^{\vartheta i}\sinh u][\sinh(u+\eta) - e^{-\vartheta i}\sinh u] = 0.$$

Hieraus ergeben sich die beiden Unendlichkeitsstellen, die wir α und α' nennen wollen:

$$\alpha = \frac{1}{2}\log\frac{e^{-\eta}-e^{\vartheta i}}{e^{\eta}-e^{\vartheta i}}, \quad \alpha' = \frac{1}{2}\log\frac{e^{-\eta}-e^{-\vartheta i}}{e^{\eta}-e^{-\vartheta i}};$$

es sind dies die beiden einzigen Unendlichkeitsstellen, wenn man die Vielfachen der Periode β weglässt.

Den Ausdruck von α kann man folgendermassen umformen:

$$\alpha = -\frac{\eta}{2} + \frac{1}{2}\log\frac{1-\cosh\eta\cos\vartheta - i\sinh\eta\sin\vartheta}{\cosh\eta-\cos\vartheta}.$$

Setzen wir daher:

$$\sin\gamma = \frac{\sinh\eta\sin\vartheta}{\cosh\eta-\cos\vartheta}, \quad \cos\gamma = \frac{1-\cosh\eta\cos\vartheta}{\cosh\eta-\cos\vartheta},$$

so reduciert sich der Wert des Logarithmus auf $-\gamma i$, wenn man von den Vielfachen von πi absieht, und man erhält:

$$\alpha = \frac{-\eta-\gamma i}{2}.$$

Wir erhalten ebenso:

$$\alpha' = \frac{-\eta+\gamma i}{2}.$$

Der Winkel ϑ kann zwischen 0 und π angenommen werden; mithin ist auch γ ein Winkel, von dem man voraussetzen kann, dass er zwischen denselben Grenzen enthalten sei. Demnach sind die beiden Unendlichkeitsstellen α und α' in einem und demselben Periodenparallelogramm enthalten. Man sieht leicht, dass diese beiden Unendlichs von der Ordnung $\frac{1}{2}$ sind.

Denn das Glied von $\Lambda(z)$, welches für $z = \alpha$ oder $z = \alpha'$ unendlich wird ist der Ausdruck:

$$[\sinh^2(\eta + z) - 2\mu \sinh(\eta + z) \sinh z + \sinh^2 z]^{-\frac{1}{2}}$$

$$= [\sinh(\eta + z) - e^{\vartheta i} \sinh z]^{-\frac{1}{2}} [\sinh(\eta + z) - e^{-\vartheta i} \sinh z]^{-\frac{1}{2}},$$

und dieser enthält die Factoren $(z - \alpha)^{-\frac{1}{2}}$ und $(z - \alpha')^{-\frac{1}{2}}$.

Mithin giebt es in dem Periodenparallelogramm eine Nullstelle, deren Ordnung gleich 1 und deren Wert $\frac{\eta'}{2}$ ist, und es giebt zwei Unendlichkeitsstellen, α und α', deren Ordnung $\frac{1}{2}$ ist.

Vom Punkte α nach dem Punkte α' legen wir in der Ebene der Variablen z einen geradlinigen Schnitt und führen einen ähnlichen Schnitt aus in allen Periodenrechtecken zwischen den beiden Punkten, welche α und α' entsprechen. Dann kann die Veränderliche z, da sie diese Schnitte nicht mehr überschreiten kann, nicht um den Punkt α z. B. herumgehen, ohne zugleich um den Punkt α' herumzugehen, und die Function $\Lambda(z)$ wird ihren Wert nicht ändern, wenn die Veränderliche z zu demselben Punkte zurückgekehrt ist; mithin ist die Function $\Lambda(z)$ eindeutig geworden.

Man erhält eine Function, welche dieselben Eigenschaften besitzt, wenn man die Function

$$\frac{1}{\sqrt{\Delta^2 \mathrm{am}\, \frac{2K}{\beta}\left(z - \frac{\eta'}{2}\right) - \frac{k'^2}{\Delta^2 \mathrm{am}\, \frac{K\gamma i}{\beta}}}}$$

nimmt; jedoch darf man daraus nicht schliessen, dass sie von der vorigen nur um einen constanten Factor verschieden ist. Man kann beweisen, dass diese beiden Functionen verschieden sind, wenn man den besonderen Fall $\mu = -1$ betrachtet.

§ 38.

In dem besonderen Falle $\mu = 1$ hat man:

$$\Lambda(z) = \sum_{-\infty}^{+\infty} \frac{1}{\sinh(n\beta + \eta + z) - \sinh(n\beta + z)}$$

$$= \frac{1}{2 \sinh \frac{\eta}{2}} \sum_{-\infty}^{+\infty} \frac{1}{\cosh\left(n\beta + \frac{\eta}{2} + z\right)}.$$

Die Function ist alsdann monodrom und $\Lambda(z)$ ist gleich jenem Ausdruck bis auf einen constanten Factor d. h. gleich

$$\frac{1}{\Delta \mathrm{am}\, \frac{2K}{\beta}\left(z - \frac{\eta'}{2}\right)},$$

und zwar erhält man diesen Ausdruck, wenn man $\gamma = \pi$ setzt. Übrigens hat man:

$$\sum_{-\infty}^{+\infty} \frac{1}{\cosh\left(n\beta + \frac{\eta}{2} + z\right)} = \sum \frac{i}{\sinh\left(n\beta + \frac{\eta}{2} + \frac{\pi i}{2} + z\right)}$$

$$= \sum \frac{i}{\sinh\left(\frac{2n+1}{2}\beta - \frac{\eta'}{2} + \frac{\pi i}{2} + z\right)}$$

und nach einer im § 30 benutzten Formel:

$$= -\frac{2Kk'}{\beta} i \operatorname{tangam} \frac{2K}{\beta}\left(z - \frac{\eta'}{2} + \frac{\pi i}{2}\right)$$

$$= \frac{2Kk'}{\beta} \frac{1}{\Delta \mathrm{am} \frac{2K}{\beta}\left(z - \frac{\eta'}{2}\right)}$$

$$= \frac{2K}{\beta} \Delta \mathrm{am} \frac{2K}{\beta}\left(z + \frac{\eta}{2}\right).$$

Mithin hat man:

$$\Lambda(z) = \frac{K}{\beta \sinh \frac{\eta}{2}} \Delta \mathrm{am} \frac{2K}{\beta}\left(z + \frac{\eta}{2}\right).$$

Sodann ist:

$$\frac{\partial \Lambda(z)}{\partial z} = -\frac{2K^2k^2}{\beta^2} \frac{1}{\sinh \frac{\eta}{2}} \operatorname{sinam} \frac{2K}{\beta}\left(z + \frac{\eta}{2}\right) \operatorname{cosam} \frac{2K}{\beta}\left(z + \frac{\eta}{2}\right).$$

Setzt man $z = 0$ und substituiert den sich ergebenden Wert in den Ausdruck von ρ (§ 36), so erhält man für die Dichtigkeit in dem auf der Centrallinie gelegenen Punkte der Kugel A:

$$\rho = \frac{Hb}{2\pi ac} \frac{K^2k^2}{\beta^2} \frac{\cosh \frac{\eta}{2} \sinh \beta}{\sinh^2 \frac{\eta}{2}} \operatorname{sinam} \frac{K\eta}{\beta} \operatorname{cosam} \frac{K\eta}{\beta}.$$

Diese letztere Formel und diejenige des § 35 sind von Betti in seinem Buche *Teorica delle forze newtoniane* gegeben worden.

Über die Anziehung oder Abstossung zwischen zwei electrisierten Kugeln.

§ 39.

Die Energie des Systems der beiden Kugeln ist nach den Bezeichnungen im § 22:

$$W = \frac{1}{2}\int (V + U')\rho d\sigma + \frac{1}{2}\int (V' + U)\rho' d\sigma',$$

wo ρ und ρ' die Dichtigkeiten auf den beiden Kugeln und $d\sigma$, $d\sigma'$ die Elemente ihrer Oberflächen sind. Man hat somit:

$$W = \frac{1}{2}(HM + LM').$$

Da die Electricität symmetrisch um die Centrallinie verteilt ist, so fällt die Kraft F, welche zwischen den beiden Kugeln wirksam ist, in die Richtung der Centrallinie, und sie besitzt den Wert:

$$\mathfrak{F} = -\frac{\partial W}{\partial c} = -\frac{1}{2}\left(M\frac{\partial H}{\partial c} + M'\frac{\partial L}{\partial c}\right).$$

Wir haben im § 28 die beiden Gleichungen gefunden:

$$\text{(a)} \quad \begin{cases} M = \dfrac{ab}{c}\left[H\sum\limits_0^\infty \dfrac{\sinh\beta}{\sinh(n\beta + \eta)} - L\sum\limits_0^\infty \dfrac{\sinh\beta}{\sinh(n+1)\beta}\right] \\ M' = \dfrac{ab}{c}\left[L\sum\limits_0^\infty \dfrac{\sinh\beta}{\sinh(n\beta + \eta')} - H\sum\limits_0^\infty \dfrac{\sinh\beta}{\sinh(n+1)\beta}\right]. \end{cases}$$

Um $\mathfrak{F}$ zu berechnen, muss man aus diesen Gleichungen, in denen M und M' constant sind, die Werte von $\frac{\partial H}{\partial c}$ und $\frac{\partial L}{\partial c}$ ableiten. Nun hat man (§ 24):

$$i'^2 - gi' + 1 = 0, \quad g = \frac{c^2 - a^2 - b^2}{ab}.$$

Daraus folgt:

$$g = i' + i = 2\cosh\beta, \quad \frac{\partial i'}{\partial c} = \frac{2c}{ab}\frac{i'}{2i' - g} = \frac{ci'}{ab\sinh\beta},$$

und da $i' = e^\beta$ ist:

$$\frac{\partial\beta}{\partial c} = \frac{c}{ab\sinh\beta}.$$

Aus den Gleichungen

$$e^\eta = \frac{a + bi'}{c}, \quad e^{\eta'} = \frac{b + ai'}{c}$$

erhält man ferner:

$$\frac{\partial\eta}{\partial c}=\frac{a\cosh\beta+b}{ac\sinh\beta},\qquad \frac{\partial\eta'}{\partial c}=\frac{b\cosh\beta+a}{bc\sinh\beta}.$$

Setzt man hiernach:

$$-\frac{1}{c}\sinh\beta+\frac{c}{ab}\coth\beta=p,$$

so leitet man durch Differentiation der Gleichungen (a) die beiden folgenden Gleichungen her:

$$\begin{aligned}0=&\frac{\partial H}{\partial c}\sum_0^\infty\frac{\sinh\beta}{\sinh(n\beta+\eta)}-\frac{\partial L}{\partial c}\sum_0^\infty\frac{\sinh\beta}{\sinh(n+1)\beta}\\&+H\left[p\sum_0^\infty\frac{1}{\sinh(n\beta+\eta)}-\sum_0^\infty\frac{\sinh\beta\cosh(n\beta+\eta)}{\sinh^2(n\beta+\eta)}\left(n\frac{\partial\beta}{\partial c}+\frac{\partial\eta}{\partial c}\right)\right]\\&-L\left[p\sum_0^\infty\frac{1}{\sinh(n+1)\beta}-\frac{c}{ab}\sum_0^\infty\frac{(n+1)\cosh(n+1)\beta}{\sinh^2(n+1)\beta}\right],\end{aligned}$$

$$\begin{aligned}0=&\frac{\partial L}{\partial c}\sum_0^\infty\frac{\sinh\beta}{\sinh(n\beta+\eta')}-\frac{\partial H}{\partial c}\sum_0^\infty\frac{\sinh\beta}{\sinh(n+1)\beta}\\&+L\left[p\sum_0^\infty\frac{1}{\sinh(n\beta+\eta')}-\sum_0^\infty\frac{\sinh\beta\cosh(n\beta+\eta')}{\sinh^2(n\beta+\eta')}\left(n\frac{\partial\beta}{\partial c}+\frac{\partial\eta'}{\partial c}\right)\right]\\&-H\left[p\sum_0^\infty\frac{1}{\sinh(n+1)\beta}-\frac{c}{ab}\sum_0^\infty\frac{(n+1)\cosh(n+1)\beta}{\sinh^2(n+1)\beta}\right].\end{aligned}$$

Werden von den vier Grössen M, M', H, L zwei als bekannt vorausgesetzt, so sind die beiden andern durch die Gleichungen (a) gegeben, und darauf erhält man $\frac{\partial H}{\partial c}$ und $\frac{\partial L}{\partial c}$ mittelst der beiden letzten Gleichungen.

Die vorstehenden Reihen sind sehr convergent allemal, wenn die beiden Kugeln sich nicht zu nahe sind, und sie werden divergent, wenn die Kugeln sich berühren.

Wir wollen den Fall, wo die Kugeln sich berühren, in zwei Specialfällen untersuchen.

§ 40.

Abstossung zwischen zwei Kugeln, die sich berühren und durch einen leitenden Faden mit einander verbunden sind. — Wenn zwei Kugeln, die durch irgend welchen Abstand von einander getrennt sind, durch einen leitenden Faden verbunden sind, so hat man die folgende Gleichung (§ 35):

$$\frac{M-M'}{2ab}=\frac{H}{c}KK'\frac{\sinh\beta}{\beta}\operatorname{tangam}\frac{K(\eta'-\eta)}{\beta},$$

und es ist nicht nur $H=L$, sondern auch $\frac{\partial L}{\partial c}=\frac{\partial H}{\partial c}$, $\frac{\partial M'}{\partial c}=-\frac{\partial M}{\partial c}$.

Differentiieren wir diese Gleichung, so erhalten wir:

$$
(\mathrm{b}) \left\{
\begin{aligned}
\frac{c}{abKk'}\frac{\partial M}{\partial c} &= \frac{\partial H}{\partial c}\frac{\sinh\beta}{\beta}\,\mathrm{tang\,am}\,\frac{K(\eta'-\eta)}{\beta} - \frac{H}{c}\frac{\sinh\beta}{\beta}\,\mathrm{tang\,am}\,\frac{K(\eta'-\eta)}{\beta} \\
&+ H\frac{\beta\cosh\beta - \sinh\beta}{\beta^2}\frac{\partial\beta}{\partial c}\,\mathrm{tang\,am}\,\frac{K(\eta'-\eta)}{\beta} \\
&+ H\frac{\sinh\beta}{\beta}\,\frac{\Delta\mathrm{am}\,\dfrac{K(\eta'-\eta)}{\beta}}{\cos^2\mathrm{am}\,\dfrac{K(\eta'-\eta)}{\beta}}\,K\frac{\partial}{\partial c}\frac{\eta'-\eta}{\beta}.
\end{aligned}
\right.
$$

Man hätte noch die Glieder hinzuzufügen, die durch Differentiation von K und k' entstehen; dieselben sind jedoch gleich Null für $\beta = 0$, d. h. wenn die beiden Kugeln sich berühren.

Nimmt man β unendlich klein an, so wird $K = \frac{\pi}{2}$ und die Gleichung (b) reduciert sich auf

$$
(\mathrm{c}) \qquad \frac{2c}{ab\pi}\cot\frac{\pi(a-b)}{2c}\frac{dM}{dc} = \frac{dH}{dc} - \frac{H}{c} + \frac{Hc}{3ab} + \frac{H\pi}{\sin\dfrac{\pi(\eta'-\eta)}{\beta}}\frac{d}{dc}\frac{\eta'-\eta}{\beta}.
$$

Man hat sodann:

$$
(1) \qquad \frac{d}{dc}\frac{\eta'-\eta}{\beta} = \left(\frac{d\eta'}{dc} - \frac{d\eta}{dc}\right)\frac{1}{\beta} - \frac{\eta'-\eta}{\beta^2}\frac{d\beta}{dc}
$$

$$
(2) \qquad \frac{d\eta'}{dc} - \frac{d\eta}{dc} = \frac{a^2-b^2}{abc\sinh\beta},
$$

$$
\sinh\eta' - \sinh\eta = \frac{a-b}{c}\sinh\beta.
$$

Transformieren wir diese letzte Formel, indem wir β, η, η' als unendlich klein annehmen, so erhalten wir:

$$
\sinh\frac{\eta'-\eta}{2} = \frac{a-b}{c}\sinh\frac{\beta}{2}
$$

$$
(3) \left\{
\begin{aligned}
\eta'-\eta &= \frac{a-b}{c}\left(\beta + \frac{\beta^3}{24}\right)\left(1 - \frac{(\eta'-\eta)^2}{24}\right) \\
&= \frac{a-b}{c}\beta\left(1 + \frac{ab\beta^2}{6c^2}\right).
\end{aligned}
\right.
$$

Die Ausdrücke (2) und (3) substituieren wir in (1) und erhalten:

$$
\begin{aligned}
\frac{d}{dc}\frac{\eta'-\eta}{\beta} &= \frac{a-b}{abc\beta\sinh\beta}\left(a + b - c - \frac{ab\beta^2}{6c}\right) \\
&= \frac{a-b}{abc\beta\sinh\beta}\left(-\frac{a\eta^2}{2} - \frac{b\eta'^2}{2} - \frac{ab\beta^2}{6c}\right) \\
&= -\frac{2(a-b)}{3c^2}.
\end{aligned}
$$

Setzen wir diesen Wert in die Gleichung (c) ein, so folgt:

$$\frac{2c}{ab\pi}\cot\frac{\pi(a-b)}{2c}\frac{dM}{dc}=\frac{dH}{dc}-H\left[-\frac{a^2-ab+b^2}{3abc}+\frac{2\pi(a-b)}{3c^2\sin\frac{\pi(a-b)}{c}}\right],$$

und diese Formel drückt die Variation der Electricitätsmenge M auf der Kugel A für eine unendlich kleine Entfernung der beiden Kugeln von einander aus.

Bezeichnen wir mit $\mathfrak{M}$ die Summe der beiden Electricitätsmassen, welche auf diesen beiden Kugeln liegen, so haben wir für die Abstossung zwischen diesen beiden Körpern:

$$\mathfrak{F}=-\frac{1}{2}\mathfrak{M}\frac{dH}{dc}.$$

§ 41.

Wir berechnen jetzt die Grösse $\frac{dH}{dc}$, welche in diesen beiden Formeln vorkommt.

Setzen wir:

$$T=\sum_0^\infty\left[\frac{\sinh\beta}{\sinh(n+z)\beta}-\frac{\sinh\beta}{\sinh(n+1)\beta}\right]$$

$$T'=\sum_0^\infty\left[\frac{\sinh\beta}{\sinh(n+1-z)\beta}-\frac{\sinh\beta}{\sinh(n+1)\beta}\right]$$

und machen wir $z=\frac{\eta}{\beta}$, so geht die Gleichung, welche $\mathfrak{M}$ giebt (§ 34), über in:

$$\mathfrak{M}=\frac{ab}{c}H(T+T').$$

Differentiieren wir diese Gleichung in Bezug auf c, so bleibt $\mathfrak{M}$ constant und wir erhalten:

$$\text{(d)}\quad\left\{\begin{aligned}0&=\frac{dH}{dc}(T+T')-\frac{1}{c}H(T+T')\\&+H\left[\left(\frac{\partial T}{\partial z}+\frac{\partial T'}{\partial z}\right)\frac{dz}{dc}+\left(\frac{\partial T}{\partial\beta}+\frac{\partial T'}{\partial\beta}\right)\frac{d\beta}{dc}\right].\end{aligned}\right.$$

Wir berechnen die verschiedenen Grössen, welche in dieser Formel vorkommen, für den Fall, dass β die Grenze Null erreicht. Wir haben zunächst:

$$\begin{aligned}\lim T&=\sum_0^\infty\left(\frac{1}{n+z}-\frac{1}{n+1}\right)\\&=\left(\frac{1}{z}-\frac{1}{1}\right)+\left(\frac{1}{1+z}-\frac{1}{2}\right)+\left(\frac{1}{2+z}-\frac{1}{3}\right)+\cdots\\&=\Psi(0)-\Psi(z-1),\end{aligned}$$

und wenn man z in $1-z$ verwandelt:

$$\lim T'' = \Psi(0) - \Psi(-z).$$

Wir erhalten hieraus:

$$\lim \frac{\partial T}{\partial z} = -\frac{d\Psi(z-1)}{dz} = -\left[\frac{1}{z^2} + \frac{1}{(1+z)^2} + \frac{1}{(2+z)^2} + \cdots\right]$$

$$\lim \frac{\partial T'}{\partial z} = -\frac{d\Psi(-z)}{dz} = \frac{1}{(1-z)^2} + \frac{1}{(2-z)^2} + \frac{1}{(3-z)^2} + \cdots$$

Wir erhalten ferner:

$$\lim \frac{1}{\beta}\frac{\partial T}{\partial \beta} = \frac{1}{3}T, \quad \lim \frac{1}{\beta}\frac{\partial T'}{\partial \beta} = \frac{1}{3}T'$$

und somit:

$$\lim\left(\frac{\partial T}{\partial \beta} + \frac{\partial T'}{\partial \beta}\right)\frac{d\beta}{dc} = \frac{c}{3ab}(T + T').$$

Im vorigen Paragraphen haben wir gefunden:

$$\frac{d}{dc}\frac{\eta' - \eta}{\beta} = -\frac{2(a-b)}{3c^2},$$

und ferner ist

$$\frac{d}{dc}\frac{\eta' + \eta}{\beta} = 0;$$

daraus folgt:

$$\frac{dz}{dc} = \frac{d}{dc}\frac{\eta}{\beta} = \frac{a-b}{3c^2}.$$

Ersetzen wir in der Gleichung (d) die darin vorkommenden Ausdrücke durch ihre berechneten Werte und setzen wir noch vorher:

$$z = \frac{b}{c}, \quad P = 2\Psi(0) - \Psi(z-1) - \Psi(-z),$$

so erhalten wir:

$$\frac{dH}{dc} = H\left\{-\frac{a^2 - ab + b^2}{3abc} + \frac{1}{P}\left[\frac{d\Psi(z-1)}{dz} + \frac{d\Psi(-z)}{dz}\right]\frac{a-b}{3c^2}\right\}.$$

Hat man auf diese Weise $\frac{dH}{dc}$ berechnet, so kann man also die Abstossung $\mathfrak{F}$ und die Grösse $\frac{dM}{dc}$ bestimmen.

§ 42.

Abstossung zwischen zwei gleichen sich berührenden Kugeln. — Wenn zwei gleiche Kugeln sich berühren, so sind nicht nur ihre Potentiale einander gleich, sondern auch die Variationen dieser Potentiale, welche entstehen, wenn man diese Kugeln unendlich wenig von einander entfernt, sind einander gleich. Sie genügen somit denselben Bedingungen, als wenn sie durch einen leitenden Faden mit einander verbunden wären. Wir können somit die vorhergehenden Formeln anwenden und erhalten:

$$\frac{dH}{dc} = -\frac{H}{6a}.$$

Nach einer Formel, die wir für die sich berührenden Kugeln gefunden haben, ist

$$\mathfrak{M} = aH \int_0^1 \frac{t^{-\frac{1}{2}} - 1}{1-t}\, dt = 2aH \log 2$$

und somit:

$$\mathfrak{F} = \frac{H^2}{6} \log 2 = H^2 \cdot 0{,}115524,$$

welche Formel die Abstossung der beiden Kugeln ausdrückt, wenn ihr Potential H gegeben ist.

Über die Transformation durch reciproke Radienvectoren zur Lösung gewisser Probleme der mathematischen Physik.

§ 43.

Mittelst der Transformation durch reciproke Radienvectoren kann man von der Lösung von Aufgaben der mathematischen Physik übergehen zur Lösung anderer Probleme, die direct schwieriger als die ersteren zu behandeln sind. William Thomson war es, der zuerst den Gedanken gehabt hat, diese Transformation anzuwenden.

Es sei irgend eine Figur gegeben, deren Punkte allgemein durch M dargestellt werden mögen, und es sei O ein fester Punkt; wir ziehen OM und nehmen auf dieser Geraden einen Punkt μ derart an, dass man hat:

$$OM \cdot O\mu = R^2.$$

Der Punkt μ heisst das Bild von M und der Ort der Punkte μ wird das Bild der von den Punkten M gebildeten Figur genannt.

Sind x, y, z die rechtwinkligen Coordinaten des Punktes M und ξ, η, ζ diejenigen des Punktes μ, wenn der Anfangspunkt in O angenommen wird, so hat man:

$$\frac{\xi}{x} = \frac{\eta}{y} = \frac{\zeta}{z}$$

$$(\xi^2 + \eta^2 + \zeta^2)(x^2 + y^2 + z^2) = R^4.$$

Aus diesen Gleichungen folgt:

$$(1) \qquad \xi = \frac{R^2 x}{x^2 + y^2 + z^2}, \quad \eta = \frac{R^2 y}{x^2 + y^2 + z^2}, \quad \zeta = \frac{R^2 z}{x^2 + y^2 + z^2}$$

und umgekehrt:

$$(2) \qquad x=\frac{R^2\xi}{\xi^2+\eta^2+\zeta^2}, \quad y=\frac{R^2\eta}{\xi^2+\eta^2+\zeta^2}, \quad z=\frac{R^2\zeta}{\xi^2+\eta^2+\zeta^2}.$$

Wenn man in den Gleichungen (1) x, y, z als einzige Veränderliche und ξ, η, ζ als drei Parameter betrachtet, so sind diese drei Gleichungen die von drei Kugeln, welche durch den Anfangspunkt gehen und zu einander orthogonal sind. Denn man bestätigt leicht die Gleichung:

$$\frac{\partial\xi}{\partial x}\frac{\partial\eta}{\partial x}+\frac{\partial\xi}{\partial y}\frac{\partial\eta}{\partial y}+\frac{\partial\xi}{\partial z}\frac{\partial\eta}{\partial z}=0,$$

worin ξ, η, ζ die Functionen darstellen, welche die rechten Seiten der Gleichungen (1) bilden. Diese Gleichung beweist, dass die beiden ersten Kugeln zu einander rechtwinklig sind, und ebenso sieht man, dass diese beiden Kugeln zu der dritten orthogonal sind. Diese drei Flächen schneiden sich noch in einem andern Punkte ausser dem Anfangspunkte, dessen Coordinaten durch die Gleichungen (2) geliefert werden.

Sind (x, y, z) und (x', y', z') zwei Punkte der ersten Figur und (ξ, η, ζ), (ξ', η', ζ') die Bilder dieser beiden Punkte, so erkennt man leicht, dass man hat:

$$(3) \quad (\xi-\xi')^2+(\eta-\eta')^2+(\zeta-\zeta')^2=R^4\frac{(x-x')^2+(y-y')^2+(z-z')^2}{(x^2+y^2+z^2)(x'^2+y'^2+z'^2)}.$$

Bezeichnen wir mit l die Entfernung der beiden ersten Punkte und mit λ die Entfernung zwischen ihren Bildern (die Gerade λ ist nicht das Bild von l) und stellen wir endlich durch r und r' die Entfernungen der beiden Punkte (x, y, z) und (x', y', z') vom Anfangspunkte dar, so nimmt die letzte Gleichung die folgende sehr einfache Form an:

$$(4) \qquad \lambda=R^2\frac{l}{rr'}.$$

§ 44.

Man ersieht unmittelbar aus den Formeln (2), dass eine Ebene durch die Transformation in eine Kugel, und aus der Gleichung (3), dass eine Kugel in eine andere Kugel verwandelt wird. Mithin verwandelt sich eine Gerade, welche der Durchschnitt zweier Ebenen ist, in den Durchschnitt zweier Kugeln d. h. in einen Kreis, und ebenso hat ein Kreis einen andern Kreis zum Bilde.

Jede Ebene, welche durch den Anfangspunkt hindurchgeht, bleibt durch die Transformation eine Ebene und ihre Lage bleibt dieselbe. Jede andere Ebene wird in eine Kugel verwandelt, die durch den Anfangspunkt O hindurchgeht, und die Gerade, welche den Punkt O mit dem Mittelpunkt der Kugel verbindet, ist senkrecht zur Ebene. Umgekehrt verwandelt sich jede durch den Anfangspunkt gehende Kugel in eine Ebene.

Auf einer Kurve s nehmen wir zwei unendlich nahe bei einander gelegene Punkte m und m', die um ds von einander abstehen, und bezeichnen mit $d\sigma$ das Bild von ds, welches von zwei Punkten μ und μ' begrenzt wird. Dann haben wir, der Formel (4) zufolge:

$$d\sigma = R^2 \frac{ds}{r^2}, \tag{5}$$

wo r die Entfernung des Elementes ds vom Anfangspunkte ist. Wir ziehen ferner eine Kurve s', welche die erste im Punkte m schneidet, nehmen auf s' einen unendlich nahen Punkt m'' an und verbinden m' mit m''. Da alsdann ds, ds', ds'' die drei Seiten des Dreiecks $mm'm''$ und $d\sigma$, $d\sigma'$, $d\sigma''$ ihre Bilder sind, so hat man

$$d\sigma' = R^2 \frac{ds'}{r^2}, \quad d\sigma'' = R^2 \frac{ds''}{r^2}.$$

Mithin ist das Dreieck $mm'm''$ seinem Bilde ähnlich. Somit erleiden die von den Linien gebildeten Winkel durch die Transformation keine Veränderung ihrer Grösse.

Es folgt daraus auch, dass die von den Flächen gebildeten Winkel ungeändert bleiben. Denn ist ein Flächenwinkel gegeben, so betrachten wir den dreiflächigen Winkel, welcher von der Kante des Flächenwinkels und den beiden Seiten seines Neigungswinkels gebildet wird. Die drei Seiten dieses Trieders ändern sich durch die Transformation nicht, mithin ist auch der Flächenwinkel gleich seinem Bilde.

Auf einer beliebigen Fläche S ziehen wir ihre beiden Reihen von Krümmungslinien; sodann legen wir in allen Punkten dieser Linien die Normalen an die Flächen; wir erhalten so zwei Reihen von abwickelbaren Flächen, die unter sich und zu der Fläche S orthogonal sind. Durch die Transformation bleiben diese Flächen zu einander orthogonal; mithin schneiden die beiden Reihen von transformierten Flächen nach dem Satze von Dupin die Transformierte von S in ihren Krümmungslinien. Somit geben die Krümmungslinien einer Fläche durch die Transformation die Krümmungslinien der transformierten Fläche.

§ 45.

Da die drei Systeme der Flächen (1) sich rechtwinklig schneiden, so kann man ξ, η, ζ als die krummlinigen Coordinaten des Punktes (x, y, z) betrachten. Nachdem dies festgestellt ist, transformieren wir den Ausdruck

$$\Delta V = \frac{\partial^2 V}{\partial x^2} + \frac{\partial^2 V}{\partial y^2} + \frac{\partial^2 V}{\partial z^2}$$

auf die Coordinaten ξ, η, ζ.

Bezeichnet man mit ρ, ρ_1, ρ_2 krummlinige Coordinaten und hat man:

$$dx^2 + dy^2 + dz^2 = \frac{d\rho^2}{h^2} + \frac{d\rho_1{}^2}{h_1{}^2} + \frac{d\rho_2{}^2}{h_2{}^2},$$

so ergiebt sich daraus (I. Teil, Kap. IV, § 21):

$$\Delta V = hh_1h_2\left[\frac{\partial}{\partial\rho}\left(\frac{h}{h_1h_2}\frac{\partial V}{\partial\rho}\right) + \frac{\partial}{\partial\rho_1}\left(\frac{h_1}{h_2h}\frac{\partial V}{\partial\rho_1}\right) + \frac{\partial}{\partial\rho_2}\left(\frac{h_2}{hh_1}\frac{\partial V}{\partial\rho_2}\right)\right].$$

Nun ist aber, wenn man:

$$q = \sqrt{\xi^2 + \eta^2 + \zeta^2}$$

setzt, der Formel (5) zufolge:

$$ds = \frac{R^2}{q^2}d\sigma,$$

oder

$$dx^2 + dy^2 + dz^2 = \frac{R^4}{q^4}(d\xi^2 + d\eta^2 + d\zeta^2).$$

Mithin hat man $h = h_1 = h_2 = \frac{q^2}{R^2}$ zu setzen und erhält so:

$$\Delta V = \frac{q^6}{R^4}\left[\frac{\partial\left(q^{-2}\frac{\partial V}{\partial\xi}\right)}{\partial\xi} + \frac{\partial\left(q^{-2}\frac{\partial V}{\partial\eta}\right)}{\partial\eta} + \frac{\partial\left(q^{-2}\frac{\partial V}{\partial\zeta}\right)}{\partial\zeta}\right]$$

oder auch:

$$\Delta V = \frac{q^5}{R^4}\left[\frac{\partial^2(q^{-1}V)}{\partial\xi^2} + \frac{\partial^2(q^{-1}V)}{\partial\eta^2} + \frac{\partial^2(q^{-1}V)}{\partial\zeta^2}\right],$$

wenn man die Gleichung berücksichtigt:

$$\frac{\partial^2(q^{-1})}{\partial\xi^2} + \frac{\partial^2(q^{-1})}{\partial\eta^2} + \frac{\partial^2(q^{-1})}{\partial\zeta^2} = 0.$$

§ 46.

Wir setzen nun voraus, dass man die folgende Aufgabe gelöst habe:

Das Temperaturgleichgewicht eines homogenen Körpers zu finden, der zwischen zwei bestimmten Flächen S und S' enthalten ist, die auf Temperaturen T und T', welche sich von einem Punkte zum andern ändern, erhalten werden.

Ist V die Temperatur des Körpers, so genügt diese Function von x, y, z der Gleichung

$$\Delta V = 0 \text{ zwischen den Flächen } S \text{ und } S'.$$

und den Gleichungen

$$V = T(x, y, z), \quad V = T'(x, y, z) \text{ auf } S \text{ respective } S'.$$

Wir bezeichnen mit Σ und Σ' die aus S und S' durch Transformation entstandenen Flächen und setzen $V_1 = V\frac{R}{q}$. Wird die Function V_1 durch ξ, η, ζ ausgedrückt, so genügt sie zwischen Σ und Σ' der Gleichung:

$$\frac{\partial^2 V_1}{\partial \xi^2} + \frac{\partial^2 V_1}{\partial \eta^2} + \frac{\partial^2 V_1}{\partial \zeta^2} = 0$$

und man hat:

$$V_1 = \frac{R}{q} T\left(\frac{R^2}{\xi}, \frac{R^2}{\eta}, \frac{R^2}{\zeta}\right) \text{ auf } \Sigma$$

$$V_1 = \frac{R}{q} T'\left(\frac{R^2}{\xi}, \frac{R^2}{\eta}, \frac{R^2}{\zeta}\right) \text{ auf } \Sigma'.$$

Man bestimmt somit auf diese Weise ein Temperaturgleichgewicht eines zwischen Σ und Σ' enthaltenen Körpers.

§ 47.

Wir bezeichnen mit U den gegebenen Wert des Potentials einer auf einer Fläche σ verteilten Schicht, einen Wert, der sich von einem Punkte der Fläche zu einem andern ändert.

Bezeichnen wir mit l die Entfernung des Elementes $d\sigma$ der Fläche vom Punkte (x, y, z) dieser Fläche, so haben wir:

$$\int \frac{\rho d\sigma}{l} = U. \tag{6}$$

Ist λ die Entfernung des Elementes $d\omega$, des Bildes von $d\sigma$, vom Punkte (ξ, η, ζ), dem Bilde von (x, y, z), so ist:

$$l = R^2 \frac{\lambda}{ff'}, \quad d\sigma = \frac{d\omega}{f^4} R^4,$$

wo f und f' die Entfernungen des Anfangspunktes von $d\omega$ und vom Punkte (ξ, η, ζ) bezeichnen. Hiernach lässt sich die Gleichung (6) schreiben:

$$\int \frac{\rho R^3}{f^3} \frac{d\omega}{\lambda} = U \frac{R}{f'}.$$

Mithin erhält man aus der Lösung der ersten Aufgabe diejenige der folgenden:

Die Verteilung der Masse auf der Fläche ω zu finden, wenn das Potential in jedem Punkte dieser Fläche gleich $U\frac{R}{f'}$ sein soll.

Die Dichtigkeit der Schicht hat nämlich den Wert $\rho\frac{R^3}{f^3}$.

Bestimmung der Verteilung der Electricität auf einem Leiter von der Form einer ebenen Scheibe oder einer sphärischen Schale.

§ 48.

Wir nehmen zunächst einen ellipsoidischen Leiter an, der electrisiert und keinen äusseren Kräften unterworfen ist. Wir wissen, dass, wenn die electrische Schicht als homogen betrachtet wird, dieselbe zwischen zwei homothetischen Ellipsoiden enthalten ist. Es sei

$$\frac{x^2}{a^2} + \frac{y^2}{b^2} + \frac{z^2}{c^2} = 1$$

die Gleichung der Oberfläche des Leiters. Bezeichnen wir mit ρ die Dichtigkeit der Schicht, mit M ihre Gesamtmasse, mit P das Lot vom Mittelpunkte auf die Tangentialebene im Punkte (x, y, z) und mit ε eine Constante, so haben wir (I. Teil, Kap. V, § 4):

$$\rho = \frac{P}{a} \varepsilon da, \quad M = 4\pi bc\varepsilon da,$$

und somit:

$$\rho = \frac{M}{4\pi abc} P.$$

Wir haben ferner:

$$P = \frac{1}{\sqrt{\frac{x^2}{a^4} + \frac{y^2}{b^4} + \frac{z^2}{c^4}}},$$

und das innere Potential hat den Wert (dasselbe Kapitel § 10):

$$V = \frac{M}{a} \int_0^1 \frac{du}{\sqrt{\left(1 - \frac{a^2 - b^2}{a^2} u^2\right)\left(1 - \frac{a^2 - c^2}{a^2} u^2\right)}}.$$

Setzen wir c als unendlich klein voraus, so wird:

$$P = \frac{c^2}{z} = \frac{c}{\sqrt{1 - \frac{x^2}{a^2} - \frac{y^2}{b^2}}},$$

$$\rho = \frac{M}{4\pi ab} \left(1 - \frac{x^2}{a^2} - \frac{y^2}{b^2}\right)^{-\frac{1}{2}}$$

Reduciert sich das Ellipsoid auf eine kreisförmige Scheibe, so haben wir $b = a$ und, wenn wir mit r die Entfernung eines Punktes dieser Scheibe vom Mittelpunkt bezeichnen:

$$\rho = \frac{M}{4\pi a \sqrt{a^2 - r^2}}, \quad V = \frac{M\pi}{2a}.$$

§ 49.

Wir wollen jetzt zeigen, wie Thomson die Transformation durch reciproke Radienvectoren zur Bestimmung der Dichtigkeit der Electricität auf einer sphärischen Schale angewandt hat, und behalten für diese Untersuchung die Form bei, die er ihr gegeben hat.

Bevor wir diese Transformation auf das Problem der kreisförmigen Scheibe anwenden, versehen wir die dabei auftretenden Buchstaben mit Strichen, um die nicht accentuierten Buchstaben für die Aufgabe zu behalten, deren Lösung wir uns vorgenommen haben. Wir haben:

$$\rho' = \frac{V'}{2\pi^2 \sqrt{a'^2 - r'^2}}.$$

Ist P' der betrachtete Punkt der Scheibe und ziehen wir durch diesen Punkt irgend eine Sehne in dem Umfange der Scheibe, so wird diese Sehne durch diesen Punkt in zwei Teile f und f' geteilt, und man hat

$$a'^2 - r'^2 = (a' - r')(a' + r') = ff'.$$

Wir bilden das Bild der ebenen Scheibe S' und ihrer Ladung in Bezug auf einen Punkt O (Fig. 2). Das Bild der Ebene dieser Scheibe ist eine

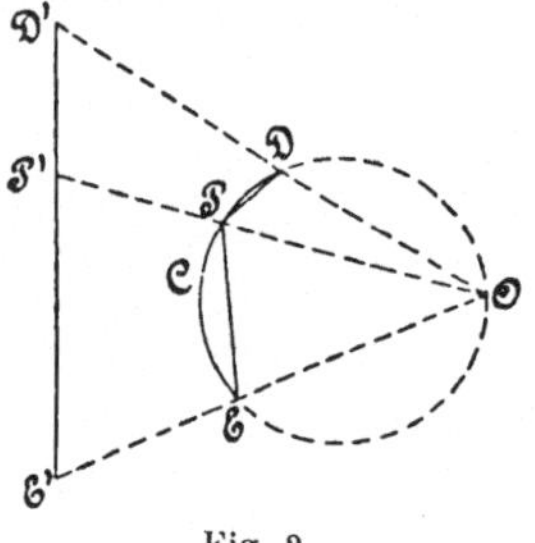

Fig. 2.

Kugelfläche, welche durch den Punkt O geht, das Bild des Contours wird dargestellt durch einen andern Kreis, der auf dieser Kugelfläche liegt. Verbinden wir den Punkt O mit dem Punkte P' und legen darauf durch die Gerade $P'O$ und den Pol C des sphärischen Segmentes eine Ebene, so schneidet sie die Kugel in einem Kreise $ODPE$ und die ebene Scheibe in der Geraden $D'E'$. Wir erhalten daher:

$$a'^2 - r'^2 = D'P' \cdot P'E'$$

und

$$\text{(a)} \qquad \rho' = \frac{V'}{2\pi^2 \sqrt{D'P' \cdot P'E'}}.$$

Nach dem, was wir im § 47 gesehen haben, hat die Dichtigkeit ρ im Punkte P jeder Fläche den Wert:

(b) $$\rho = \frac{R^3}{\overline{OP}^3}\rho'$$

und das Potential ist:

$$V = \frac{R}{OP} V'.$$

Der Wert von V' ist constant auf der ebenen Scheibe S'; setzen wir $RV' = M$, so ist:

$$V - \frac{M}{OP} = 0.$$

Wir sehen also, dass im Punkte P das Potential V und dasjenige einer im Punkte O liegenden Masse $-M$ eine Summe haben, die gleich Null ist; mithin kann man die sphärische Schale DPE als einen Leiter betrachten, der mit der Erde durch einen unendlich dünnen Faden in leitende Verbindung gesetzt ist und durch eine im Punkte O befindliche Electricitätsmenge $-M$ induciert wird.

Aus (a) und (b) erhält man, wenn man V' durch $\frac{M}{R}$ ersetzt:

$$\rho = \frac{1}{2\pi^2}\frac{R^2}{\overline{OP}^3}\frac{M}{\sqrt{D'P' \cdot P'E'}}.$$

Nun ist:

$$D'P' = DP \cdot \frac{R^2}{OD \cdot OP}, \quad P'E' = PE \cdot \frac{R^2}{OP \cdot OE},$$

mithin:

(A) $$D'P' \cdot P'E' = \frac{R^4}{\overline{OP}^2} \cdot \frac{DP \cdot PE}{OD \cdot OE}$$

und hieraus folgt:

$$\rho = \frac{1}{2\pi^2}\frac{M}{\overline{OP}^2}\sqrt{\frac{OD \cdot OE}{PD \cdot PE}}.$$

Ferner ergiebt sich aus der Formel:

$$\sin(\alpha - \beta)\sin(\alpha + \beta) = \sin^2\alpha - \sin^2\beta,$$

wenn man $2\alpha = \operatorname{arc} CD$, $2\beta = \operatorname{arc} CP$ macht:

(B) $$PD \cdot PE = \overline{CD}^2 - \overline{CP}^2,$$

und wenn man $2\alpha = \operatorname{arc} CEO$, $2\beta = \operatorname{arc} CD$ setzt:

$$DO \cdot OE = \overline{CO}^2 - \overline{CD}^2.$$

Bezeichnen wir noch mit a die vom Pole C nach dem Rande der Scheibe gezogene Sehne, so erhalten wir schliesslich:

$$\rho = \frac{1}{2\pi^2}\sqrt{\frac{\overline{CO}^2 - a^2}{a^2 - \overline{CP}^2}}\frac{M}{\overline{OP}^2}.$$

Dies ist die Dichtigkeit auf den beiden Flächen einer leitenden sphärischen Schale S, die mit der Erde durch einen Faden in leitende Verbindung gesetzt ist und durch eine Masse $-M$ induciert wird, die sich im Punkte O der sphärischen Fläche, welche mit S zusammen die vollständige Kugelfläche ausmacht, befindet.

Bemerkung. Lassen wir die Ebene der Figur um OP rotieren und bezeichnen wir mit d und e die Punkte, in denen die Ebene den Rand des Segmentes trifft, so kann man ebenfalls die Gleichung (A) anwenden und die linke Seite ändert ihren Wert nicht. Setzt man die rechten Seiten gleich, so hat man:

$$\frac{DP \cdot PE}{OD \cdot OE} = \frac{dP \cdot Pe}{Od \cdot Oe}.$$

Ist O der zweite Pol des Segmentes, so ist:

$$OD = OE = Od = Oe,$$

und daraus folgt:

$$DP \cdot PE = dP \cdot Pe.$$

§ 50.

Wir suchen sodann die Verteilung der Electricität auf derselben sphärischen Schale S, wenn man voraussetzt, dass sie isoliert sei und auf dem constanten Potential V erhalten werde.

Wir denken uns eine Fläche, welche diesen Leiter vollständig einschliesst, und nehmen an, dass man derselben feste Electricität mit dem constanten Potential $-V$ anheften könne. Das Potential dieser Electricität ist $-V$ in allen innerhalb dieser Fläche gelegenen Punkten. Nimmt man also an, dass die sphärische Schale mit der Erde in leitender Verbindung stehe und durch diese Electricität induciert werde, so werden ihre beiden Flächen, da sie sich auf dem Potential Null befinden, mit einer Electricitätsschicht sich bedecken, deren Potential den constanten Wert V hat, d. h. sie wird sich mit Electricität bedecken, als ob sie isoliert und jedem äusseren Einfluss entzogen wäre.

Wir nehmen als die einhüllende Fläche eine Kugel mit demselben Mittelpunkt wie diejenige, zu welcher S gehört, deren Radius denjenigen von S nur um eine unendlich kleine Grösse überschreitet.

Wir teilen die Oberfläche der Kugel in zwei Teile, den einen A, welcher S unendlich nahe liegt, und den übrigbleibenden Teil B. Wird der Teil A mit einer Schicht bedeckt, deren Dichtigkeit $-\frac{V}{4\pi g}$ ist, wo g der Radius der Kugel ist, so wird er offenbar auf der äusseren Fläche der Schale S eine Schicht inducieren, deren Dichtigkeit gleichmässig und gleich

$\frac{V}{4\pi g}$ ist. Was den Teil B anlangt, so induciert er die beiden Seiten der Schale in derselben Weise. Wir wollen diese inducierte Schicht berechnen.

Ist $d\sigma$ ein unendlich kleines im Punkte G der Fläche B gelegenes Element (Fig. 3), so ist die auf ihm befindliche Electricität $-\frac{Vd\sigma}{4\pi g}$.

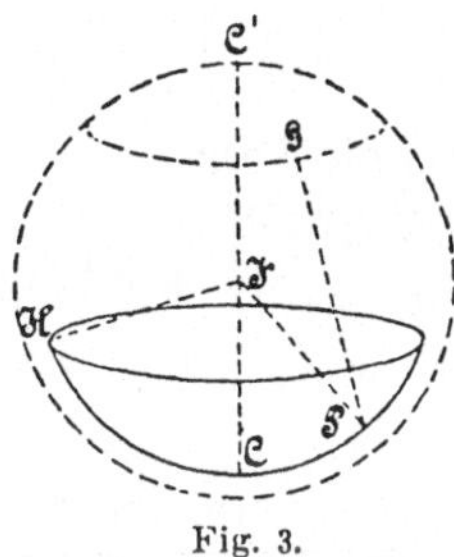

Fig. 3.

Man bestimmt nun die Dichtigkeit der Electricität, welche durch dieses Element der electrischen Masse im Punkte P der Schale induciert wird, nach der Formel des vorigen Paragraphen, in der man

$$M = \frac{Vd\sigma}{4\pi g}$$

setzt, und erhält für diese Dichtigkeit

$$\frac{V}{8\pi^3 g}\frac{d\sigma}{\overline{GP}^2}\sqrt{\frac{\overline{GC}^2 - a^2}{a^2 - \overline{CP}^2}}.$$

Es handelt sich darum, diesen Ausdruck über die ganze Fläche B zu integrieren.

Setzen wir:

$$\sphericalangle\, CIH = \alpha, \quad \sphericalangle\, CIP = \eta, \quad \sphericalangle\, CIG = \vartheta,$$

und ist φ der Winkel, welchen der Meridian von G mit demjenigen von P bildet, so haben wir:

$$\begin{aligned}
\overline{CH}^2 &= a^2 = 2g^2\,(1 - \cos\alpha),\\
\overline{CP}^2 &= 2g^2\,(1 - \cos\eta),\\
\overline{CG}^2 &= 2g^2\,(1 - \cos\vartheta),\\
\overline{PG}^2 &= 2g^2\,(1 - \cos\eta\cos\vartheta - \sin\eta\sin\vartheta\cos\varphi)\\
d\sigma &= g^2\sin\vartheta\, d\vartheta\, d\varphi.
\end{aligned}$$

Bezeichnet man also mit ρ die Dichtigkeit der auf der inneren Fläche der Schale inducierten Electricität, so hat man:

$$\rho = \frac{V}{16\pi^3 g\sqrt{\cos\eta - \cos\alpha}}\int_\alpha^\pi d\vartheta\,\sin\vartheta\,\sqrt{\cos\alpha - \cos\vartheta}\int_0^{2\pi}\frac{d\varphi}{1 - \cos\eta\cos\vartheta - \sin\eta\sin\vartheta\cos\varphi}.$$

Zunächst ist:

$$\int_0^{2\pi} \frac{d\varphi}{1 - \cos\eta\cos\vartheta - \sin\eta\sin\vartheta\cos\varphi} = \frac{2\pi}{\cos\eta - \cos\vartheta}$$

und somit:

$$\rho = \frac{V}{8\pi^2 g\sqrt{\cos\eta - \cos\alpha}} \int_\alpha^\pi \frac{\sqrt{\cos\alpha - \cos\vartheta}}{\cos\eta - \cos\vartheta} \sin\vartheta d\vartheta.$$

Hierauf findet man leicht die Formel:

$$(C) \quad \rho = \frac{V}{4\pi^2 g}\left(\sqrt{\frac{4g^2 - a^2}{a^2 - r^2}} - \text{arc tang}\sqrt{\frac{4g^2 - a^2}{a^2 - r^2}}\right),$$

wo g der Radius der Schale, a die Sehne CH und r die Entfernung des Punktes P vom Pole C ist.

Dies ist die Dichtigkeit im Innern der Schale; die electrische Dichtigkeit auf der äusseren Fläche der Schale erhält man, wenn zu diesem Ausdrucke $\frac{V}{4\pi g}$ addiert.

Durch numerische Beispiele erkennt man leicht, dass die Dichtigkeit im Innern der Schale ausserordentlich schwach wird, wenn ihre Flächen nur wenig von der ganzen Kugelfläche verschieden sind, so dass der Winkel HIC' ein kleiner Winkel, also etwa 20° ist.

§ 51.

Wendet man jetzt auf die Lösung der vorhergehenden Aufgabe die Transformation durch reciproke Radienvectoren an, so können wir den electrischen Zustand einer sphärischen Schale bestimmen, die mit der Erde in leitender Verbindung steht und durch eine in der Nähe befindliche Electricitätsmenge $-M$ induciert wird. Dies ist somit die Aufgabe des

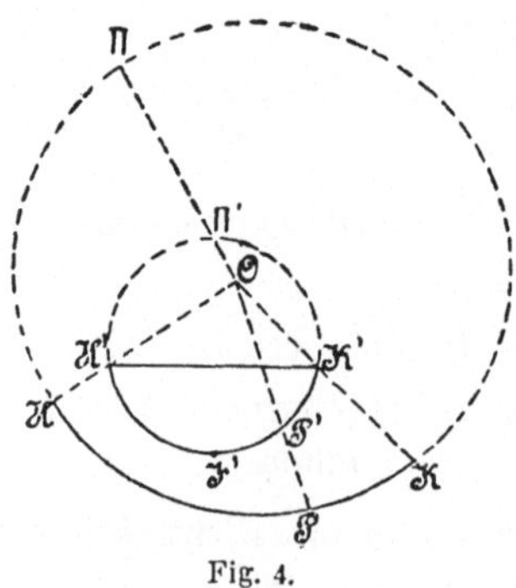

Fig. 4.

§ 49, jedoch für den Fall, dass der inducierende Punkt nicht mehr der Bedingung unterliegt, sich auf der Oberfläche der Kugel, zu welcher die Schale gehört, zu befinden.

Es sei also $H'I'K'$ (Fig. 4) eine electrisierte sphärische Schale, auf welche keine äusseren Kräfte wirken. Wir nehmen in Bezug auf einen Punkt O das Bild dieses Leiters und der ihn bedeckenden Electricität. Das Segment $H'I'K'$ oder S' hat zum Bilde das sphärische Segment HPK, welches ich S nennen werde.

Es sei Π' der Pol des ersten Segments, welcher ausserhalb seiner Fläche liegt und Π das Bild desselben.

Wir legen die Ebene, welche durch die Punkte O, Π' und durch den Punkt P geht, in dem man die Dichtigkeit der Electricität bestimmen will. Die beiden Kugeln werden durch dieselbe in den beiden Kreisen $H'I'K'\Pi'$ und $HPK\Pi$ geschnitten; der Punkt I' in der Mitte des Bogens $H'P'K'$ ist nicht der Pol des sphärischen Segmentes.

Die Schale S' bedeckt sich im Innern mit Electricität, deren Dichtigkeit durch die Formel (C) gegeben wird. Accentuiert man die Buchstaben, so erhält man für die Dichtigkeit im Punkte P' auf der concaven Seite:

$$\rho' = \frac{V'}{4\pi^2 g'}\left(\sqrt{\frac{4g'^2 - a'^2}{a'^2 - r'^2}} - \operatorname{arc\,tang}\sqrt{\frac{4g'^2 - a'^2}{a'^2 - r'^2}}\right).$$

Ferner hat man wie im § 49 für die Dichtigkeit ρ und für das Potential V im Punkte P:

$$\rho = \frac{R^3}{\overline{OP}^3}\rho', \quad V = \frac{R}{OP} V',$$

und wenn wir wie in eben demselben Paragraphen $RV' = M$ setzen, so ist die Electricität, welche sich in dieser Weise auf der der concaven Seite von S' entsprechenden Seite der Schale S vorfindet, dieselbe wie die, welche durch die im Punkte O befindliche electrische Masse $-M$ induciert wird.

Lassen wir die Ebene der Figur um die Gerade $\Pi'P'$ rotieren, bis sie durch den Pol C' des Segmentes S' geht, und bezeichnen wir mit h', k' die Punkte, in denen diese Ebene alsdann die Ränder des Segments schneidet, so erhalten wir nach der Bemerkung am Schlusse des § 49 und in Übereinstimmung mit der Gleichung (B)

$$H'P' \cdot P'K' = h'P' \cdot P'k' = a'^2 - r'^2;$$

ferner ist:

$$4g'^2 - a'^2 = \overline{\Pi'H'}^2 = \Pi'H' \cdot \Pi'K',$$

und somit:

$$\rho' = \frac{V'}{4\pi^2 g'}\left(\sqrt{\frac{\Pi'H' \cdot \Pi'K'}{H'P' \cdot P'K'}} - \operatorname{arc\,tang}\sqrt{\frac{\Pi'H' \cdot \Pi'K'}{H'P' \cdot P'K'}}\right).$$

Die auf die erste Kugelfläche bezüglichen Grössen ersetzen wir durch andere, die zur zweiten Kugelfläche gehören. Wir haben:

$$P'H' = PH\frac{R^2}{OP \cdot OH}, \quad P'K' = PK\frac{R^2}{OP \cdot OK},$$

$$\text{(d)} \qquad \Pi'H' = \Pi'K' = \Pi H\frac{R^2}{O\Pi \cdot OH} = \Pi K\frac{R^2}{O\Pi \cdot OK}.$$

Verbinden wir den Punkt O mit dem Mittelpunkt der Kugel, von welcher S ein Teil ist, so schneidet der so bestimmte Durchmesser die Kugel in zwei Punkten; ist der dem Punkte O am nächsten liegende um h davon entfernt, so ist der andere um $2g-h$ von O entfernt, wenn wir mit g den Radius dieser Kugel bezeichnen, und man hat, den vorigen Gleichungen ganz analog:

$$2g' = 2g\frac{R^2}{h(2g-h)}.$$

Substituieren wir diese Grössen in den Ausdruck von ρ' und sodann ρ' in den Ausdruck von ρ, so erhalten wir:

$$\text{(E)}\qquad \rho = \frac{Mh(2g-h)}{4\pi^2 g\cdot \overline{OP}^3}\left(\frac{OP}{O\Pi}\sqrt{\frac{\Pi H\cdot \Pi K}{PH\cdot PK}} - \text{arc tang}\,\frac{OP}{O\Pi}\sqrt{\frac{\Pi H\cdot \Pi K}{PH\cdot PK}}\right).$$

Dies ist die electrische Dichtigkeit auf derjenigen Fläche von S, welche der inneren Seite von S' entspricht. In dem Falle der Figur ist ρ die Dichtigkeit auf der convexen Fläche von S. Die electrische Dichtigkeit auf der andern Seite ist dieselbe vermehrt um

$$\frac{V'}{4\pi g'}\cdot\frac{R^3}{\overline{OP}^3} \quad\text{oder}\quad \frac{Mh(2g-h)}{4\pi g\cdot \overline{OP}^3}.$$

§ 52.

Es ist zweckmässig, dem Ausdruck von ρ eine bequemere Form zu geben. Zunächst ist es nützlich, den Punkt Π ohne Anwendung von S', vielmehr allein mit Hülfe des Segmentes S und des Punktes O zu bestimmen.

Legen wir durch die Punkte Π und O und durch den Mittelpunkt einer der beiden Kugeln eine Ebene, so wird dieselbe auch durch den Mittelpunkt der andern Kugel hindurchgehen und die beiden Segmente in zwei symmetrische Teile teilen.

Der Formel (d) zufolge hat man:

$$\frac{\Pi H}{\Pi K} = \frac{OH}{OK}.$$

Schneidet die eben construierte Ebene das Segment S in zwei Punkten h, k (Fig. 5), so hat man ebenso:

$$\text{(e)}\qquad \frac{\Pi h}{\Pi k} = \frac{Oh}{Ok},$$

wodurch der Punkt Π bestimmt ist. Betrachtet man in dieser Gleichung h und k als zwei feste Punkte und Π als einen variablen Punkt, so ist diese

Gleichung die eines Kreises, welcher durch O geht und die Linie hk und ihre Verlängerung in zwei leicht zu erhaltenden Punkten trifft. Der Schnitt dieses Kreises mit dem grossen Kreise $hk\Pi$ giebt den Punkt Π.

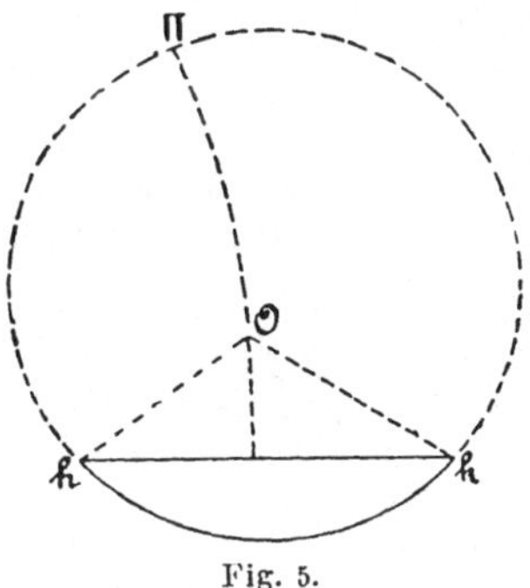

Fig. 5.

Durch Π, P und den Pol C des Segments legen wir eine Ebene, und es seien h_1 und k_1 die Punkte, in denen der Rand des Segments von dieser Ebene geschnitten wird. Bedienen wir uns sodann der ersten in der Bemerkung zu § 49 bewiesenen Formel, so haben wir:

$$\text{(f)} \qquad \frac{\Pi H \cdot \Pi K}{PH \cdot PK} = \frac{\Pi h_1 \cdot \Pi k_1}{Ph_1 \cdot Pk_1}.$$

Ferner hat man wie im § 49:

$$\Pi h_1 \cdot \Pi k_1 = \overline{C\Pi}^2 - a^2$$
$$Ph_1 \cdot Pk_1 = a^2 - \overline{CP}^2,$$

wenn man mit a die Sehne zwischen dem Pole C und einem Punkte des Segmentes bezeichnet. Substituieren wir diese Ausdrücke in (f) und ersetzen dann (f) in (E) durch seinen Wert, so finden wir:

$$\rho = \frac{Mh(2g-h)}{4\pi^2 g \cdot \overline{OP}^3}\left(\frac{OP}{O\Pi}\sqrt{\frac{\overline{C\Pi}^2 - a^2}{a^2 - \overline{CP}^2}} - \text{arc tang}\,\frac{OP}{O\Pi}\sqrt{\frac{\overline{C\Pi}^2 - a^2}{a^2 - \overline{CP}^2}}\right).$$

Man wird sich erinnern, dass h und $2g-h$ die kleinste und grösste Entfernung des Punktes O von der Oberfläche der Kugel sind.

§ 53.

Fall einer ebenen Scheibe. — Die Schale HPK lässt sich in eine ebene Scheibe verwandeln; dazu braucht man nur den Punkt O auf der Oberfläche der Kugel, deren Bild man construiert, zu nehmen (Fig. 6).

Alsdann ist die vorstehende Formel anwendbar auf eine ebene Scheibe, die mit der Erde in leitender Verbindung steht und durch die im Punkt O befindliche Masse $-M$ induciert wird. g ist gleich ∞ zu setzen und man erhält:

$$\rho = \frac{Mh}{2\pi^2 \cdot \overline{OP}^3}\left[\frac{OP}{O\Pi}\sqrt{\frac{\overline{C\Pi}^2 - a^2}{a^2 - \overline{CP}^2}} - \text{arc tang}\left(\frac{OP}{O\Pi}\sqrt{\frac{\overline{C\Pi}^2 - a^2}{a^2 - \overline{CP}^2}}\right)\right],$$

wo a der Radius der Scheibe, h die Entfernung des Punktes O von der Ebene der Scheibe und C der Mittelpunkt der Scheibe ist. Dies ist die

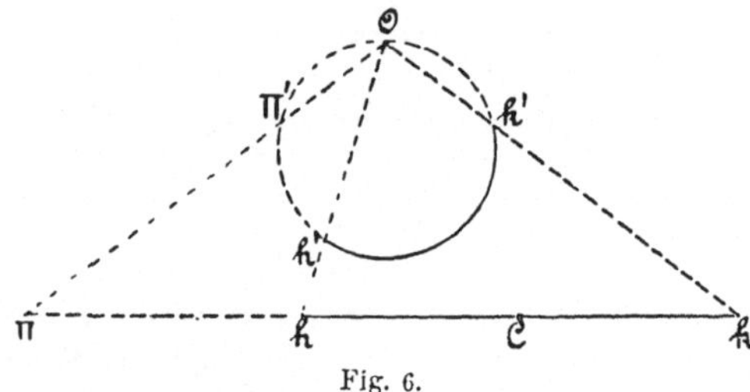

Fig. 6.

Dichtigkeit auf der Seite, welche dem inducierenden Punkte O abgewendet ist. Um die Dichtigkeit auf der andern Seite zu erhalten, muss man ρ um die Grösse

$$\frac{Mh}{2\pi \overline{OP}^3}$$

vermehren.

Die Gerade hk der Figur 5 wird der Durchmesser der Scheibe, der Umfang des grossen Kreises $hk\Pi$ wird eine Gerade, auf welcher sich der Punkt Π befindet und die Formel (e) giebt

$$\frac{\Pi h}{\Pi h + hk} = \frac{Oh}{Ok}$$

und bestimmt den Punkt Π. Wir bemerken, dass Π' der Pol des Bogens $h'k'$ ist.

Liegt der inducierende Punkt O auf der Achse der Scheibe, so rückt der Punkt Π ins Unendliche und die Dichtigkeit auf der dem Punkte O abgewendeten Seite ist:

$$\rho = \frac{Mh}{2\pi^2 \overline{OP}^3}\left(\frac{OP}{\sqrt{a^2 - r^2}} - \text{arc tang}\,\frac{OP}{\sqrt{a^2 - r^2}}\right),$$

wenn man mit r die Entfernung des Punktes P vom Mittelpunkt C der Scheibe bezeichnet, und die Dichtigkeit auf der dem Punkte O zugewendeten Seite ist:

$$\rho + \frac{Mh}{2\pi \cdot \overline{OP}^3}.$$

Kraftlinien einer Scheibe, welche mit der Erde in leitender Verbindung steht und durch eine feste auf ihrer Achse liegende electrische Masse influenziert wird.

§ 54.

Nach den Auseinandersetzungen im I. Teil, Kap. V, § 30 sind das Potential V einer kreisförmigen Scheibe, deren Dichtigkeit sich nur mit der Entfernung vom Mittelpunkte ändert, und die auf die Attraction dieser Scheibe bezüglichen Kraftlinien gegeben durch Gleichungen von der Form:

$$(1) \qquad V = \int_{t_1}^{\infty} \omega(K) \frac{dt}{(1+t)t^{\frac{1}{2}}}$$

$$(2) \qquad U = z \int_{t_1}^{\infty} \omega(K) \frac{dt}{t^{\frac{3}{2}}} = \text{const.},$$

wo x, y, z die Coordinaten des veränderlichen Punktes sind, ferner K für $u = \sqrt{x^2 + y^2}$ den Wert

$$K = \frac{u^2}{1+t} + \frac{z^2}{t}$$

hat und t_1 Wurzel der Gleichung ist:

$$\frac{u^2}{1+t_1} + \frac{z^2}{t_1} = A^2,$$

in welcher A den Radius des Kreises darstellt.

Diese Formeln wollen wir anwenden auf die Electricität einer sehr dünnen kreisförmigen Scheibe, welche von der auf der Achse der Scheibe und in der Entfernung h von der Scheibe befindlichen Electricitätsmasse -1 induciert wird, und zwar unter der Voraussetzung, dass diese Scheibe durch einen Faden mit der Erde in Verbindung gesetzt sei. Wir denken uns alsdann die beiden Schichten, welche sich auf den beiden Flächen der Scheibe vorfinden, über einander gelagert. Es handelt sich darum die Function $\omega(K)$ zu bestimmen.

Wir wenden die Formel (1) auf die Scheibe selbst an; wir setzen also darin $z = 0$, $t_1 = 0$ und erhalten, wenn wir den Wert des Potentials auf der Scheibe $\varphi(u)$ nennen:

$$\varphi(u) = \int_0^{\infty} \omega\left(\frac{u^2}{1+t}\right) \frac{dt}{(1+t)t^{\frac{1}{2}}}.$$

Verändern wir die Variable t, indem wir setzen:

$$\frac{1}{1+t} = z^2, \quad \omega\left(\frac{u^2}{1+t}\right) = \omega(z^2 u^2) = F(zu),$$

so erhalten wir:

$$(3) \qquad \varphi(u) = 2\int_0^1 \frac{F(zu)\,dz}{\sqrt{1-z^2}}$$

$$\int_0^1 \frac{\varphi'(\vartheta u)\,d\vartheta}{\sqrt{1-\vartheta^2}} = 2\int_0^1 \frac{d\vartheta}{\sqrt{1-\vartheta^2}} \int_0^1 \frac{F'(\vartheta z u)\,z\,dz}{\sqrt{1-z^2}}.$$

Setzen wir:

$$\vartheta z = v, \quad \vartheta dz = dv,$$

so wird:

$$\int_0^1 \frac{\varphi'(\vartheta u)\,d\vartheta}{\sqrt{1-\vartheta^2}} = 2\int_0^1 \frac{d\vartheta}{\vartheta\sqrt{1-\vartheta^2}} \int_0^\vartheta \frac{F'(uv)\,v\,dv}{\sqrt{\vartheta^2-v^2}},$$

oder wenn wir die Reihenfolge der Integrationen umkehren:

$$\int_0^1 \frac{\varphi'(\vartheta u)\,d\vartheta}{\sqrt{1-\vartheta^2}} = 2\int_0^1 F'(uv)\,v\,dv \int_v^1 \frac{d\vartheta}{\vartheta\sqrt{(1-\vartheta^2)(\vartheta^2-v^2)}}.$$

Es ist:

$$\int_v^1 \frac{d\vartheta}{\vartheta\sqrt{(1-\vartheta^2)(\vartheta^2-v^2)}} = \frac{\pi}{2v},$$

somit:

$$\int_0^1 \frac{\varphi'(\vartheta u)\,d\vartheta}{\sqrt{1-\vartheta^2}} = \frac{\pi}{u}[F(u) - F(0)].$$

Nach der Gleichung (3) hat man $\varphi(0) = \pi F(0)$; mithin:

$$F(u) = \frac{\varphi(0)}{\pi} + \frac{u}{\pi}\int_0^1 \frac{\varphi'(\vartheta u)\,d\vartheta}{\sqrt{1-\vartheta^2}},$$

oder:

$$(4) \qquad F(u) = \frac{\varphi(0)}{\pi} + \frac{u}{\pi}\int_0^u \frac{\varphi'(\vartheta)\,d\vartheta}{\sqrt{u^2-\vartheta^2}}.$$

§ 55.

Da die Scheibe auf dem Potential Null ist, so haben die Function $\varphi(u)$ und das Potential des inducierenden Punktes auf der Scheibe eine Summe, die gleich Null ist. Somit ist:

$$\varphi(u) = \frac{1}{\sqrt{u^2+h^2}}.$$

Hieraus folgt:

$$\varphi(\vartheta)=\frac{1}{\sqrt{\vartheta^2+h^2}},\quad u^2+h^2=\frac{1}{\varphi^2(u)},\quad \vartheta^2+h^2=\frac{1}{\varphi^2(\vartheta)}$$

$$u^2-\vartheta^2=\frac{\varphi^2(\vartheta)-\varphi^2(u)}{\varphi^2(u)\varphi^2(\vartheta)};$$

somit:

$$\int_0^u\frac{\varphi'(\vartheta)\,d\vartheta}{\sqrt{u^2-\vartheta^2}}=\varphi(u)\int_0^u\frac{\varphi(\vartheta)\varphi'(\vartheta)\,d\vartheta}{\sqrt{\varphi^2(\vartheta)-\varphi^2(u)}}=-\varphi(u)\sqrt{\varphi^2(0)-\varphi^2(u)}.$$

Substituieren wir dies in (4) und ersetzen dann $\varphi(u)$ durch seinen Wert, so erhalten wir:

$$\pi F(u)=\frac{1}{h}-\frac{u^2}{h(u^2+h^2)}=\frac{h}{u^2+h^2}.$$

Hieraus ergiebt sich:

$$\omega(K)=F(\sqrt{K})=\frac{h}{\pi(h^2+K)}=\frac{h}{\pi}\,\frac{1}{h^2+\dfrac{u^2}{1+t}+\dfrac{z^2}{t}},$$

und wir erhalten für die Functionen (1) und (2):

$$V=\frac{h}{\pi}\int_{t_1}^{\infty}\frac{1}{h^2+\dfrac{u^2}{1+t}+\dfrac{z^2}{t}}\,\frac{dt}{(1+t)t^{\frac{1}{2}}},$$

$$U=\frac{hz}{\pi}\int_{t_1}^{\infty}\frac{1}{h^2+\dfrac{u^2}{1+t}+\dfrac{z^2}{t}}\,\frac{dt}{t^{\frac{3}{2}}},$$

oder, wenn wir $t=\lambda^2$, $t_1=\lambda_1{}^2$ setzen:

$$V=\frac{2h}{\pi}\int_{\lambda_1}^{\infty}\frac{\lambda^2 d\lambda}{h^2\lambda^4+(u^2+z^2+h^2)\lambda^2+z^2},$$

$$U=\frac{2hz}{\pi}\int_{\lambda_1}^{\infty}\frac{(1+\lambda^2)\,d\lambda}{h^2\lambda^4+(u^2+z^2+h^2)\lambda^2+z^2}.$$

Die Wurzeln des dreigliederigen Ausdrucks in λ^2, welcher den Nenner bildet, sind die Grössen $-\beta^2$ und $-\alpha^2$, welche gegeben sind durch den Ausdruck:

$$\frac{-1}{2h^2}\left[u^2+z^2+h^2\pm\sqrt{(u^2+z^2+h^2)^2-4z^2h^2}\right]$$

$$=\frac{-1}{4h^2}\left[\sqrt{u^2+(z+h)^2}\pm\sqrt{u^2+(z-h)^2}\right]^2.$$

Bezeichnen wir also mit r und r' die Entfernungen des Punktes (u, z) von den Punkten $(0, h)$ und $(0, -h)$, so erhalten wir:

$$\beta = \frac{r' + r}{2h}, \quad \alpha = \frac{r' - r}{2h}$$

und

$$V = \frac{2}{\pi h} \int_{\lambda_1}^{\infty} \frac{\lambda^2 d\lambda}{(\lambda^2 + \alpha^2)(\lambda^2 + \beta^2)}$$

$$U = \frac{2z}{\pi h} \int_{\lambda_1}^{\infty} \frac{(1 + \lambda^2)\, d\lambda}{(\lambda^2 + \alpha^2)(\lambda^2 + \beta^2)}.$$

Berechnet man diese Integrale, so erhält man für das Potential der Electricität der Schicht:

$$V = \frac{2h}{\pi r r'} \left(\beta \operatorname{arc\,tang} \frac{\beta}{\lambda_1} - \alpha \operatorname{arc\,tang} \frac{\alpha}{\lambda_1}\right)$$

und für die Gleichung der auf diese Electricität bezüglichen Kraftlinien:

$$\frac{z}{rr'} \left(\frac{1 - \alpha^2}{\alpha} \operatorname{arc\,tang} \frac{\alpha}{\lambda_1} + \frac{1 - \beta^2}{\beta} \operatorname{arc\,tang} \frac{\beta}{\lambda_1}\right) = \text{const.}$$

Diese Rechnung ist von Beltrami gegeben worden (*Rendiconti del Instituto Lombardo*, Serie II, Bd. X).

Drittes Kapitel.

Über die Rolle der Dielectrika in der Electrostatik.

Es ist beinahe evident, dass die Körper auf gewisse Entfernungen hin auf einander nur wirken können durch Vermittelung des sie trennenden Mediums. So ziehen sich z. B. die Gestirne nur vermöge dieses Mediums an. Ebenso können zwei mit Electricität geladene und von einander isolierte Körper nur durch das dielectrische Mittel, welches sich zwischen ihnen befindet, auf einander einwirken. Dieser Gedanke kann nicht als neu betrachtet werden, wie Maxwell behauptet; aber die eigentliche Schwierigkeit besteht darin, genau die Rolle festzustellen, welche der dielectrische Körper spielt, und die Kräfte aufzudecken, welche im Spiele sind. Dies ist es auch, was dieser Physiker zu thun versucht hat.

Gegenseitige Einwirkung der electrisierten Körper durch Vermittelung des sie trennenden Dielectrikums.

§ 1.

Indem wir die Fernwirkung zwischen electrisierten Körpern als Thatsache annehmen, wollen wir untersuchen, welcher Art die elastischen Kräfte sind, die in dem sie umgebenden Raume entwickelt werden.

Wir nehmen also einen mit Electricität geladenen Körper A an und in demselben Felde andere Körper H, die ebenfalls electrisiert sind. Wir denken uns alle diese Körper in ein und dasselbe dielectrische Mittel, z. B. die Luft, gesetzt und untersuchen die Wirkung der Körper H auf eine Fläche, welche den Körper A ganz umschliesst, dagegen die andern Körper ausser sich liegen lässt.

Es sei ρ_1 die electrische Dichtigkeit in dem Körper A und ρ_2 diese Dichtigkeit in irgend einem der Körper H. Ferner sei V_1 das Potential von A und V_2 dasjenige sämtlicher Körper H. Endlich bezeichnen wir mit $d\omega_1$ das Volumenelement von A und mit $d\omega_2$ dasjenige der Körper H.

Die in die Richtung der x-Achse fallende Componente der Wirkung der Körper H auf das im Punkte (x, y, z) befindliche Element $\rho_1 d\omega_1$ von A ist

$$-\frac{\partial V_2}{\partial x}\rho_1 d\omega_1,$$

und die Translationswirkung der Körper H auf den ganzen Körper A hat zur Componente nach derselben Richtung:

$$(1)\qquad X = -\int \frac{\partial V_2}{\partial x}\rho_1 d\omega_1,$$

wo sich das Integral auf das ganze Volumen des Körpers A erstreckt.

Es ist:

$$\Delta V_1 = -4\pi\rho_1;$$

entnehmen wir aus dieser Gleichung den Wert von ρ_1 und setzen ihn in X ein, so erhalten wir:

$$X = \frac{1}{4\pi}\int \frac{\partial V_2}{\partial x}\Delta V_1 d\omega_1.$$

Da in dem Raume ω_1 $\Delta V_2 = 0$ ist, so können wir in diesem Integrale ΔV_1 durch

$$\Delta V_1 + \Delta V_2 = \Delta V,$$

wo V das Potential sämtlicher Körper ist, ersetzen, wodurch sich ergiebt:

$$X = \frac{1}{4\pi}\int \frac{\partial V_2}{\partial x}\Delta V d\omega_1.$$

Ersetzen wir in der Formel (1) V_2 durch V_1, so erhalten wir die Componente der Wirkung von A auf sich selbst, welche aus je zwei gleichen, dem Vorzeichen nach aber entgegengesetzten Elementen zusammengesetzt und demzufolge gleich Null ist. Somit haben wir:

$$-\int \frac{\partial V_1}{\partial x}\rho_1 d\omega_1 = \frac{1}{4\pi}\int \frac{\partial V_1}{\partial x}\Delta V d\omega_1 = 0.$$

Addieren wir diese verschwindende Grösse zu dem Ausdrucke von X, so ergiebt sich:

$$(2)\qquad X = \frac{1}{4\pi}\int \frac{\partial V}{\partial x}\Delta V d\omega_1.$$

Wir legen eine Fläche σ_1, welche das Volumen ω_1 des Körpers A umschliesst, aber einen der Körper H weder trifft noch einschliesst. Dann kann man das vorstehende Integral über das ganze in σ_1 eingeschlossene Volumen ausdehnen, da man dadurch zu diesem Integrale nur Elemente hinzufügt, die wegen des Factors ΔV sämtlich gleich Null sind.

§ 2.

Wir wollen versuchen, dieses auf ein Volumen bezügliche Integral durch ein Integral, welches sich auf die Fläche σ_1 bezieht, zu ersetzen.

Zu dem Zwecke versuchen wir es, die in (2) unter dem Integralzeichen stehende Function auf die Form zu bringen, welche durch die Gleichung

$$\frac{\partial V}{\partial x}\left(\frac{\partial^2 V}{\partial x^2}+\frac{\partial^2 V}{\partial y^2}+\frac{\partial^2 V}{\partial z^2}\right)=\frac{\partial P_1}{\partial x}+\frac{\partial P_2}{\partial y}+\frac{\partial P_3}{\partial z} \tag{3}$$

angedeutet wird, wo P_1, P_2, P_3 drei zu bestimmende Functionen sind. Nun erhalten wir für jedes der drei Glieder auf der linken Seite:

$$\frac{\partial V}{\partial x}\frac{\partial^2 V}{\partial x^2}=\frac{1}{2}\frac{\partial}{\partial x}\left(\frac{\partial V}{\partial x}\right)^2$$

$$\frac{\partial V}{\partial x}\frac{\partial^2 V}{\partial y^2}=\frac{\partial}{\partial y}\left(\frac{\partial V}{\partial x}\frac{\partial V}{\partial y}\right)-\frac{1}{2}\frac{\partial}{\partial x}\left(\frac{\partial V}{\partial y}\right)^2$$

$$\frac{\partial V}{\partial x}\frac{\partial^2 V}{\partial z^2}=\frac{\partial}{\partial z}\left(\frac{\partial V}{\partial x}\frac{\partial V}{\partial z}\right)-\frac{1}{2}\frac{\partial}{\partial x}\left(\frac{\partial V}{\partial z}\right)^2;$$

somit ergiebt sich:

$$P_1=\frac{1}{2}\left[\left(\frac{\partial V}{\partial x}\right)^2-\left(\frac{\partial V}{\partial y}\right)^2-\left(\frac{\partial V}{\partial z}\right)^2\right]$$

$$P_2=\frac{\partial V}{\partial x}\frac{\partial V}{\partial y}$$

$$P_3=\frac{\partial V}{\partial x}\frac{\partial V}{\partial z}.$$

Hiernach setzen wir:

$$\left(\frac{\partial V}{\partial x}\right)^2-\left(\frac{\partial V}{\partial y}\right)^2-\left(\frac{\partial V}{\partial z}\right)^2=8\pi p_{xx}$$

$$\left(\frac{\partial V}{\partial y}\right)^2-\left(\frac{\partial V}{\partial z}\right)^2-\left(\frac{\partial V}{\partial x}\right)^2=8\pi p_{yy}$$

$$\left(\frac{\partial V}{\partial z}\right)^2-\left(\frac{\partial V}{\partial x}\right)^2-\left(\frac{\partial V}{\partial y}\right)^2=8\pi p_{zz}.$$

$$\frac{\partial V}{\partial y}\frac{\partial V}{\partial z}=4\pi p_{yz}=4\pi p_{zy}$$

$$\frac{\partial V}{\partial z}\frac{\partial V}{\partial x}=4\pi p_{zx}=4\pi p_{xz}$$

$$\frac{\partial V}{\partial x}\frac{\partial V}{\partial y}=4\pi p_{xy}=4\pi p_{yx},$$

und erhalten:

$$X=\int\left(\frac{\partial p_{xx}}{\partial x}+\frac{\partial p_{yx}}{\partial y}+\frac{\partial p_{zx}}{\partial z}\right)d\omega,$$

wo sich das Integral auf alle Elemente $d\omega$ des von der Fläche σ_1 eingeschlossenen Volumens bezieht. Wenden wir jetzt einen im I. Teil, Kap. I, § 6 angegebenen Satz an, so finden wir:

$$(4) \qquad X=\int(p_{xx}\cos\lambda+p_{yx}\cos\mu+p_{zx}\cos\nu)\,d\sigma_1,$$

wenn man mit λ, μ, ν die Winkel bezeichnet, welche die an σ_1 nach aussen gezogene Normale mit den drei Coordinatenachsen bildet.

Wir erhalten ebenso für die beiden andern Componenten der Translationskraft:

$$(5) \qquad \begin{cases} Y=\int(p_{xy}\cos\lambda+p_{yy}\cos\mu+p_{zy}\cos\nu)\,d\sigma_1 \\ Z=\int(p_{xz}\cos\lambda+p_{yz}\cos\mu+p_{zz}\cos\nu)\,d\sigma_1. \end{cases}$$

§ 3.

Man kann ebenso die Componenten des Moments des Kräftepaares berechnen, welches das als festen Körper betrachtete System A zu drehen strebt.

Durch eine ganz ähnliche Schlussreihe wie im § 1 finden wir für das Moment aller Kräfte, welche auf den Körper A wirken in Bezug auf die x-Achse:

$$L=\frac{1}{4\pi}\int\left(\frac{\partial V}{\partial y}z-\frac{\partial V}{\partial z}y\right)\Delta V\,d\omega,$$

wo sich das Integral auf das ganze in der Fläche σ_1 eingeschlossene Volumen erstreckt.

Nun kann man die Gleichung (3) auf die Form der ersten der drei ganz ähnlichen Gleichungen bringen:

$$(\mathrm{A}) \qquad \begin{aligned} \frac{1}{4\pi}\frac{\partial V}{\partial x}\Delta V&=\frac{\partial p_{xx}}{\partial x}+\frac{\partial p_{yx}}{\partial y}+\frac{\partial p_{zx}}{\partial z} \\ \frac{1}{4\pi}\frac{\partial V}{\partial y}\Delta V&=\frac{\partial p_{xy}}{\partial x}+\frac{\partial p_{yy}}{\partial y}+\frac{\partial p_{zy}}{\partial z} \\ \frac{1}{4\pi}\frac{\partial V}{\partial z}\Delta V&=\frac{\partial p_{xz}}{\partial x}+\frac{\partial p_{yz}}{\partial y}+\frac{\partial p_{zz}}{\partial z}, \end{aligned}$$

und aus den beiden letzten Gleichungen folgt:

$$\begin{aligned} &\frac{1}{4\pi}\left(\frac{\partial V}{\partial y}z-\frac{\partial V}{\partial z}y\right)\Delta V \\ &=\frac{\partial}{\partial x}(p_{xy}z-p_{xz}y)+\frac{\partial}{\partial y}(p_{yy}z-p_{yz}y)+\frac{\partial}{\partial z}(p_{zy}z-p_{zz}y). \end{aligned}$$

Substituieren wir dies in den Ausdruck von L und wenden dann denselben Satz wie oben an, so erhalten wir:

$$L=\int[(p_{xy}z-p_{xz}y)\cos\lambda+(p_{yy}z-p_{yz}y)\cos\mu+(p_{zy}z-p_{zz}y)\cos\nu]\,d\sigma_1$$

oder:

$$(6)\quad L=\int[(p_{xy}\cos\lambda+p_{yy}\cos\mu+p_{zy}\cos\nu)z-(p_{xz}\cos\lambda+p_{yz}\cos\mu+p_{zz}\cos\nu)y]d\sigma_1.$$

Man erhält zwei analoge Formeln für die Momente derselben Kräfte in Bezug auf die Achsen der y und z.

§ 4.

Da die Fläche σ_1 in einem sehr kleinen Teile abgeändert werden kann, während der übrige Teil der Fläche derselbe bleibt, und da man dann ebenfalls die Gleichungen (4), (5) und (6) anwenden kann, so folgt, dass jedes Element dieser Fläche durch eine Kraft sollicitiert wird, deren Componenten sind:

$$\begin{gathered} p_{xx}\cos\lambda+p_{yx}\cos\mu+p_{zx}\cos\nu \\ p_{xy}\cos\lambda+p_{yy}\cos\mu+p_{zy}\cos\nu \\ p_{xz}\cos\lambda+p_{yz}\cos\mu+p_{zz}\cos\nu. \end{gathered}$$

Nimmt man das Element $d\sigma_1$ der Reihe nach senkrecht zur Achse der x, der y, der z, so sieht man, dass auf die Elemente der Fläche, welche respective auf diesen drei Achsen senkrecht stehen, drei elastische Kräfte wirken, deren Componenten sind:

$$\begin{gathered} p_{xx},\ p_{yx},\ p_{zx} \\ p_{xy},\ p_{yy},\ p_{zy} \\ p_{xz},\ p_{yz},\ p_{zz}. \end{gathered}$$

In dem dielectrischen Mittel ist $\Delta V=0$ und man erhält aus den Gleichungen (A)

$$(\mathrm{B})\quad \left\{\begin{aligned} &\frac{\partial p_{xx}}{\partial x}+\frac{\partial p_{yx}}{\partial y}+\frac{\partial p_{zx}}{\partial z}=0 \\ &\frac{\partial p_{xy}}{\partial x}+\frac{\partial p_{yy}}{\partial y}+\frac{\partial p_{zy}}{\partial z}=0 \\ &\frac{\partial p_{xz}}{\partial x}+\frac{\partial p_{yz}}{\partial y}+\frac{\partial p_{zz}}{\partial z}=0. \end{aligned}\right.$$

Mithin genügen diese Kräfte denselben Gleichungen wie diejenigen, welche in einem festen Körper im elastischen Gleichgewicht auftreten.

Nach einem Satze der Theorie der Elasticität fester Körper, giebt es in jedem Punkte drei ebene auf einander senkrechte Elemente, in welchen die elastischen Kräfte normal zu diesen drei Elementen sind. Es ist leicht, die Lagen dieser drei ebenen Elemente in dem dielectrischen Mittel zu finden.

Wir betrachten nämlich ein unendlich kleines rechtwinkliges Parallelepipedon, dessen eine Kante Tangente an eine Kraftlinie s ist und dessen andere beiden Kanten demzufolge Tangenten an die Niveaufläche $V=\text{const.}$

sind. Wir nehmen die Achsen der x, y, z respective in der Richtung dieser drei Kanten. Man erhält daher:

$$\frac{\partial V}{\partial y} = 0, \quad \frac{\partial V}{\partial z} = 0$$

und somit:

$$8\pi p_{xx} = \left(\frac{\partial V}{\partial x}\right)^2$$

$$8\pi p_{yy} = -\left(\frac{\partial V}{\partial x}\right)^2$$

$$8\pi p_{zz} = -\left(\frac{\partial V}{\partial x}\right)^2$$

$$p_{yz} = p_{zx} = p_{xy} = 0.$$

Mithin sind die tangentialen elastischen Kräfte, welche auf die Seitenflächen dieses Parallelepipedons ausgeübt werden, gleich Null; es besteht für jedes Element einer Niveaufläche ein Zug gleich

$$p_{xx} = \frac{1}{8\pi}\left(\frac{\partial V}{\partial s}\right)^2 = \frac{1}{8\pi} R^2,$$

wenn R die electrische Kraft bezeichnet, und auf jedes ebene Element, welches senkreckt zur Niveaufläche ist, wird ein Druck ausgeübt, der von derselben Grösse ist wie der Zug und durch die Formel gegeben wird:

$$p_{yy} = -\frac{1}{8\pi} R^2.$$

Die Grösse p_{xx} auf der Oberfläche eines Leiters stellt genau die electrische Spannung dar (Kap. I, § 5).

Die vorstehenden Resultate sind von Maxwell erhalten worden.

§ 5.

Wenn man statt electrisierter Körper Himmelskörper betrachtete, so müsste man die Ausdrücke der Grössen X, Y, Z und somit auch diejenigen der elastischen Kräfte in ihrem Vorzeichen ändern. Mithin existiert in dem Äther, welcher jeden angezogenen Körper umgiebt, ein Druck, welcher auf die Niveauflächen ausgeübt wird, und ein Zug, welcher auf jedes ebene zu diesen Flächen normale Element stattfindet, und die Grösse dieser elastischen Kräfte ist gleich $\frac{1}{8\pi}\left(\frac{\partial V}{\partial s}\right)^2$

Über die Deformation des dielectrischen Mittels.

§ 6.

Wir haben gesehen, dass die elastischen Kräfte, welche in einem dielectrischen Mittel durch die Anwesenheit von electrisierten Körpern bestimmt werden, denselben Gleichungen genügen, wie die elastischen Kräfte, welche in einem elastischen festen Körper unter dem Einfluss von auf seine Oberfläche ausgeübten Kräften in Wirkung treten. Man wird demnach fragen dürfen, ob die Verrückungen, welche in dem dielectrischen Mittel hervorgebracht werden, identisch sein können mit denen, welche aus der Deformation eines festen Körpers entstehen. Wir werden zeigen, dass dies nicht der Fall ist.

Es seien u, v, w die Projectionen der Verrückung des Punktes (x, y, z) auf die Coordinatenachsen. Wenn das dielectrische Mittel mit einem isotropen festen Körper verglichen werden könnte, so würden die sechs elastischen Kräfte $p_{xx}, p_{xy}, \ldots$ durch folgende Formeln gegeben sein, wo λ und μ zwei Constanten sind:

$$(C)\quad \begin{cases} (\lambda+2\mu)\dfrac{\partial u}{\partial x} + \lambda\dfrac{\partial v}{\partial y} + \lambda\dfrac{\partial w}{\partial z} = p_{xx} \\ \lambda\dfrac{\partial u}{\partial x} + (\lambda+2\mu)\dfrac{\partial v}{\partial y} + \lambda\dfrac{\partial w}{\partial z} = p_{yy} \\ \lambda\dfrac{\partial u}{\partial x} + \lambda\dfrac{\partial v}{\partial y} + (\lambda+2\mu)\dfrac{\partial w}{\partial z} = p_{zz} \\ \mu\left(\dfrac{\partial v}{\partial z} + \dfrac{\partial w}{\partial y}\right) = p_{yz} \\ \mu\left(\dfrac{\partial w}{\partial x} + \dfrac{\partial u}{\partial z}\right) = p_{zx} \\ \mu\left(\dfrac{\partial u}{\partial y} + \dfrac{\partial v}{\partial x}\right) = p_{xy}. \end{cases}$$

Addiert man die drei ersten Gleichungen, so erhält man:

$$(3\lambda+2\mu)\left(\frac{\partial u}{\partial x}+\frac{\partial v}{\partial y}+\frac{\partial w}{\partial z}\right) = -\frac{1}{8\pi}\left[\left(\frac{\partial V}{\partial x}\right)^2+\left(\frac{\partial V}{\partial y}\right)^2+\left(\frac{\partial V}{\partial z}\right)^2\right];$$

mithin würde sich hieraus eine körperliche Contraction gleich

$$(D)\qquad \bar{v} = -\frac{1}{8\pi(3\lambda+2\mu)}\left[\left(\frac{\partial V}{\partial x}\right)^2+\left(\frac{\partial V}{\partial y}\right)^2+\left(\frac{\partial V}{\partial z}\right)^2\right]$$

ergeben. Dieser Ausdruck kann aber unmöglich gelten. Im Allgemeinen erhält man nämlich, wenn man die Ausdrücke (C) in die Gleichungen (B) von § 4 substituiert, drei partielle Differentialgleichungen zweiter Ordnung zwischen den Functionen u, v, w und aus diesen drei Gleichungen erhält man leicht

$$\Delta\bar{v} = 0,$$

während die Function (D) dieser letzteren Gleichung nicht genügt.

Mithin kann die Deformation eines dielectrischen Mittels nicht mit derjenigen eines isotropen festen Körpers verglichen werden. Wenn jedoch die Moleküle nur eine unendlich kleine Änderung in ihrer Verrückung und ihrer Nebeneinanderlagerung erleiden, so müssen die elastischen Kräfte durch die Gleichungen (C) ausgedrückt werden, wie sich aus dem Beweise, der zur Begründung dieser Gleichungen dient, ergiebt.

Demnach muss man schliessen, dass die Moleküle der Substanz, in welcher sich die elastischen Kräfte entwickeln, eine endliche Veränderung in ihrer Lagerung erleiden, indem sie sich nach den Kraftlinien richten. Hieraus ergiebt sich, dass das dielectrische Mittel in Bezug auf die Dilatationen und Contractionen weniger Analogie mit einem festen Körper darbietet wie mit einem flüssigen, in welchem die Richtung der Moleküle nicht in Betracht kommt.

§ 7.

Wir betrachten einen **Kraftfaden**, d. h. einen unendlich engen Cylinder, der von einer aus Kraftlinien gebildeten Fläche begrenzt wird. Wir lassen diesen Kraftfaden auf der auf einem Leiter befindlichen positiven Electricität anfangen; derselbe wird durch das dielektrische Mittel hindurchgehen und mit negativer Electricität endigen.

Bezeichnen wir mit $d\sigma$ und $d\sigma'$ zwei Querschnitte des Kraftfadens und mit ε und ε' die Verrückung des dielectrischen Mittels auf diesen beiden Schnitten, von der positiven nach der negativen Seite zu gerechnet, so erhalten wir:

$$\varepsilon d\sigma = \varepsilon' d\sigma',$$

wenn wir annehmen, dass die durch die beiden Schnitte hindurch verschobene Menge der Substanz dieselbe ist, was voraussetzt, dass diese Substanz incompressibel sei. Wenn aber R und R' die electrische Kraft auf diesen beiden Schnitten darstellen, so hat man auch

$$R d\sigma = R' d\sigma',$$

und hieraus folgt:

$$\frac{\varepsilon}{R} = \frac{\varepsilon'}{R'}.$$

Hiernach ist die Verrückung ε längs des Kraftfadens proportional der electrischen Kraft oder der Quadratwurzel aus dem Zuge, welcher auf den Querschnitt $d\sigma$ ausgeübt wird.

Bezeichnen wir also mit a eine Constante, so können wir setzen:

$$\text{(E)} \qquad \varepsilon = aR,$$

für den veränderlichen Wert von ε längs eines Kraftfadens. Wir bemerken sodann, dass es sehr natürlich ist anzunehmen, dass in dem Teile des dielectrischen Mittels, welcher an den Leiter angrenzt, die Verrückung ε proportional der Dichtigkeit der diesen Körper bedeckenden Schicht ist. Da diese Dichtigkeit proportional zu R ist, so sieht man, dass ε auf der Oberfläche des Leiters ebenfalls proportional zu R ist. Wenn demnach der vorstehend angenommene Kraftfaden auf diesem Leiter beginnt, so hat man dieselbe Formel (E) in der ganzen Ausdehnung seiner Oberfläche. Man folgert daraus endlich, dass man die Formel (E) auf das ganze dielectrische Mittel anwenden kann, wenn a eine Constante ist, die sich mit dem Dielectrikum ändert.

Es ist zu beachten, dass die Formel (E) auf folgenden beiden Voraussetzungen beruht, nämlich dass das dielectrische Mittel imcompressibel sei und dass es durch eine electrische Schicht um eine zur Dichtigkeit dieser Schicht proportionale Grösse abgestossen wird.

§ 8.

Nach Faraday und Maxwell teilt sich jeder Kraftfaden, welcher von einem leitenden Element durch ein dielectrisches Mittel hindurch zu einem andern geht, durch unendlich nahe bei einander gelegene Querschnitte in gerade Cylinder, welche diese Querschnitte zu Grundflächen haben und auf derjenigen Grundfläche, die nach dem positiv geladenen Leiterelement zu liegt, negative Electricität und auf der andern Grundfläche positive Electricität in gleicher Menge besitzen. Die Electricitätsmengen aber, welche auf einer Grundfläche eines dieser Cylinder liegen, sind gleich und von entgegengesetztem Vorzeichen wie diejenigen auf der nächstgelegenen Grundfläche eines andern angrenzenden Cylinders, so dass die Dichtigkeit dieser sogenannten Polarisationselectricität im Innern des Dielectrikums, ausgenommen auf den äussersten Cylindern an den beiden Enden des Kraftfadens, als der Null gleich angesehen werden kann.

Dieses Sich-Aufheben der Polarisationselectricität im Innern des dielectrischen Mittels hat jedoch nur statt, wenn das Dielectrikum keine freie Electricität enthält, wie wir am Schlusse des vierten Kapitels des ersten Teiles bewiesen haben.

Diese Polarisation des dielectrischen Mittels vermindert die Wirkungen der Electricität der Leiter, da sie ganz nahe an ihre Oberflächen Electricität von entgegengesetztem Vorzeichen, wie diejenige, welche sie besitzen, hinführt.

Diese Gedanken bieten sich nicht in natürlicher Weise als die Folge der vorstehenden Betrachtungen dar. Dies wird jedoch später anders sein, wenn wir sehen werden, dass diese Polarisation eine Erscheinung ist, die identisch ist mit derjenigen der Verteilung des im weichen Eisen inducierten Magnetismus.

Nach Faraday und Maxwell würde jeder Schnitt $d\sigma$ eines Kraftfadens durch die Electrisierung der Leiter von einer Electricitätsmenge durchströmt werden, die gleich der Electricitätsmenge $\rho d\sigma_1$ ist, die sich am Anfang des Kraftfadens auf dem Element $d\sigma_1$ des Leiters befindet.

Indessen erscheint es als unmöglich, diese Vorstellung mit derjenigen der Polarisation zu vereinigen; denn die Electricität, welche sich in gleicher Menge mit entgegengesetzten Vorzeichen auf den Grundflächen der Polarisationsprismen befindet, ist an Menge geringer als die Electricität, welche sich auf den Durchschnitten der Leiter befindet, die ein Kraftfaden bildet.

Über die Änderung der Induction beim Übergange von einem Dielectrikum zu einem andern.

§ 9.

Bisher haben wir das Potential einer Masse durch die Formel

$$(1) \qquad V = \int \frac{\rho}{r}\, d\omega$$

definiert, wo r die Entfernung eines Punktes (x, y, z) von jedem Elemente $\rho d\omega$ dieser Masse ist. Im Folgenden wollen wir diesem Werte eine allgemeinere Bedeutung geben, um der Änderung der Induction bei dem Übergange von einem dielectrischen Mittel zu einem andern Rechnung zu tragen.

Um diese Änderung zu studieren, wollen wir die electrischen Erscheinungen mit denen der Wärme vergleichen, indem wir annehmen, dass sich die Kraftströme ebenso verhalten wie die Wärmeströme.

Stellt V die Temperatur eines homogenen und isotropen festen Körpers dar, so sind die Wärmeströme im Punkte (x, y, z) dieses Körpers nach den Achsen der x, y, z gegeben durch die Ausdrücke:

$$-q\frac{\partial V}{\partial x}, \quad -q\frac{\partial V}{\partial y}, \quad -q\frac{\partial V}{\partial z},$$

wo q der Coefficient der Leitungsfähigkeit ist. Wir nehmen dieselben drei Ausdrücke an, um in einem dielectrischen Mittel die Kraftströme nach den Achsen der x, y, z oder die Componenten der von der electrischen Masse ausgehenden Kraft darzustellen, wenn dieselbe auf die im Punkte (x, y, z) concentrierte Electricitätseinheit wirkte. Alsdann ist V das Potential in diesem Körper und die von einem Mittel zum andern variable Grösse q wird der Inductionscoefficient genannt; derselbe ist von einem dielectrischen Mittel zum andern veränderlich; er kann in der Luft gleich der Einheit angenommen werden und hat in den festen oder flüssigen dielectrischen Medien einen grösseren Wert.

§ 10.

Wir nehmen einen festen dielectrischen Körper D' an, der mit einer Electricitätsschicht bedeckt und von einem andern dielectrischen Körper D, der zum Beispiel ein Gas sein kann, umgeben ist; alsdann ersetzen wir, um eine Aufgabe aus der Theorie der Wärme, welche zu denselben Formeln führt, aufzulösen, die dielectrischen Körper D und D' durch homogene feste Körper und die auf D' befindliche electrische Schicht durch eine Schicht, welche der Sitz einer Wärmequelle ist, und setzen voraus, dass das allgemeine Temperaturgleichgewicht eingetreten sei.

Die Temperatur V genügt in jedem der Körper D und D' der Gleichung $\Delta V = 0$ und ferner hat V denselben Wert für die Körper D und D' an ihrer gemeinsamen Grenze. Sodann würde, wenn der Körper D' nicht mit einer Wärmequelle bedeckt wäre, der Wärmestrom, welcher in D eintritt, auf einem Element seiner Oberfläche gleich demjenigen sein, welcher auf diesem selben Element aus D' austritt, und man würde haben:

$$q\frac{\partial V}{\partial n} = -q'\frac{\partial V}{\partial n'},$$

wo q und q' die Inductionscoefficienten in D und D' und dn, dn' die Elemente der Normale der Fläche, welche D' begrenzt, und zwar nach aussen und nach innen sind. Es ergiebt sich daraus, dass die Ableitungen von V beim Übergange von D nach D' sich plötzlich ändern.

Wir berücksichtigen nun den Umstand, dass D' mit einer Schicht bedeckt ist, von welcher Wärme ausströmt, und betrachten die beiden Gesamtwärmeströme, welche normal aus einem und demselben Element dieser Schicht austreten und von denen der eine in D', der andere in D eindringt. Es sei $a d\sigma$ der Strom, welcher nach beiden Richtungen durch das Element der auf dem Flächenelement $d\sigma$ gelegenen Wärmequelle ausgesandt wird, und $U d\sigma$ der Strom, welcher durch $d\sigma$ hindurchgeht und von den anderen Wärmequellen herrührt; derselbe ist von derselben Richtung in D und D'. Wie wir bereits gesehen haben (I. Teil, Kap. IV, § 4), ist:

$$-q'\frac{\partial V}{\partial n'} = U + a, \qquad q\frac{\partial V}{\partial n} = U - a$$

und hieraus folgt:

$$-q'\frac{\partial V}{\partial n'} - q\frac{\partial V}{\partial n} = 2a.$$

Die Grösse $2a$ stellt den doppelten Wärmestrom für die Flächeneinheit dar, welcher aus $d\sigma$ ausfliesst. Bei der entsprechenden Aufgabe der Electrostatik muss $2a$ das Doppelte des Kraftstromes darstellen, welcher durch die auf $d\sigma$ befindliche Electricität $\rho d\sigma$ hervorgebracht wird. Dieser Strom ist unabhängig von den beiden Körpern D und D'; er ist somit gleich $2\pi\rho$ und man hat:

$$\text{(a)} \qquad -q'\frac{\partial V'}{\partial n'} - q\frac{\partial V}{\partial n} = 4\pi\rho,$$

wenn V' den Wert von V in D' bezeichnet.

§ 11.

Wenn sich in einem festen Körper die Leitungsfähigkeit für Wärme von einem Punkte zum andern ändert, so genügt die Gleichgewichtstemperatur dieses Körpers der Gleichung:

$$\text{(b)} \qquad \frac{\partial\left(q\frac{\partial V}{\partial x}\right)}{\partial x} + \frac{\partial\left(q\frac{\partial V}{\partial y}\right)}{\partial y} + \frac{\partial\left(q\frac{\partial V}{\partial z}\right)}{\partial z} = 0,$$

welche man erhält, indem man das Gleichgewicht der Temperatur eines rechtwinkligen unendlich kleinen Parallelepipedons ausdrückt.

Wir betrachten nun einen Körper, in welchem der Inductionscoefficient von einem Punkte zum andern variiert. Indem man ausdrückt, dass die Summe der Kraftströme, welche in dieses Parallelepipedon eingetreten sind, gleich Null ist, erhält man ebenfalls die Gleichung (b), welcher das Potential genügt (vgl. I. Teil, Kap. IV, § 1). Endlich erhält man, wenn man annimmt, dass sich im Punkte (x, y, z) Electricität befindet, auf welche sich das Potential V bezieht und deren Dichtigkeit μ ist, indem man die Summe der Kraftströme gleich dem Werte setzt, welchen sie im Falle $q = 1$ annimmt:

$$\text{(c)} \qquad \frac{\partial\left(q\frac{\partial V}{\partial x}\right)}{\partial x} + \frac{\partial\left(q\frac{\partial V}{\partial y}\right)}{\partial y} + \frac{\partial\left(q\frac{\partial V}{\partial z}\right)}{\partial z} = -4\pi\mu.$$

Wir sehen also jetzt, dass die Grösse V, welche wir jetzt das Potential nennen, nicht mehr dargestellt wird durch die Formel

$$\int \frac{1}{r}\mu d\omega,$$

in welcher r die Entfernung des Punktes (x, y, z) von jedem Elemente $\mu d\omega$ der electrischen Massen ist; denn diese letztere Function genügt der Gleichung:

$$\Delta v = 0 \text{ oder } \Delta v = -4\pi\mu,$$

je nachdem der Puukt (x, y, z) ausserhalb oder innerhalb der electrischen Massen liegt.

Die vorstehenden Resultate sind durch Analogie erhalten worden, dadurch dass man die Kraftströme mit den Wärmeströmen vergleicht. Man könnte versuchen, jede der vorstehenden Formeln nochmals aufzunehmen und deren Genauigkeit zu prüfen. Wir ziehen es jedoch vor, die Gesamtheit dieser Resultate als allein durch Analogie abgeleitet zu betrachten, eine Analogie, die nachträglich zu beweisen sein wird, und versparen diesen Beweis auf den Schluss des vierten Kapitels, wo er uns leichter werden wird.

Maxwell hat die Formeln (a) und (c) in seinem *Traité d'Électricité et de Magnétisme**) gegeben, doch ist es mir unmöglich das, was er darüber sagt, als beweiskräftig anzusehen.

Vergleichung der elastischen Kräfte, welche zu beiden Seiten einer electrischen Schicht erzeugt werden.

§ 12.

Im § 4 haben wir die Ausdrücke der elastischen Kräfte bestimmt, welche in einem dielectrischen Körper entstehen, und zwar unter der Annahme, dass der Inductionscoefficient gleich der Einheit ist. Hat dieser

*) Deutsch herausgegeben von Dr. B. Weinstein, Springer's Verlag, Berlin 1883.

Coefficient einen andern Wert, so muss man diese Ausdrücke mit dem Quadrate dieses Coefficienten multiplicieren.

Wir denken uns eine electrische Schicht, die sich an der Trennungsfläche σ zweier dielectrischen Körper D und D', deren Inductionscoefficienten q und q' seien, befindet, und wollen die elastischen Kräfte vergleichen, welche an beiden Seiten dieser Schicht zu Tage treten.

Wir ziehen die x-Achse nach der Richtung der Normale σ auf der Seite von D. Dann erhalten wir für die normale elastische Kraft, welche auf $d\sigma$ wirkt, zu beiden Seiten dieses Flächenelements:

$$p_{xx} = \frac{q^2}{8\pi}\left[\left(\frac{\partial V}{\partial x}\right)^2 - \left(\frac{\partial V}{\partial y}\right)^2 - \left(\frac{\partial V}{\partial z}\right)^2\right]$$

$$p'_{xx} = \frac{q'^2}{8\pi}\left[\left(\frac{\partial V'}{\partial x}\right)^2 - \left(\frac{\partial V'}{\partial y}\right)^2 - \left(\frac{\partial V'}{\partial z}\right)^2\right],$$

wobei wir die auf den dielectrischen Körper D' bezüglichen Grössen mit Strichen versehen haben. Da nun die Function V' auf σ gleich V ist, so hat man:

$$\frac{\partial V}{\partial y} = \frac{\partial V'}{\partial y}, \quad \frac{\partial V}{\partial z} = \frac{\partial V'}{\partial z}$$

und somit:

$$p'_{xx} - p_{xx} = \frac{1}{8\pi}\left[q'^2\left(\frac{\partial V'}{\partial x}\right)^2 - q^2\left(\frac{\partial V}{\partial x}\right)^2\right] - \frac{q'^2 - q^2}{8\pi}\left[\left(\frac{\partial V}{\partial y}\right)^2 + \left(\frac{\partial V}{\partial z}\right)^2\right].$$

Setzen wir:

$$q'^2\left[\left(\frac{\partial V'}{\partial x}\right)^2 + \left(\frac{\partial V'}{\partial y}\right)^2 + \left(\frac{\partial V'}{\partial z}\right)^2\right] = R'^2$$

$$q^2\left[\left(\frac{\partial V}{\partial x}\right)^2 + \left(\frac{\partial V}{\partial y}\right)^2 + \left(\frac{\partial V}{\partial z}\right)^2\right] = R^2,$$

so stellen R und R' die electrischen Kräfte in den beiden Mitteln dar, und wir erhalten für die Differenz der auf die Fläche σ ausgeübten elastischen Züge oder Drucke die Formel:

$$p'_{xx} - p_{xx} = \frac{1}{8\pi}(R'^2 - R^2) - \frac{q'^2 - q^2}{8\pi}\left[\left(\frac{\partial V}{\partial y}\right)^2 + \left(\frac{\partial V}{\partial z}\right)^2\right],$$

deren erster Teil die Differenz der Energieen der beiden Mittel für die Volumeneinheit in dem betrachteten Punkte darstellt. (I. Teil, Kap. I, § 26.)

Sind dn und dn' die Elemente der Normale an $d\sigma$ in D und D', so haben wir:

$$q\frac{\partial V}{\partial n} + q'\frac{\partial V'}{\partial n'} = -4\pi\rho$$

und hieraus erhalten wir ferner:

$$p'_{xx} - p_{xx} = -\frac{\rho}{2}\left(q'\frac{\partial V'}{\partial n'} - q\frac{\partial V}{\partial n}\right) - \frac{q'^2 - q^2}{8\pi}\left[\left(\frac{\partial V}{\partial y}\right)^2 + \left(\frac{\partial V}{\partial z}\right)^2\right].$$

Wir vergleichen sodann die normalen elastischen Kräfte, welche auf die beiden andern Coordinatenebenen zu beiden Seiten der elastischen Schicht ausgeübt werden. Den vorhergehenden Schlussfolgerungen nach erhalten wir:

$$p'_{yy} - p_{yy} = -\frac{1}{8\pi}(R'^2 - R^2) + \frac{q'^2 - q^2}{4\pi}\left(\frac{\partial V}{\partial y}\right)^2$$

$$p'_{zz} - p_{zz} = -\frac{1}{8\pi}(R'^2 - R^2) + \frac{q'^2 - q^2}{4\pi}\left(\frac{\partial V}{\partial z}\right)^2,$$

oder auch:

$$p'_{yy} - p_{yy} = \frac{\rho}{2}\left(q'\frac{\partial V'}{\partial n'} - q\frac{\partial V}{\partial n}\right) + \frac{q'^2 - q^2}{8\pi}\left[\left(\frac{\partial V}{\partial y}\right)^2 - \left(\frac{\partial V}{\partial z}\right)^2\right]$$

$$p'_{zz} - p_{zz} = \frac{\rho}{2}\left(q'\frac{\partial V'}{\partial n'} - q\frac{\partial V}{\partial n}\right) - \frac{q'^2 - q^2}{8\pi}\left[\left(\frac{\partial V}{\partial y}\right)^2 - \left(\frac{\partial V}{\partial z}\right)^2\right].$$

Für die tangentialen elastischen Kräfte erhalten wir sodann:

$$p_{xy} = \frac{1}{4\pi} q^2 \frac{\partial V}{\partial y}\frac{\partial V}{\partial n}, \qquad p'_{xy} = -\frac{1}{4\pi} q'^2 \frac{\partial V}{\partial y}\frac{\partial V'}{\partial n'}$$

$$p_{xz} = \frac{1}{4\pi} q^2 \frac{\partial V}{\partial n}\frac{\partial V}{\partial z}, \qquad p'_{xz} = -\frac{1}{4\pi} q'^2 \frac{\partial V'}{\partial n'}\frac{\partial V}{\partial z}$$

$$p_{yz} = \frac{1}{4\pi} q^2 \frac{\partial V}{\partial y}\frac{\partial V}{\partial z}, \qquad p'_{yz} = \frac{1}{4\pi} q'^2 \frac{\partial V}{\partial y}\frac{\partial V}{\partial z}.$$

Von der Verteilung der Electricität auf zwei Leitern, welche gegenseitig auf einander einwirken und in zwei verschiedenen dielectrischen Mitteln sich befinden.

§ 13.

Wir betrachten zwei Leiter C und C' (Fig. 7), die in zwei dielectrischen Mitteln D und D' sich befinden; wir nehmen z. B. an, dass das Dielectrikum D sich in dem ganzen Raume ausbreite, welcher von C, C' und D' nicht eingenommen wird.

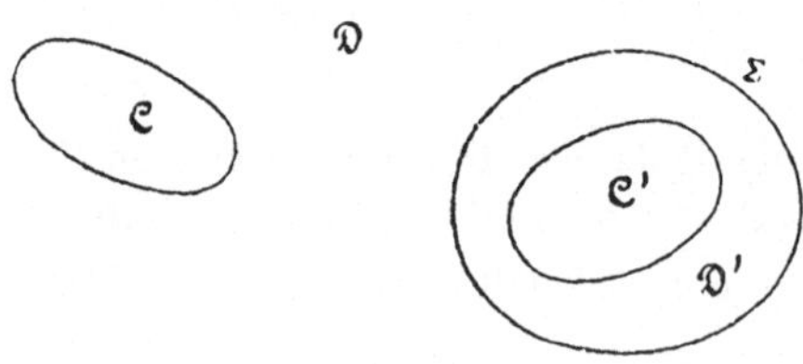

Fig. 7.

Wir betrachten ferner die Inductionscoefficienten q und q' von D und D' als constant.

Nehmen wir an, dass man die Werte V_1 und V_2 des Gesamtpotentials auf C und C' kenne, und bezeichnen wir sodann mit V und V' das Gesamtpotential in D und D' und mit Σ die Fläche, welche D' nach Aussen begrenzt, so haben wir folgende Gleichungen:

$$\text{(a)} \qquad \left\{ \begin{aligned} \Delta V &= 0 \quad \text{in } D \\ \Delta V' &= 0 \quad \text{in } D' \\ V &= V_1 \text{ auf } C \\ V' &= V_2 \text{ auf } C' \\ V &= V' \text{ auf } \Sigma \\ q\frac{\partial V}{\partial n} + q'\frac{\partial V'}{\partial n'} &= 0 \quad \text{auf } \Sigma, \end{aligned} \right.$$

wo dn und dn' die Elemente der Normale sind, welche an die Fläche Σ in D und D' gelegt sind.

Diese Aufgabe ist im Allgemeinen viel complicierter, als wenn die beiden dielectrischen Mittel sich auf ein einziges reducieren, wegen der Bedingungen, denen man auf der Fläche Σ genügen muss.

§ 14.

Indessen kann man durch Wahl der Fläche Σ das vorstehende Problem auf den besonderen Fall zurückführen, wo nur ein dielectrisches Mittel vorhanden ist.

Im Falle eines einzigen dielectrischen Mittels, wo man $q = q' = 1$ hat, genügt das Potential v der Electricität der Gleichung

$$\Delta v = 0$$

im ganzen Raume und den beiden Bedingungen

$$\begin{aligned} v &= A \text{ auf } C \\ v &= B \text{ auf } C', \end{aligned}$$

wo A und B zwei gegebene Constanten sind. Nehmen wir ferner an, dass Σ eine Niveaufläche bilde, so werden die Electricitätsmassen von C und C' von entgegengesetztem Zeichen sein und wir können v auf Σ gleich Null annehmen; alsdann aber sind A und B nicht mehr unabhängig. Es kann nämlich v auf die Form gebracht werden: $H\varepsilon + K$, wo ε ein variabler Parameter ist und H und K zwei Constanten sind. Sind ε_1, ε_2, ε_3 die Werte von ε auf den Oberflächen von C und C' und auf Σ, so haben wir:

$$H\varepsilon_1 + K = A, \quad H\varepsilon_2 + K = B, \quad H\varepsilon_3 + K = 0,$$

somit:

$$A = H(\varepsilon_1 - \varepsilon_3), \quad B = H(\varepsilon_2 - \varepsilon_3),$$

und es hängen daher A und B von der einen Constanten H ab.

Setzen wir dann

$$V = \frac{v}{q} + L, \quad V' = \frac{v}{q'} + L,$$

wo L eine Constante ist, so können wir die beiden Constanten H und L derart wählen, dass allen Gleichungen (a) genügt wird. Die dritte und vierte geben:

$$\frac{H(\varepsilon_1 - \varepsilon_3)}{q} + L = V_1$$

$$\frac{H(\varepsilon_2 - \varepsilon_3)}{q'} + L = V_2$$

und bestimmen H und L.

Da v auf Σ gleich Null ist, so hat man auch $V = V'$ auf dieser Fläche, und auch die sechste Gleichung gilt, denn es ist:

$$q \frac{\partial V}{\partial n} + q' \frac{\partial V'}{\partial n'} = \frac{\partial v}{\partial n} + \frac{\partial v}{\partial n'} = 0.$$

Mithin bleiben in dem besonderen Falle, wo Σ eine Niveaufläche ist, die electrischen Kräfte, welche die Componenten

$$-q \frac{\partial V}{\partial x}, \quad -q \frac{\partial V}{\partial y}, \quad -q \frac{\partial V}{\partial z}$$

und

$$-q' \frac{\partial V'}{\partial x}, \quad -q' \frac{\partial V'}{\partial y}, \quad -q' \frac{\partial V'}{\partial z}$$

haben, dieselben wie in dem Hülfsfalle, wo $q = q' = 1$ ist. Auf C und C' sind dieselben Massen vorhanden und sie verteilen sich auch auf dieselbe Weise, wie aus den Formeln hervorgeht, welche die Dichtigkeiten ρ und ρ' auf C und C' geben, nämlich

$$\rho = -\frac{q}{4\pi} \frac{\partial V}{\partial n}, \quad \rho' = -\frac{q'}{4\pi} \frac{\partial V'}{\partial n},$$

wo dn das Element der äusseren Normale ist.

Wenn man aber die beiden Körper C und C' durch einen leitenden Faden verbindet, so werden die Potentiale V und V' daselbst gleich und die Verteilung der Electricität zwischen den beiden Leitern wird nicht dieselbe sein, als wenn sie sich in einem und demselben dielectrischen Mittel befänden.

Condensatoren.

§ 15.

Setzt man einen isolierten leitenden Körper A mit einer unbeschränkten Electricitätsmenge von einem bestimmten Potential in Verbindung, so bringt man diesen Leiter auf eben dieses Potential. Aber durch Influenzierung des Leiters A kann man seine Ladung viel grösser machen, als sie ohne diesen Umstand sein würde.

Man verwirklicht diese Vergrösserung der Ladung, indem man für den Körper A eine leitende Platte nimmt, auf welche man eine andere leitende Platte B einwirken lässt, die von der ersten durch die dünne Schicht eines

Dielectrikums getrennt ist. Und während man A ladet, setzt man im Allgemeinen B mit dem Erdboden in Verbindung. Das Ensemble dieser drei Körper wird ein **Condensator** genannt.

Wir nehmen an, dass die Ladung nur eine ausserordentlich kurze Zeit lang gedauert habe, so dass die Electricität nicht in das Dielectrikum eingedrungen ist.

Wir bezeichnen mit σ_1 und σ_2 die Flächen der Platten A und B, welche mit dem Dielectrikum in Berührung sind; V_1 und V_2, welches die respectiven Potentiale von A und B sind, werden auch die Werte des Potentials in dem Dielectrikum auf den Flächen σ_1 und σ_2 sein. Das Potential in dem Zwischenraum zwischen diesen beiden Flächen ändert sich nur mit der Länge s der Kraftlinie, gerechnet von σ_1 aus, und genügt der Gleichung $\Delta V = 0$, welche geschrieben werden kann (I. Teil, Kap. IV, § 20):

$$(1) \qquad \frac{d^2V}{ds^2} = -\left(\frac{1}{R_1} + \frac{1}{R_2}\right)\frac{dV}{ds},$$

wo R_1 und R_2 die Hauptkrümmungsradien der durch den Endpunkt von s gehenden Niveaufläche sind; wegen der geringen Dicke des dielectrischen Mittels kann man sie aber durch diejenigen der Fläche σ_1 ersetzen. In dieser Formel sind diese Krümmungsradien nach der äusseren Seite des Dielectrikums gerichtet angenommen; im entgegengesetzten Falle muss man ihr Zeichen ändern.

Bezeichnen wir sodann mit ε die Länge von s zwischen σ_1 und σ_2, so haben wir

$$(2) \qquad V_2 = V_1 + \frac{dV}{ds}\varepsilon + \frac{d^2V}{ds^2}\frac{\varepsilon^2}{2} + \cdots,$$

wo die Ableitungen von V auf σ_1 genommen werden, und wenn man $\frac{d^2V}{ds^2}$ durch seinen Wert ersetzt, so erhält man:

$$V_2 - V_1 = \frac{dV}{ds}\varepsilon - \left(\frac{1}{R_1} + \frac{1}{R_2}\right)\frac{dV}{ds}\frac{\varepsilon^2}{2} + \cdots$$

Bezeichnen wir mit ρ_1 die Dichtigkeit der auf σ_1 liegenden electrischen Schicht und mit q_1 den Inductionscoefficienten des Dielectrikums, so haben wir:

$$(3) \qquad q\frac{dV}{ds} = -4\pi\rho_1$$

und somit ist, wenn wir die Glieder mit ε^3 vernachlässigen:

$$V_2 - V_1 = -4\pi\rho_1\frac{\varepsilon}{q}\left[1 - \frac{\varepsilon}{2}\left(\frac{1}{R_1} + \frac{1}{R_2}\right)\right].$$

Bezeichnen wir mit ρ_2 die Dichtigkeit der auf σ_2 liegenden electrischen Schicht, so haben wir ebenso:

$$V_1 - V_2 = -4\pi\rho_2\frac{\varepsilon}{q}\left[1 + \frac{\varepsilon}{2}\left(\frac{1}{R_1} + \frac{1}{R_2}\right)\right].$$

Aus diesen beiden Formeln folgt:

$$\rho_1 = -\frac{q(V_2 - V_1)}{4\pi\varepsilon}\left[1 + \frac{\varepsilon}{2}\left(\frac{1}{R_1} + \frac{1}{R_2}\right)\right]$$
$$\rho_2 = +\frac{q(V_2 - V_1)}{4\pi\varepsilon}\left[1 - \frac{\varepsilon}{2}\left(\frac{1}{R_1} + \frac{1}{R_2}\right)\right].$$

Wir bezeichnen mit σ die Fläche, welche in gleichem Abstande von σ_1 und σ_2 gelegt ist, und mit $d\sigma$, $d\sigma_1$, $d\sigma_2$ Elemente der Flächen σ, σ_1, σ_2, welche von denselben Kraftlinien begrenzt werden. Wir haben

$$d\sigma = d\sigma_1\left[1 + \frac{\varepsilon}{2}\left(\frac{1}{R} + \frac{1}{R_1}\right)\right] = d\sigma_2\left[1 - \frac{\varepsilon}{2}\left(\frac{1}{R} + \frac{1}{R_1}\right)\right]$$

und schliessen daraus:

$$\rho_1 d\sigma_1 = -\rho_2 d\sigma_2 = -\frac{q(V_2 - V_1)}{4\pi\varepsilon}d\sigma.$$

In dem besonderen Falle, wo die Dicke ε des Dielectrikums überall dieselbe ist, erhalten wir, wenn wir mit E_1 und E_2 die auf σ_1 und σ_2 befindlichen Electricitätsmengen bezeichnen:

$$E_1 = -E_2 = -\frac{q(V_2 - V_1)}{4\pi\varepsilon}\sigma.$$

Somit sieht man, dass für einen und denselben Wert von $V_2 - V_1$ die auf diesen Flächen befindliche Electricität sich umgekehrt verhält wie die Dicke des Dielectrikums und dem Inductionscoefficienten proportional ist.

§ 16.

Die vorstehende Rechnung ist nur eine näherungsweise und setzt voraus, dass die beiden Flächen σ_1 und σ_2 überall durch eine sehr kleine Entfernung ε, die übrigens veränderlich sein kann, getrennt sind. Wenn man die allgemeine Gleichung des Systems der Niveauflächen, welchem die Flächen σ_1 und σ_2 angehören, kennen würde, unter der Form

$$V = \alpha,$$

wo α ein veränderlicher Parameter sein kann, so würde man an die Stelle der vorhergehenden Rechnung eine andere vollkommen exacte setzen können, welche nicht mehr die Dicke des Dielectrikums als unendlich klein voraussetzte.

Bezeichnen wir mit α_1 und α_2 die Werte von α auf σ_1 und σ_2, so treten an die Stelle der Gleichungen (1) und (2) die folgenden:

$$\frac{d^2V}{d\alpha^2} = 0, \quad V_2 = V_1 + \frac{dV}{d\alpha}(\alpha_2 - \alpha_1).$$

Sodann haben wir anstatt der Gleichung (3):

$$qh\frac{dV}{d\alpha} = -4\pi\rho_1,$$

wenn man setzt

$$h = \sqrt{\left(\frac{\partial\alpha}{\partial x}\right)^2 + \left(\frac{\partial\alpha}{\partial y}\right)^2 + \left(\frac{\partial\alpha}{\partial z}\right)^2}$$

für $\alpha = \alpha_1$. Mithin erhalten wir:

$$V_2 - V_1 = -\frac{4\pi\rho_1(\alpha_2 - \alpha_1)}{qh},$$

oder:

$$\rho_1 = -\frac{(V_2 - V_1)qh}{4\pi(\alpha_2 - \alpha_1)}.$$

Nehmen wir an, dass die beiden Leiter A und B sich auf zwei ebene und parallele Platten reducieren, und ist die Entfernung zwischen ihnen ε, so haben wir:

$$\rho_1 = -\rho_2 = -\frac{q(V_2 - V_1)}{4\pi\varepsilon}.$$

Sind die Flächen σ_1 und σ_2 zwei Rotationscylinder mit derselben Achse, deren Radien r_1 und r_2 sind, so hat das Potential V in dem Zwischenraum zwischen beiden Flächen zum Ausdruck

$$V = A \log r + B,$$

wo r die Entfernung von der Achse ist und A, B zwei willkürliche Constanten sind. Daraus folgt:

$$\rho_1 = q\frac{V_1 - V_2}{4\pi r_1 \log\frac{r_2}{r_1}}, \quad \rho_2 = q\frac{V_2 - V_1}{4\pi r_2 \log\frac{r_2}{r_1}}.$$

Bestimmung gewisser auf den Condensator bezüglicher Constanten.

§ 17.

Bezeichnen wir mit Q_1 und Q_2 die gesamten Electricitätsmengen, welche A und B bedecken, so haben wir die folgenden beiden Gleichungen:

$$\text{(a)} \qquad \begin{cases} Q_1 = c_1 V_1 + c_2 V_2 \\ Q_2 = c_2 V_1 + c_3 V_2, \end{cases}$$

wo c_1, c_2, c_3 drei Grössen sind, welche dieselben bleiben, wenn V_1 und V_2 sich ändern (Kap. I, § 13).

Wir stellen uns die Aufgabe, diese drei Constanten zu bestimmen.

Nehmen wir an, dass die Flächen σ_1 und σ_2 beinahe geschlossen sind wie bei einer Leydener Flasche, und setzen wir A mit B durch einen leitenden Faden in Verbindung, so werden V_1 und V_2 denselben Wert H haben. Die freie Electricität verteilt sich ganz und gar auf der äusseren Fläche von B und kann gemessen werden; bezeichnen wir sie mit η, so werden die Gleichungen (a):

$$0 = e_1 + e_2, \quad \eta = (e_2 + e_3)H,$$

oder:

$$e_1 = -e_2, \quad e_3 = \frac{\eta}{H} - e_2.$$

Es genügt also jetzt, e_2 zu berechnen. Setzen wir die innere Belegung A mit dem Erdboden in Verbindung, so ist $V_1 = 0$, die Electricität verschwindet vollständig von der inneren Fläche von A und es bleibt nur auf σ_1 welche übrig. Bezeichnen wir diese Electricitätsmenge mit M, so giebt die erste Gleichung (a):

$$M = e_2 V_2.$$

Nun hat man nach § 15

$$\rho_1 d\sigma_1 = -\frac{q V_2}{4\pi\varepsilon} d\sigma,$$

und wenn man integriert

$$M = -\frac{q V_2}{4\pi} \int \frac{d\sigma}{\varepsilon}.$$

Durch Gleichsetzung dieser beiden Werte von M erhält man:

$$e_2 = -\frac{q}{4\pi} \int \frac{d\sigma}{\varepsilon}.$$

Ein von zwei dielectrischen Körpern gebildeter Condensator.

§ 18.

Zur Vereinfachung nehmen wir an, dass die beiden Belegungen A und B des Condensators (Fig. 8) zwei ebene Platten seien, die als unendlich betrachtet werden; die physikalischen Betrachtungen würden dieselben bleiben,

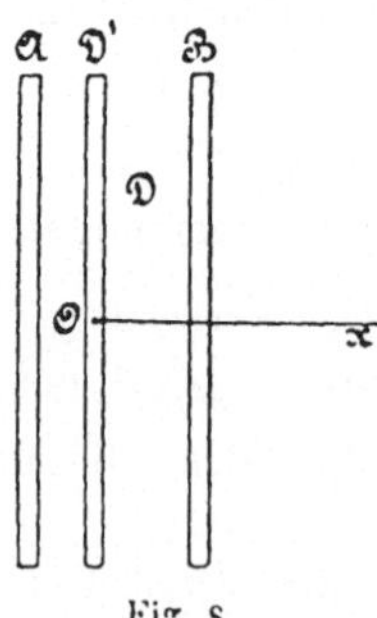

Fig. 8.

welches auch ihre Form wäre. Wir denken uns diese beiden Platten durch ein gasförmiges oder flüssiges Dielectrikum D von einander getrennt und schieben dann zwischen beide und parallel zu ihnen eine ebene Platte D' von einem festen Dielectrikum. Sodann bringen wir A und B auf die Potentiale V_1 und V_2.

Wir nehmen die Achse der x senkrecht zu den Platten und den Anfangspunkt O auf der Mittelebene von D', und bezeichnen die Dicke der Platte D' mit 2η und die Entfernungen des Punktes O von den Platten A und B mit ε und λ.

Zwischen diesen beiden Platten genügt V der Gleichung:

$$\frac{d^2 V}{dx^2} = 0;$$

somit kann zwischen A und D', innerhalb D' und zwischen D' und B diese Function bezüglich dargestellt werden durch die folgenden drei Ausdrücke:

$$V = ax + b, \quad V' = cx + d, \quad V = ex + f,$$

wo a, b, c, d, e, f Constanten sind, die bestimmt werden müssen.

Da V auf A und B zu V_1 und V_2 werden muss und da es sich bei dem Übergange von D zu D' stetig ändert, so ergeben sich folgende vier Gleichungen:

$$\text{(b)} \qquad \begin{cases} -a\varepsilon + b = V_1 \\ -a\eta + b = -c\eta + d \\ c\eta + d = e\eta + f \\ e\lambda + f = V_2. \end{cases}$$

Sind ρ_1 und ρ_2 die Dichtigkeiten der beiden auf den inneren Flächen von A und B gelegenen Schichten, so haben wir:

$$\begin{aligned} q\frac{dV}{dx} &= -4\pi\rho_1 && \text{für } x = -\varepsilon \\ -q\frac{dV}{dx} + q'\frac{dV'}{dx} &= 0 && \text{„} \quad x = -\eta \\ -q'\frac{dV'}{dx} + q\frac{dV}{dx} &= 0 && \text{„} \quad x = \eta \\ -q\frac{dV}{dx} &= -4\pi\rho_2 && \text{„} \quad x = \lambda \end{aligned}$$

oder:

$$qa = -4\pi\rho_1, \quad -qa + q'c = 0, \quad -q'c + qe = 0, \quad -qe = -4\pi\rho_2.$$

Hieraus folgt:

$$qa = q'c = qe.$$

Bezeichnen wir den gemeinsamen Wert dieser drei Grössen mit p, so erhalten wir:

$$e = a = \frac{p}{q}, \quad c = \frac{p}{q'},$$

$$\rho_1 = -\rho_2 = \frac{-p}{4\pi}.$$

Setzt man die Werte von e, a, c in die Gleichungen (b) ein, so findet man:

$$p = \frac{V_2 - V_1}{\frac{\varepsilon + \lambda - 2\eta}{q} + \frac{2\eta}{q'}},$$

$$b = V_1 + \frac{p}{q}\varepsilon, \quad f = V_2 - \frac{p}{q}\lambda, \quad d = V_2 - p\left(\frac{\lambda - \eta}{q} + \frac{\eta}{q'}\right).$$

Mithin erhält man für ρ_1 die Formel:

$$\rho_1 = -\frac{1}{4\pi}\frac{V_2 - V_1}{\frac{\varepsilon + \lambda - 2\eta}{q} + \frac{2\eta}{q'}},$$

wo man zu bemerken hat, dass $\varepsilon + \lambda - 2\eta$ die Dicke von D und 2η diejenige von D' darstellt.

Ladung des Condensators.

§ 19.

Wir nehmen wieder einen Condensator, der nur ein Dielectrikum enthält und dessen Belegungen zwei parallele Platten sind. Wenn die Zeit, während welcher man diesen Apparat ladet, nicht sehr klein ist, so wird Electricität in das Dielectrikum, welches wir als festen Körper annehmen, eindringen. Diese Erscheinung wollen wir untersuchen.

Wir bezeichnen mit D die Dichtigkeit der Electricität, welche in den isolierenden Körper eingetreten ist. Stellen wir noch durch V das Potential der ganzen Electricität dar, so haben wir die Gleichung:

$$q\frac{d^2V}{dx^2} = -4\pi D.$$

Wir nennen R die electromotorische Kraft, welche von der Ladung herrührt, und rechnen die x von der Mittelebene des Dielectrikums aus. Wir legen eine Ebene parallel zu den Flächen und betrachten einen Cylinder, dessen Basis auf dieser Ebene liegt und gleich der Flächeneinheit ist und dessen Höhe gleich dx ist. Die Electricitätsmenge, welche in denselben in der unendlich kleinen Zeit dt eintritt, ist gleich

$$\frac{\partial D}{\partial t}dxdt;$$

andrerseits tritt in denselben während derselben Zeit ein Kraftstrom ein, welcher gleich ist

$$-q\frac{\partial V}{\partial x}dt + Rdt;$$

daraus ergiebt sich ein Strom gleich

$$-q\left(\frac{\partial V}{\partial x} + \frac{\partial^2 V}{\partial x^2}dx\right)dt + \left(R + \frac{\partial R}{\partial x}dx\right)dt.$$

Zieht man diese Grösse von der vorhergehenden ab, so erhält man den Ausdruck:

$$\left(q\frac{\partial^2 V}{\partial x^2}-\frac{\partial R}{\partial x}\right)dx\,dt,$$

welcher der Electricitätsmenge, welche in den Cylinder eingetreten ist, proportional sein muss. Es folgt daraus die Gleichung

$$\alpha\frac{\partial D}{\partial t}=q\frac{\partial^2 V}{\partial x^2}-\frac{\partial R}{\partial x},$$

wo α eine Constante ist, die von der Natur des dielectrischen Körpers abhängt.

Die Function R muss in einiger Entfernung von der Oberfläche des Dielectrikums schnell abnehmen; sie muss ferner von dem Zeitraum der Operation abhängen. Nehmen wir

$$R=\psi(x)\varphi(t),$$

wo $\psi(x)$ eine gerade Function ist, so haben wir die beiden Gleichungen:

$$\frac{\partial D}{\partial t}+\frac{4\pi}{\alpha}D+\frac{1}{\alpha}\frac{d\psi(x)}{dx}\varphi(t)=0 \tag{1}$$

$$q\frac{\partial^2 V}{\partial x^2}=-4\pi D. \tag{2}$$

Wir setzen

$$\frac{4\pi}{\alpha}=b$$

und multipliciren die Gleichung (1) mit e^{bt}; setzen wir dann noch

$$D=e^{-bt}D',$$

so erhalten wir:

$$\frac{\partial D'}{\partial t}=-\frac{1}{\alpha}\frac{d\psi(x)}{dx}\varphi(t)e^{bt}$$

$$D'=-\frac{1}{\alpha}\frac{d\psi(x)}{dx}\int_0^t\varphi(t)e^{bt}dt,$$

da D oder D' für $t=0$ verschwinden muss. Hieraus folgt:

$$D=-\frac{1}{\alpha}\frac{d\psi(x)}{dx}e^{-bt}\int_0^t\varphi(t)e^{bt}dt, \tag{3}$$

und sodann

$$q\frac{\partial^2 V}{\partial x^2}=\frac{4\pi}{\alpha}\frac{d\psi(x)}{dx}e^{-bt}\int_0^t\varphi(t)e^{bt}dt.$$

V lässt sich in zwei Teile teilen, in den einen von der Form $ax+b$, welcher herrührt von den beiden Schichten, welche sich augenblicklich auf den beiden Seiten der Platte des Dielectrikums bilden, und in den andern, welcher herrührt von der Electricität, welche sich im Innern der Platte entwickelt, wenn man fortfährt den Apparat zu laden. Hiernach hat man:

$$V=\frac{4\pi}{q\alpha}\int\psi(x)dx e^{-bt}\int_0^t\varphi(t)e^{bt}dt+ax+b.$$

Bezeichnet man mit v_1 und v_2 die Potentiale der beiden Belegungen, welche von der augenblicklichen Ladung herrühren, so hat man:

$$a=\frac{v_1-v_2}{\varepsilon},\quad b=\frac{v_1+v_2}{2},$$

wo ε die Dicke der isolierenden Platte ist. Bezeichnen wir mit ρ_1 und ρ_2 die Dichtigkeiten der beiden Schichten, welche auf den beiden Seitenflächen der Platte zur Zeit t sich befinden, so haben wir:

$$q\frac{\partial V}{\partial x}=4\pi\rho_1 \qquad \text{für} \quad x=\frac{\varepsilon}{2}$$

$$q\frac{\partial V}{\partial x}=-4\pi\rho_2 \qquad \text{„} \quad x=-\frac{\varepsilon}{2}$$

und somit

$$\rho_1=-\rho_2=\frac{1}{\alpha}e^{-bt}\psi\left(\frac{\varepsilon}{2}\right)\int_0^t\varphi(t)e^{bt}dt+\frac{qa}{4\pi}.$$

§ 20.

In dem Ausdruck

$$\text{(a)} \qquad R=\psi(x)\varphi(t)$$

ist $\varphi(t)$ irgend eine Function, welche von der Operation abhängt, durch welche der Condensator geladen worden ist; $\psi(x)$ dagegen muss theoretisch sich bestimmen lassen; indessen ist die Kenntnis der Function $\psi(x)$ nicht erforderlich für die Entwicklung, die ich für die zurückbleibende Ladung (den sogenannten electrischen Rückstand) des Condensators geben werde.

Man muss auch bemerken, dass R sich im Allgemeinen nicht aus einem einzigen solchen Gliede wie (a), sondern aus einer Reihe von solchen Gliedern zusammensetzt, in denen $\varphi(t)$ der Sinus oder der Cosinus eines zu t proportionalen Bogens ist; diese Reihe kann man jedoch häufig ohne merklichen Fehler auf ein oder zwei Glieder reducieren.

Nehmen wir

$$\psi(x)=A\cosh mx,$$

so erhalten wir

$$D = -\frac{Am}{\alpha} \sinh mx \cdot e^{-bt} \int_0^t \varphi(t) e^{bt} dt$$

$$V = \frac{4\pi A}{\alpha m q} \sinh mx \cdot e^{-bt} \int_0^t \varphi(t) e^{bt} dt + ax + b$$

$$\rho_1 = -\rho_2 = \frac{A}{\alpha} e^{-bt} \cosh \frac{m\varepsilon}{2} \int_0^t \varphi(t) e^{bt} dt + \frac{qa}{4\pi}.$$

Entladung des Condensators.

§ 21.

Nachdem der Apparat auf diese Weise eine Zeit T lang geladen ist, setzen wir die beiden Belegungen in Verbindung; die beiden Oberflächenschichten, deren Dichtigkeiten ρ_1 und ρ_2 sind, werden sich vereinigen und es wird nur noch die Electricität im Innern der Platte übrig bleiben. Wir heben sogleich die Verbindung zwischen den beiden Belegungen wieder auf und überlassen den Apparat sich selbst. Alsdann werden die Gleichungen (1) und (2) anwendbar bleiben, vorausgesetzt, dass man $R=0$ setzt, und man hat:

$$\frac{\partial D}{\partial t} + bD = 0$$

$$q \frac{\partial^2 V}{\partial x^2} = -4\pi D.$$

Daraus folgt:

$$D = \vartheta(x) e^{-bt},$$

wo $\vartheta(x)$ eine willkürliche Function ist, und ferner:

$$\frac{\partial^2 V}{\partial x^2} = -\frac{4\pi}{q} \vartheta(x) e^{-bt}.$$

Der Wert von D darf sich für $t = T$ nicht plötzlich ändern; setzen wir also jenen Ausdruck von D der Formel (3) für $t = T$ gleich, so erhalten wir:

$$\vartheta(x) = -\frac{1}{\alpha} \frac{d\psi(x)}{dx} \int_0^T \varphi(t) e^{bt} dt.$$

Machen wir

$$\int_0^T \varphi(t) e^{bt} dt = H,$$

so wird:

$$q \frac{\partial V}{\partial x} = bH\psi(x) e^{-bt} + \chi(t),$$

wo $\chi(t)$ eine willkürliche Function ist, somit:

$$(\alpha) \qquad \rho_1 = \frac{H}{\alpha}\psi\left(\frac{\varepsilon}{2}\right)e^{-bt} + \frac{1}{4\pi}\chi(t).$$

Es bleibt noch die Function $\chi(t)$ zu bestimmen.

Die Electricität, welche sich auf der Ebene $x = \frac{\varepsilon}{2}$ findet, ist diejenige, welche durch diese Fläche seit der Zeit $t = T$ aus dem Dielectrikum ausgetreten ist. Nun ist die Grösse des Kraftstromes, welcher durch diese Fläche seit der Zeit T ausgetreten ist:

$$-q\int_T^t\left(\frac{\partial V}{\partial x}\right)_{x=\frac{\varepsilon}{2}} dt = H\psi\left(\frac{\varepsilon}{2}\right)(e^{-bt} - e^{-bT}) - \int_T^t \chi(t)\,dt.$$

Diese Grösse muss ρ_1 proportional sein; stellen wir sie also durch $\beta\rho_1$ dar, so ergiebt sich die Gleichung

$$H\psi\left(\frac{\varepsilon}{2}\right)(e^{-bt} - e^{-bT}) - \int_T^t \chi(t)\,dt = \frac{\beta H}{\alpha}\psi\left(\frac{\varepsilon}{2}\right)e^{-bt} + \frac{\beta}{4\pi}\chi(t).$$

Differentiieren wir diese Gleichung in Bezug auf t und setzen wir:

$$\frac{\beta - \alpha}{\beta}H = K,$$

so erhalten wir:

$$\frac{d\chi(t)}{dt} + \frac{4\pi}{\beta}\chi(t) = Kb^2\psi\left(\frac{\varepsilon}{2}\right)e^{-bt}$$

und somit:

$$\chi(t) = e^{-bt}\left[Kb^2\psi\left(\frac{\varepsilon}{2}\right)t + C\right],$$

wo C eine willkürliche Constante ist.

Substituieren wir den Wert von $\chi(t)$ in (α), so erhalten wir:

$$\rho_1 = e^{-bt}\left[\frac{Kb}{\alpha}\psi\left(\frac{\varepsilon}{2}\right)t + \frac{H}{\alpha}\psi\left(\frac{\varepsilon}{2}\right) + \frac{C}{4\pi}\right].$$

Die Constante C muss der Bedingung gemäss bestimmt werden, dass $\rho_1 = 0$ sei für $t = T$; es folgt daraus

$$\frac{C}{4\pi} = -\frac{Kb}{\alpha}\psi\left(\frac{\varepsilon}{2}\right)T - \frac{H}{\alpha}\psi\left(\frac{\varepsilon}{2}\right)$$

und

$$\rho_1 = \frac{Kb}{\alpha}\psi\left(\frac{\varepsilon}{2}\right)(t - T)e^{-bt}.$$

Die Dichtigkeit ρ_2 auf der anderen Seite des Dielectrikums ist gleich ρ_1 aber von entgegengesetztem Vorzeichen.

Setzt man die beiden Belegungen des Condensators von Neuem in Verbindung, so erhält man eine neue Entladung, indem sich die Electricitäten der beiden Oberflächenschichten, deren Dichtigkeiten ρ_1 und ρ_2 sind, mit einander vereinigen.

Viertes Kapitel.

Allgemeine Theorie des Magnetismus.

Vorbemerkungen.

Um die magnetischen Erscheinungen zu erklären, nimmt man an, dass die Magnete und die Körper, welche sich magnetisieren lassen, eine Substanz enthalten, welche man **magnetisches Fluidum** nennt, und ebenso wie man zwei Arten von Electricität unterscheidet, unterscheidet man auch zwei Arten von magnetischem Fluidum, welche Süd- und Nordmagnetismus oder auch positiver und negativer Magnetismus heissen.

Das positive Fluidum ist dasjenige, welches sich nach dem Nordpol der Erde zu richten strebt.

Nach Coulomb bestehen die Magnete aus einer ungeheuren Zahl von Partikelchen, deren jedes die beiden Arten von Fluida in gleicher Menge enthält, so dass sich ihre Wirkungen, wenn diese beiden Fluida vereinigt sind, zerstören. Die magnetischen Körper, d. h. diejenigen, welche fähig sind, magnetisiert zu werden, sind in ähnliche Partikelchen zerlegbar, deren jedes diese beiden Fluida in gleicher Menge enthält, daher sich diese letzteren neutralisieren, wenn keine Kraft dazwischentritt, um sie zu trennen. In den Magneten und in den magnetischen Körpern können diese Partikelchen ihre magnetische Substanz einander nicht mitteilen.

Man beweist sehr leicht durch das Experiment, dass die beiden Arten von Magnetismus in einem Magneten in gleicher Menge vorkommen, indem man beobachtet die Wirkung der Erde, welche nur den Magneten um seinen Schwerpunkt zu drehen strebt.

Coulomb, welcher experimentell auf directe Weise bewiesen hat, dass das Gesetz der electrischen Wirkungen dasjenige der Abstossung oder der Anziehung im umgekehrten Verhältnis des Quadrats der Entfernung ist, hat auch zu beweisen versucht, dass dasselbe Gesetz auf die magnetischen Wirkungen Anwendung findet. Dieser zweite Beweis ist weniger bindend als der erste. Man kann aber das Gesetz der magnetischen Wirkungen an den Resultaten prüfen, welche es liefert, wenn man darauf die Rechnung anwendet.

Ebenso wie man die Körper als gute und schlechte Leiter der Electricität unterscheidet, so unterscheidet man auch die Körper als gute und schlechte Leiter des Magnetismus. Die gut leitenden Körper sind diejenigen, welche fast unmittelbar unter der Einwirkung des äusseren Magnetismus in merklicher Weise magnetisch werden und die ihren Magnetismus verlieren, sobald diese Einwirkung entfernt wird. Die schlecht leitenden Körper sind diejenigen, welche den magnetischen Zustand schwer annehmen und ihn sodann dauernd behalten. Man nennt Coercitivkraft jene Art von Reibung, welche den Zustand des Magnetismus in den schlechten Leitern zu erhalten strebt.

Nach Poisson müssen die Mengen neutralen Fluidums, welche sich in einem magnetischen Teilchen vorfinden, als unbeschränkt betrachtet werden, d. h. es ist uns unmöglich mit den Hülfsmitteln, über die wir verfügen, die beiden darin enthaltenen Flüssigkeiten vollständig zu trennen. Er stützt sich auf die damals von den Physikern angenommene Thatsache, dass die Magnetisierung ohne Aufhören zunimmt, in dem Masse wie man die Kraft der Magneten, welche auf den magnetischen Körper wirken, vermehrt.

Diese Thatsache wird heutzutage nicht mehr ohne Widerspruch zugegeben; man glaubt im Gegenteil allgemein, dass ein magnetischer Körper ein Maximum der Magnetisierung habe. Wenn dem so ist, was sehr zweifelhaft ist, so würde man im Allgemeinen die Schlussfolgerungen nicht zu modificieren haben; nur allein von dem Augenblicke an, wo das neutrale Fluidum erschöpft wäre, müssten die Rechnungen modificiert werden und würden viel schwieriger werden. Die Grenze der Magnetisierung des Partikels würde stattfinden, wenn die Massen der beiden in zwei Punkten concentrierten Magnetismen ihre grösste Entfernung erreichten. Übrigens werden wir uns in diesem Kapitel gezwungen sehen, diese Vorstellungen zu modificieren, und die Teilung eines inducierten magnetischen Körpers in getrennte magnetische Partikelchen nicht annehmen.

Anziehung oder Abstossung des Elements eines Magneten oder eines magnetisierten Körpers.

§ 1.

Wir denken uns ein Element eines Körpers, welches positives und negatives Fluidum, die in ihm getrennt sind, in gleicher Menge enthält. Man kann sich vorstellen, entweder dass diese Flüssigkeiten im Innern des Elements ihren Sitz haben, oder dass, wenn dieses Element leitend ist, die Flüssigkeiten an seiner Oberfläche haften. In beiden Fällen aber bleibt die nachstehende Rechnung dieselbe.

Wir suchen die Wirkung dieses Elementes auf einen äusseren Punkt P, dessen Coordinaten x, y, z sind und der in einer in Bezug auf die Dimensionen des Elementes sehr grossen Entfernung liegt.

Ist C ein Punkt (x', y', z') im Innern des Moleküls und bezeichnen wir mit r die Entfernung der Punkte C und P, so haben wir:

$$r^2 = (x - x')^2 + (y - y')^2 + (z - z')^2.$$

Wir nehmen zunächst an, dass der Magnetismus auf der Oberfläche ω des Elementes sich befinde, und stellen durch ρ die Dichtigkeit des magnetischen Fluidums auf dieser Fläche und durch $d\omega$ das Oberflächenelement dar. Da die Gesamtmasse des Fluidums gleich Null ist, so hat man

$$\int \rho d\omega = 0. \tag{1}$$

Es sei r' die Entfernung des Punktes P von einem beliebigen Punkt C' der Oberfläche ω und ferner l die Entfernung CC' und a, b, c die Winkel, welche diese Gerade mit den drei Coordinatenachsen bildet.

Da l sehr klein im Verhältnis zu r angenommen ist, so kann man mit Vernachlässigung der Glieder in l^2 setzen:

$$\frac{1}{r'} = \frac{1}{r} + \frac{\partial \frac{1}{r}}{\partial x'} l \cos a + \frac{\partial \frac{1}{r}}{\partial y'} l \cos b + \frac{\partial \frac{1}{r}}{\partial z'} l \cos c,$$

und wenn man die Gleichung (1) berücksichtigt, so hat man für das Potential des Magnetismus in Bezug auf den Punkt P:

$$v = \int \frac{\rho d\omega}{r'} = \int \left(\frac{\partial \frac{1}{r}}{\partial x'} l \cos a + \frac{\partial \frac{1}{r}}{\partial y'} l \cos b + \frac{\partial \frac{1}{r}}{\partial z'} l \cos c \right) \rho d\omega$$

$$= - \int \left(\frac{\partial \frac{1}{r}}{\partial x} l \cos a + \frac{\partial \frac{1}{r}}{\partial y} l \cos b + \frac{\partial \frac{1}{r}}{\partial z} l \cos c \right) \rho d\omega.$$

Es sei ϖ das Volumenelement; wir definieren Grössen A, B, C durch die Gleichungen:

$$\int l \cos a \, \rho d\omega = A\varpi, \quad \int l \cos b \, \rho d\omega = B\varpi, \quad \int l \cos c \, \rho d\omega = C\varpi,$$

die sich auch, wenn mit $\delta x', \delta y', \delta z'$ die Projectionen von CC' auf die Achsen bezeichnet werden, folgendermassen schreiben lassen:

$$\int \delta x' \rho d\omega = A\varpi, \quad \int \delta y' \rho d\omega = B\varpi, \quad \int \delta z' \rho d\omega = C\varpi;$$

auf diese Weise erhalten wir:

$$v = \int \frac{\rho d\omega}{r'} = - \left(A \frac{\partial \frac{1}{r}}{\partial x} + B \frac{\partial \frac{1}{r}}{\partial y} + C \frac{\partial \frac{1}{r}}{\partial z} \right) \varpi. \tag{2}$$

Es ist leicht zu sehen, dass die Grössen A, B, C nicht von der Lage des Punktes C im Innern des Elementes abhängen; denn bei einer Veränderung der Lage dieses Punktes würden die Grössen $\delta x'$, $\delta y'$, $\delta z'$ sich um drei constante Grössen ändern und die Integrale würden sich um Grössen ändern, welche der Gleichung (1) zufolge gleich Null sind.

Wenn man annimmt, dass das Fluidum nicht an der Oberfläche verteilt sei, sondern im Innern des Elements, so hat man ebenfalls eine der Gleichung (2) analoge Formel; die Grössen A, B, C, welche durch sich auf die Fläche ω beziehende Integrale dargestellt sind, müssten alsdann nur ersetzt werden durch Integrale, welche sich auf das Volumen ϖ beziehen, und, wenn man mit D die Dichtigkeit des magnetischen Fluidums bezeichnet, so hat man:

$$\int \delta x' D d\varpi = A\varpi, \quad \int \delta y' D d\varpi = B\varpi, \quad \int \delta z' D d\varpi = C\varpi.$$

Bezeichnen wir mit μ die Masse des positiven Fluidums, somit mit $-\mu$ diejenige des negativen Fluidums, ferner mit $\delta x_1, \delta y_1, \delta z_1$ und mit $\delta x_2, \delta y_2, \delta z_2$ die Coordinaten der Schwerpunkte des positiven und des negativen Fluidums, wo diese Coordinaten in Bezug auf drei parallel nach dem Punkte C verlegte Achsen genommen sind, so haben wir:

$$\varpi A = (\delta x_1 - \delta x_2)\mu, \quad \varpi B = (\delta y_1 - \delta y_2)\mu, \quad \varpi C = (\delta z_1 - \delta z_2)\mu.$$

Ist h die Gerade, welche von dem zweiten nach dem ersten Schwerpunkt gezogen ist, und sind α, β, γ die Winkel, welche sie mit den drei Coordinatenachsen bildet, so ist:

$$\varpi \sqrt{A^2 + B^2 + C^2} = M\varpi = \mu h,$$

$$A = M\cos\alpha, \quad B = M\cos\beta, \quad C = M\cos\gamma.$$

Die Gerade h heisst die **magnetische Achse** und M das **magnetische Moment** des Elements.

§ 2.

Bezeichnen wir mit l, m, n die Winkel, welchen die Gerade r mit den drei Achsen bildet, so erhalten wir:

$$v = \frac{M\varpi}{r^3}[(x - x')\cos\alpha + (y - y')\cos\beta + (z - z')\cos\gamma]$$

$$= \frac{M\varpi}{r^2}[\cos l \cos\alpha + \cos m \cos\beta + \cos n \cos\gamma],$$

und wenn wir den Winkel, welchen r mit der magnetischen Achse bildet, mit i bezeichnen, so folgt:

$$v = \frac{M\varpi}{r^2}\cos i.$$

Denken wir uns, dass die Einheit positiven Fluidums im Punkte P concentriert sei, so haben wir für die nach der x-Achse genommene Componente des unendlich kleinen Magneten in diesem Punkte

$$-\frac{\partial v}{\partial x}=\frac{3M\tilde{\omega}}{r^4}\frac{x-x'}{r}[(x-x')\cos\alpha+(y-y')\cos\beta+(z-z')\cos\gamma]-\frac{M\tilde{\omega}}{r^3}\cos\alpha$$
$$=\frac{M\tilde{\omega}}{r^3}(3\cos l\cos i-\cos\alpha),$$

und ebenso erhalten wir für die beiden Componenten nach den andern Achsen:

$$-\frac{\partial v}{\partial y}=\frac{M\tilde{\omega}}{r^3}(3\cos m\cos i-\cos\beta)$$
$$-\frac{\partial v}{\partial z}=\frac{M\tilde{\omega}}{r^3}(3\cos n\cos i-\cos\gamma).$$

Wir folgern daraus für die Grösse der Wirkung des Magneten auf den Punkt P den Wert:

$$\frac{M\tilde{\omega}}{r^3}\sqrt{3\cos^2 i+1}.$$

Anziehung eines Magneten oder eines magnetisierten Körpers auf einen äusseren Punkt.

§ 3.

Wenn man anstatt eines Elements eines Magneten einen Magneten oder einen magnetisierten Körper betrachtet, welcher eine endliche Grösse hat, bei welchem aber ebenfalls vorausgesetzt wird, dass der Punkt, auf welchen der Magnet wirkt, von den Punkten dieses Körpers, verglichen mit seinen Dimensionen, sehr weit entfernt ist, so bleibt die vorstehende Rechnung vollständig anwendbar.

Wir nehmen sodann an, dass der Punkt P oder (x, y, z) ein beliebiger äusserer Punkt sei. Das Volumen des Magneten teilen wir in ausserordentlich kleine Teile τ, aber derart, dass die beiden Fluiden, das positive und das negative, als in gleicher Menge in jedem dieser Teile vorhanden betrachtet werden können. Ist (x', y', z') ein Punkt des Volumens τ und führen wir die partiellen Ableitungen nach x', y', z' ein, so erhalten wir für sein Potential:

$$v=\left(A\frac{\partial\frac{1}{r}}{\partial x'}+B\frac{\partial\frac{1}{r}}{\partial y'}+C\frac{\partial\frac{1}{r}}{\partial z'}\right)\tau,$$

nach einer oben angegebenen Formel.

In aller Strenge hätte man, um das Potential V des ganzen Magneten zu erhalten, die Summe aller Grössen v zu bilden und zu setzen:

$$V = \Sigma\left(A\frac{\partial\frac{1}{r}}{\partial x'} + B\frac{\partial\frac{1}{r}}{\partial y'} + C\frac{\partial\frac{1}{r}}{\partial z'}\right)\tau;$$

denn wie gering auch die Entfernung zwischen den Schwerpunkten der beiden in τ enthaltenen Fluida sein möge, sie darf nicht gleich Null angenommen werden. Trotzdem begreift man, da das Element τ ausserordentlich klein angenommen werden kann, dass man nur einen Fehler begeht, der vollkommen vernachlässigt werden kann, wenn man diese Summe durch ein Integral ersetzt, und man erhält:

$$V = \int\left(A\frac{\partial\frac{1}{r}}{\partial x'} + B\frac{\partial\frac{1}{r}}{\partial y'} + C\frac{\partial\frac{1}{r}}{\partial z'}\right)d\varpi,$$

wo sich das Integral über alle Elemente des Volumens des Magneten erstreckt.

A, B, C sind die Componenten des magnetischen Moments M im Punkte (x', y', z') des Magneten, und wenn man mit α, β, γ die Winkel zwischen der magnetischen Achse und den Coordinatenachsen bezeichnet, so hat man:

$$A = M\cos\alpha, \quad B = M\cos\beta, \quad C = M\cos\gamma.$$

Bezeichnen wir mit λ, μ, ν die Winkel, welche die äussere Normale n an die Oberfläche σ des Magneten mit den Achsen bildet, so haben wir:

$$\begin{aligned}\int A\frac{\partial\frac{1}{r}}{\partial x'}d\varpi &= \int\frac{A}{r}\cos\lambda d\sigma - \int\frac{\partial A}{\partial x'}\frac{d\varpi}{r} \\ &= \int M\cos\alpha\cos\lambda\frac{d\sigma}{r} - \int\frac{\partial A}{\partial x'}\frac{d\varpi}{r},\end{aligned}$$

und wenn man die drei analogen Gleichungen addiert, so wird:

$$V = \int M\cos(M, n)\frac{d\sigma}{r} - \int\left(\frac{\partial A}{\partial x'} + \frac{\partial B}{\partial y'} + \frac{\partial C}{\partial z'}\right)\frac{d\varpi}{r}.$$

Somit zerlegt sich das Potential V in zwei andere: das eine bezüglich auf eine Masse, welche den Körper erfüllt, das andere bezüglich auf eine an der Oberfläche haftende Masse.

Die vorstehenden elementaren Formeln sind sämtlich zum ersten Male von Poisson gegeben worden.

Potential eines Magneten auf einen andern.

§ 4.

Wir bezeichnen mit H und H_1 zwei Magneten und stellen durch V das magnetische Potential von H_1 dar.

Der Ausdruck des Potentials eines Volumenelements $d\varpi$ des Magneten H ist von der folgenden Form:

$$v = \left(A \frac{\partial \frac{1}{r}}{\partial x'} + B \frac{\partial \frac{1}{r}}{\partial y'} + C \frac{\partial \frac{1}{r}}{\partial z'}\right) d\varpi,$$

und das Potential dieses Elements auf H_1 ist (I. Teil, Kap. I, § 25):

$$\int v \rho_1 d\varpi_1 = \left(A \int \frac{\partial \frac{1}{r}}{\partial x'} \rho_1 d\varpi_1 + B \int \frac{\partial \frac{1}{r}}{\partial y'} \rho_1 d\varpi_1 + C \int \frac{\partial \frac{1}{r}}{\partial z'} \rho_1 d\varpi_1\right) d\varpi,$$

wo ρ_1 die Dichtigkeit des Magnetismus in $d\varpi_1$ ist und die Integrale sich über das ganze Volumen ϖ_1 von H_1 erstrecken. Man hat also:

$$\int v \rho_1 d\varpi_1 = \left(A \frac{\partial V}{\partial x'} + B \frac{\partial V}{\partial y'} + C \frac{\partial V}{\partial z'}\right) d\varpi.$$

Um das Potential W des Körpers H auf H_1 zu erhalten, muss man sodann diesen Ausdruck über das ganze Volumen von H integrieren, und man erhält:

$$W = \int \left(A \frac{\partial V}{\partial x'} + B \frac{\partial V}{\partial y'} + C \frac{\partial V}{\partial z'}\right) d\varpi.$$

Endlich erhält man durch eine im vorigen Paragraphen angewendete Transformation:

$$W = \int (A \cos\lambda + B \cos\mu + C \cos\nu)\, V d\sigma - \int V \left(\frac{\partial A}{\partial x'} + \frac{\partial B}{\partial y'} + \frac{\partial C}{\partial z'}\right) d\varpi.$$

§ 5.

Wir nehmen sodann an, dass H und H_1 zwei unendlich kleine Magneten seien. Dann erhalten wir:

$$W = \left(A \frac{\partial V}{\partial x'} + B \frac{\partial V}{\partial y'} + C \frac{\partial V}{\partial z'}\right) d\varpi,$$

wo (x', y', z') der Mittelpunkt des Elements H ist, und wenn wir mit A_1, B_1, C_1 die Componenten des magnetischen Moments des Magneten H_1 bezeichnen, so haben wir in der vorstehenden Formel zu setzen:

$$V = \left(A_1 \frac{\partial \frac{1}{r}}{\partial x} + B_1 \frac{\partial \frac{1}{r}}{\partial y} + C_1 \frac{\partial \frac{1}{r}}{\partial z}\right) d\varpi_1,$$

wo (x, y, z) der Mittelpunkt von H_1 und r die Entfernung zwischen den Mittelpunkten H und H_1 ist.

Daraus ergiebt sich die folgende Formel:

$$W=\left\{\begin{array}{l} AA_1\dfrac{\partial^2\frac{1}{r}}{\partial x\partial x'}+AB_1\dfrac{\partial^2\frac{1}{r}}{\partial y\partial x'}+AC_1\dfrac{\partial^2\frac{1}{r}}{\partial z\partial x'} \\ +BA_1\dfrac{\partial^2\frac{1}{r}}{\partial x\partial y'}+BB_1\dfrac{\partial^2\frac{1}{r}}{\partial y\partial y'}+BC_1\dfrac{\partial^2\frac{1}{r}}{\partial z\partial y'} \\ +CA_1\dfrac{\partial^2\frac{1}{r}}{\partial x\partial z'}+CB_1\dfrac{\partial^2\frac{1}{r}}{\partial y\partial z'}+CC_1\dfrac{\partial^2\frac{1}{r}}{\partial z\partial z'} \end{array}\right\}d\bar{\omega}d\bar{\omega}_1.$$

Legen wir die Achse des Magneten H_1 in die Richtung der x-Achse, so können wir setzen:

$$A_1=M_1,\quad B_1=0,\quad C_1=0,$$

und wir erhalten:

$$W=M_1 d\bar{\omega}d\bar{\omega}_1\left(A\frac{\partial^2\frac{1}{r}}{\partial x\partial x'}+B\frac{\partial^2\frac{1}{r}}{\partial x\partial y'}+C\frac{\partial^2\frac{1}{r}}{\partial x\partial z'}\right).$$

Da man

$$r^2=(x-x')^2+(y-y')^2+(z-z')^2$$

hat, so folgt:

$$W=M_1 d\bar{\omega}d\bar{\omega}_1\left\{A\left[\frac{1}{r^3}-\frac{3(x-x')^2}{r^5}\right]-\frac{3(x-x')(y-y')}{r^5}B-\frac{3(x-x')(z-z')}{r^5}C\right\}.$$

Nehmen wir jetzt den Magneten H_1 als fest und den Magneten H als beweglich an, so hat die Translationskraft, welche vom ersten Magneten auf den zweiten ausgeübt wird, zu Componenten:

$$-\frac{\partial W}{\partial x'},\quad -\frac{\partial W}{\partial y'},\quad -\frac{\partial W}{\partial z'}.$$

Der Magnet H wird jedoch noch von einem Kräftepaar sollicitiert, auf das man allein Rücksicht zu nehmen haben wird, wenn der Mittelpunkt dieses Magneten fest ist. Um sein Moment um eine Achse, welche durch seinen Mittelpunkt geht und zur z-Achse parallel ist, zu berechnen, bezeichnen wir mit ϑ den Winkel, welchen die magnetische Achse von H mit der z-Achse bildet, und mit φ den Winkel zwischen einer durch diese beiden Achsen gehenden Ebene und der xz-Ebene; dann erhalten wir:

$$A=M\sin\vartheta\cos\varphi,\quad B=M\sin\vartheta\sin\varphi,\quad C=M\cos\vartheta,$$

und somit finden wir für das Moment des Kräftepaares, wenn dasselbe als positiv betrachtet wird, falls es den Winkel φ zu vergrössern strebt:

$$-\frac{\partial W}{\partial\varphi}=MM_1 d\bar{\omega}d\bar{\omega}_1\left\{\left[\frac{1}{r^3}-\frac{3(x-x')^2}{r^5}\right]\sin\vartheta\sin\varphi+\frac{3(x-x')(y-y')}{r^5}\sin\vartheta\cos\varphi\right\}$$

oder:

$$-\frac{\partial W}{\partial \varphi} = M_1 d\bar{\omega} d\bar{\omega}_1 \left\{ \left[\frac{1}{r^3} - \frac{3(x-x')^2}{r^5} \right] B + \frac{3(x-x')(y-y')}{r^5} A \right\}.$$

Durch analoge Schlüsse finden wir für die Momente des Kräftepaares genommen respective in Bezug auf Achsen, welche durch den Mittelpunkt von H parallel zu den Achsen der x und der y gezogen sind:

$$-M_1 d\bar{\omega} d\bar{\omega}_1 \left\{ \frac{3(x-x')(y-y')}{r^5} C - \frac{3(x-x')(z-z')}{r^5} B \right\}$$

$$-M_1 d\bar{\omega} d\bar{\omega}_1 \left\{ \left[\frac{1}{r^3} - \frac{3(x-x')^2}{r^5} \right] C + \frac{3(x-x')(z-z')}{r^5} A \right\}.$$

Körper, dessen Magnetisierung gleichförmig ist.

§ 6.

Wir wollen einen Körper untersuchen, dessen Magnetisierung gleichförmig ist, sodass das magnetische Moment in ihm in jedem Punkte an Grösse und Richtung constant ist.

Die Grössen A, B, C, M des § 3 sind jetzt constant und wir erhalten für den Ausdruck des Potentials dieses Körpers

$$V = M \int \cos(M, n) \frac{d\sigma}{r}.$$

Somit ist V das Potential einer Schicht, welche auf der Oberfläche des Körpers verteilt und deren Dichtigkeit $M \cos(M, n)$ ist.

Dies lässt sich leicht direct beweisen. Wir nehmen nämlich einen Körper von der gleichförmigen Dichtigkeit ρ an, welcher das Innere der Fläche σ erfüllt. Es sei l eine Gerade, deren Richtung durch die Winkel a, b, c, welche die Richtung der magnetischen Achse des Magneten bestimmen, angegeben wird. Wir verschieben die Fläche σ um dl im entgegengesetzten Sinne dieser Richtung und erfüllen sie mit einer Masse, deren Dichtigkeit $-\rho$ ist. Jedes Volumenelement $\rho d\bar{\omega}$ des ersten fingierten Körpers hat in dem zweiten ein ihm entsprechendes $-\rho d\bar{\omega}$ in der Entfernung dl und sie bilden zusammen einen Magneten; mithin stellt $\frac{\rho d\bar{\omega} dl}{d\bar{\omega}} = \rho dl$ das magnetische Moment M in jedem Punkte dar. Somit hat das Ensemble der beiden fingierten Körper dasselbe Potential wie der Magnet.

Andererseits haben diese beiden Körper einen gemeinschaftlichen Teil, in welchem die Gesamtdichtigkeit gleich Null ist, und es bleibt eine Schicht zu betrachten, die aus zwei Teilen besteht, in denen die Dichtigkeit gleiche aber dem Vorzeichen nach entgegengesetzte Werte hat. Die Dicke der Schicht ist $dl \cos(l, n)$, mithin ist die Dichtigkeit an der Oberfläche $\rho dl \cos(l, n) = M \cos(M, n)$.

Bezeichnen wir mit ρU das Potential des ersten Körpers, so ist

$$-\rho\left(U + \frac{\partial U}{\partial l} dl\right)$$

das Potential des zweiten Körpers in Bezug auf denselben Punkt. und das Potential beider zusammen ist

$$-\frac{\partial U}{\partial l}\rho dl = -\frac{\partial U}{\partial l}M.$$

Man hat daher die Formel:

$$V = -\frac{\partial U}{\partial l}M,$$

welche die Bestimmung des Potentials V zurückführt auf diejenige des Potentials U eines vollen in σ eingeschlossenen Körpers, dessen Dichtigkeit gleich der Einheit ist.

Man erhält daher für die Componenten der von dem magnetisierten Körper ausgehenden Kraft:

$$X = M\frac{\partial^2 U}{\partial x \partial l}, \quad Y = M\frac{\partial^2 U}{\partial y \partial l}, \quad Z = M\frac{\partial^2 U}{\partial z \partial l},$$

falls der Punkt (x, y, z) ein äusserer ist.

Ist der Punkt (x, y, z) ein innerer, so stellen diese Werte von X, Y, Z ebenfalls die Componenten der soeben betrachteten Schicht dar, sie geben aber nicht mehr, wie wir sehen werden, die Componenten der Kraft des Magneten in diesem Punkte.

§ 7.

Kugel. — Ist der Punkt (x, y, z) ein äusserer, so ist das Potential der Kugel, deren Dichtigkeit 1 ist:

$$U = \frac{4\pi a^3}{3R},$$

wo R die Entfernung des Punktes (x, y, z) vom Mittelpunkt der Kugel und a der Radius derselben ist.

Wir nehmen an, dass diese Kugel parallel zur x-Achse gleichförmig magnetisiert sei; legen wir den Coordinatenanfangspunkt in ihren Mittelpunkt, so haben wir für ihr Potential:

$$V = -M\frac{\partial U}{\partial x} = \frac{4}{3}\pi a^3 M\frac{x}{R^3}$$

und hieraus schliesst man für die Componenten ihrer Wirkung auf den Punkt (x, y, z):

$$X = \frac{4}{3}\pi a^3 M\left(\frac{-1}{R^3} + \frac{3x^2}{R^5}\right), \quad Y = 4\pi a^3 M\frac{xy}{R^5}, \quad Z = 4\pi a^3 M\frac{xz}{R^5}.$$

Ist der Punkt (x, y, z) ein Punkt im Innern der Kugel, so haben wir:

$$U = \frac{2\pi}{3}(3a^2 - R^2)$$

$$V = -M\frac{\partial U}{\partial x} = \frac{4}{3}\pi M x,$$

und somit erhalten wir für die Componenten der magnetischen Schicht auf diesen Punkt:

$$X = -\frac{4}{3}\pi M, \qquad Y = 0, \qquad Z = 0.$$

§ 8.

Ellipsoid. — Es sei ein Ellipsoid gegeben, dessen Gleichung ist:

$$\frac{x^2}{a^2} + \frac{y^2}{b^2} + \frac{z^2}{c^2} = 1.$$

Das Potential dieses Ellipsoids, dessen Dichtigkeit 1 ist, ist I. Teil, Kap. V, § 8 gegeben worden, und wenn der Punkt (x, y, z) ein innerer ist, so hat es in diesem Punkte zum Werte:

$$U = \pi\int_0^\infty \left(1 - \frac{x^2}{a^2+s} - \frac{y^2}{b^2+s} - \frac{z^2}{c^2+s}\right)\frac{ds}{D},$$

wo

$$D = \sqrt{\left(1+\frac{s}{a^2}\right)\left(1+\frac{s}{b^2}\right)\left(1+\frac{s}{c^2}\right)}$$

ist. Man kann also schreiben:

$$U = H - Px^2 - Qy^2 - Sz^2,$$

wo H, P, Q, S Constanten sind. Somit hat man für das Potential der magnetischen Schicht, wenn die Richtung l der Magnetisierung durch die Richtungswinkel α, β, γ gegeben ist:

$$V = -M\frac{\partial U}{\partial l} = -M\left(\frac{\partial U}{\partial x}\cos\alpha + \frac{\partial U}{\partial y}\cos\beta + \frac{\partial U}{\partial z}\cos\gamma\right)$$

$$= 2M(Px\cos\alpha + Qy\cos\beta + Sz\cos\gamma),$$

und da man

$$A = M\cos\alpha, \quad B = M\cos\beta, \quad C = M\cos\gamma$$

hat, so ergiebt sich:

$$V = 2(PAx + QBy + SCz).$$

Mithin haben die Componenten der Wirkung der Schicht auf einen inneren Punkt die Werte:

$$X = -2PA, \qquad Y = -2QB, \qquad Z = -2SC,$$

sie haben also constante Werte und dies beruht darauf, dass U für das Ellipsoid in Bezug auf x, y, z eine ganze Function zweiten Grades ist. Man kann somit nicht allgemein einen Magneten von einer gegebenen Form, dessen Magnetisierung gleichförmig wäre, erhalten.

Wir wollen die Fälle, wo das Ellipsoid ein Umdrehungsellipsoid und zwar entweder ein abgeplattetes oder ein verlängertes ist, betrachten und setzen:

$$1+\frac{s}{a^2}=\frac{1}{u^2}.$$

Ist das Ellipsoid ein abgeplattetes, so ist die kleinste Achse $2c$ diejenige, um welche die Rotation stattgefunden hat, und wenn man mit λ die Excentricität der Meridianellipse bezeichnet, so hat man:

$$a=b,\quad a^2-c^2=\lambda^2a^2.$$

Daraus folgt:

$$P=Q=\frac{2\pi c}{a}\int_0^1\frac{u^2du}{(1-\lambda^2u^2)^{\frac{1}{2}}},\qquad S=\frac{2\pi c}{a}\int_0^1\frac{u^2du}{(1-\lambda^2u^2)^{\frac{3}{2}}}$$

oder

$$P=Q=\pi\left(-\frac{1-\lambda^2}{\lambda^2}+\frac{\sqrt{1-\lambda^2}}{\lambda^3}\arcsin\lambda\right)$$

$$S=2\pi\left(\frac{1}{\lambda^2}-\frac{\sqrt{1-\lambda^2}}{\lambda^3}\arcsin\lambda\right).$$

Ist das Ellipsoid ein verlängertes, so geschieht die Rotation um die grösste Achse $2a$, und wenn man wiederum mit λ die Excentricität der Meridianellipse bezeichnet, so hat man:

$$b=c,\quad a^2-b^2=\lambda^2a^2,$$

und es folgt:

$$P=\frac{2\pi b^2}{a^2}\int_0^1\frac{u^2du}{1-\lambda^2u^2},\quad Q=S=\frac{2\pi b^2}{a^2}\int_0^1\frac{u^2du}{(1-\lambda^2u^2)^2},$$

oder:

$$P=2\pi(1-\lambda^2)\left(-\frac{1}{\lambda^2}+\frac{1}{2\lambda^3}\log\frac{1+\lambda}{1-\lambda}\right)$$

$$Q=S=\pi\left(\frac{1}{\lambda^2}-\frac{1-\lambda^2}{2\lambda^3}\log\frac{1+\lambda}{1-\lambda}\right).$$

§ 9.

Nehmen wir wiederum die drei Achsen des Ellipsoids als ungleich an und wollen wir die Wirkung seines in derselben Art verteilten Magnetismus auf einen äusseren Punkt (x, y, z) erhalten, so betrachten wir das Potential U dieses Ellipsoids in diesem Punkte unter der Voraussetzung, dass es voll sei und die Dichtigkeit 1 besitze. Dasselbe hat zum Werte:

$$U = \pi \int_{\sigma}^{\infty} \left(1 - \frac{x^2}{s+a^2} - \frac{y^2}{s+b^2} - \frac{z^2}{s+c^2}\right) \frac{ds}{D},$$

wo die untere Grenze σ eine positive Grösse ist, die durch die Gleichung gegeben wird:

$$\frac{x^2}{a^2+\sigma} + \frac{y^2}{b^2+\sigma} + \frac{z^2}{c^2+\sigma} = 1.$$

Wir haben ebenfalls:

$$V = -A\frac{\partial U}{\partial x} - B\frac{\partial U}{\partial y} - C\frac{\partial U}{\partial z}$$

und somit:

$$V = 2\pi\left[Ax\int_{\sigma}^{\infty} \frac{ds}{(s+a^2)D} + By\int_{\sigma}^{\infty} \frac{ds}{(s+b^2)D} + Cz\int_{\sigma}^{\infty} \frac{ds}{(s+c^2)D}\right].$$

Man erhält daher für die x-Componente der Wirkung des Magnetismus auf den äusseren Punkt (x, y, z):

$$X = -\frac{\partial V}{\partial x} = -2\pi A\int_{\sigma}^{\infty} \frac{ds}{(s+a^2)D} + \frac{2\pi}{D_1}\left(\frac{Ax}{\sigma+a^2} + \frac{By}{\sigma+b^2} + \frac{Cz}{\sigma+c^2}\right)\frac{\partial\sigma}{\partial x},$$

wenn man mit D_1 das bezeichnet, was aus D wird, wenn man darin s durch σ ersetzt, und $\frac{\partial\sigma}{\partial x}$ wird gegeben durch die Formel:

$$\frac{2x}{a^2+\sigma} - \left[\frac{x^2}{(a^2+\sigma)^2} + \frac{y^2}{(b^2+\sigma)^2} + \frac{z^2}{(c^2+\sigma)^2}\right]\frac{\partial\sigma}{\partial x} = 0.$$

§ 10.

Unendlicher elliptischer Cylinder. — Wir betrachten diesen Cylinder als ein Ellipsoid, dessen grosse Achse $2c$ unendlich wird. Wenn der Punkt (x, y, z) ein innerer ist, so haben wir für die Function U:

$$U = \pi ab\int_0^{\infty}\left(1 - \frac{x^2}{s+a^2} - \frac{y^2}{s+b^2}\right)\frac{ds}{\sqrt{(a^2+s)(b^2+s)}},$$

oder:

$$U = \text{const.} - \pi abx^2\int_0^{\infty}\frac{ds}{(a^2+s)^{\frac{3}{2}}(b^2+s)^{\frac{1}{2}}} - \pi aby^2\int_0^{\infty}\frac{ds}{(a^2+s)^{\frac{1}{2}}(b^2+s)^{\frac{3}{2}}}.$$

Es ist

$$\int\frac{ds}{(a^2+s)^{\frac{3}{2}}(b^2+s)^{\frac{1}{2}}} = -\frac{1+(a^2+s)^{-\frac{1}{2}}(b^2+s)^{\frac{1}{2}}}{\frac{a^2+b^2}{2}+s+(a^2+s)^{\frac{1}{2}}(b^2+s)^{\frac{1}{2}}}$$

und es ergiebt sich:

$$U = \text{const.} - \frac{2\pi b x^2}{a+b} - \frac{2\pi a y^2}{a+b}.$$

Wenn man daher annimmt, dass der Cylinder gleichförmig und senkrecht zu seiner Achse magnetisiert sei, so erhält man für das Potential der magnetischen auf seiner Oberfläche liegenden Schicht:

$$V = -A\frac{\partial U}{\partial x} - B\frac{\partial U}{\partial y}$$
$$= \frac{4\pi b}{a+b}Ax + \frac{4\pi a}{a+b}By,$$

und für die Componenten dieser Schicht:

$$X = -\frac{4\pi b}{a+b}A, \quad Y = -\frac{4\pi a}{a+b}B.$$

Will man die Componenten der Wirkung des Magnetismus auf einen äusseren Punkt (x, y, z) haben, so braucht man nur eine von ihnen X zu bilden und man erhält:

$$X = -2\pi A\int_\sigma^\infty \frac{ab\,ds}{(s+a^2)^{\frac{3}{2}}(s+b^2)^{\frac{1}{2}}} + \frac{2\pi ab}{\sqrt{(\sigma+a^2)(\sigma+b^2)}}\left(\frac{Ax}{\sigma+a^2} + \frac{By}{\sigma+b^2}\right)\frac{\partial\sigma}{\partial x}$$

$$= -2\pi Aab\frac{1 + (a^2+\sigma)^{-\frac{1}{2}}(b^2+\sigma)^{\frac{1}{2}}}{\frac{a^2+b^2}{2} + \sigma + (a^2+\sigma)^{\frac{1}{2}}(b^2+\sigma)^{\frac{1}{2}}}$$

$$+ \frac{2\pi ab}{\sqrt{(\sigma+a^2)(\sigma+b^2)}}\left(\frac{Ax}{\sigma+a^2} + \frac{By}{\sigma+b^2}\right)\frac{\partial\sigma}{\partial x},$$

wo σ gegeben wird durch die Gleichung:

$$\frac{x^2}{a^2+\sigma} + \frac{y^2}{b^2+\sigma} = 1.$$

Bemerkung. — Die in Bezug auf die magnetische Schicht auf der Kugel, dem Ellipsoide und dem unendlichen Cylinder gefundenen Formeln können offenbar auf die Electricität angewendet werden, welche auf diesen als leitend angenommenen Körpern durch eine electrische Kraft induciert wird, die ihrer Grösse und Richtung nach constant ist.

Potential einer Doppelschicht.

§ 11.

Wir denken uns auf einer Fläche σ einen unendlich dünnen Magneten liegend, der so beschaffen ist, dass die Achse der Magnetisierung überall normal zu dieser Fläche ist. Ein solcher Magnet wird auch mit dem Namen einer **Doppelschicht** bezeichnet, weil man ihn als begrenzt von zwei unendlich benachbarten Flächen betrachten kann, deren sich gegenüberliegende Elemente mit gleichen aber dem Vorzeichen nach entgegengesetzten Massen geladen sind.

Wenn wir mit M das magnetische Moment in jedem Punkte von σ und mit ε die Dicke bezeichnen, so haben wir nach der Formel, welche das Potential eines Magneten in einem Punkte P oder (x, y, z) giebt (§ 3), wenn wir das Volumenelement durch $\varepsilon d\sigma$ ersetzen:

$$V = \int \frac{\partial \frac{1}{r}}{\partial n} M\varepsilon d\sigma,$$

eine Formel, in welcher r die Entfernung des Punktes P von $d\sigma$ und dn das Element der Normale ist, welche auf einer bestimmten Seite der Fläche σ, die wir ihre positive Seite nennen wollen, gezogen ist; M ist positiv oder negativ, je nachdem die magnetische Achse dieselbe oder entgegengesetzte Richtung hat wie dn.

Stellen wir mit φ die Grösse $M\varepsilon$ dar, welche die **magnetische Potenz** der Doppelschicht heisst, so haben wir:

$$V = \int \frac{\partial \frac{1}{r}}{\partial n} \varphi d\sigma.$$

Bezeichnen wir mit (r, n) den Winkel zwischen dn und der Richtung von r, genommen in dem Sinne von $d\sigma$ gegen P, so ist:

$$V = \int \varphi \frac{\cos(r, n)}{r^2} d\sigma.$$

In dem Falle, wo φ constant ist, hat man:

$$V = \varphi \int \frac{\cos(r, n)}{r^2} d\sigma.$$

Nehmen wir an, dass die Fläche σ geschlossen sei, so haben wir, wie wir im I. Teil, Kap. I, § 13 sahen, wenn die Normale n nach dem Innern von σ gezogen ist:

$$\int \frac{\cos(r, n)}{r^2} d\sigma = 4\pi \text{ oder } = 0,$$

je nachdem der Punkt P ein innerer oder ein äusserer ist. Somit ist je nach den beiden Fällen:

$$V = 4\pi\varphi \text{ oder } = 0.$$

§ 12.

Die Grösse

$$\frac{\cos(r, n)\, d\sigma}{r^2}$$

stellt, vom Vorzeichen abgesehen, den unendlich kleinen körperlichen Winkel $d\omega$ dar, welcher seinen Scheitel in P hat und auf $d\sigma$ ruht. Kommen wir überein, dass wir $d\omega$ als positiv oder negativ betrachten wollen, je nachdem $\cos(r, n)$ positiv oder negativ ist, d. h. je nachdem das Element $d\sigma$ seine positive oder negative Seite dem Punkte P zuwendet, so haben wir:

$$\frac{\cos(r, n)\, d\sigma}{r^2} = d\omega.$$

Setzen wir ebenfalls voraus, dass die Grösse φ constant, dass aber die Fläche σ offen sei, so ist

$$V = \varphi \int d\omega.$$

Wenn der Radiusvector r gezogen vom Punkte P nach der Fläche σ, dieselbe überall nur in einem Punkte trifft, so stellt offenbar $\int d\omega$ den körperlichen Winkel dar, welcher seinen Scheitel in P hat und sich auf den Contour s von σ stützt. Kann der Radiusvector r die Fläche σ in mehreren Punkten treffen, so beschreiben wir um diese Fläche einen Kegel T, der seinen Scheitel in P hat, und legen darauf einen andern Kegel S mit derselben Spitze, welcher durch den Contour von σ geht. Es ist leicht zu sehen, dass ein Kegel von unendlich kleiner Öffnung, welcher in dem Innern des Kegels S gelegt ist, die Fläche σ in einer ungeraden Anzahl von Elementen trifft, für welche die Summe der Grössen $d\omega$ sich auf die erste derselben reduciert, und dass ein solcher Kegel, welcher in T ausserhalb von S gelegt ist, der Fläche σ in einer geraden Anzahl von Elementen begegnet, für welche die Summe der Grössen $d\omega$ gleich Null ist.

M oder φ wird positiv, wenn man die positive Seite von σ nach der Seite des positiven Fluidums der Doppelschicht nimmt, und man hat:

$$V = \varphi\omega,$$

wo ω ein körperlicher Winkel ist, der positiv oder negativ ist, seinen Scheitel in P hat und sich auf den Contour von σ stützt. Man schliesst daraus das folgende **Theorem** von Gauss (*Allgemeine Theorie des Erdmagnetismus*, § 38; Werke Bd. V):

Das Potential einer Doppelschicht, für welche die magnetische Potenz φ constant ist, in Bezug auf den Punkt P ist gleich dem Product aus φ und der sphärischen Fläche ω, deren Radius die Einheit ist, deren Mittelpunkt in P liegt und die eingeschlossen ist in den Kegel, welcher seine Spitze in P hat und sich stützt auf den Contour der Doppelschicht. Und man betrachtet die Fläche ω als positiv oder negativ, je nachdem die entsprechende Fläche σ die positive oder negative Seite dem Punkte P zuwendet.

Man darf nicht annehmen, dass der Punkt P auf der Fläche σ selbst liege, denn die im § 1 gegebene Formel für das Potential eines Magnetelements ist nur bewiesen worden unter der Voraussetzung, dass der Punkt P im Vergleich mit den Dimensionen dieses Elements sehr weit entfernt sei.

Nehmen wir zwei Punkte P und P' an, die auf einer und derselben Normale an σ zu beiden Seiten dieser Fläche und in unendlich kleiner Entfernung von derselben liegen, so haben wir für das Potential in P:

$$V = \varphi\omega;$$

was den körperlichen Winkel angeht, dessen Scheitel in P' liegt und der sich auf den Contour s stützt, so ist er bis auf ein Unendlichkleines gleich $4\pi - \omega$; da aber die Seite der Fläche für P von entgegengesetztem Vorzeichen ist, so muss man für diesen Winkel den Ausdruck $-(4\pi - \omega)$ nehmen; man hat somit bis auf ein Unendlichkleines für das Potential in P':

$$V' = -(4\pi - \omega)\varphi.$$

Hieraus folgt:

$$V - V' = 4\pi\varphi.$$

Es ist leicht zu sehen, dass die Ableitungen von V sich nicht sprungweise ändern, wenn der Punkt P von einer Seite der Fläche zur andern übergeht. In der That, bezeichnet man allgemein mit ρ die Dichtigkeit einer Schicht und mit dn, dn' Elemente der Normale, welche zu beiden Seiten der Fläche gezogen sind, so hat man bekanntlich:

$$\frac{\partial V}{\partial n} + \frac{\partial V}{\partial n'} = -4\pi\rho.$$

Nun ist ρ gegenwärtig gleich Null; mithin hat man:

$$\frac{\partial V}{\partial n} = -\frac{\partial V}{\partial n'},$$

und demnach ändern sich die Ableitungen von V überall in stetiger Weise.

Wert des Integrals $\iiint\left(A\frac{\partial\frac{1}{r}}{\partial x'} + B\frac{\partial\frac{1}{r}}{\partial y'} + C\frac{\partial\frac{1}{r}}{\partial z'}\right)dx'dy'dz'$, dasselbe hinerstreckt über einen sehr kleinen Teil eines Magneten, wenn der Punkt (x, y, z) in seinem Innern angenommen wird.

§ 13.

Die Formel des § 3

$$V = \iiint\left(A\frac{\partial\frac{1}{r}}{\partial x'} + B\frac{\partial\frac{1}{r}}{\partial y'} + C\frac{\partial\frac{1}{r}}{\partial z'}\right)dx'dy'dz'$$

ist begründet worden unter der Annahme, dass der Punkt (x, y, z), in Bezug auf welchen das Potential genommen wird, ausserhalb des magnetisierten Körpers liegt; denn die Formel, welche das Potential eines Magnetelements giebt, setzt den Punkt (x, y, z) in einer in Bezug auf die Dimensionen dieses Elements sehr grossen Entfernung voraus.

Indessen brauchen wir auch den Wert dieses Integrals hinerstreckt über einen sehr kleinen Teil eines Magneten, innerhalb dessen sich der Punkt (x, y, z) befindet. Bezeichnen wir mit v seinen Wert und mit M das magnetische Moment, so haben wir, wie im § 3:

$$v = \int M \cos(M, n) \frac{d\sigma}{r} - \int \left(\frac{\partial A}{\partial x'} + \frac{\partial B}{\partial y'} + \frac{\partial C}{\partial z'} \right) \frac{d\omega}{r}.$$

Wenn das Volumen ω sehr klein wird, so kann das zweite über dieses Volumen hinerstreckte Integral gegenüber dem ersten vernachlässigt werden. Man kann ferner annehmen, dass in diesem Volumen M der Grösse und Richtung nach merkbar constant ist; man erhält auf diese Weise:

$$(\alpha) \qquad v = M \int \cos(M, n) \frac{d\sigma}{r}.$$

Mithin ist v identisch mit dem Potential einer Schicht, deren Dichtigkeit $M \cos(M, n)$ ist; diese Schicht stellt das magnetische Fluidum dar, welches sich in Wirklichkeit auf der Oberfläche dieses kleinen Magneten findet.

Das Integral (α) ist in den Paragraphen 7 und 8 für den Fall berechnet worden, wo σ eine Kugel oder ein Ellipsoid ist.

Ist σ eine Kugel, so hat man, wenn man willkürliche Achsen nimmt:

$$v = \frac{4}{3} \pi (Ax + By + Cz),$$

und man erhält für die Componenten der auf (x, y, z) ausgeübten Kraft, welche vom Potential v herrühren würde:

$$X = -\frac{4}{3}\pi A, \quad Y = -\frac{4}{3}\pi B, \quad Z = -\frac{4}{3}\pi C.$$

Ist die Fläche σ ein Ellipsoid, so hat man:

$$v = 2(PAx + QBy + SCz)$$

und die Componenten der entsprechenden Kraft sind:

$$X = -2PA, \quad Y = -2QB, \quad Z = -2SC.$$

§ 14.

Wir denken uns sodann einen Magneten von der Form eines Cylinders, dessen Dimensionen sehr klein sind, dessen Grundflächenradius jedoch sehr gross ist im Verhältnis zur Höhe. Wir nehmen ferner die Grundflächen des Cylinders senkrecht zur Magnetisierungsachse an.

Obwohl die Formel (α) nicht das Potential dieses Magneten auf einen inneren Punkt (x, y, z) giebt, berechnen wir doch die Kraft, welche sich für diesen Punkt aus dem Ausdruck von v, wenn derselbe für das Potential genommen wird, ergeben würde.

Legte man die Achse der x in die Richtung der Magnetisierungsachse, so würde man für diese Kraft erhalten:

$$-\frac{\partial v}{\partial x} = M\int \cos(M, n)\frac{x - x'}{r^3}\,d\sigma,$$

wo x' die Abscisse der einen oder der andern Grundfläche ist. Wir bezeichnen mit h die Höhe des Cylinders, mit u die Entfernung des Punktes von der dem Anfangspunkte zunächst gelegenen Grundfläche und ersetzen, indem wir Polarcoordinaten anwenden, $d\sigma$ durch $RdRd\vartheta$; wir bezeichnen ferner mit r_1 und r_2 die Abstände des angezogenen Punktes von einem Punkte der ersten und der zweiten Grundfläche. Wir erhalten $\cos(M, n) = \mp 1$, und $x - x' = u$ oder $u - h$, und es ergiebt sich

$$-\frac{\partial v}{\partial x} = 2\pi M\int_0^{R'}\left(\frac{u - h}{r_2^3} - \frac{u}{r_1^3}\right)RdR,$$

wo R' der Radius der Grundfläche des Cylinders ist. Man hat sodann:

$$\int_0^{R'}\frac{u}{r_1^3}RdR = u\int\frac{dr_1}{r_1^2} = 1 - \frac{u}{\sqrt{u^2 + R'^2}},$$

$$\int_0^{R'}\frac{h - u}{r_2^3}RdR = 1 - \frac{h - u}{\sqrt{(h - u)^2 + R'^2}}.$$

Hiernach hat man:

$$-\frac{\partial v}{\partial x} = -2\pi M\left[2 - \frac{u}{\sqrt{u^2 + R'^2}} - \frac{h - u}{\sqrt{(h - u)^2 + R'^2}}\right],$$

und wenn man R' sehr gross im Verhältnis zu h annimmt, so reduciert sich diese Formel auf

$$-\frac{\partial v}{\partial x} = -4\pi M.$$

Nehmen wir sodann beliebige Achsen, so erhalten wir für die Componenten dieser Kraft:

$$X = -4\pi A, \quad Y = -4\pi B, \quad Z = -4\pi C.$$

Man würde dieselben Werte für X, Y, Z erhalten, wenn man an Stelle eines Kreises ein Rechteck als Grundfläche des Cylinders genommen hätte.

Magnetische Induction.

§ 15.

Poisson hat zuerst das Problem der magnetischen Induction behandelt und die Gleichungen dieses Problems bestimmt (*Mémoires de l'Académie des Sciences*, Bd. V, 1821—1822). Man hat häufig von seiner Methode ganz unrichtige Darstellungen gegeben. Wir werden sie mit Vereinfachungen darlegen und sie sodann nach und nach modificieren. Die Form der Inductionsgleichungen wird erhalten bleiben, dagegen werden die physikalischen Begriffe andere werden.

Wir nehmen einen magnetischen Körper H von irgendwelcher Form an, dessen Coercitivkraft gleich Null ist, und setzen ihn in die Nähe von Magneten, so dass dieser Körper durch Influenz magnetisiert wird.

Wir nehmen zunächst mit Poisson an, dass der Körper H aus einer Vereinigung von magnetischen Elementen gebildet werde, die von einander durch Zwischenräume getrennt sind, in welche der Magnetismus nicht eindringt. Die Scheidung des positiven und negativen Fluidums geht in jedem Elemente ohne Hindernis vor sich. Die getrennten Teile der beiden Fluida sind sehr klein im Verhältnis zu der Gesamtheit des neutralen Fluidums. Die Beträge der getrennten Fluida verteilen sich auf der Oberfläche des magnetischen Elements, woselbst sie eine im Vergleich zu dem Elemente selbst sehr dünne Schicht bilden.

§ 16.

Wir haben für das Potential eines magnetisierten Körpers ebenso wie für das eines Magneten den Ausdruck

$$(1) \qquad V = \int \left(A \frac{\partial \frac{1}{r}}{\partial x'} + B \frac{\partial \frac{1}{r}}{\partial y'} + C \frac{\partial \frac{1}{r}}{\partial z'} \right) d\tilde{\omega},$$

wo $d\tilde{\omega}$ das Volumenelement des Körpers ist, und nach dem früher Gesagten ist dieser Wert von V nur exact, solange der Punkt P oder (x, y, z), in Bezug auf welchen das Potential genommen wird, nicht in der Masse des magnetisierten Körpers sich eingeschlossen findet.

Wir nehmen nun an, dass der Körper H isotrop sei, und suchen die Componenten der von dem Magnetismus dieses Körpers ausgehenden Kraft für einen innern Punkt P zu bestimmen.

Um den Punkt P denken wir uns ein im Verhältnis zum Körper H ausserordentlich kleines Volumen v abgegrenzt, das aber trotzdem als eine ausserordentlich grosse Zahl von magnetischen Elementen enthaltend angesehen werden kann. Wir zerlegen auf diese Weise den Körper H in zwei Teile, den einen v und den andern H_1 ausserhalb von v.

Wir bezeichnen mit X, Y, Z die Componenten der von H_1 ausgehenden Kraft und mit X_1, Y_1, Z_1 die Componenten, welche der Teil v geben würde, wenn sein Potential durch die Formel (1) ausgedrückt würde. Bezeichnet alsdann V das Integral (1) hinerstreckt über das ganze Volumen des Körpers H, so hat man:

$$X = -\frac{\partial V}{\partial x} - X_1, \quad Y = -\frac{\partial V}{\partial y} - Y_1, \quad Z = -\frac{\partial V}{\partial z} - Z_1.$$

Hier begeht Poisson ein kleines Versehen (S. 298): „Da die Form von v willkürlich ist, sagt er, so werden wir annehmen, dass v eine Kugel sei, welche ihren Mittelpunkt im Punkte P hat, um ohne Weiteres die auf ihre Oberfläche bezüglichen Integrationen ausführen zu können."

Die fingierte Kraft, deren Componenten X_1, Y_1, Z_1 sind, hängt im Gegenteil von der Form der Fläche ab, welche v begrenzt; nehmen wir mit Poisson an, dass diese Fläche eine Kugel sei, so haben wir (§ 13):

$$X_1 = -\frac{4}{3}\pi A, \quad Y_1 = -\frac{4}{3}\pi B, \quad Z_1 = -\frac{4}{3}\pi C.$$

Es bleibt noch die wahre Wirkung des Teiles v auf den Punkt P, deren Componenten wir mit X_2, Y_2, Z_2 bezeichnen wollen, zu betrachten übrig. Wir stellen mit U das Potential des in den inducierenden Massen enthaltenen Magnetismus dar. Die Summe der nach der x-Achse gerichteten Componenten der Kräfte, welche auf den Punkt P wirken, ist

$$-\frac{\partial U}{\partial x} - \frac{\partial V}{\partial x} + \frac{4}{3}\pi A + X_2,$$

und für das Gleichgewicht muss diese Summe und die beiden andern analogen null sein. Man hat so die folgenden drei Gleichungen:

$$(2) \qquad \begin{cases} -\frac{\partial U}{\partial x} - \frac{\partial V}{\partial x} + \frac{4}{3}\pi A + X_2 = 0 \\ -\frac{\partial U}{\partial y} - \frac{\partial V}{\partial y} + \frac{4}{3}\pi B + Y_2 = 0 \\ -\frac{\partial U}{\partial z} - \frac{\partial V}{\partial z} + \frac{4}{3}\pi C + Z_2 = 0. \end{cases}$$

§ 17.

Da der Körper H isotrop ist, so ist die Form, welche man am natürlichsten für das magnetische Element annimmt, die der Kugel.

Wir haben zunächst vorausgesetzt, dass das sphärische Volumen v, obwohl ausserordentlich klein im Vergleich zum Körper H, doch eine grosse Anzahl von magnetischen Partikeln enthält, und indem wir sehr kleine Grössen im Vergleich zu den beibehaltenen Grössen vernachlässigten, haben wir die obigen Werte von X_1, Y_1, Z_1 erhalten. Wir können aber jetzt bemerken, dass wir für X_1, Y_1, Z_1 dieselben Werte erhalten werden, wenn wir voraussetzen, dass das Volumen v nur noch ein magnetisches Element einschliesst. Auf diese Weise hat man nicht mehr die auf ein Element bezüglichen Werte von X_2, Y_2, Z_2 zu berechnen.

Schliesslich brauchen wir nur das Gleichgewicht eines dieser Elemente zu betrachten: wir setzen also dorthin den Punkt P.

Bezeichnen wir mit k das Verhältnis der Summe der Volumina der magnetischen Elemente zum Gesamtvolumen des Körpers, so ist k eine

Grösse kleiner als die Einheit. Wir nehmen das Volumen v gleich demjenigen des magnetischen Elementes multipliciert mit $\frac{1}{k}$, so dass das Volumen dieses Elementes durch kv dargestellt wird.

Wir haben einen fingierten Magneten vom Volumen v beseitigt und müssen ihn ersetzen durch einen wahren Magneten vom Volumen kv, welcher auf jeden in endlicher Entfernung gelegenen Punkt dieselbe Wirkung haben muss; die Wirkung des letzteren muss aber grösser sein im Punkte P, welcher im Innern des Volumens kv gelegen ist.

Um X_2, Y_2, Z_2 zu berechnen, bemerken wir, dass die drei ersten Glieder der Gleichungen (2) merklich constant sind im Innern des Volumens kv; dasselbe ist also mit X_2, Y_2, Z_2 der Fall. Nun werden aber diese Grössen constant sein, wenn man annimmt, dass die sphärische Oberfläche dieses Volumens mit der im § 6 berechneten Schicht bedeckt sei, und wenn man mit A', B', C' die Componenten des magnetischen Moments M' dieser Schicht bezeichnet, so hat man (§ 7):

$$X_2 = -\frac{4}{3}\pi A', \quad Y_2 = -\frac{4}{3}\pi B', \quad Z_2 = -\frac{4}{3}\pi C'.$$

Der Magnet vom Volumen kv soll in endlicher Entfernung dieselbe Kraft ausüben, als der Magnet vom Volumen v. Es folgt daraus, dass A', B', C' proportional zu A, B, C sind, und dass die Grösse Mv des zweiten Magneten gleich ist der Grösse $M'kv$ des ersten und dass somit $M' = \frac{M}{k}$ ist. Man hat also:

$$X_2 = -\frac{3}{4}\pi\frac{A}{k}, \quad Y_2 = -\frac{4}{3}\pi\frac{B}{k}, \quad Z_2 = -\frac{4}{3}\pi\frac{C}{k}.$$

Setzen wir dies in die Gleichungen (2) ein, so haben wir:

$$(3) \quad \begin{cases} \frac{\partial U}{\partial x} + \frac{\partial V}{\partial x} + \frac{4}{3}\pi\frac{A}{k}(1-k) = 0 \\ \frac{\partial U}{\partial y} + \frac{\partial V}{\partial y} + \frac{4}{3}\pi\frac{B}{k}(1-k) = 0 \\ \frac{\partial U}{\partial z} + \frac{\partial V}{\partial z} + \frac{4}{3}\pi\frac{C}{k}(1-k) = 0. \end{cases}$$

Ich glaube die Theorie von Poisson sehr getreu wiedergegeben zu haben, wenn ich auch die Darstellung bedeutend vereinfacht habe.

§ 18.

Die Poisson'schen magnetischen Elemente sind nicht die Moleküle des Körpers, wie Maxwell sagt, der übrigens nach Allem, was er darüber angegeben hat, die Abhandlung dieses grossen Geometers augenscheinlich nicht gelesen hat. Nichtsdestoweniger folgt, da die Erfahrung für k eine der Einheit sehr nahe Grösse ergeben hat, falls der magnetische Körper weiches Eisen ist, dass die Poisson'sche Theorie, in ihrer Gesamtheit genommen, sehr unwahrscheinlich ist.

Denkt man über diese Frage nach, so erscheint es schwierig zuzugeben, dass man die Volumina v des vorigen Beweises, ohne dass ihre Form gewählt sei, als von solcher Art betrachten könne, dass sämtliche Volumina v den Körper H vollständig erfüllen können. Man darf ihnen hiernach nicht die sphärische Form geben. Wir werden daher den Körper in Räume v zerlegen, welche die Form unendlich kleiner krummliniger Parallelepipeda haben, die nicht nur das ganze Volumen H ausfüllen, sondern auch derart sind, dass jedes in einem Volumen v eingeschlossene Element des Körpers mit einem unendlich kleinen Magneten verglichen werden kann. Zu dem Zwecke wählen wir diese Parallelepipeda so, dass ihre Grundflächen zur Achse der Magnetisierung senkrecht sind; ferner nehmen wir an, dass die Höhe derselben, welche längs dieser Achse gerichtet ist, im Vergleich zu den beiden andern Dimensionen sehr klein sei, und adoptieren die Poisson'sche Theorie mit dieser Modifikation.

Wäre das Potential des in v eingeschlossenen Magneten durch die Formel (1) gegeben, so hätte man für die Componenten seiner Wirkung auf den Punkt P (§ 14):

$$X_1 = -4\pi A, \qquad Y_1 = -4\pi B, \qquad Z_1 = -4\pi C.$$

Aus Analogie zu dem Vorhergehenden nehmen wir an, dass der Raum v einen von Magnetismus freien Raum einschliesst und dass der eigentliche Magnet, der sich darin befindet, aus zwei zu den Grundflächen von v parallelen Schichten bestehe, deren Entfernung aber zur Höhe von v sich verhält wie k zu 1, wo $k < 1$ ist; alsdann erhalten wir:

$$X_2 = -4\pi A', \qquad Y_2 = -4\pi B', \qquad Z_2 = -4\pi C',$$

wo A', B', C' die Componenten des Moments dieses Magneten sind. Ferner soll dieser Magnet in endlicher Entfernung dieselbe Kraft besitzen wie der erste Cylinder. Schliesst man also wie vorher, so findet man:

$$(4) \qquad X_2 = -4\pi \frac{A}{k}, \quad Y_2 = -4\pi \frac{B}{k}, \quad Z_2 = -4\pi \frac{C}{k}.$$

Schliesslich bemerken wir, dass es nicht notwendig ist anzunehmen, dass zwischen den Grundflächen der in der Richtung der magnetischen Achse aufeinanderfolgenden Cylinder ein von neutralem Magnetismus freier Raum existiere; wir werden daher diese unnötige Hypothese nicht machen. Man braucht nur anzunehmen, dass die von dem in v enthaltenen Magnetismus herrührende Kraft auf den Punkt P dieselbe Richtung hat wie die Kraft (X_1, Y_1, Z_1) und ihr proportional ist, und erhält so die Gleichungen (4).

Jetzt ist kein Hinderniss mehr dafür vorhanden, dass k sehr nahe der Einheit liegt, und ferner ist der Coefficient k auf eine ganz präcise Weise definiert.

Wir haben daher an Stelle der Poisson'schen Gleichungen (3) die folgenden Gleichungen von derselben Form:

$$(5)\qquad \begin{cases} \dfrac{\partial U}{\partial x}+\dfrac{\partial V}{\partial x}+4\pi\dfrac{1-k}{k}A=0\\ \dfrac{\partial U}{\partial x}+\dfrac{\partial V}{\partial y}+4\pi\dfrac{1-k}{k}B=0\\ \dfrac{\partial U}{\partial z}+\dfrac{\partial V}{\partial z}+4\pi\dfrac{1-k}{k}C=0. \end{cases}$$

§ 19.

Wenn man den Körper H nicht nur isotrop, sondern homogen voraussetzt, so ist k constant. Multiplicieren wir die Gleichungen (5) respective mit dx, dy, dz und addieren sie dann, so erhalten wir:

$$dU+dV+4\pi\frac{1-k}{k}(Adx+Bdy+Cdz)=0.$$

Es folgt aus dieser Gleichung, dass $Adx+Bdy+Cdz$ ein exactes Differential ist, und wenn man

$$(6)\qquad d\varphi=Adx+Bdy+Cdz$$

setzt, so hat man:

$$dU+dV+4\pi\frac{1-k}{k}d\varphi=0.$$

Integriert man und bemerkt, dass die Integrationsconstante als in φ enthalten betrachtet werden kann, so erhält man:

$$(7)\qquad U+V+4\pi\frac{1-k}{k}\varphi=0.$$

Die Potentiale U und V genügen den Gleichungen

$$\Delta U=0,\quad \Delta V=0;$$

dies ist evident für die Function U; wir beweisen es für die Function V.

Die Formel (1) kann folgendermassen transformiert werden:

$$V=\int(A\cos\lambda+B\cos\mu+C\cos\nu)\frac{d\sigma}{r}-\int\left(\frac{\partial A}{\partial x'}+\frac{\partial B}{\partial y'}+\frac{\partial C}{\partial z'}\right)\frac{d\omega}{r}.$$

Das Δ des ersten Integrals ist null, und das Δ des zweiten, welches das Potential einer Masse darstellt, wird nach einer bekannten Formel erhalten. Man hat also:

$$\Delta V=4\pi\left(\frac{\partial A}{\partial x}+\frac{\partial B}{\partial y}+\frac{\partial C}{\partial z}\right).$$

Differentiieren wir die Gleichungen (5) respective nach x, y, z und addieren dann, so erhalten wir:

$$\frac{\partial A}{\partial x}+\frac{\partial B}{\partial y}+\frac{\partial C}{\partial z}=0,$$

somit auch $\Delta V=0$.

Aus der Gleichung (7) folgt dann auch:

$$\Delta\varphi=0.$$

Nach der Formel (6) hat man:

$$A=\frac{\partial\varphi}{\partial x},\quad B=\frac{\partial\varphi}{\partial y},\quad C=\frac{\partial\varphi}{\partial z};$$

mithin geht die Formel (1), wenn man die Coordinaten des Elements $d\overline{\omega}$ stets mit x', y', z' bezeichnet, über in:

$$V=\int\left(\frac{\partial\varphi}{\partial x'}\frac{\partial\frac{1}{r}}{\partial x'}+\frac{\partial\varphi}{\partial y'}\frac{\partial\frac{1}{r}}{\partial y'}+\frac{\partial\varphi}{\partial z'}\frac{\partial\frac{1}{r}}{\partial z'}\right)d\overline{\omega}.$$

Nach einer bekannten Formel (I. Teil, Kap. I, § 10) hat man, wenn man mit dn' das Element der inneren Normale an die Begrenzungsfläche σ von H bezeichnet:

$$\int\left(\frac{\partial u}{\partial x'}\frac{\partial v}{\partial x'}+\frac{\partial u}{\partial y'}\frac{\partial v}{\partial y'}+\frac{\partial u}{\partial z'}\frac{\partial v}{\partial z'}\right)d\overline{\omega}=-\int v\frac{\partial u}{\partial n'}d\sigma-\int v\Delta u d\overline{\omega},$$

mithin, wenn man $u=\varphi$, $v=\frac{1}{r}$ setzt:

$$V=-\int\frac{1}{r}\frac{\partial\varphi}{\partial n'}d\sigma. \tag{8}$$

Die Grössen V und φ sind zwei unbekannte durch die Gleichungen (7) und (8) bestimmte Functionen. Diese beiden Formeln sind von Poisson gegeben worden, abgesehen von dem Unterschiede in dem Werte des in (7) vorkommenden Coefficienten.

Setzen wir

$$4\pi\frac{1-k}{k}=\frac{1}{\gamma},$$

so erhalten wir anstatt der Gleichungen (7) und (8):

$$U+V=-\frac{1}{\gamma}\varphi \tag{9}$$

$$V=\gamma\int\frac{\partial(U+V)}{\partial n'}\frac{d\sigma}{r}. \tag{10}$$

Aus der zweiten folgt, dass V identisch ist mit dem Potential einer auf der Fläche σ verteilten Schicht. Man kann beweisen, dass die Gesamtmasse dieser Schicht null ist; denn man hat nach dem Satze von Gauss (I. Teil, Kap. I, § 12):

$$\int\frac{\partial(V+U)}{\partial n'}d\sigma=0.$$

§ 20.

Um die beiden Gleichungen (9) und (10) aufzulösen, bezeichnen wir mit V_1 den Wert, welchen dieser Ausdruck von V für einen ausserhalb der Fläche σ gelegenen Punkt annimmt. Die Function V_1 ist identisch mit der Funktion V, welche durch die Formel (1) geliefert wird und sich auf diesen selben Punkt bezieht. Diese beiden Functionen haben nämlich auf der Fläche σ denselben Wert und genügen ausserhalb derselben den Gleichungen

$$\Delta V = 0, \qquad \Delta V_1 = 0$$

und allgemein den Bedingungen eines Potentials einer in σ eingeschlossenen Masse.

Wir erhalten sodann zwei Formeln zur Darstellung der Dichtigkeit der Schicht, welche dem äusseren und inneren Potentiale V_1 und V entspricht, nämlich die bekannte allgemeine Formel und diejenige, welche aus der Formel (10) folgt. Wir haben also:

$$(11) \qquad \rho = -\frac{1}{4\pi}\left(\frac{\partial V_1}{\partial n} + \frac{\partial V}{\partial n'}\right) = \gamma \frac{\partial (U + V)}{\partial n'};$$

daraus ergiebt sich an der Oberfläche die folgende Bedingung:

$$(1 + 4\pi\gamma)\frac{\partial V}{\partial n'} + \frac{\partial V_1}{\partial n} + 4\pi\gamma \frac{\partial U}{\partial n'} = 0.$$

V und V_1 haben an der Fläche σ denselben Wert und genügen überdies dieser Bedingungsgleichung, wodurch sie vollständig bestimmt sind, da man weiss, dass sie den Gleichungen $\Delta V = 0$, $\Delta V_1 = 0$ genügen. Hat man sie gefunden, so erhält man ρ aus (11) und φ aus (9).

Wir nennen γ den Coefficienten der magnetischen Induction.

Induction eines diamagnetischen Körpers.

§ 21.

Wir wollen einen diamagnetischen Körper betrachten, der sich in der Nähe von Magneten befindet, und versuchen, auf seine Induction dieselben Gleichungen wie für einen magnetischen Körper anzuwenden. Setzt man allgemein wie vorher

$$\frac{4\pi(1-k)}{k} = \frac{1}{\gamma},$$

so geht die erste Gleichung (5) des § 18 über in:

$$-\gamma\left(\frac{\partial U}{\partial x} + \frac{\partial V}{\partial x}\right) = A.$$

Da nun aber für einen diamagnetischen Körper die Magnetisierung in entgegengesetztem Sinne geschieht, als wie sie in einem magnetischen Körper sein würde, so würden A, B, C entgegengesetzte Vorzeichen haben als diejenigen sind, welche sie in einem solchen Körper besitzen. Man müsste also γ negativ oder $k > 1$ annehmen. Aber selbst wenn wir für k die sehr allgemeine Bedeutung annehmen, bei welcher wir stehen geblieben sind (§ 18), würde es doch unmöglich sein zuzulassen, dass k einen Wert grösser als die Einheit haben könne.

Wir bemerken ferner, dass die Eigenschaften der diamagnetischen Körper nicht geändert werden, wenn man sie in den leeren Raum setzt, anstatt sie in der Luft zu lassen, und demgemäss nehmen wir an, dass der ausserhalb des diamagnetischen Körpers befindliche Äther ein magnetisches Mittel sei.

Wir haben die beiden Gleichungen erhalten (§ 19):

$$U + V = -\frac{1}{\gamma}\varphi$$

$$V = \gamma \int \frac{\partial (U + V)}{\partial n'} \frac{d\sigma}{r}.$$

Es seien jetzt γ_1 und γ_2 die Werte, in welche γ für den magnetischen Körper und den äusseren Äther übergeht. Alsdann müssen wir die letzte Formel durch die folgende ersetzen:

$$(\alpha) \qquad V = \gamma_1 \int \frac{\partial (U + V)}{\partial n'} \frac{d\sigma}{r} + \gamma_2 \int \frac{\partial (U + V_1)}{\partial n} \frac{d\sigma}{r},$$

wenn wir mit V_1 den Wert von V ausserhalb bezeichnen. Nach dieser Formel ist V gleich dem Potential einer Schicht, deren Dichtigkeit ρ durch die folgenden beiden Ausdrücke gegeben wird:

$$\rho = -\frac{1}{4\pi}\left(\frac{\partial V_1}{\partial n} + \frac{\partial V}{\partial n'}\right) = \gamma_1 \frac{\partial (U + V)}{\partial n'} + \gamma_2 \frac{\partial (U + V_1)}{\partial n},$$

und da sich die Ableitungen von U beim Durchgang durch die Fläche σ in stetiger Weise ändern, so folgt:

$$(1 + 4\pi\gamma_2) \frac{\partial (U + V_1)}{\partial n} = -(1 + 4\pi\gamma_1) \frac{\partial (U + V)}{\partial n'}.$$

Setzen wir:

$$1 + 4\pi\gamma = \frac{1 + 4\pi\gamma_1}{1 + 4\pi\gamma_2},$$

so spielt die Grösse γ dieselbe Rolle wie vorher. Wir haben nämlich:

$$\gamma = \frac{\gamma_1 - \gamma_2}{1 + 4\pi\gamma_2}$$

$$\frac{\partial (U + V_1)}{\partial n} = -(1 + 4\pi\gamma) \frac{\partial (U + V)}{\partial n'},$$

und wenn wir in (α) einsetzen:

$$V = \gamma \int \frac{\partial (U + V)}{\partial n'} \frac{d\sigma}{r}.$$

γ ist positiv oder negativ, je nachdem γ_1 grösser oder kleiner als γ_2 ist, und der Körper ist, je nachdem der eine oder andere dieser Fälle stattfindet, magnetisch oder diamagnetisch.

Sobald wir den äusseren Äther als ein magnetisches Mittel betrachten, so ist klar, dass es nicht mehr statthaft ist anzunehmen, dass ein magnetischer Körper aus magnetischen Elementen bestehe, die durch Zwischenräume, welche keinen Magnetismus enthalten, von einander getrennt sind. Es ist dies in der That eine Hypothese, von der wir uns schon freigemacht haben. Aber es ist überdies statthaft anzunehmen, dass in jedem magnetisch oder diamagnetisch genannten Körper der Äther es ist, welcher magnetisiert ist und dessen durch den Coefficienten γ_1 bestimmter Zustand sich ändert durch den Einfluss der Moleküle des Körpers.

Für die stark magnetischen Körper ist γ_1 sehr gross im Vergleich zu γ_2 und man kann γ als nahezu gleich γ_1 betrachten.

Über die magnetische Induction eines krystallisierten Körpers.

§ 22.

Wir nehmen an, dass die Kraftströme, welche vom Magnetismus ausgehen, sich in derselben Weise fortpflanzen wie die Wärmeströme.

Wir nehmen einen krystallisierten Körper an, welcher unter magnetischen Einwirkungen steht, und bezeichnen mit X, Y, Z die drei Kraftströme, welche durch die drei Ebenenelemente hindurchgehen, die durch einen und denselben Punkt den Coordinatenebenen parallel gelegt sind, wobei diese Ströme für die Flächeneinheit gerechnet werden. Diese drei Ströme, welche die Componenten der magnetischen Wirkung darstellen, sind nicht, wie in den isotropen Körpern, die Ableitungen einer und derselben Function nach x, y, z. Wir nehmen aber an, dass diese Ströme lineare Functionen dieser drei Ableitungen sind, wie dies für die drei entsprechenden Wärmeströme stattfindet. (Vgl. Lamé, *Théorie analytique de la chaleur*, 3. Vorlesung). Wir setzen demzufolge:

$$(1)\quad \begin{cases} X = \alpha \dfrac{\partial V}{\partial x} + \beta \dfrac{\partial V}{\partial y} + \gamma \dfrac{\partial V}{\partial z} \\ Y = \alpha' \dfrac{\partial V}{\partial x} + \beta' \dfrac{\partial V}{\partial y} + \gamma' \dfrac{\partial V}{\partial z} \\ Z = \alpha'' \dfrac{\partial V}{\partial x} + \beta'' \dfrac{\partial V}{\partial y} + \gamma'' \dfrac{\partial V}{\partial z}, \end{cases}$$

wo die Coefficienten $\alpha, \beta, \ldots$ constant sind.

Das Gleichgewicht eines unendlich kleinen Parallelepipedons, dessen Seitenflächen den Coordinatenebenen parallel sind, führt zur Gleichung:

$$(2)\quad \frac{\partial X}{\partial x} + \frac{\partial Y}{\partial y} + \frac{\partial Z}{\partial z} = 0,$$

und selbst wenn andere Kräfte vorhanden wären, würden sie diese Ströme nicht ändern, so dass die Gleichungen (1) und (2) bestehen würden, woraus man schliesst:

$$(3)\quad \left\{\begin{aligned} & \alpha\frac{\partial^2 V}{\partial x^2} + \beta'\frac{\partial^2 V}{\partial y^2} + \gamma''\frac{\partial^2 V}{\partial z^2} \\ & + (\gamma' + \beta'')\frac{\partial^2 V}{\partial y \partial z} + (\alpha'' + \gamma)\frac{\partial^2 V}{\partial z \partial x} + (\beta + \alpha')\frac{\partial^2 V}{\partial x \partial y} = 0. \end{aligned}\right.$$

Die Coefficienten dieser Gleichung ändern sich durch eine Coordinatentransformation wie diejenigen des Ausdrucks:

$$\alpha x^2 + \beta' y^2 + \gamma'' z^2 + (\gamma' + \beta'')yz + (\alpha'' + \gamma)zx + (\beta + \alpha')xy,$$

und man kann die neuen Achsen derart wählen, dass die Coefficienten von yz, zx, xy gleich Null werden. Alsdann reduciert sich die Gleichung (3) auf die Form:

$$a\frac{\partial^2 V}{\partial x^2} + b\frac{\partial^2 V}{\partial y^2} + c\frac{\partial^2 V}{\partial z^2} = 0,$$

die wir, wie wir es schon im I. Teile, Kap. IV, § 26 gethan haben, durch

$$\Delta' V = 0$$

darstellen wollen, und da man für dieses Achsensystem

$$\gamma' = -\beta'' = l, \quad \gamma = -\alpha'' = m, \quad \beta = -\alpha' = n$$

hat, so gehen die Formeln (1) über in:

$$\begin{aligned} X &= -a\frac{\partial V}{\partial x} + n\frac{\partial V}{\partial y} + m\frac{\partial V}{\partial z} \\ Y &= -n\frac{\partial V}{\partial x} - b\frac{\partial V}{\partial y} + l\frac{\partial V}{\partial z} \\ Z &= -m\frac{\partial V}{\partial x} - l\frac{\partial V}{\partial y} - c\frac{\partial V}{\partial z}. \end{aligned}$$

§ 23.

In der Mehrzahl der Krystalle geschieht die Fortpflanzung der Wärme in zwei entgegengesetzten Richtungen in gleicher Weise; in diesen selben Krystallen breiten sich die magnetischen Ströme ebenfalls nach zwei entgegengesetzten Richtungen in derselben Weise aus, und man hat: $l = 0$, $m = 0$, $n = 0$, so dass diese Ausdrücke die folgende weit einfachere Form annehmen:

$$X = -a\frac{\partial V}{\partial x}, \quad Y = -b\frac{\partial V}{\partial y}, \quad Z = -c\frac{\partial V}{\partial z}.$$

Setzen wir:

$$\begin{aligned} R &= \sqrt{(x - x')^2 + (y - y')^2 + (z - z')^2} \\ (4)\qquad r &= \sqrt{\frac{(x - x')^2}{a} + \frac{(y - y')^2}{b} + \frac{(z - z')^2}{c}} \end{aligned}$$

so sind, wie wir an der erwähnten Stelle gesehen haben, X, Y, Z die Componenten einer Kraft, die von einer auf den Punkt (x, y, z) wirkenden Masse ausgeht, wobei das elementare Gesetz dieser Wirkung das ist, dass die Kraft, welche das Massenelement μ auf diesen Punkt ausübt, der Richtung nach in die sie verbindende Gerade fällt und der Grösse nach gleich $\frac{R}{r^3}\mu$ ist; ferner ist der Wert von V von der Form

$$(5) \qquad V = \int \frac{\rho d\tilde{\omega}}{r},$$

wo x', y', z' die Coordinaten des Volumenelementes $d\tilde{\omega}$ und ρ seine Dichtigkeit ist.

Beschränken wir uns jetzt auf Krystalle, in welchen die Fortpflanzung der Wärme für zwei entgegengesetzte Richtungen in derselben Weise geschieht, so können wir für die in den Gleichungen (1) enthaltene Hypothese die andere setzen, dass die Wirkung zwischen zwei magnetischen Teilchen m und m' zur Grösse hat:

$$\frac{R}{r^3} mm',$$

wobei diese Wirkung eine anziehende oder abstossende ist, je nachdem die beiden Fluiden von entgegengesetztem oder von gleichem Zeichen sind.

Ist die Masse, auf welche sich das Integral (5) bezieht, von zwei magnetischen Fluiden gebildet, von denen man annehmen kann, dass sie in jedem Element dieser Masse in gleicher Menge vorhanden seien, so muss man dieses Integral durch eine ähnliche Rechnung wie die der §§ 1 und 3 transformieren und wird finden, dass dasselbe auf die folgende Form gebracht werden kann:

$$(6) \qquad V = \int \left(aA \frac{\partial \frac{1}{r}}{\partial x'} + bB \frac{\partial \frac{1}{r}}{\partial y'} + cC \frac{\partial \frac{1}{r}}{\partial z'} \right) d\tilde{\omega},$$

wo r immer gegeben wird durch die Formel (4) und A, B, C Functionen von x', y', z' sind. Jedoch setzt diese letztere Formel den Punkt (x, y, z) ausserhalb des Krystalls H, aber in einer Substanz befindlich voraus, die mit derjenigen des Krystalls identisch ist und an sie angrenzt.

§ 24.

Wir suchen die Componenten aller Kräfte, welche auf den innern Punkt P oder (x, y, z) des inducierten Krystalls H einwirken.

Das Potential U der inducierenden Massen muss im Innern von H der Gleichung

$$\Delta' U = 0$$

genügen und die Componenten der entsprechenden Kraft sind:

$$-a\frac{\partial U}{\partial x}, \quad -b\frac{\partial U}{\partial y}, \quad -c\frac{\partial U}{\partial z}.$$

Wir betrachten zunächst U als eine im Innern des Krystalls gegebene Function; wir werden später sehen, wie man sie bestimmen kann, wenn die inducierenden Massen gegeben sind.

Es bleibt die Wirkung des Körpers H auf den Punkt P zu bestimmen.

Wir zerlegen den Ausdruck (6) den drei unter dem Integralzeichen befindlichen Gliedern entsprechend in drei Teile und untersuchen zunächst den ersten Teil:

$$(7) \qquad a\int A \frac{\partial \frac{1}{r}}{\partial x'} d\tilde{\omega} = a\int A \cos\lambda \frac{d\sigma}{r} - a\int \frac{\partial A}{\partial x'} \frac{d\tilde{\omega}}{r}.$$

Derselbe geht aus (6) hervor, wenn man $B = 0$, $C = 0$ setzt, und kann angesehen werden als einer magnetischen Masse entsprechend, deren magnetische Achse längs der x-Achse gerichtet und deren magnetisches Moment aA ist.

Das Integral der linken Seite zerlegen wir in zwei Teile: den einen bezüglich auf einen Cylinder von sehr kleinen Dimensionen, welcher den Punkt P einschliesst und dessen im Vergleich zu den Dimensionen der Grundfläche sehr kleine Höhe längs der x-Achse gerichtet ist, und den andern auf das übrigbleibende Volumen des Körpers H bezüglichen Teil. Die Formel (7) wenden wir auf das Volumen des Cylinders an, indem wir mit v dasjenige bezeichnen, was aus der linken Seite wird. Das zweite Integral der rechten Seite kann dem ersten gegenüber vernachlässigt werden und es bleibt:

$$v = Aa\left(\int \frac{d\sigma'}{r} - \int \frac{d\sigma_1'}{r_1}\right),$$

wo σ' die vom Coordinatenanfangspunkt am weitesten entfernte, σ_1' die ihm am nächsten liegende Grundfläche ist und r und r_1 die Entfernungen von $d\sigma'$ und $d\sigma_1'$ vom Punkte P sind.

Wir legen die x-Achse durch den Punkt P, behalten aber die Richtung der drei Achsen bei; dann haben wir $y = 0$, $z = 0$. Bezeichnen wir mit (x', y', z') einen Punkt von σ', so ist:

$$r = \sqrt{\frac{(x-x')^2}{a} + \frac{y'^2}{b} + \frac{z'^2}{c}}.$$

Setzen wir

$$x' - x = u, \quad y' = R\cos\vartheta, \quad z' = R\sin\vartheta, \quad d\sigma' = RdRd\vartheta,$$

so ergiebt sich:

$$r = \sqrt{\frac{u^2}{a} + R^2\left(\frac{\cos^2\vartheta}{b} + \frac{\sin^2\vartheta}{c}\right)},$$

$$\frac{\partial v}{\partial x} = -Aa\left(\int \frac{1}{r^2}\frac{\partial r}{\partial x} d\sigma' - \int \frac{1}{r_1^2}\frac{\partial r_1}{\partial x} d\sigma_1'\right).$$

Berechnen wir das erste Integral. Wir erhalten:

$$\int \frac{1}{r^2}\frac{\partial r}{\partial x}\,d\tau' = -\frac{u}{a}\iint \frac{1}{r^3}\,R\,dR\,d\vartheta.$$

Setzen wir

$$\frac{\cos^2\vartheta}{b} + \frac{\sin^2\vartheta}{c} = P$$

und integrieren wir von $R = 0$ bis zu einem im Vergleich zu u sehr grossen Wert von R, so erhalten wir:

$$\int \frac{R\,dR}{\left(\frac{u^2}{a} + PR^2\right)^{\frac{3}{2}}} = \frac{\sqrt{a}}{Pu}.$$

Daraus folgt:

$$\int \frac{1}{r^2}\frac{\partial r}{\partial x}\,d\tau' = -\frac{1}{\sqrt{a}}\int_0^{2\pi}\frac{d\vartheta}{P} = -\frac{2\pi\sqrt{abc}}{a}.$$

Man erhält ebenso:

$$-\int \frac{1}{r_1^2}\frac{\partial r_1}{\partial x}\,d\tau_1' = -\frac{2\pi\sqrt{abc}}{a},$$

woraus man schliesst:

$$-a\frac{\partial v}{\partial x} = -4\pi\sqrt{abc}\,Aa.$$

§ 25.

Dieser Ausdruck ist nicht die Kraft, welche von dem parallel zur x-Achse magnetisierten Cylinder ausgeht; wie aber für die isotropen Körper, so werden wir annehmen, dass diese Kraft gleich ist dem vorstehenden Ausdrucke, multipliciert mit einer constanten Grösse $\frac{1}{k} > 1$. Somit ist die Wirkung des Cylinders auf den Punkt P längs der x-Achse gerichtet und hat zum Werte

$$-\frac{a}{k}\frac{\partial v}{\partial x},$$

und die Componente längs der x-Achse von dem übrigbleibenden Teil von H ist:

$$-a\frac{\partial V}{\partial x} + a\frac{\partial v}{\partial x};$$

mithin ist die Summe der x-Componenten der Kräfte:

$$-a\frac{\partial U}{\partial x} - a\frac{\partial V}{\partial x} - 4\pi\sqrt{abc}\,\frac{1-k}{k}\,Aa,$$

und diese muss gleich Null gesetzt werden. Daraus folgt die erste der drei folgenden ganz analogen Gleichungen:

$$(8)\qquad \begin{cases} \dfrac{\partial U}{\partial x} + \dfrac{\partial V}{\partial x} + 4\pi\sqrt{abc}\,\dfrac{1-k}{k}\,A = 0 \\ \dfrac{\partial U}{\partial y} + \dfrac{\partial V}{\partial y} + 4\pi\sqrt{abc}\,\dfrac{1-k}{k}\,B = 0 \\ \dfrac{\partial U}{\partial z} + \dfrac{\partial V}{\partial z} + 4\pi\sqrt{abc}\,\dfrac{1-k}{k}\,C = 0. \end{cases}$$

Multiplicieren wir diese drei Gleichungen respective mit dx, dy, dz und addieren sie, so erhalten wir:

$$dU + dV + 4\pi\sqrt{abc}\,\frac{1-k}{k}\,(Adx + Bdy + Cdz) = 0.$$

Aus dieser Gleichung ergiebt sich, dass $Adx + Bdy + Cdz$ ein exactes Differential ist. Setzen wir also:

$$(9)\qquad Adx + Bdy + Cdz = d\varphi,$$

so erhalten wir, wenn wir integrieren:

$$(10)\qquad U + V + 4\pi\sqrt{abc}\,\frac{1-k}{k}\,\varphi = 0.$$

Man hat somit:

$$\Delta' U + \Delta' V + 4\pi\sqrt{abc}\,\frac{1-k}{k}\,\Delta'\varphi = 0.$$

Die beiden ersten Glieder dieser Gleichung sind gleich Null; dies ist klar für $\Delta' U$; wir werden es beweisen für $\Delta' V$, so dass man auch hat:

$$(11)\qquad \Delta'\varphi = 0.$$

Der Ausdruck von V kann geschrieben werden:

$$V = \int (aA\cos\lambda + bB\cos\mu + cC\cos\nu)\frac{d\sigma}{r} - \int\left(a\frac{\partial A}{\partial x'} + b\frac{\partial B}{\partial y'} + c\frac{\partial C}{\partial z'}\right)\frac{d\tilde{\omega}}{r}.$$

Das Δ' des ersten Integrals ist gleich Null; das Δ' des zweiten erhält man aus einem im I. Teile, Kap. IV, § 29 bewiesenen Satze, so dass man hat:

$$\Delta' V = 4\pi\sqrt{abc}\left(a\frac{\partial A}{\partial x} + b\frac{\partial B}{\partial y} + c\frac{\partial C}{\partial z}\right).$$

Differentiieren wir die Gleichungen (8) respective nach x, y, z und multiplicieren wir sie mit a, b, c und addieren sodann, so finden wir:

$$(12)\qquad a\frac{\partial A}{\partial x} + b\frac{\partial B}{\partial y} + c\frac{\partial C}{\partial z} = 0;$$

wir haben somit auch $\Delta' V = 0$ und ferner auch die Gleichung (11).

Aus der Gleichung (9) schliesst man, wenn man x', y', z' an die Stelle von x, y, z setzt:

$$A = \frac{\partial \varphi}{\partial x'}, \quad B = \frac{\partial \varphi}{\partial y'}, \quad C \frac{\partial \varphi}{\partial z'};$$

mithin geht wegen (12) der Ausdruck von V über in:

$$V = \int \left(a \frac{\partial \varphi}{\partial x'} \cos\lambda + b \frac{\partial \varphi}{\partial y'} \cos\mu + c \frac{\partial \varphi}{\partial z'} \cos\nu \right) \frac{d\sigma}{r}.$$

Nach dem was wir am erwähnten Orte (§ 24) gesagt haben, können wir die Grösse innerhalb der Paranthese ersetzen durch $-T\frac{\partial \varphi}{\partial t'}$, wenn

$$T = \sqrt{a^2 \cos^2\lambda + b^2 \cos^2\mu + c^2 \cos^2\nu}$$

gesetzt wird und t' eine Linie ist, die nach dem Innern von σ gezogen ist und deren Richtung (α, β, γ) bestimmt wird durch die Gleichungen:

$$\cos\alpha = -\frac{a\cos\lambda}{T}, \quad \cos\beta = -\frac{b\cos\mu}{T}, \quad \cos\gamma = -\frac{c\cos\nu}{T}.$$

Somit wird der Ausdruck von V:

$$V = -\int \frac{\partial \varphi}{\partial t'} T \frac{d\sigma}{r}. \tag{13}$$

Die beiden Functionen V und φ werden im Innern von σ durch die beiden Gleichungen (10) und (13) gegeben.

Somit ist V ebenso für einen Krystallkörper wie für einen isotropen Körper identisch mit dem Potential einer auf der Oberfläche des Krystalls verteilten Schicht, entgegen dem, was August Beer gefunden hatte.

§ 26.

Setzen wir

$$\frac{1-k}{k} = \frac{1}{g},$$

so können wir an Stelle der Gleichungen (10) und (13) schreiben:

$$U + V = -\frac{4\pi\sqrt{abc}}{g}\varphi$$

$$V = \frac{g}{4\pi\sqrt{abc}} \int T \frac{\partial(U+V)}{\partial t'} \frac{d\sigma}{r}. \tag{α}$$

Denken wir uns, um die Berechnung auszuführen, dass der Krystall über σ hinaus bis ins Unendliche verlängert werde, und ist V' der Wert des Potentials ausserhalb von σ, welches von der Schicht, von der soeben die Rede war, herrührt, so ist (I. Teil, Kap. IV, § 27)

$$V = -\frac{1}{4\pi\sqrt{abc}} \int T \left(\frac{\partial V'}{\partial t} + \frac{\partial V}{\partial t'} \right) \frac{d\sigma}{r}, \tag{β}$$

wo t die zu t' entgegengesetzte Richtung ist. Setzt man (α) und (β) gleich, so erhält man an der Oberfläche folgende Gleichung:

$$(\gamma) \qquad -g\frac{\partial(U+V)}{\partial t'} = \frac{\partial V'}{\partial t} + \frac{\partial V}{\partial t'}.$$

Die beiden Functionen V und V' sind zwei Potentiale, welche, die erste innerhalb, die zweite ausserhalb von σ, den Gleichungen genügen:

$$\Delta' V = 0, \quad \Delta' V' = 0;$$

dieselben genügen auf der Fläche σ ausser der Bedingung (γ) noch der folgenden:

$$V = V';$$

daraus folgt, dass man sie bestimmen kann. Die Function V brauchen wir übrigens bloss allein.

Bezeichnen wir mit V_1 das Potential des in dem Krystall inducierten Magnetismus in Bezug auf einen ausserhalb der Oberfläche σ dieses Krystalls gelegenen Punkt, so genügt die Function V_1 der Gleichung

$$\Delta V_1 = 0$$

und den gewöhnlichen Bedingungen des Potentials. Ferner ist ihr Wert auf der Fläche σ bekannt, da es der Wert der nunmehr bekannten Function V ist. Somit ist die Function V_1 bestimmt.

§ 27.

Berechnung des Wertes von U im Innern des Krystalls. — Im Vorhergehenden haben wir den Wert von U im Innern des inducierten Körpers als bekannt vorausgesetzt; untersuchen wir jetzt, wie man ihn bestimmen kann.

Es sei T der inducierende Körper und H der inducierte Krystallkörper. Um eine Aufgabe zu erhalten, welche auf dieselben Rechnungen führt, ersetzen wir den ausserhalb von T und H befindlichen Raum durch einen unbegrenzten isotropen Körper und den Körper T durch eine mit der Zeit sich nicht ändernde Wärmequelle, für welche die Summe der Wärmeströme gleich Null ist, behalten aber den Körper H unverändert bei. Der isotrope unbegrenzte Körper strebt einem Temperaturgleichgewicht zu, das nicht dasselbe ist wie in dem Falle, wo der in H eingeschlossene Raum von einem isotropen Körper eingenommen würde, der mit dem ihn umgebenden identisch wäre.

Man sieht ebenso, dass das Potential U des Körpers T an der Oberfläche σ von H nicht dasselbe ist, als wenn dieser Körper durch den leeren Raum oder durch einen isotropen Körper ersetzt würde. Die Bestimmung des Potentiales U an der Oberfläche von H würde im Allgemeinen ausserordentlich schwierig sein.

Trotzdem kann man, wenn a, b, c wenig unter sich verschieden sind, infolge der Natur von H annähernd annehmen, dass U an der Oberfläche σ von H nicht geändert wird. Dasselbe ist der Fall, wenn der Krystall ein sehr kleiner Körper oder eine Nadel ist.

In diesen Fällen kann man U in der gewöhnlichen Weise in allen Punkten der Fläche σ berechnen, wenn der Magnetismus des Körpers T gegeben ist. Daraus kann man sodann den Wert von U innerhalb von σ ableiten.

Man kann U ebenfalls berechnen, wenn der inducierende Körper sehr weit entfernt ist, so dass die inducierende Kraft als der Grösse und Richtung nach constant betrachtet werden kann.

Bezeichnen wir darauf mit F die inducierende Kraft und mit F_1, F_2, F_3 ihre drei Componenten, so erhalten wir für die Kraftströme auf σ ausserhalb und innerhalb:

$$\frac{\partial U}{\partial n} = F_1 \cos\lambda + F_2 \cos\mu + F_3 \cos\nu$$

$$-P\frac{\partial U}{\partial l'} = a\frac{\partial U}{\partial x}\cos\lambda + b\frac{\partial U}{\partial y}\cos\mu + c\frac{\partial U}{\partial z}\cos\nu.$$

Diese beiden Grössen werden gleich sein, welches auch die Richtung (λ, μ, ν) der Normale sein möge, wenn man setzt:

$$a\frac{\partial U}{\partial x} = F_1, \quad b\frac{\partial U}{\partial y} = F_2, \quad c\frac{\partial U}{\partial z} = F_3,$$

mithin erhält man:

$$U = \frac{F_1}{a}x + \frac{F_2}{b}y + \frac{F_3}{c}z.$$

Dies ist der Wert von U an der Oberfläche σ und somit auch innerhalb derselben.

Besondere Magnete.

§ 28.

Wenn ein Magnet die Form eines langen Drahtes hat, dessen Querschnitt unendlich klein und dessen magnetische Achse überall normal zum Querschnitt ist, so heisst dieser Magnet ein magnetisches **Solenoid.**

Einfacher solenoidischer Magnet. — Ein Elementarmagnet, dessen Volumen $d\varpi$ und dessen magnetisches Moment M ist, besitzt das Potential (§ 2):

$$\frac{M d\varpi \cos(r, s)}{r^2}.$$

Bezeichnen wir mit ds die Länge eines Elements des Solenoids, das zwischen zwei unendlich nahe bei einander gelegenen Querschnitten enthalten ist und setzen wir:

$$M d\varpi = m ds,$$

so haben wir:

$$m = M\omega,$$

wenn ω der Querschnitt des Solenoids ist, und es hat somit das Potential des Solenoidelements den Wert:

$$(1) \qquad \frac{m ds \cos(r, s)}{r^2} = \frac{m}{r^2}\frac{\partial r}{\partial s} ds.$$

Wenn die Grösse m, welche das Product aus dem magnetischen Moment und dem Querschnitt ist, längs des ganzen magnetischen Solenoids denselben Wert hat, so sagt man, dieses Solenoid sei **einfach.**

Integriert man (1) längs des Solenoids, so erhält man für sein Potential:

$$V = m\left(-\frac{1}{r_2} + \frac{1}{r_1}\right),$$

wenn man mit r_1 und r_2 die Werte von r für das positive und negative Ende bezeichnet. Der Wert von V hängt also nicht von der Form des Solenoids, sondern nur von seinen Endpunkten ab. Man sieht auch, dass das Potential eines einfachen geschlossenen Solenoids gleich Null ist.

Ist ein Magnet aus Solenoiden gebildet, welche geschlossen sind oder deren Endpunkte auf seiner Oberfläche liegen, so ist die Dichtigkeit des Magnetismus in jedem inneren Punkte gleich Null. Zufolge der Gleichung des § 3

$$V = \int M \cos(M, n)\frac{d\sigma}{r} - \int\left(\frac{\partial A}{\partial x} + \frac{\partial B}{\partial y} + \frac{\partial C}{\partial z}\right)\frac{d\omega}{r}$$

hat man daher

$$(2) \qquad \frac{\partial A}{\partial x} + \frac{\partial B}{\partial y} + \frac{\partial C}{\partial z} = 0.$$

Man kann leicht beweisen, dass umgekehrt, wenn die Componenten A, B, C des magnetischen Moments der Gleichung (2) genügen, die Verteilung des Magnetismus eine einfach solenoidische ist.

§ 29.

Lamellare Magneten. — Wir nehmen einen Magneten an, welcher aus Doppelschichten, die geschlossen sind oder deren Ränder auf der Oberfläche des Magneten liegen, gebildet wird. Die Verteilung des Magnetismus wird die **lamellare** genannt.

Wir setzen zunächst voraus, dass die Function φ, welche die magnetische Potenz einer Doppelschicht darstellt, in der Ausdehnung dieser Schicht veränderlich sei, und drücken durch

$$\psi(x, y, z) = \text{const.}$$

die Gleichung der Flächen aus, welche diese Doppelschichten begrenzen. Die Richtung (A, B, C) ist Normale an diese Fläche und daher hat man:

$$\frac{A}{\frac{\partial\psi}{\partial x}}=\frac{B}{\frac{\partial\psi}{\partial y}}=\frac{C}{\frac{\partial\psi}{\partial z}}.$$

Wir eliminieren die Function ψ zwischen diesen beiden Gleichungen. Bezeichnen wir mit P den Wert dieser drei gleichen Verhältnisse, so erhalten wir:

$$A=P\frac{\partial\psi}{\partial x},\quad B=P\frac{\partial\psi}{\partial y},\quad C=P\frac{\partial\psi}{\partial z}.$$

Hieraus leiten wir her:

$$\begin{aligned}
\frac{\partial C}{\partial y}-\frac{\partial B}{\partial z}&=\frac{\partial P}{\partial y}\frac{\partial\psi}{\partial z}-\frac{\partial P}{\partial z}\frac{\partial\psi}{\partial y}\\
\frac{\partial A}{\partial z}-\frac{\partial C}{\partial x}&=\frac{\partial P}{\partial z}\frac{\partial\psi}{\partial x}-\frac{\partial P}{\partial x}\frac{\partial\psi}{\partial z}\\
\frac{\partial B}{\partial x}-\frac{\partial A}{\partial y}&=\frac{\partial P}{\partial x}\frac{\partial\psi}{\partial y}-\frac{\partial P}{\partial y}\frac{\partial\psi}{\partial x}.
\end{aligned}$$

Multipliciert man diese drei Gleichungen bezüglich mit A, B, C und addiert sie dann, so folgt:

$$A\left(\frac{\partial C}{\partial y}-\frac{\partial B}{\partial z}\right)+B\left(\frac{\partial A}{\partial z}-\frac{\partial C}{\partial x}\right)+C\left(\frac{\partial B}{\partial x}-\frac{\partial A}{\partial y}\right)=0$$

und diese Gleichung stellt die Bedingung für diese Verteilung des Magnetismus dar.

In dem Falle, wo φ in der ganzen Ausdehnung einer Schicht constant ist, wird die Verteilung **einfach lamellar** genannt. Bezeichnen wir mit Φ die Summe der Grössen φ für die zwischen dem Punkte (x, y, z) und einem festen Punkte D des Magneten gelegenen Schichten, so haben wir:

$$\Phi=\int M dn,$$

eine Grösse, welche dieselbe bleibt, welches auch die vom Punkte (x, y, z) nach dem Punkte D gezogene Linie sein möge. Diese Formel kann man schreiben:

$$\Phi=\int(A dx+B dy+C dz)$$

und daraus folgt:

$$A=\frac{\partial\Phi}{\partial x},\quad B=\frac{\partial\Phi}{\partial y},\quad C=\frac{\partial\Phi}{\partial z}.$$

Umgekehrt, wenn A, B, C von dieser Form sind, so ist das magnetische Moment überall normal zu den Flächen

$$\Phi=\text{const.}\tag{3}$$

Man sieht sodann, dass die Function $\Phi = \int Mdn$ constant bleibt, welches auch der Weg sein möge, den man zwischen zwei bestimmten unter den Flächen (3) eingeschlagen hat. Mithin ist Mdn zwischen zwei unendlich benachbarten von diesen Flächen eine constante Grösse; sie enthalten daher eine einfache lamellare Schicht.

Ausdrücke der Componenten des magnetischen Moments in jedem Punkte eines Magneten.

§ 30.

Es sei P ein Punkt mit den Coordinaten x', y', z', der im Innern eines isotropen Magneten gelegen ist. Wir denken uns um diesen Punkt einen ausserordentlich kleinen Cylinder errichtet, dessen im Vergleich zu den Dimensionen der Grundflächen sehr kleine Höhe längs der magnetischen Achse gerichtet ist. Wie wir gesehen haben (§ 14), sind die Componenten der Kraft, welche von dem übrigen Teile des Magneten auf den Punkt P ausgeübt wird:

$$\text{(A)} \qquad \begin{aligned} X &= -\frac{\partial V}{\partial x'} + 4\pi A \\ Y &= -\frac{\partial V}{\partial y'} + 4\pi B \\ Z &= -\frac{\partial V}{\partial z'} + 4\pi C, \end{aligned}$$

wenn man setzt:

$$V = \int \left(A \frac{\partial \frac{1}{r}}{\partial x} + B \frac{\partial \frac{1}{r}}{\partial y} + C \frac{\partial \frac{1}{r}}{\partial z} \right) d\tilde{\omega},$$

wobei sich das Integral hinerstreckt über alle Volumenelemente $\partial\tilde{\omega}$ des Magneten und x, y, z die Coordinaten von $d\tilde{\omega}$ darstellen. Diese Kraft ist zum ersten Male von Thomson betrachtet worden.

Wir bringen die Werte von X, Y, Z auf eine andere Form. Betrachten wir einen unendlich kleinen Teil des Magneten, so haben wir für sein Potential:

$$v = -\left(A \frac{\partial \frac{1}{r}}{\partial x'} + B \frac{\partial \frac{1}{r}}{\partial y'} + C \frac{\partial \frac{1}{r}}{\partial z'} \right) d\tilde{\omega}.$$

Hieraus folgt:

$$(\alpha) \qquad -\frac{\partial v}{\partial x'} = \left(A \frac{\partial^2 \frac{1}{r}}{\partial x'^2} + B \frac{\partial^2 \frac{1}{r}}{\partial x' \partial y'} + C \frac{\partial^2 \frac{1}{r}}{\partial x' \partial z'} \right) d\tilde{\omega}.$$

Man hat ferner:

$$\frac{\partial^2 \frac{1}{r}}{\partial x'^2} + \frac{\partial^2 \frac{1}{r}}{\partial y'^2} + \frac{\partial^2 \frac{1}{r}}{\partial z'^2} = 0.$$

Eliminiert man $\frac{\partial^2 \frac{1}{r}}{\partial x'^2}$ aus der Formel (α) mit Hülfe dieser letzteren Gleichung, so wird:

$$-\frac{\partial v}{\partial x'} = \frac{\partial}{\partial y'}\left(-A\frac{\partial \frac{1}{r}}{\partial y'} + B\frac{\partial \frac{1}{r}}{\partial x'}\right) d\bar{\omega} - \frac{\partial}{\partial z'}\left(-C\frac{\partial \frac{1}{r}}{\partial x'} + A\frac{\partial \frac{1}{r}}{\partial z'}\right) d\bar{\omega}.$$

Man erhält daher, wenn man beachtet, dass $\frac{\partial \frac{1}{r}}{\partial x'} = -\frac{\partial \frac{1}{r}}{\partial x}$ ist:

$$X = \frac{\partial}{\partial y'}\iiint\left(A\frac{\partial \frac{1}{r}}{\partial y} - B\frac{\partial \frac{1}{r}}{\partial x}\right) dx dy dz$$
$$-\frac{\partial}{\partial z'}\iiint\left(C\frac{\partial \frac{1}{r}}{\partial x} - A\frac{\partial \frac{1}{r}}{\partial z}\right) dx dy dz,$$

wo sich die Integrationen über das ganze Volumen des Magneten mit Ausnahme des unendlich kleinen Cylinders erstrecken. Setzen wir:

$$F = \iiint\left(B\frac{\partial \frac{1}{r}}{\partial z} - C\frac{\partial \frac{1}{r}}{\partial y}\right) dx dy dz$$

$$(\beta) \qquad G = \iiint\left(C\frac{\partial \frac{1}{r}}{\partial x} - A\frac{\partial \frac{1}{r}}{\partial z}\right) dx dy dz$$

$$H = \iiint\left(A\frac{\partial \frac{1}{r}}{\partial y} - B\frac{\partial \frac{1}{r}}{\partial x}\right) dx dy dz,$$

wo die Integrationen in gleicher Weise auszudehnen sind, wie vorher, so ergiebt sich:

$$X = \frac{\partial H}{\partial y'} - \frac{\partial G}{\partial z'}$$

$$(\gamma) \qquad Y = \frac{\partial F}{\partial z'} - \frac{\partial H}{\partial x'}$$

$$Z = \frac{\partial G}{\partial x'} - \frac{\partial F}{\partial y'}.$$

Betrachten wir die erste von diesen drei Gleichungen! Da die Integrale, welche H und G darstellen, auf den ganzen Magneten mit Ausnahme des unendlich kleinen Cylinders sich erstrecken, so wollen wir die

Werte von $\frac{\partial H}{\partial y'}$ und $\frac{\partial G}{\partial z'}$ untersuchen, wenn man die Ausdrücke von H und G für diesen Cylinder nimmt, die wir mit H_1 und G_1 bezeichnen wollen. Es ist:

$$\frac{\partial H_1}{\partial y'} = \iiint \left(A \frac{\partial^2 \frac{1}{r}}{\partial y \partial y'} - B \frac{\partial^2 \frac{1}{r}}{\partial x \partial y'} \right) dx dy dz$$

$$= - \iiint \left(A \frac{\partial^2 \frac{1}{r}}{\partial y^2} - B \frac{\partial^2 \frac{1}{r}}{\partial x \partial y} \right) dx dy dz,$$

wobei sich die Integrale über das Volumen des Cylinders erstrecken. Stellt man nun eine analoge Rechnung an, wie im § 14, so findet man:

$$\iiint A \frac{\partial^2 \frac{1}{r}}{\partial y^2} dx dy dz = - \frac{4}{3} A \pi$$

$$\iiint B \frac{\partial^2 \frac{1}{r}}{\partial x \partial y} dx dy dz = 0.$$

Daraus folgt:

$$\frac{\partial H_1}{\partial y'} = - \frac{4}{3} A \pi.$$

Ebenso hat man:

$$\frac{\partial G_1}{\partial z'} = - \iiint \left(C \frac{\partial^2 \frac{1}{r}}{\partial x \partial z} - A \frac{\partial^2 \frac{1}{r}}{\partial z^2} \right) dx dy dz = + \frac{4}{3} A \pi$$

und daher:

$$\frac{\partial H_1}{\partial y'} - \frac{\partial G_1}{\partial z'} = - \frac{8}{3} A \pi.$$

Wenn wir demnach jetzt wollen, dass sich in den Formeln (β) die Integrale auf das ganze Volumen des Magneten beziehen, so müssen wir respective $- \frac{8}{3} A \pi$, $- \frac{8}{3} B \pi$, $- \frac{8}{3} C \pi$ von den rechten Seiten der Gleichungen (γ) abziehen und erhalten:

$$\text{(B)} \quad \begin{cases} X = \frac{\partial H}{\partial y'} - \frac{\partial G}{\partial z'} + \frac{8}{3} A \pi \\ Y = \frac{\partial F}{\partial z'} - \frac{\partial H}{\partial x'} + \frac{8}{3} B \pi \\ Z = \frac{\partial G}{\partial x'} - \frac{\partial F}{\partial y'} + \frac{8}{3} C \pi. \end{cases}$$

§ 31.

Setzen wir nunmehr die beiden Systeme von Werten (A) und (B), die wir für X, Y, Z gefunden haben, einander gleich, so erhalten wir:

$$\frac{4}{3}A\pi = \frac{\partial V}{\partial x'} + \frac{\partial H}{\partial y'} - \frac{\partial G}{\partial z'}$$

$$\frac{4}{3}B\pi = \frac{\partial V}{\partial y'} + \frac{\partial F}{\partial z'} - \frac{\partial H}{\partial x'}$$

$$\frac{4}{3}C\pi = \frac{\partial V}{\partial z'} + \frac{\partial G}{\partial x'} - \frac{\partial F}{\partial y'}.$$

Die Teile

$$\frac{\partial V}{\partial x'}, \quad \frac{\partial V}{\partial y'}, \quad \frac{\partial V}{\partial z'}$$

in diesen Ausdrücken entsprechen einem einfachen lamellaren Magneten (§ 29).

Die Teile

$$\frac{\partial H}{\partial y'} - \frac{\partial G}{\partial z'}, \quad \frac{\partial F}{\partial z'} - \frac{\partial H}{\partial x'}, \quad \frac{\partial G}{\partial x'} - \frac{\partial F}{\partial y'}$$

entsprechen einem einfachen solenoidischen Magneten, da man hat (§ 28):

$$\frac{\partial}{\partial x'}\left(\frac{\partial H}{\partial y'} - \frac{\partial G}{\partial z'}\right) + \frac{\partial}{\partial y'}\left(\frac{\partial F}{\partial z'} - \frac{\partial H}{\partial x'}\right) + \frac{\partial}{\partial z'}\left(\frac{\partial G}{\partial x'} - \frac{\partial F}{\partial y'}\right) = 0.$$

Mithin kann im allgemeinsten Falle jeder Magnet als resultierend aus der Übereinanderlagerung einer einfachen lamellaren Magnetisierung und einer einfachen solenoidischen Magnetisierung betrachtet werden.

Von den dielectrischen Körpern.

Über die electrische Polarisation.

§ 32.

Im dritten Kapitel haben wir dargelegt, welche Rolle die Dielectrika in der Electrostatik spielen. Die Theorie, welche wir dort entwickelt haben, genügte, um die Phänomene, welche der Condensator darbietet, vollständig zu erklären. Wir wollen dieselbe Untersuchung wieder aufnehmen, aber einen ganz andern Weg verfolgen, der uns gestatten wird, tiefer in den Gegenstand einzudringen; wir werden dabei nicht nur keinem Widerspruche mit der ersten Theorie begegnen, sondern diese wird sich vollständig bestätigt finden.

Wir haben definiert (Kap. III, § 8), was man unter der electrischen Polarisation versteht, doch haben wir uns derselben nicht bedient, um die auf die Dielectrika bezüglichen Erscheinungen zu erklären. Zufolge dieser Polarisation kann man sich ein Dielectrikum, welches von Electricität influenziert wird, als in ausserordentlich kleine rechtwinklige Prismen geteilt denken, welche auf den beiden Grundflächen gleiche Mengen der beiden

Electricitäten besitzen. Diese Polarisation ist somit vollständig analog der Verteilung des inducierten Magnetismus im weichen Eisen und man darf dies Raisonnement, dessen wir uns bei der magnetischen Induction bedient haben, auf diese Polarisation anwenden.

Wir adoptieren dieselben Bezeichnungen, wie in den Paragraphen 16—19. Wir bezeichnen mit U das Potential der ausserhalb des Dielectrikums H gelegenen Electricität und mit V das Potential der Polarisationselectricität dieses Körpers. Ferner setzen wir der grösseren Allgemeinheit wegen voraus, dass dieses Dielectrikum freie Electricität, welche das Potential v besitzt, enthalte. Auch stellen wir durch A, B, C die Polarisationsmomente nach den Coordinatenachsen dar, Grössen, welche an die Stelle der magnetischen Momente längs derselben Achsen treten.

§ 33.

Wir haben zunächst:

$$(1) \qquad V = \int \left(A \frac{\partial \frac{1}{r}}{\partial x'} + B \frac{\partial \frac{1}{r}}{\partial y'} + C \frac{\partial \frac{1}{r}}{\partial z'} \right) d\tilde{\omega},$$

wo sich das Integral über das ganze Volumen des Dielectrikums erstreckt; ferner gelangen wir durch die Schlussreihe der erwähnten Paragraphen zu den folgenden Gleichungen, welche in jedem Punkte (x, y, z) dieses Körpers befriedigt sein müssen:

$$(2) \qquad \left\{ \begin{aligned} \frac{\partial U}{\partial x} + \frac{\partial V}{\partial x} + \frac{\partial v}{\partial x} + \frac{1}{\gamma} A = 0 \\ \frac{\partial U}{\partial y} + \frac{\partial V}{\partial y} + \frac{\partial v}{\partial y} + \frac{1}{\gamma} B = 0 \\ \frac{\partial U}{\partial z} + \frac{\partial V}{\partial z} + \frac{\partial v}{\partial z} + \frac{1}{\gamma} C = 0. \end{aligned} \right.$$

Die Grösse γ war vorher der Coefficient der magnetischen Induction; nahmen wir den magnetischen Körper als homogen an, so mussten wir γ constant setzen. Hier nennen wir γ den Polarisationscoefficienten und setzen der grösseren Allgemeinheit wegen voraus, dass die Natur des Dielectrikums sich von einem Punkt zum andern ändere und dass γ eine gegebene Function von x, y, z sei.

Aus den Gleichungen (2) leitet man her:

$$(3) \qquad dU + dV + dv + \frac{1}{\gamma}(A dx + B dy + C dz) = 0.$$

Der Ausdruck $\frac{1}{\gamma}(A dx + B dy + C dz)$ ist ein exactes Differential, das wir mit $-d\psi$ bezeichnen wollen, somit:

$$A = -\gamma \frac{\partial \psi}{\partial x}, \quad B = -\gamma \frac{\partial \psi}{\partial y}, \quad C = -\gamma \frac{\partial \psi}{\partial z},$$

und ferner, wenn wir (3) integrieren und eine Constante nicht hinzusetzen, sondern uns dieselbe in ψ eingeschlossen denken:

$$U + V + v = \psi.$$

Aus dieser Gleichung leitet man her:

$$(4) \qquad \Delta U + \Delta V + \Delta v - \Delta\psi = 0.$$

Die Formel (1) kann folgendermassen transformiert werden:

$$V = \int (A\cos\lambda + B\cos\mu + C\cos\nu)\frac{d\sigma}{r} - \int\left(\frac{\partial A}{\partial x'} + \frac{\partial B}{\partial y'} + \frac{\partial C}{\partial z'}\right)\frac{d\varpi}{r},$$

wo λ, μ, ν die Richtungswinkel der äusseren Normale an die das Dielectrikum begrenzende Fläche σ sind, und man erhält daraus für den Wert von ΔV im Punkte (x, y, z):

$$\Delta V = 4\pi\left(\frac{\partial A}{\partial x} + \frac{\partial B}{\partial y} + \frac{\partial C}{\partial z}\right).$$

Bezeichnet man die Dichtigkeit der Electricität im Innern des Dielectrikums mit D, so hat man:

$$\Delta U = 0, \quad \Delta v = -4\pi D.$$

Somit geht die Gleichung (4) über in:

$$4\pi\left(\frac{\partial A}{\partial x} + \frac{\partial B}{\partial y} + \frac{\partial C}{\partial z}\right) - 4\pi D - \Delta\psi = 0.$$

Ersetzt man hierin A, B, C durch ihre Werte, so erhält man eine Gleichung, welcher ψ genügt:

$$(5) \quad 4\pi\left[\frac{\partial}{\partial x}\left(\gamma\frac{\partial\psi}{\partial x}\right) + \frac{\partial}{\partial y}\left(\gamma\frac{\partial\psi}{\partial y}\right) + \frac{\partial}{\partial z}\left(\gamma\frac{\partial\psi}{\partial z}\right)\right] + \Delta\psi + 4\pi D = 0.$$

In dem Ausdrucke (1) von V ersetzen wir A, B, C durch ihre Werte und erhalten:

$$V = -\int \gamma\left(\frac{\partial\psi}{\partial x}\frac{\partial\frac{1}{r}}{\partial x'} + \frac{\partial\psi}{\partial y}\frac{\partial\frac{1}{r}}{\partial y'} + \frac{\partial\psi}{\partial z}\frac{\partial\frac{1}{r}}{\partial z'}\right)d\varpi$$

und diesen Ausdruck können wir in den folgenden transformieren:

$$V = -\int \gamma\left(\frac{\partial\psi}{\partial x}\cos\lambda + \frac{\partial\psi}{\partial y}\cos\mu + \frac{\partial\psi}{\partial z}\cos\nu\right)\frac{d\sigma}{r}$$
$$+ \int\left[\frac{\partial}{\partial x}\left(\gamma\frac{\partial\psi}{\partial x}\right) + \frac{\partial}{\partial y}\left(\gamma\frac{\partial\psi}{\partial y}\right) + \frac{\partial}{\partial z}\left(\gamma\frac{\partial\psi}{\partial z}\right)\right]\frac{d\varpi}{r}.$$

Benutzen wir die Gleichung (5) und bezeichnen wir mit dn' das Element der inneren Normale, so erhalten wir:

$$(6) \qquad V = \int \gamma\frac{\partial\psi}{\partial n'}\frac{d\sigma}{r} - \frac{1}{4\pi}\int(\Delta\psi + 4\pi D)\frac{d\varpi}{r}$$

oder:

$$V + v = \int \gamma\frac{\partial\psi}{\partial n'}\frac{d\sigma}{r} - \frac{1}{4\pi}\int\Delta\psi\frac{d\varpi}{r}.$$

§ 34.

Wir setzen die beiden Potentiale U und v als bekannt voraus und stellen uns die Aufgabe, V zu bestimmen. Setzen wir in der Gleichung (5) $\psi = U + V + v$, so geht sie über in:

$$(7)\quad \begin{aligned} &\frac{\partial}{\partial x}\left[(1+4\pi\gamma)\frac{\partial V}{\partial x}\right] + \frac{\partial}{\partial y}\left[(1+4\pi\gamma)\frac{\partial V}{\partial y}\right] + \frac{\partial}{\partial z}\left[(1+4\pi\gamma)\frac{\partial V}{\partial z}\right] \\ &+ 4\pi\left[\frac{\partial\gamma}{\partial x}\frac{\partial(U+v)}{\partial x} + \frac{\partial\gamma}{\partial y}\frac{\partial(U+v)}{\partial y} + \frac{\partial\gamma}{\partial z}\frac{\partial(U+v)}{\partial z}\right] - 16\pi^2\gamma D = 0. \end{aligned}$$

Diese Gleichung in V muss in jedem Punkte des Dielectrikums erfüllt sein.

Bezeichnen wir mit V_1 den Wert von V für einen ausserhalb des Dielectrikums befindlichen Punkt, so genügt V_1 der Gleichung:

$$\Delta V_1 = 0$$

und auf der Fläche σ ist

$$(8)\qquad V = V_1.$$

Zufolge der Gleichung (6) setzt sich V aus zwei Gliedern zusammen, deren erstes allein auf σ unstetig ist und das Potential einer Schicht darstellt, deren Dichtigkeit ist:

$$\gamma\frac{\partial\psi}{\partial n'} = \gamma\frac{\partial(U+V+v)}{\partial n'}.$$

Diese Dichtigkeit wird aber auch ausgedrückt durch

$$-\frac{1}{4\pi}\left(\frac{\partial V_1}{\partial n} + \frac{\partial V}{\partial n'}\right);$$

setzen wir diese beiden Werte gleich, so erhalten wir die zweite Bedingungsgleichung an der Oberfläche:

$$(9)\qquad (1+4\pi\gamma)\frac{\partial V}{\partial n'} + \frac{\partial V_1}{\partial n} + 4\pi\gamma\frac{\partial(U+v)}{\partial n'} = 0.$$

Die Functionen V und V_1 sind durch die Gleichung (7) und durch die beiden Bedingungen (8) und (9) vollständig bestimmt.

Im Vorhergehenden haben wir das Dielectrikum H von einem andern H_1 umgeben angenommen, welches sich nicht polarisiert oder dessen Polarisation vernachlässigt werden kann, was gewöhnlich stattfindet, wenn H_1 ein Gas ist, das nicht unter einem sehr hohen Drucke steht. Will man aber auch auf die Polarisation von H_1 Rücksicht nehmen, so sei γ_1 der Wert, welchen γ daselbst annimmt. Nach den Schlussfolgerungen des § 21 muss man in der Formel (6) das auf die Fläche σ bezügliche Integral ersetzen durch:

$$\int\left(\gamma\frac{\partial\psi}{\partial n'} + \gamma_1\frac{\partial\psi_1}{\partial n}\right)\frac{d\sigma}{r},$$

wo ψ_1 das ist, was aus ψ ausserhalb von σ wird, und anstatt der Gleichung (9) erhält man:

$$(10)\quad (1+4\pi\gamma)\frac{\partial V}{\partial n'} + (1+4\pi\gamma_1)\frac{\partial V_1}{\partial n} + 4\pi(\gamma-\gamma_1)\frac{\partial(U+v)}{\partial n'} = 0.$$

Induction der Dielectrika.

§ 35.

Es ist jetzt leicht, die Gleichung der Induction der Dielectrika, die wir im dritten Kapitel (§§ 10 u. 11) gegeben haben, wiederzufinden.

Setzen wir:

$$1 + 4\pi\gamma = q, \quad 1 + 4\pi\gamma_1 = q_1,$$

so können wir die Gleichung (5) zunächst folgendermassen schreiben:

$$\frac{\partial\left(q\frac{\partial\psi}{\partial x}\right)}{\partial x} + \frac{\partial\left(q\frac{\partial\psi}{\partial y}\right)}{\partial y} + \frac{\partial\left(q\frac{\partial\psi}{\partial z}\right)}{\partial z} = -4\pi D.$$

Auf der Oberfläche σ haben wir die Bedingung

$$\psi = \psi_1,$$

auf welche die Gleichung (8) zurückkommt, und die folgende andere Bedingung

$$q\frac{\partial\psi}{\partial n'} + q_1\frac{\partial\psi_1}{\partial n} = 0,$$

in welche die Gleichung (10) übergeht, da man hat:

$$\psi = U + V + v.$$

Die Function ψ stellt das Gesamtpotential der Electricität dar; sie stimmt also überein mit der Function V des III. Kapitels und wir finden in der That die Gleichungen dieses Kapitels wieder.

Die Bestimmung der Function ψ hängt von den Bedingungen der Aufgabe ab. Wir wollen z. B. annehmen, dass man nicht die Function U kenne, sondern dass man durch den Versuch den Gesamtwert ψ des Potentials auf eine geschlossene Fläche Σ, welche H umgiebt, aber die inducierende Masse, deren Potential U ist, ausser sich lässt, gefunden habe. Zwischen den Flächen σ und Σ genügt die Function ψ_1 der Gleichung:

$$\Delta\psi_1 = 0.$$

Demnach erweisen sich die Functionen ψ und ψ_1 in H und dem Teile von H_1, welcher zwischen σ und Σ enthalten ist, als völlig bestimmt.

[Im III. Kapitel haben wir einen sehr speciellen Fall dieser Aufgabe gelöst, indem wir einen aus zwei dielectrischen Körpern bestehenden Condensator untersuchten (§ 18).]

Hat man ψ berechnet, so erhält man V durch die Formel (6). Die Function V, das Polarisationspotential, hat nur ein theoretisches Interesse, da sie sich direct durch den Versuch nicht bestimmen lässt. Die Bestimmung dieser Function ist das einzige, was die gegenwärtige Theorie hinsichtlich dieses Problems zu dem hinzufügt, was wir bereits aus dem dritten Kapitel wissen.

Die Theorie des Condensators beruht vollständig auf der Berechnung der Function ψ und bisher hat man noch nicht gewusst, wie man sich von der Aufsuchung der Function V, welche dabei nur eine nebensächliche Rolle spielt und zunächst daraus eliminiert werden muss, befreien kann. Hierdurch ist die Untersuchung wesentlich vereinfacht.

Wir bemerken jetzt, dass die Gleichungen, welche wir soeben für die Function ψ erhalten haben, die vollständige Analogie dieser Function mit der Gleichgewichtstemperatur in festen Körpern beweisen. Ist die Dichtigkeit D der freien Electricität des Dielectrikums nicht gleich Null, so muss man, um dieselbe Gleichung in der Theorie der Wärme zu erhalten, sich denken, dass der feste Körper, welcher an die Stelle der Dielectrika tritt, der Sitz einer Wärmequelle ist, für welche die Einheit der Zeit und die Einheit des Volumens eine der Grösse $-4\pi D$ gleiche Wärmemenge hervorbringt.

Condensator.

§ 36.

Wir wollen jetzt die Theorie des Condensators, welche wir im Kap. III, § 15 gegeben haben, vervollständigen, indem wir das Polarisationspotential bestimmen.

In jenem Kapitel war das Gesamtpotential mit V bezeichnet worden; wir bezeichnen dasselbe jetzt mit ψ, indem wir den Buchstaben V für das Polarisationspotential reservieren.

Wir nehmen einen Condensator an, der aus einer gekrümmten Lamelle eines Dielectrikums gebildet wird, auf deren beiden Seiten die beiden Belegungen angebracht sind. Wir setzen voraus, dass der Condensator nur während einer ausserordentlich kurzen Zeit geladen sei, so dass die Electricität noch nicht in das Dielectrikum eingedrungen ist. Somit ist die Grösse v der vorhergehenden Paragraphen gleich Null. Die Function U stellt das Potential der auf den Flächen σ_1 und σ_2 befindlichen Electricität dar, wenn man von der Polarisationselectricität absieht, und es ist:

$$\psi = U + V.$$

Bezeichnen wir mit ψ_1 und ψ_2 die auf den Begrenzungsflächen σ_1 und σ_2 des Dielectrikums gegebenen Werte von ψ, so haben wir (l. c.):

$$\rho_1 d\sigma_1 = -\rho_2 d\sigma_2 = -q\frac{\psi_2 - \psi_1}{4\pi\varepsilon} d\sigma,$$

und wenn die Dicke ε des Dielectrikums constant ist:

$$E_1 = -E_2 = -q\frac{\psi_2 - \psi_1}{4\pi\varepsilon}\sigma.$$

Wir nehmen an, dass q und somit γ in dem Dielectrikum constant sei. Dann hat man in diesem Körper:

$$\Delta\psi = 0.$$

Mit $d\omega$ bezeichnen wir ein Element der Randfläche der Lamelle des Dielectrikums, eine Fläche, welche nicht mit den Belegungen des Dielectrikums in Berührung ist. Die Gleichung (6) des § 33 reduciert sich auf:

$$V = \gamma \int \frac{\partial (U+V)}{\partial n'} \frac{d\sigma_1}{r} + \gamma \int \frac{\partial (U+V)}{\partial n'} \frac{d\sigma_2}{r} + \gamma \int \frac{\partial (U+V)}{\partial n'} \frac{d\omega}{r}.$$

In jedem dieser Integrale stellt dn' das Element der inneren Normale bezüglich an $d\sigma_1$, $d\sigma_2$ oder $d\omega$ und r die Entfernung des Flächenelementes vom Punkte (x, y, z) dar.

Da man ferner in dem Dielectrikum

$$\Delta U = 0, \quad \Delta V = 0$$

hat, so kann der Ausdruck von V folgendermassen geschrieben werden (I. Teil, Kap. I, § 10):

$$(2) \qquad V = \gamma \psi_1 \int \frac{\partial \frac{1}{r}}{\partial n'} d\sigma_1 + \gamma \psi_2 \int \frac{\partial \frac{1}{r}}{\partial n'} d\sigma_2 + \gamma \int (U+V) \frac{\partial \frac{1}{r}}{\partial n'} d\omega.$$

Das letzte Glied dieser Formel kann vernachlässigt werden. Wir berechnen die beiden andern.

Wenden wir den Gauss'schen Satz (I. Teil, Kap. I, § 13) auf die vollständige geschlossene Oberfläche der Lamelle an und nehmen wir den Punkt (x, y, z) ausserhalb von σ_1 aber unendlich nahe an σ_1 an, so haben wir:

$$\int \frac{\partial \frac{1}{r}}{\partial n'} d\sigma_1 + \int \frac{\partial \frac{1}{r}}{\partial n'} d\sigma_2 + \int \frac{\partial \frac{1}{r}}{\partial n'} d\omega = 0,$$

oder indem wir das dritte Integral vernachlässigen:

$$(3) \qquad \int \frac{\partial \frac{1}{r}}{\partial n'} d\sigma_1 + \int \frac{\partial \frac{1}{r}}{\partial n'} d\sigma_2 = 0.$$

Nach demselben Satze hat man für einen innerhalb des Dielectrikums gelegenen Punkt (x, y, z):

$$(4) \qquad \int \frac{\partial \frac{1}{r}}{\partial n'} d\sigma_1 + \int \frac{\partial \frac{1}{r}}{\partial n'} d\sigma_2 = 4\pi.$$

Ist die Dicke des Dielectrikums sehr klein, so sind die zweiten Integrale der Formeln (3) und (4) sehr nahe einander gleich, und die beiden ersten sind sehr nahe einander gleich aber von entgegengesetztem Vorzeichen. Mithin hat man:

$$\int \frac{\partial \frac{1}{r}}{\partial n'} d\sigma_1 = -2\pi, \quad \int \frac{\partial \frac{1}{r}}{\partial n'} d\sigma_2 = 2\pi$$

für den Fall, dass der Punkt (x, y, z) unendlich nahe an σ_1 und ausserhalb des Dielectrikums liegt. Ebenso hat man:

$$\int \frac{\partial \frac{1}{r}}{\partial n'} d\sigma_1 = 2\pi, \quad \int \frac{\partial \frac{1}{r}}{\partial n'} d\sigma_2 = -2\pi$$

für den Fall, dass der Punkt (x, y, z) unendlich nahe an σ_2 und ebenfalls ausserhalb des Dielectrikums liegt.

Wendet man demnach die Formel (2) der Reihe nach auf die Fälle an, wo der Punkt (x, y, z) auf der äusseren Oberfläche der auf σ_1 und σ_2 liegenden Schichten genommen wird, und bezeichnet man mit V_1 und V_2 die Werte, welche V daselbst annimmt, so hat man:

$$V_1 = -2\pi\gamma(\psi_1 - \psi_2)$$
$$V_2 = 2\pi\gamma(\psi_1 - \psi_2),$$

und somit:

$$V_1 - V_2 = -4\pi\gamma(\psi_1 - \psi_2), \tag{5}$$

eine Formel, welche derjenigen analog ist, die die Differenz der Potentialwerte einer Doppelschicht zu beiden Seiten dieser Doppelschicht giebt (§ 12).

§ 37.

Bezeichnen wir mit U_1 und U_2 die Werte von U auf σ_1 und σ_2, so haben wir:

$$U_1 + V_1 = \psi_1, \quad U_2 + V_2 = \psi_2$$

und somit:

$$U_1 - U_2 = (\psi_1 - \psi_2) - (V_1 - V_2) = (1 + 4\pi\gamma)(\psi_1 - \psi_2). \tag{6}$$

Aus der Gleichung (1) folgt:

$$\psi_1 - \psi_2 = \frac{4\pi\varepsilon E_1}{q\sigma}.$$

Setzen wir diesen Ausdruck in (5) und (6) ein, so erhalten wir:

$$V_1 - V_2 = -4\pi\gamma \frac{4\pi\varepsilon E_1}{q\sigma}$$
$$U_1 - U_2 = (1 + 4\pi\gamma) \frac{4\pi\varepsilon E_1}{q\sigma}.$$

Wenn wir die beiden Belegungen mit einander in Verbindung setzen, so vereinigen sich auch bald die beiden Schichten, deren Dichtigkeiten ρ_1 und ρ_2 sind, und die Polarisation verschwindet gleichzeitig; denn aus den Versuchen von Felici geht hervor, dass die Polarisation fast augenblicklich mit der sie erzeugenden Ursache aufhört, ebenso wie der im weichen Eisen inducierte Magnetismus.

Die vorstehenden Resultate hat Clausius im Jahre 1866 gegeben; doch irrte er, wenn er glaubte, dass die Polarisationselectricität andauert, nachdem man die beiden Belegungen eine kurze Zeit lang vereinigt hat, und wenn er auf diese Weise den electrischen Rückstand erklären zu können meint. Er hat auf diese Weise die Polarisationselectricität mit der Electricität verwechselt, welche in das Dielectrikum eindringt, wenn man den Apparat eine nicht sehr kurze Zeit hindurch ladet.

Fünftes Kapitel.

Specielle Probleme aus der Theorie des Magnetismus.

Kugel und Ellipsoid in einem gleichförmigen Felde.

§ 1.

Wir haben gesehen, dass eine Kugel oder ein Ellipsoid, bei denen die Magnetisierung an Grösse und Richtung constant ist, sich mit einer magnetischen Schicht bedeckt, welche in jedem innern Punkte eine constante Kraft erzeugt (Kap. IV, § 7 und 8). Es folgt daraus, dass, wenn ein homogener magnetischer Körper von dieser Gestalt in ein gleichförmiges magnetisches Feld gestellt wird, d. h. in ein Feld, in welchem die Kraft überall der Grösse und Richtung nach dieselbe ist, er daselbst eine constante Magnetisierung annimmt.

Ist der magnetische Körper zunächst eine **Kugel**, so nehmen wir die x-Achse parallel der constanten Kraft f des magnetischen Feldes. Die drei Gleichungen (5) des § 18 (Kap. IV) reducieren sich auf die erste, in welcher A das magnetische Moment M darstellt und die übergeht in:

$$-\frac{\partial U}{\partial x}-\frac{\partial V}{\partial x}=\frac{1}{\gamma}M.$$

Man hat $-\frac{\partial U}{\partial x}=f$, und da $-\frac{\partial V}{\partial x}$ die Wirkung der Schicht, mit welcher sich diese gleichförmig magnetisierte Kugel bedeckt, darstellt, so ist:

$$-\frac{\partial V}{\partial x}=-\frac{4}{3}\pi M.$$

Mithin wird die Gleichung der Induction:

$$f-\frac{4}{3}\pi M=\frac{1}{\gamma}M,$$

und hieraus folgt für den Wert des magnetischen Moments:

$$M = \frac{f}{\frac{4}{3}\pi + \frac{1}{\gamma}}.$$

§ 2.

Ist der magnetische Körper ein **Ellipsoid**, so bezeichnen wir mit f_1, f_2, f_3 die drei Componenten der constanten Kraft des Feldes, genommen in der Richtung der Achsen des Ellipsoids, die wir als die Coordinatenachsen wählen. Die drei citierten Gleichungen der Induction werden:

$$f_1 - \frac{\partial V}{\partial x} = \frac{1}{\gamma} A$$
$$f_2 - \frac{\partial V}{\partial y} = \frac{1}{\gamma} B$$
$$f_3 - \frac{\partial V}{\partial z} = \frac{1}{\gamma} C.$$

Die zweiten Glieder dieser Gleichungen stellen die Componenten der Wirkung der magnetischen Schicht dar, welche das Ellipsoid bedeckt, und es ist gefunden worden (Kap. IV, § 8):

$$-\frac{\partial V}{\partial x} = -2PA, \quad -\frac{\partial V}{\partial y} = -2QB, \quad -\frac{\partial V}{\partial z} = -2SC;$$

setzt man dies in die vorstehenden Gleichungen ein, so erhält man für die Componenten des magnetischen Moments:

$$A = \frac{f_1\gamma}{2P\gamma + 1}, \quad B = \frac{f_2\gamma}{2Q\gamma + 1}, \quad C = \frac{f_3\gamma}{2S\gamma + 1}.$$

Die Wirkung dieses Körpers nach aussen wird ausgedrückt durch die oben im § 9 gegebenen Formeln.

Über die Bestimmung der Constanten γ.

§ 3.

Wir stellen uns die Aufgabe, den Coefficienten γ der magnetischen Induction einer Substanz mit Hülfe einer Kugel aus dieser Substanz, welche durch den Erdmagnetismus influenziert wird, zu bestimmen. Die magnetische Kugel nimmt durch die Wirkung der Erde eine constante Magnetisierung an, und wenn man die x-Achse parallel der magnetischen Achse nimmt und mit a den Radius der Kugel bezeichnet, so erhält man für das Potential derselben in einem äusseren Punkte (Kap. IV, § 7):

$$V = \frac{4}{3}\pi a^3 M \frac{x}{R^3},$$

wo $R = \sqrt{x^2 + y^2 + z^2}$ die Entfernung des Punktes vom Mittelpunkte der Kugel ist, und wenn man M durch den soeben gefundenen Wert ersetzt, so hat man:

$$V = \frac{4}{3}\pi a^3 \frac{f\gamma}{\frac{4}{3}\pi\gamma + 1} \frac{x}{R^3}.$$

Es ist leicht, diesen Ausdruck auf drei beliebige rechtwinklige Achsen zu beziehen. In der That, es stellt $\frac{fx}{R}$ die Projection der magnetischen Kraft der Erde auf die Gerade dar, welche vom Mittelpunkte der Kugel nach dem angezogenen Punkte geht. Wenn die rechtwinkligen Coordinatenachsen beliebige und f_1, f_2, f_3 die Componenten der Kraft f nach diesen Achsen sind, so muss man diesen Ausdruck ersetzen durch

$$\frac{f_1 x + f_2 y + f_3 z}{R}.$$

Man hat alsdann:

$$V = \frac{4\pi\gamma}{4\pi\gamma + 3} a^3 \frac{f_1 x + f_2 y + f_3 z}{R^3}.$$

Setzt man zur Abkürzung

$$\frac{4\pi\gamma}{4\pi\gamma + 3} = H,$$

so wird:

$$V = Ha^3 \frac{f_1 x + f_2 y + f_3 z}{R^3}.$$

Wir suchen den Wert von H, um daraus den Wert von γ abzuleiten. Dazu untersuchen wir die Ablenkung einer Magnetnadel, welche durch die magnetisierte Kugel bewirkt wird.

Wir nehmen in unserm Coordinatensystem die z-Achse vertikal, sodann die x-Achse horizontal und in dem magnetischen Meridian nach Norden gerichtet, endlich die y-Achse in der Richtung nach Westen. Da f_2 gleich Null wird, so erhalten wir:

$$V = Ha^3 \frac{f_1 x + f_3 z}{R^3}$$

und leiten daraus für die drei Componenten der magnetischen Wirkung auf den äusseren Punkt (x, y, z) her:

$$X = -\frac{\partial V}{\partial x} = Ha^3\left(3\frac{f_1 x + f_3 z}{R^5} x - \frac{f_1}{R^3}\right)$$

$$Y = -\frac{\partial V}{\partial y} = 3Ha^3 \frac{f_1 x + f_3 z}{R^5} y$$

$$Z = -\frac{\partial V}{\partial z} = Ha^3\left(3\frac{f_1 x + f_3 z}{R^5} z - \frac{f_3}{R^3}\right).$$

Wir nehmen an, dass die Nadel hinreichend klein und genügend weit entfernt sei, damit X, Y, Z in der ganzen Ausdehnung der Nadel nahezu denselben Wert haben. Wir hängen sie derart auf, dass sie sich nur um eine vertikale Achse drehen kann und dass die horizontale Ebene, in welcher sie liegt, durch den Mittelpunkt der Kugel geht. Man hat alsdann in den vorstehenden Formeln $z = 0$ zu setzen. Bezeichnen wir mit φ den Winkel, welchen die den Mittelpunkt der Kugel mit dem Mittelpunkt der Nadel verbindende Gerade mit der x-Achse bildet, und mit υ den Winkel, welchen die Nadel mit der Meridianebene bildet, so haben wir:

$$\operatorname{tang} \upsilon = \frac{Y}{f_1 + X} = \frac{3Ha^3 \sin\varphi \cos\varphi}{R^3 - Ha^3 + 3Ha^3 \cos^2\varphi}.$$

Die Ablenkung υ der Nadel wird somit gleich Null, wenn der Mittelpunkt der Nadel auf der y-Achse oder auf der x-Achse gelegen ist. Zwischen diesen beiden Lagen nimmt der Winkel υ einen grössten Wert an. Da R sehr gross im Verhältnis zu a vorausgesetzt ist, so wird dieses Maximum stattfinden für einen Wert von φ in der Nähe von 45°. Beobachtet man den Wert des Winkels υ für $\varphi = 45°$, so erhält man die Gleichung

$$\operatorname{tang} \upsilon = \frac{3Ha^3}{2R^3 + Ha^3},$$

mittelst deren man H berechnet; sodann findet man γ aus der Formel (a).

Die Zahl γ hat ihren grössten Wert für sehr reines weiches Eisen. Nach Thalén kann γ in dieser Substanz den Wert 32 und sogar 45 erreichen.

§ 4.

In der vorigen Rechnung ist die Magnetnadel klein genug vorausgesetzt worden, um die Wirkung der Kugel in der ganzen Länge der Nadel als dieselbe betrachten zu können; man kann aber eine grössere Annäherung erreichen, wenn man auf die Differenz der Wirkung Rücksicht nimmt.

Man kann annehmen, dass die eine Hälfte der Nadel an ihrer Oberfläche eine Schicht positiven, die andere Hälfte eine Schicht negativen Fluidums enthalte. Wir bezeichnen mit G_1 und G_2 die Pole dieser Nadel, d. h. die Schwerpunkte der beiden Schichten.

Bezeichnen wir mit x, y, z die Coordinaten der Mitte der Verbindungslinie G_1G_2 und mit $2l$ die Länge G_1G_2, nehmen wir ferner an, dass der Punkt (x, y, z) mit dem Rotationscentrum der Nadel zusammenfalle, und sind x_1, y_1 die Coordinaten von G_1, $x_2 y_2$ diejenigen von G_2, so haben wir:

$$x_1 = x + l\cos\upsilon, \quad y_1 = y + l\sin\upsilon$$
$$x_2 = x - l\cos\upsilon, \quad y_2 = y - l\sin\upsilon.$$

Mit X_1, Y_1 und X_2, Y_2 bezeichnen wir das, was aus X und Y in den Punkten G_1 und G_2 wird. Mit grosser Annäherung können wir die beiden magnetischen Massen als in den Punkten G_1 und G_2 concentriert ansehen, und indem wir ausdrücken, dass die Summe der Momente der Kräfte, welche auf die Nadel wirken, gleich Null ist, erhalten wir:

$$\text{(b)} \qquad Y_1 + Y_2 - (2f_1 + X_1 + X_2)\,\text{tang}\,\upsilon = 0.$$

Setzt man:

$$R_1^2 = x_1^2 + y_1^2, \qquad R_2^2 = x_2^2 + y_2^2,$$

so hat man:

$$X_1 = Ha^3 f_1 \left(\frac{3x_1^2}{R_1^5} - \frac{1}{R_1^3}\right), \qquad Y_1 = 3Ha^3 f_1 \frac{x_1 y_1}{R_1^5}$$

$$X_2 = Ha^3 f_1 \left(\frac{3x_2^2}{R_2^5} - \frac{1}{R_2^3}\right), \qquad Y_2 = 3Ha^3 f_1 \frac{x_2 y_2}{R_2^5}.$$

Werden diese Grössen berechnet und in die Gleichung (b) eingesetzt, so erhält man daraus die Grösse H.

Induction einer Vollkugel durch gegebene magnetische Kräfte.

§ 5.

Wird die Verteilung des inducierenden Magnetismus als bekannt vorausgesetzt, so kann man daraus das Potential U in allen Punkten der Oberfläche einer homogenen der Induction unterworfenen Kugel berechnen. Wir bezeichnen mit a den Radius der Kugel und mit R die Entfernung eines Punktes ihres Innern von ihrem Mittelpunkte. Man kann U in eine Laplace'sche Reihe entwickeln (Kap. II, § 2):

$$U = Y_0 + Y_1 \frac{R}{a} + \cdots + Y_i \frac{R^i}{a^i} + \cdots,$$

und wenn der Wert von U an der Oberfläche bekannt ist, so erhält man hieraus die Functionen Y_i der beiden sphärischen Coordinaten ψ und ϑ. Nehmen wir an, dass die Werte von V und V_1, welche das Potential der auf der Kugel inducierten Schicht innerhalb und ausserhalb derselben annimmt, nach derselben Reihe entwickelt werden, so haben wir:

$$V = L_0 + L_1 \frac{R}{a} + \cdots + L_i \frac{R^i}{a^i} + \cdots$$

$$V_1 = L_0 \frac{a}{R} + L_1 \frac{a^2}{R^2} + \cdots + L_i \frac{a^{i+1}}{R^{i+1}} + \cdots$$

V und V_1 nehmen für $R = a$ denselben Wert an; sie müssen aber auch für $R = a$ der Gleichung des § 20, Kap. IV genügen, welche übergeht in:

$$(1 + 4\pi\gamma)\frac{\partial V}{\partial R} - \frac{\partial V_1}{\partial R} + 4\pi\gamma \frac{\partial U}{\partial R} = 0.$$

Substituieren wir in diese Gleichung die vorstehenden Reihen und erinnern wir uns, dass, wenn die Laplace'sche Reihe für beliebige ψ und ϑ verschwindet, alle ihre Glieder Null sind, so erhalten wir hieraus:

$$L_i = -\frac{4\pi\gamma i}{1 + 2i + 4\pi\gamma i} Y_i.$$

Somit unterscheiden sich die Functionen L_i von den Functionen Y_i nur durch einen constanten Factor.

Ausserhalb wirkt der Magnetismus der Kugel wie eine auf der Kugel gelegene Schicht, deren Dichtigkeit ist:

$$\rho = -\gamma \frac{\partial(U + V)}{\partial R} = -\frac{\gamma}{a} \sum_{i=1}^{i=\infty} \frac{i(2i+1)}{2i + 1 + 4\pi\gamma i} Y_i.$$

Magnetische Induction einer Hohlkugel.

§ 6.

Wir nehmen einen homogenen Körper an, der zwischen zwei concentrischen Kugeln, deren grössere den Radius a und deren kleinere den Radius b hat, enthalten ist, und inducieren diese Hohlkugel durch magnetische Massen, deren Potential U ist. Alsdann kann die Function U innerhalb der Kugel vom Radius a entwickelt werden in die Reihe:

$$U = Y_0 + Y_1 R + Y_2 R^2 + \cdots + Y_i R^i + \cdots$$

Das Potential der beiden auf den beiden Oberflächen der Hohlkugel inducierten Schichten bezeichnen wir mit V innerhalb der Substanz, mit V_1 ausserhalb und mit V_2 im Hohlraum der Hohlkugel. Wie bei der vorhergehenden Aufgabe sieht man leicht, dass, wenn diese drei Functionen in Laplace'sche Reihen entwickelt werden, sie dieselben Kugelfunctionen enthalten wie die Function U. Bezeichnen wir daher mit den Buchstaben A, B, C, D constante Coefficienten, so können wir setzen:

$$V_2 = A_0 Y_0 + A_1 Y_1 R + \cdots + A_i Y_i R^i + \cdots$$

$$V = \left(B_0 + \frac{C_0}{R}\right) Y_0 + \left(B_1 R + \frac{C_1}{R^2}\right) Y_1 + \cdots + \left(B_i R^i + \frac{C_i}{R^{i+1}}\right) Y_i + \cdots$$

$$V_1 = D_0 Y_0 \frac{1}{R} + D_1 Y_1 \frac{1}{R^2} + \cdots + D_i Y_i \frac{1}{R^{i+1}} + \cdots$$

V muss gleich V_2 sein für $R = b$ und gleich V_1 für $R = a$; daraus ergeben sich zwischen den Coefficienten die folgenden beiden Gleichungen:

$$\text{(b)} \qquad \begin{aligned} C_i &= (A_i - B_i)\, b^{2i+1} \\ D_i &= B_i a^{2i+1} + C_i. \end{aligned}$$

Es giebt noch zwei andere Grenzbedingungen; die eine ist für $R = b$:

$$(1 + 4\pi\gamma)\frac{\partial V}{\partial R} - \frac{\partial V_2}{\partial R} + 4\pi\gamma\frac{\partial U}{\partial R} = 0,$$

die andere für $R = a$:

$$(1 + 4\pi\gamma)\frac{\partial V}{\partial R} - \frac{\partial V_1}{\partial R} + 4\pi\gamma\frac{\partial U}{\partial R} = 0,$$

und hieraus erhalten wir:

$$(1 + 4\pi\gamma)[ib^{2i+1}B_i - (i+1)C_i] - ib^{2i+1}A_i + 4\pi\gamma i b^{2i+1} = 0$$

$$(1 + 4\pi\gamma)[ia^{2i+1}B_i - (i+1)C_i] + (i+1)D_i + 4\pi\gamma i a^{2i+1} = 0.$$

Ersetzen wir in diesen Gleichungen C_i und D_i durch ihre Werte, so ergiebt sich:

$$[(1 + 4\pi\gamma)(i+1) + i]A_i - (1 + 4\pi\gamma)(2i+1)B_i = 4\pi\gamma i$$

$$-4\pi\gamma(i+1)b^{2i+1}A_i + [(2i+1+4\pi\gamma i)a^{2i+1} + 4\pi\gamma(i+1)b^{2i+1}] = -4\pi\gamma i a^{2i+1}$$

Hiernach erhalten wir, wenn wir

$$\mathfrak{K} = (2i+1)^2(1 + 4\pi\gamma) + (4\pi\gamma)^2(i+1)i\left[1 - \left(\frac{b}{a}\right)^{2i+1}\right]$$

setzen:

$$A_i = -\frac{1}{\mathfrak{K}}(4\pi\gamma)^2(i+1)i\left(1 - \frac{b^{2i+1}}{a^{2i+1}}\right)$$

$$B_i = -\frac{4\pi\gamma i}{\mathfrak{K}}\left[2i + 1 + 4\pi\gamma(i+1)\left(1 - \frac{b^{2i+1}}{a^{2i+1}}\right)\right],$$

und C_i, D_i erhalten wir sodann mit Hülfe der Formeln (b).

Induction einer Hohlkugel durch die Wirkung der Erde.

§ 7.

Wird die Hohlkugel durch die Wirkung der Erde, welche eine constante Kraft ist, induciert, und bezeichnen wir mit f_1, f_2, f_3 die drei Componenten dieser Kraft, so erhalten wir für das Potential U:

$$U = f_1 x + f_2 y + f_3 z.$$

Um die Formeln zu vereinfachen, nehmen wir die z-Achse vertikal, die x-Achse tangential zum magnetischen Meridian und nach Norden gerichtet, endlich die y-Achse senkrecht zur Ebene der beiden ersten Achsen und nach Westen hin gerichtet. Alsdann ist f_2 gleich Null und wir haben:

$$U = f_1 x + f_3 z = R(f_1 \sin\vartheta \cos\psi + f_3 \cos\vartheta),$$

wo R, ϑ, ψ die sphärischen Coordinaten des Punktes (x, y, z) sind. Bezeichnen wir mit F die Grösse der Wirkung der Erde und mit I die Inklination der Magnetnadel, so ist:

$$f_1 = F \cos I, \quad f_3 = F \sin I.$$

Dem Ausdruck von U zufolge hat man in dem vorigen Paragraphen zu setzen:

$$Y_0 = 0, \quad Y_2 = 0, \quad Y_3 = 0, \ldots$$
$$Y_1 = f_1 \sin\vartheta \cos\psi + f_3 \cos\vartheta;$$

somit reducieren sich die Reihen, welche V, V_1, V_2 darstellen, auf die Kugelfunctionen erster Ordnung und es wird:

$$V_2 = A_1 Y_1 R$$
$$V = \left(B_1 R + \frac{C_1}{R^2}\right) Y_1$$
$$V_1 = \frac{D_1}{R^2} Y_1.$$

Ferner werden die Coefficienten dieser Ausdrücke durch die folgenden Gleichungen geliefert:

$$\mathfrak{K} = 9(1 + 4\pi\gamma) + 2(4\pi\gamma)^2\left(1 - \frac{b^3}{a^3}\right)$$
$$A_1 = -\frac{2}{\mathfrak{K}}(4\pi\gamma)^2\left(1 - \frac{b^3}{a^3}\right)$$
$$B_1 = -\frac{4\pi\gamma}{\mathfrak{K}}\left[3 + 8\pi\gamma\left(1 - \frac{b^3}{a^3}\right)\right]$$
$$C_1 = \frac{12\pi\gamma}{\mathfrak{K}} b^3$$
$$D_1 = -\frac{4\pi\gamma}{\mathfrak{K}}(3 + 8\pi\gamma)(a^3 - b^3).$$

§ 8.

Wir wollen die Wirkung auf die positive im Hohlraum der Kugel befindliche Einheit des Magnetismus betrachten; dieselbe setzt sich zusammen aus der Wirkung der Erde und derjenigen des magnetisierten Körpers. Bezeichnet man mit Φ das entsprechende Potential, so hat man:

$$\Phi = U + V_2 = (1 + A_1)(f_1 \sin\vartheta \cos\psi + f_3 \cos\vartheta) R.$$

Mithin ist die Wirkung von derselben Richtung, als wenn die Kugel nicht existierte, aber sie ist im Verhältnis von $1 + A_1$ zu 1 vergrössert.

Um die Gesamtwirkung auf einen ausserhalb der Kugel gelegenen Punkt zu erhalten, müssen wir das Potential betrachten:

$$\Psi = U + V_1 = \left(1 + \frac{D_1}{R^3}\right)(f_1 x + f_3 z).$$

Wir erhalten somit für die drei Componenten der magnetischen Kraft:

$$-\frac{\partial\Psi}{\partial x} = -\left(1+\frac{D_1}{R^3}\right)f_1 + \frac{3D_1 x}{R^5}(f_1 x + f_3 z)$$
$$-\frac{\partial\Psi}{\partial y} = \frac{3D_1 y}{R^5}(f_1 x + f_3 z)$$
$$-\frac{\partial\Psi}{\partial z} = -\left(1+\frac{D_1}{R^3}\right)f_3 + \frac{3D_1 z}{R^5}(f_1 x + f_3 z).$$

Substituiert man für f_1 und f_3 ihre Werte und setzt man wiederum:

$$z = R\cos\vartheta,\quad x = R\sin\vartheta\cos\psi,\quad y = R\sin\vartheta\sin\psi,$$

so erhält man:

$$-\frac{\partial\Psi}{\partial x} = -\left(1+\frac{D_1}{R^3}\right)F\cos I + \frac{3D_1}{R^3}F\sin\vartheta\cos\psi\,(\cos I\sin\vartheta\cos\psi + \sin I\cos\vartheta)$$
$$-\frac{\partial\Psi}{\partial y} = \frac{3D_1}{R^3}F\sin\vartheta\sin\psi\,(\cos I\sin\vartheta\cos\psi + \sin I\cos\vartheta)$$
$$-\frac{\partial\Psi}{\partial z} = -\left(1+\frac{D_1}{R^3}\right)F\sin I + \frac{3D_1}{R^3}F\cos\vartheta\,(\cos I\sin\vartheta\cos\psi + \sin I\cos\vartheta).$$

Legen wir den Mittelpunkt einer sehr kleinen Magnetnadel in den Punkt (x, y, z), welcher von dem Mittelpunkt der Hohlkugel weit genug entfernt ist, damit ihre Wirkung in allen Punkten der Nadel nahezu als constant betrachtet werden kann, so ist die Richtung dieser Nadel diejenige der Kraft, deren drei Componenten wir soeben berechnet haben.

Bezeichnen wir mit δ die horizontale Ablenkung der Nadel, welche durch den magnetischen Körper herbeigeführt wird, so ist:

$$\operatorname{tang}\delta = \frac{\partial\Psi}{\partial y} : \frac{\partial\Psi}{\partial x}.$$

Stellt I' die Inklination der auf diese Weise influenzierten Nadel dar, so ist:

$$\operatorname{tang} I' = \frac{\partial\Psi}{\partial z} : \sqrt{\left(\frac{\partial\Psi}{\partial x}\right)^2 + \left(\frac{\partial\Psi}{\partial z}\right)^2}.$$

Wir bemerken, dass man in dem Falle, wo die Kugel voll ist, hat:

$$V_1 = H\frac{y_1}{R^3}$$

wenn man setzt:

$$-\frac{4\pi\gamma a^3}{4\pi\gamma + 3} = H,$$

und dass man somit, um die vorstehenden Formeln auf diesen besonderen Fall anzuwenden, in ihnen nur D_1 in H zu verwandeln braucht.

Setzen wir:

$$h = 4\pi\gamma,$$

so wird diese Grösse auch durch $\frac{k}{1-k}$ dargestellt (Kap. IV, § 19) und wir haben dann:

$$D_1 = -\frac{h(3+2h)a^3\left(1-\frac{b^3}{a^3}\right)}{9+9h+2h^2\left(1-\frac{b^3}{a^3}\right)}.$$

Ist h eine grosse Zahl, so dass k nur wenig von der Einheit verschieden ist, ist ferner nicht $\frac{a-b}{a}$ sehr klein, so wird man den Wert von D_1 nur wenig ändern, wenn man den Ausdruck $9+9h$ in seinem Nenner weglässt. Mithin ist D_1 nahezu unabhängig von dem Verhältnis $\frac{b}{a}$. Somit wird sich die magnetische Wirkung der vollen Kugel nur wenig von derjenigen der Hohlkugel von demselben äusseren Radius unterscheiden. Dies ist der Grund, weshalb Barlow keinen Unterschied zwischen der magnetischen Wirkung zweier Kugeln aus Gusseisen von demselben äusseren Radius, von denen die eine voll, die andere hohl war und $^3/_4$ der ersteren wog, constatieren konnte. Dies beruht darauf, dass für weiches Eisen k sehr nahe gleich 1 ist. Wenn jedoch $\frac{a-b}{a}$ sehr klein oder $\frac{b}{a}$ nahezu gleich 1 ist, so dass der magnetische Körper eine sphärische Schale von einer im Verhältnis zum Radius a sehr geringen Dicke ist, so ist das eben Gesagte nicht mehr anwendbar und die Wirkung der magnetischen Hohlkugel kann sich bedeutend von derjenigen der vollen Kugel unterscheiden und zwar ist sie geringer als diese.

Diese Auseinandersetzungen sind auch aus der Poisson'schen Theorie abgeleitet worden (*Mémoires de l'Académie des Sciences t. V, 1821—1822*).

Magnetismus der Erdkugel.

§ 9.

Denkt man sich eine Magnetnadel vollkommen frei um ihren Schwerpunkt drehbar und unbehelligt von jedem in der Nähe befindlichen Einflusse, so nimmt sie eine bestimmte Richtung an. In einer etwas längeren Zeit erleidet allerdings diese Richtung Änderungen; dieselben sind aber im Allgemeinen sehr gering, und man kann von ihnen abstrahieren, wenn man die mittlere Lage der Nadel betrachtet.

Indem man also von diesen Störungen absah, war man schon lange dahin geführt worden anzunehmen, dass die Erde in ihrem Innern magnetische Massen enthalte, welche die Gleichgewichtslage der Nadel bestimmen. Man könnte auch annehmen, dass die Erde von Volta'schen Strömen durchlaufen würde, oder auch, dass zwei derartige Ursachen ihre Wirkung vereinigen, um der Nadel ihre Richtung zu geben. Welche von diesen Hypothesen man auch annehmen möge, die Componenten X, Y, Z der resultierenden Kraft auf einen äusseren Punkt sind die Ableitungen einer und derselben Function, so dass man setzen kann:

$$X = -\frac{\partial V}{\partial x}, \quad Y = -\frac{\partial V}{\partial y}, \quad Z = -\frac{\partial V}{\partial z},$$

wo V im äusseren Raume der Gleichung genügt:

$$\Delta V = 0.$$

Solange man sich also mit den äusseren Kräften beschäftigt, um daraus ihre Effecte oder ihre Werte zu berechnen, ist es gleichgültig, ob man weiss oder nicht weiss, aus welcher von diesen Ursachen sie entstehen.

Die Beobachtungen, welche an verschiedenen Punkten der Erdoberfläche gemacht worden sind, um daselbst die magnetischen Wirkungen zu bestimmen, sind weder zahlreich noch auch im Allgemeinen genau genug, als dass es nötig wäre, die Abplattung der Erde zu berücksichtigen; wir werden die Erde daher als Kugel voraussetzen.

§ 10.

Wir nehmen Polarcoordinaten, deren Anfangspunkt der Mittelpunkt der Erde ist und deren Polarachse längs der Rotationsachse derselben gerichtet ist. R, ϑ, ψ seien wie im vorigen Paragraphen die drei Coordinaten eines äusseren Punktes. Wir zerlegen die magnetische Kraft in drei Kräfte. Die eine Ξ vertikal von unten nach oben gerichtet, die zweite Θ tangential zum geographischen Meridian und nach Süden gerichtet, die dritte Ψ tangential zum Parallelkreis und nach Westen gerichtet; endlich nehmen wir an, dass der Winkel ψ von West nach Ost wachse. Alsdann haben wir:

$$\Xi = -\frac{\partial V}{\partial R}, \quad \Theta = -\frac{1}{R}\frac{\partial V}{\partial \vartheta}, \quad \Psi = -\frac{1}{R \sin\vartheta}\frac{\partial V}{\partial \psi}.$$

Bezeichnen wir mit v das, was aus V wird an der Oberfläche der Erde, welche als eine Kugel mit dem Radius a vorausgesetzt wird, so haben wir an der Oberfläche:

$$\Theta = -\frac{1}{a}\frac{\partial v}{\partial \vartheta}, \quad \Psi = -\frac{1}{a \sin\vartheta}\frac{\partial v}{\partial \psi}.$$

Aus der ersten von diesen beiden Gleichungen erhält man:

$$v - v_0 = -a\int_0^\vartheta \Theta d\vartheta,$$

wo v_0 der Wert von v im Nordpol ist, und ferner hat man:

$$\Psi = \frac{1}{\sin\vartheta}\int_0^\vartheta \frac{\partial \Theta}{\partial \psi}\, d\vartheta.$$

Hieraus folgert man den nachstehenden zuerst von Gauss bemerkten **Satz:** Wenn die zum geographischen Meridiane tangentiale Componente der magnetischen Kraft überall auf der Erde bekannt ist, so ist es die zum Parallelkreis tangentiale Componente unmittelbar ebenfalls. Wir bemerken ferner, dass das Potential v auf der Erdoberfläche dann gleichfalls bis auf eine Constante bestimmt ist.

Wir suchen ferner die vertikale Componente, indem wir ebenfalls die Componente Θ als bekannt annehmen. Wir setzen

$$-\int_0^{\vartheta} \Theta d\vartheta = F(\vartheta, \psi)$$

und entwickeln diese Function nach der Reihe von Laplace:

$$Y_0 + Y_1 + Y_2 + \cdots.$$

Es sind also $Y_0, Y_1, Y_2, \ldots$ bekannte Functionen. Setzen wir ferner:

$$\frac{v_0}{a} + Y_0 = H,$$

so erhalten wir:

$$\frac{v}{a} = H + Y_1 + Y_2 + Y_3 + \cdots,$$

und alle Glieder dieser Reihe, vom ersten, welches constant ist, abgesehen, sind bekannt.

Für das Potential V in Bezug auf einen äusseren Punkt erhalten wir hieraus:

$$\frac{1}{a} V = H\frac{a}{R} + Y_1\frac{a^2}{R^2} + Y_2\frac{a^3}{R^3} + \cdots$$

Da sich aber V auf eine Masse bezieht, deren Summe gleich Null ist, so haben wir $H = 0$ und somit:

$$v_0 = -aY_0.$$

Schliesslich erhält man für die vertikale Componente:

$$\Xi = -\frac{\partial V}{\partial R} = 2Y_1\frac{a^3}{R^3} + 3Y_2\frac{a^4}{R^4} + \cdots$$

§ 11.

Wir setzen ferner voraus, dass es ausser dem innern Magnetismus noch äussere Kräfte gebe, welche auf die Nadel wirken.

Wir bezeichnen mit V_1 das Potential des innern, mit V_2 dasjenige des äusseren Magnetismus. Entwickeln wir das Gesamtpotential für einen Punkt der Oberfläche nach der Laplace'schen Reihe, so erhalten wir:

$$(1) \qquad \frac{v}{a} = H + Y_1 + Y_2 + Y_3 + \cdots,$$

und die Functionen Y_1, Y_2, ... werden, wie oben, durch die alleinige Kenntnis der Componente Θ, die durch Beobachtung erhalten wird, berechnet werden können; indessen bleibt H unbestimmt.

V_1, welches sich auf eine im Innern befindliche magnetische Masse bezieht, entwickelt sich in einem äussern Punkte nach derselben Reihe in folgender Weise:

$$\frac{1}{a} V_1 = U_0 \frac{a}{R} + U_1 \frac{a^2}{R^2} + \cdots + U_n \frac{a^{n+1}}{R^{n+1}} + \cdots$$

und V_2, welches sich im Gegenteil auf eine äussere Masse bezieht, entwickelt sich für einen innern Punkt folgendermassen:

$$\frac{1}{a} V_2 = U_0' + U_1' \frac{R}{a} + \cdots + U_n' \frac{R^n}{a^n} + \cdots$$

Setzen wir in diesen beiden Ausdrücken $R = a$ und addieren wir sie dann, so erhalten wir

$$(2) \qquad \frac{v}{a} = (U_0 + U_0') + (U_1 + U_1') + \cdots + (U_n + U_n') + \cdots$$

Durch Gleichsetzung von (1) und (2) ergiebt sich:

$$(3) \qquad U_n + U_n' = Y_n.$$

Andrerseits nehmen wir an, dass man durch Beobachtung die magnetische Componente Ξ an der Oberfläche der Erde bestimmt habe. Ξ wird also für $R = a$ eine bekannte Function sein, welche man ebenfalls nach derselben Reihe entwickeln kann, und man hat:

$$\Xi = P_0 + P_1 + \cdots + P_n + \cdots,$$

wo P_0, P_1, ... bekannt sind. Zerlegen wir Ξ in zwei, V_1 und V_2 entsprechende Teile, so haben wir:

$$\Xi_1 = -\frac{\partial V_1}{\partial R} = U_0 \frac{a^2}{R^2} + \cdots + \frac{(n+1)a^{n+2}}{R^{n+2}} U_n + \cdots$$

$$\Xi_2 = -\frac{\partial V_2}{\partial R} = -U_1' - \cdots - \frac{nR^{n-1}}{a^{n-1}} U_n' - \cdots$$

Setzen wir in diesen beiden Ausdrücken $R = a$ und addieren wir sie, so erhalten wir einen zweiten Ausdruck für Ξ, und indem wir denselben dem vorigen gleichsetzen, wird:

$$(4) \qquad (n+1) U_n - n U_n' = P_n.$$

Endlich leiten wir aus (3) und (4) her:

$$U_n = \frac{n Y_n + P_n}{2n+1}, \quad U_n' = \frac{(n+1) Y_n - P_n}{2n+1};$$

die beiden Potentiale V_1 und V_2 sind somit bekannt.

Es ist klar, dass es ausserhalb der Erdoberfläche keine magnetischen Kräfte giebt, welche während einer beträchtlichen Zeit als fest betrachtet werden könnten. Wenn man also nur permanente Einwirkungen betrachtet, so muss man annehmen, dass sie aus dem Innern herstammen. Es ergiebt sich übrigens aus den von Gauss gesammelten Beobachtungen und aus seinen Rechnungen, dass die Functionen U_n' gleich Null sind, und dieser Umstand muss als zur Bestätigung der physikalischen Prinzipien dieser Theorie dienend betrachtet werden.

Die Beobachtungen, welche für die vorstehenden Rechnungen verwendet werden, müssen sich auf sehr weit von einander entfernte Zeitpunkte beziehen; denn der Zustand des Erdmagnetismus erleidet eine Veränderung, die sich unaufhörlich gezeigt hat, solange man Beobachtungen über den Magnetismus angestellt hat.

§ 12.

Wir wollen angeben, auf welche Weise Gauss die ersten Coefficienten der Function V des § 10 bestimmt hat. Man hat an der Oberfläche:

$$(1) \quad \Xi = -\frac{\partial V}{\partial R} = 2Y_1 + 3Y_2 + \cdots + (n+1)\,Y_n + \cdots$$

$$(2) \quad \Theta = -\frac{1}{a}\frac{\partial V}{\partial \vartheta} = -\left(\frac{\partial Y_1}{\partial \vartheta} + \frac{\partial Y_2}{\partial \vartheta} + \cdots + \frac{\partial Y_n}{\partial \vartheta} + \cdots\right)$$

$$(3) \quad \Psi = -\frac{1}{a \sin\vartheta}\frac{\partial V}{\partial \psi} = -\frac{1}{\sin\vartheta}\left(\frac{\partial Y_1}{\partial \psi} + \frac{\partial Y_2}{\partial \psi} + \cdots + \frac{\partial Y_n}{\partial \psi} + \cdots\right).$$

Wir nehmen an, dass man durch Beobachtung an einer gewissen Anzahl von Orten auf der Erde die drei Componenten der magnetischen Kraft bestimmt habe. Somit haben für gewisse Werte von ϑ und ψ die Grössen Ξ, Θ, Ψ bekannte Werte und jeder Station entspricht ein System von drei Gleichungen. Wir reducieren die vorhergehenden Reihen auf eine bestimmte Anzahl von Gliedern, etwa auf n. Die Function Y_n enthält $2n+1$ Constanten (Kap. II, § 2), mithin enthalten $Y_1, Y_2, \cdots, Y_n$ zusammen $n^2 + 2n$ Constanten. Hiernach wird es, wenn $\frac{n^2+2n}{3}$ eine ganze Zahl ist, zur Bestimmung dieser Coefficienten ausreichen, wenn man die Beobachtungen anwendet, welche an $\frac{n^2+2n}{3}$ in passender Entfernung von einander befindlichen Stationen gemacht worden sind. Gauss hat diese Berechnung ausgeführt, indem er $n = 4$ nahm; es reichte für ihn also aus, wenn er sich der Beobachtungen bediente, welche an acht passend gewählten Stationen angestellt waren, und er hatte 24 Coefficienten zu berechnen.

Die Anfänge der von Gauss erhaltenen Reihen scheinen a priori nicht zu sehr convergenten Entwicklungen zu gehören; indessen hat er, nachdem er die Coefficienten berechnet hatte, die Formeln (1), (2), (3) auf eine sehr grosse Anzahl von Stationen, in denen die drei Componenten der magnetischen Kraft beobachtet worden waren, angewendet und auf diese Weise im Allgemeinen sehr angenäherte Werte dieser Grössen erhalten (*Allgemeine Theorie des Erdmagnetismus,* Werke Bd. V).

§ 13.

Definitionen. — Man nennt **magnetische Pole** der Erde die Punkte ihrer Oberfläche, in denen die horizontale Componente der magnetischen Kraft gleich Null ist. In diesen Punkten, deren es zwei giebt, sind also Θ und Ψ gleich Null; sie werden somit bestimmt durch die beiden Gleichungen.

$$\frac{\partial V}{\partial \vartheta}=0, \quad \frac{\partial V}{\partial \psi}=0.$$

Die Nadel der Inklinationsboussole wird in den beiden Polen vertikal; der eine liegt im Norden, der andere im Süden. Für den ersten Pol ist das Potential V ein Minimum und der Nordpol der Nadel richtet sich nach unten; für den zweiten Pol ist das Potential ein Maximum und der Nordpol der Nadel richtet sich nach oben.

Man nennt **magnetischen Meridian** eine Linie, welche auf der Erdkugel gezogen und in jedem ihrer Punkte zur horizontalen magnetischen Componente tangential ist. Alle magnetischen Meridiane gehen somit durch die beiden magnetischen Pole.

Man nennt **magnetischen Parallelkreis** eine Linie, welche auf der Oberfläche der Erde gezogen ist und längs welcher V constant bleibt. Bezeichnet man mit ds ein Element dieser Linie, so hat man $\frac{\partial V}{\partial s}=0$. Somit ist die Projection der Kraft auf diese Linie gleich Null; mithin ist der magnetische Parallelkreis in jedem seiner Punkte senkrecht zur Kraft und zum magnetischen Meridian.

Störungen. — Die magnetischen Wirkungen sind verschiedenen Störungen unterworfen; einige zeigen eine gewisse Regelmässigkeit in den Zeitpunkten ihres Wiedererscheinens. Es kommen auch zuweilen in den magnetischen Wirkungen gewaltsame Störungen vor, die sich auf ein ziemlich grosses Gebiet der Erde erstrecken können, und man hat experimentell beweisen können, dass sie von Volta'schen Strömen begleitet sind, welche in dem Standpunkt des Beobachters entstehen.

Alle diese Störungen können nicht durch die Rechnung untersucht werden. Es giebt jedoch Störungen, bei denen dies eher möglich ist, nämlich diejenigen, welche von der Einwirkung der Sonne und des Mondes herrühren. Die von der Sonne herrührenden Störungen sind zweierlei Art; die einen haben eine tägliche, die andern eine jährliche Periode. Die vom Monde herrührenden Störungen variieren mit dem Winkel, welchen die Stundenebene des Mondes und der Meridian des Beobachters bilden, und mit der Deklination des Mondes. Indessen wiederholen sich diese Störungen nicht genau. Diese Störungen wirken nicht direct auf die Magnetnadel, sondern manifestieren sich durch die Induction der Erde oder durch ihre Erwärmung.

Über den Magnetismus, welcher in einem Cylinder, dessen Radius im Verhältnis zu seiner Länge sehr klein ist, durch eine constante zu seiner Achse parallele Kraft induciert wird.

§ 14.

Wir bezeichnen mit $2l$ die Länge eines Cylinders von weichem Eisen, dessen Radius a sehr klein ist im Vergleich zu seiner Länge, und nehmen an, dass eine constante magnetische Kraft gleich f parallel zur Achse des Cylinders auf ihn wirke. Man realisiert dieses Problem, indem man die Achse des Cylinders in die Richtung der magnetischen Kraft der Erde bringt.

Die Achse des Cylinders nehmen wir zur x-Achse und die Mitte seiner Länge zum Anfangspunkt. Das von der äusseren Kraft herrührende Potential hat den Wert:

$$U = fx,$$

und die beiden Functionen V und φ der Theorie der Induction (Kap. IV, § 19) genügen im Innern des Cylinders den beiden Gleichungen:

$$V + \frac{1}{\gamma}\varphi + fx = 0 \tag{1}$$

$$V = -\int \frac{1}{r}\frac{\partial \varphi}{\partial n'}\, d\sigma. \tag{2}$$

V und φ genügen ferner in diesem Raume den beiden Gleichungen:

$$\Delta V = 0, \quad \Delta\varphi = 0.$$

Bezeichnen wir mit R die Entfernung irgend eines Punktes von der x-Achse, so werden V und φ nur von x und R abhängen und die beiden vorstehenden Gleichungen gehen über in:

$$\frac{\partial^2 V}{\partial x^2} + \frac{\partial^2 V}{\partial R^2} + \frac{1}{R}\frac{\partial V}{\partial R} = 0 \tag{3}$$

$$\frac{\partial^2 \varphi}{\partial x^2} + \frac{\partial^2 \varphi}{\partial R^2} + \frac{1}{R}\frac{\partial \varphi}{\partial R} = 0.$$

Man sieht leicht, dass V eine ungerade Function von x ist. Bezeichnet man ferner mit H eine Constante, so erhält man eine partikuläre Lösung der Gleichung (3), wenn man für das Innere des Cylinders setzt:

$$V = H\frac{e^{2px} - e^{-2px}}{2}\, u(Rp), \tag{4}$$

wo $u(Rp)$ der Gleichung genügt:

$$\frac{d^2u}{dR^2}+\frac{1}{R}\frac{du}{dR}+4p^2u=0, \tag{5}$$

und da u nicht unendlich werden darf für $R=0$, so hat man:

$$u=1-\frac{p^2R^2}{1^2}+\frac{p^4R^4}{(1\cdot 2)^2}-\frac{p^6R^6}{(1\cdot 2\cdot 3)^2}+\cdots$$

oder:

$$u=\frac{2}{\pi}\int_0^{\frac{\pi}{2}}\cos(2pR\cos\omega)\,d\omega.$$

Wir wollen versuchen, allen Bedingungen des Problems wenigstens in sehr angenäherter Weise zu genügen, indem wir den Ausdruck (4) nehmen.

Alsdann werden wir ausserhalb des Cylinders und zwischen $x=-l$ und $x=+l$ für V den Ausdruck nehmen:

$$V_1=G\,\frac{e^{2px}-e^{-2px}}{2}\,Q(pR), \tag{6}$$

wo G eine Constante ist und wo $Q(pR)$, welches ebenfalls der Gleichung (5) genügt, den Wert besitzt:

$$Q(pR)=\frac{2}{\pi}\int_0^{\frac{\pi}{2}}\cos(2pR\cos\omega)\log(2pR\sin^2\omega)\,d\omega.$$

Über die ganze Oberfläche des Cylinders hin hat man die folgenden zwei Bedingungen (Kap. IV, § 20):

$$V=V_1$$
$$(1+4\pi\gamma)\frac{\partial V}{\partial n'}+\frac{\partial V_1}{\partial n}+4\pi\gamma\frac{\partial U}{\partial n'}=0.$$

Diese letztere Gleichung reduciert sich auf der ganzen convexen Oberfläche auf

$$-(1+4\pi\gamma)\frac{\partial V}{\partial R}+\frac{\partial V_1}{\partial R}=0 \text{ für } R=a$$

und auf den Grundflächen $x=\pm l$ auf

$$(1+4\pi\gamma)\frac{\partial V}{\partial x}-\frac{\partial V_1}{\partial x}+4\pi\gamma f=0. \tag{7}$$

Substituiert man (5) und (6) in die beiden auf die convexe Oberfläche bezüglichen Bedingungen, so hat man:

$$Hu(pa)=GQ(pa)$$
$$(1+4\pi\gamma)Hu'(pa)=GQ'(pa),$$

und indem man diese beiden Gleichungen durch einander dividiert:

$$(8) \qquad (1+4\pi\gamma)\frac{u'(pa)}{u(pa)}=\frac{Q'(pa)}{Q(pa)}.$$

Dies ist die Gleichung, welche die Grösse p bestimmt.

§ 15.

Wir setzen $pa=\beta$ und behaupten, dass man der Gleichung (8) durch einen sehr kleinen Wert von β genügen kann. Man hat nämlich:

$$\frac{\pi}{2}Q'(\beta)=\frac{1}{\beta}\int_0^{\frac{\pi}{2}}\cos(2\beta\cos\omega)\,d\omega-2\int_0^{\frac{\pi}{2}}\sin(2\beta\cos\omega)\cos\omega\log\sin^2\omega\,d\omega$$
$$-2\log(2\beta)\int_0^{\frac{\pi}{2}}\sin(2\beta\cos\omega)\cos\omega\,d\omega.$$

Ist β sehr klein, so reduciert sich dieser Ausdruck sehr nahe auf sein erstes Glied und man hat:

$$Q'(\beta)=\frac{1}{\beta},\quad u'(\beta)=-2\beta,\quad u(\beta)=1$$

und

$$Q(\beta)=\log\frac{\beta}{2}$$

nach der Formel:

$$\int_0^{\frac{\pi}{2}}\log\sin\omega\,d\omega=-\frac{\pi}{2}\log 2.$$

Somit geht die Gleichung (8) über in:

$$\beta^2\log\frac{\beta}{2}=-\frac{1}{2(1+4\pi\gamma)}.$$

Nimmt man für das weiche Eisen $\gamma=\frac{32}{3}$ oder $4\pi\gamma=132$, so erhält man:

$$\beta^2\log\frac{\beta}{2}=-\frac{1}{270},$$

oder indem man den Neper'schen Logarithmus durch einen gewöhnlichen Logarithmus ersetzt und mit M den Modul der Logarithmen bezeichnet:

$$\beta^2\log\frac{\beta}{2}=-\frac{M}{270}=-0{,}001608.$$

Aus dieser Gleichung erhält man:

$$\beta=0{,}0296\ldots,$$

und dieser Wert ist klein genug, um die vorhergehenden Rechnungen allgemein zu rechtfertigen.

Nimmt man für γ die Zahl 32, welche von Thalén für sehr reines weiches Eisen gegeben worden ist (§ 3), so ergiebt sich:

$$\beta = 0{,}01604\ldots$$

Wir haben $p = \frac{\beta}{a}$; demnach variiert p für zwei aus demselben weichen Eisen gefertigte Cylinder im umgekehrten Verhältnis wie a.

§ 16.

Es ist leicht zu sehen, dass an den Enden des Cylinders $\frac{\partial V_1}{\partial x}$ von derselben Grössenordnung ist wie $\frac{\partial V}{\partial x}$. Hiernach ist $4\pi\gamma$ eine hinreichend grosse Zahl, um die Gleichung (7) auf

$$\frac{\partial V}{\partial x} = -f \quad \text{für } x = l$$

reducieren zu können. Diese Gleichung kann in der That angenommen werden, da man, wenn pR sehr klein ist, $u(pR)$ als gleich 1 und die linke Seite dieser Gleichung als unabhängig von R betrachten kann. Man hat daher die Gleichung:

$$2pH\frac{e^{2pl} + e^{-2pl}}{2} = -f.$$

Mithin erhält man, wenn man die Bezeichnung des hyperbolischen Sinus und Cosinus einführt:

$$V = -\frac{f\sinh(2px)}{2p\cosh(2pl)}u(Rp)$$

$$\varphi = -\gamma f\left[x - \frac{\sinh(2px)}{2p\cosh(2pl)}u(Rp)\right]$$

Man erhält daher für die Dichtigkeit des Magnetismus auf der convexen Oberfläche des Cylinders:

$$\rho = -\frac{\partial\varphi}{\partial n'} = \frac{\partial\varphi}{\partial R} = -\beta\gamma f\frac{\sinh(2px)}{\cosh(2pl)},$$

und für die Menge D des Magnetismus, gerechnet auf die Längeneinheit des Cylinders, hat man:

$$D = 2\pi a\rho = -2\pi a\beta\gamma f\frac{\sinh(2px)}{\cosh(2pl)}.$$

Nach den Gleichungen (1) und (2) hat man für die Dichtigkeit auf der dem Werte $x = l$ entsprechenden Grundfläche:

$$-\frac{\partial\varphi}{\partial x} = \gamma\left(\frac{\partial V}{\partial x} + f\right) = 0;$$

mithin ist auf den Grundflächen kein magnetisches Fluidum vorhanden.

Cylindrische bis zur Sättigung magnetisierte Nadel aus Stahl.

§ 17.

Wir denken uns einen cylindrischen Draht aus Stahl bis zur Sättigung magnetisiert und nehmen mit Green an, dass die Coercitivkraft, welche verhindert, dass der Draht wieder in den natürlichen Zustand zurückkehre, als eine constante zur Cylinderachse parallele Kraft betrachtet werden könne. Dies kann in der That wegen der Kleinheit des Querschnittes angenommen werden. Diese Kraft bezeichnen wir mit f. Alsdann sind die vorstehenden Rechnungen ganz und gar anwendbar und geben die Dichtigkeit des magnetischen Fluidums an der Oberfläche des Drahtes.

Somit wird die lineare Dichtigkeit bestimmt durch die Formel:

$$D = -2\pi\alpha\beta\gamma f \frac{\sinh(2px)}{\cosh(2pl)}.$$

Wir suchen nun die Grösse γ zu bestimmen.

Biot *(Traité de Physique, t. III)* hat diese Dichtigkeit empirisch durch die Formel dargestellt

$$D = L(\mu^{-x} - \mu^{x}),$$

wo L und μ Constanten sind, als Resultat der Versuche Coulomb's, was mit der vorigen Formel im Einklang steht. Indem er eine Nadel, deren Radius $\frac{1}{12}$ Zoll war, betrachtete, fand Biot $\mu = 0{,}517948$; mithin hat man:

$$\beta = pa = -\frac{a}{2}\log\mu = -0{,}02741.$$

Nun haben wir aber gefunden:

$$\beta^2 \log\frac{\beta}{2} = -\frac{1}{2(1 + 4\pi\gamma)},$$

somit folgt

(a) $$4\pi\gamma = 154{,}12 \text{ oder } \gamma = 12{,}264.$$

Nach verschiedenen Versuchen Coulomb's, welche mit Stahlnadeln von verschiedenem Radius angestellt waren, findet man sehr nahe denselben Wert für β und somit denselben Wert für γ. Dieser Wert von γ unterscheidet sich bedeutend von demjenigen, welchen man aus den sehr wenig strengen Rechnungen Green's über diesen Gegenstand erhält (*Essay on the theories of Electricity and Magnetism*, Art. 17). Denn nach den Bezeichnungen Green's ist

$$4\pi\gamma = \frac{3g}{1-g},$$

und er findet:

$$g = 0{,}986636;$$

mithin würde er an Stelle der Werte (a) erhalten:

$$4\pi\gamma = 221{,}48 \text{ oder } \gamma = 17{,}625,$$

Zahlen, die viel zu gross sind.

§ 18.

Bezeichnet man mit U das Potential des Erdmagnetismus, so hat man für das Potential dieses Magnetismus auf denjenigen der Nadel:

$$W = \int \left(A \frac{\partial U}{\partial x'} + B \frac{\partial U}{\partial y'} + C \frac{\partial U}{\partial z'} \right) d\bar{\omega},$$

wenn man mit A, B, C die Componenten des magnetischen Moments in jedem Punkte (x', y', z') der Magnetnadel bezeichnet (Kap. IV, § 4). Wir haben also (Ebenda, § 19):

$$A = \frac{\partial \varphi}{\partial x'}, \quad B = \frac{\partial \varphi}{\partial y'} = 0, \quad C = \frac{\partial \varphi}{\partial z'} = 0.$$

Wir nehmen an, dass diese Nadel um ihren Mittelpunkt in einer horizontalen Ebene beweglich sei. Bezeichnen wir mit ψ den Winkel, welchen sie mit dem magnetischen Meridian bildet, und mit F die horizontale Componente der erdmagnetischen Kraft, so ist:

$$\frac{\partial U}{\partial x'} = F \cos\psi$$

und somit:

$$W = F \cos\psi \int \frac{\partial \varphi}{\partial x'} d\bar{\omega},$$

und da φ in einem Querschnitt der Nadel als constant betrachtet wird, so hat man:

$$W = \pi a^2 F \cos\psi \int_{-l}^{+l} \frac{d\varphi}{dx} dx = 2\pi a^2 F \cos\psi \varphi(l),$$

wo $\varphi(l)$ das Resultat der Substitution von l an Stelle von x in φ bedeutet.

Man hat daher für das Moment der Kräfte, welche auf die Nadel wirken, da dieses Moment den Winkel ψ zu verkleinern strebt:

$$\frac{\partial W}{\partial \psi} = -2\pi a^2 F \sin\psi \varphi(l) = \pi a^2 F f \gamma \sin\psi \left[2l - \frac{\sinh(2pl)}{p \cosh(2pl)} \right].$$

Nehmen wir an, dass verschiedene Nadeln aus demselben Stahl und von gleichem Radius in ihren Mittelpunkten an einem und demselben Faden aufgehängt und in den magnetischen Meridian gebracht werden, und ferner, dass man den Faden um seinen Aufhängepunkt sich drehen lasse, bis die Nadel mit dem magnetischen Meridian den Winkel ψ macht, so wird der vorstehende Ausdruck, in welchem F, f, γ, ψ Constanten sind, von einer Nadel zur andern proportional der Torsion des Fadens variieren, und man kann nach dieser Formel bestätigen, dass die Torsion mit l sich ändert.

Krystallkugel in einem gleichförmigen magnetischen Felde.

§ 19.

Betrachten wir zunächst einen krystallischen Körper, dessen Magnetisierung gleichförmig ist, so haben wir für die Function V, welche das Potential der auf der Oberfläche σ des Körpers sich bildenden magnetischen Schicht ist:

$$V = \int (aA \cos\lambda + bB \cos\mu + cC \cos\nu)\,\frac{d\sigma}{r};$$

wo A, B, C Constante sind und r den Wert hat:

$$r = \sqrt{\frac{(x-x')^2}{a} + \frac{(y-y')^2}{b} + \frac{(z-z')^2}{c}},$$

worin x', y', z' die Coordinaten von $d\sigma$ sind. λ, μ, ν sind die Winkel, welche die nach aussen gezogene Normale an σ mit den Coordinatenachsen bildet. Die Grössen aA, bB, cC sind die Componenten des magnetischen Moments und die Dichtigkeit der magnetischen Schicht ist:

$$aA \cos\lambda + bB \cos\mu + cC \cos\nu.$$

Wir schliessen wie im § 6 des vierten Kapitels. Wir denken uns die Fläche σ mit einer Masse, deren constante Dichtigkeit ρ ist, erfüllt, verschieben diese Fläche um eine unendlich kleine Strecke dl in der Richtung, welche der die Projectionen aA, bB, cC besitzenden Richtung gerade entgegengesetzt ist, und erfüllen sie dann mit einer Masse, deren Dichtigkeit $-\rho$ ist. Das Ensemble dieser Massen kann einem Magneten verglichen werden, dessen Magnetismus gleichförmig ist, und die Grösse ρdl ist sein magnetisches Moment; sie stellt somit die Grösse $\sqrt{a^2A^2+b^2B^2+c^2C^2}$ dar.

Bezeichnen wir mit ρT das krystallische Potential des ersten fingierten Körpers, so ist $-\rho\left(T+\frac{\partial T}{\partial l}dl\right)$ dasjenige des zweiten in Bezug auf denselben Punkt (x, y, z) und das Potential ihres Ensembles ist:

$$-\frac{\partial T}{\partial l}\rho dl = -\left(\frac{\partial T}{\partial x}\frac{\partial x}{\partial l} + \frac{\partial T}{\partial y}\frac{\partial y}{\partial l} + \frac{\partial T}{\partial z}\frac{\partial z}{\partial l}\right)\sqrt{a^2A^2+b^2B^2+c^2C^2}$$

$$= -\frac{\partial T}{\partial x}aA - \frac{\partial T}{\partial y}bB - \frac{\partial T}{\partial z}cC.$$

Wir erhalten somit für V den folgenden Ausdruck

$$\text{(a)} \qquad V = -aA\frac{\partial T}{\partial x} - bB\frac{\partial T}{\partial y} - cC\frac{\partial T}{\partial z}.$$

Wenn wir also die Function V für die Punkte innerhalb einer Krystallkugel, deren Magnetismus gleichförmig ist, bestimmen wollen, so brauchen wir jetzt nur das krystallische Potential T einer Kugel, deren Dichtigkeit gleich 1 ist, in einem innern Punkte zu suchen, ja wir brauchen nur die Ableitungen von T nach x, y, z zu berechnen.

§ 20.

Das krystallische Potential einer Kugel, deren Dichtigkeit gleich 1 ist, wird gegeben durch das dreifache Integral:

$$T = \iiint \frac{1}{r}\, d\alpha d\beta d\gamma,$$

wo alle Elemente $d\alpha d\beta d\gamma$ dem Volumen dieser Kugel angehören, und es ist:

$$a\frac{\partial T}{\partial x} = -\iiint \frac{x-\alpha}{r^3}\, d\alpha d\beta d\gamma.$$

Setzen wir:

$$R^2 = (x-\alpha)^2 + (y-\beta)^2 + (z-\gamma)^2,$$

so stellt $a\frac{\partial T}{\partial x}$ die x-Componente einer Anziehung dar, deren Gesetz durch die Formel $\frac{R}{r^3}$ ausgedrückt wird.

Wir verlegen den Coordinatenanfangspunkt in den Mittelpunkt der Kugel, deren Gleichung also ist:

$$X^2 + Y^2 + Z^2 = h^2,$$

und suchen ihre Anziehung auf einen Punkt ihres Innern, dessen Coordinaten x, y, z sind. Es sei $d\omega$ ein körperlicher Elementarwinkel, dessen Scheitel in M liegt, und in diesem körperlichen Winkel, welcher von der Oberfläche der betrachteten Kugel begrenzt wird, nehmen wir das Volumenelement $R^2 d\omega dR$, welches zwischen zwei Kugeln enthalten ist, deren Mittelpunkt in M liegt und deren Radien R und $R + dR$ sind. Nach dem oben angegebenen Gesetze hat die Attraction dieses Elementes auf den Punkt M den Wert:

$$\frac{R}{r^3} R^2 d\omega dR.$$

Bilden wir die Summe der Attractionen für alle Elemente der Kugel, welche in dem Winkel $d\omega$ eingeschlossen sind, so erhalten wir:

$$d\omega \int_0^R \frac{R^3}{r^3}\, dR,$$

wo die obere Grenze R die Entfernung des Punktes M von der Grundfläche des Kegels, dessen Attraction dieser Ausdruck darstellt, bezeichnet.

Die drei Componenten der resultierenden Attraction sind:

$$\cos\lambda d\omega\int_0^R\frac{R^3}{r^3}dR,\quad \cos\mu d\omega\int_0^R\frac{R^3}{r^3}dR,\quad \cos\nu d\omega\int_0^R\frac{R^3}{r^3}dR,$$

wo λ, μ, ν die Winkel sind, welche R mit den Coordinatenachsen bildet.

Ist R die Entfernung des Punktes M von einem Punkte (x', y', z') innerhalb des vorigen Kegels, so hat man:

$$x'-x=R\cos\lambda,\quad y'-y=R\cos\mu,\quad z'-z=R\cos\nu$$

$$r^2=R^2\left(\frac{\cos^2\lambda}{a}+\frac{\cos^2\mu}{b}+\frac{\cos^2\nu}{c}\right),$$

somit hat die erste der drei Componenten den Wert:

$$\frac{\cos\lambda d\omega}{\left(\frac{\cos^2\lambda}{a}+\frac{\cos^2\mu}{b}+\frac{\cos^2\nu}{c}\right)^{\frac{3}{2}}}R,$$

wo R alsdann die Entfernung des Punktes M von der Grenzfläche des Elementarkegels bezeichnet.

Um dieselbe Componente der Wirkung desjenigen Kegels zu erhalten, welcher durch die Spitze geht und dem vorigen entgegengesetzt liegt, braucht man nur in dem vorstehenden Ausdruck $\cos\lambda$ in $-\cos\lambda$ und R in die Entfernung R' des Punktes M von der Basis dieses Kegels zu verwandeln. Es reicht jedoch aus, bloss die Verwandlung von R in R' vorzunehmen, wenn wir, anstatt R' positiv zu nehmen, übereinkommen, dass es als negativ betrachtet werden soll, und somit erhalten wir für die x-Componente der Attraction dieser beiden Kegel auf den Punkt M:

$$\text{(b)}\qquad \frac{\cos\lambda d\omega}{\left(\frac{\cos^2\lambda}{a}+\frac{\cos^2\mu}{b}+\frac{\cos^2\nu}{c}\right)^{\frac{3}{2}}}(R+R').$$

In der Gleichung der Kugel

$$X^2+Y^2+Z^2=h^2$$

setzen wir

$$X=x+R\cos\lambda,\quad Y=y+R\cos\mu,\quad Z=z+R\cos\nu$$

und erhalten so die Gleichung zweiten Grades, welche R und R' giebt:

$$R^2+2R(x\cos\lambda+y\cos\mu+z\cos\nu)-h^2+x^2+y^2+z^2=0.$$

Wir haben somit:

$$R+R'=-2(x\cos\lambda+y\cos\mu+z\cos\nu)$$

und daher geht der Ausdruck (b) über in:

$$-2\frac{\cos\lambda\,(x\cos\lambda+y\cos\mu+z\cos\nu)}{\left(\frac{\cos^2\lambda}{a}+\frac{\cos^2\mu}{b}+\frac{\cos^2\nu}{c}\right)^{\frac{3}{2}}}d\omega.$$

Integrieren wir diesen Ausdruck um den Punkt M herum und unterdrücken wir in dem Resultat die mit y und z multiplicierten Glieder, welche Integrale darstellen, die für sich verschwinden, so erhalten wir für die x-Componente der Anziehung der Kugel oder für die Grösse $a\frac{\partial T}{\partial x}$:

$$a\frac{\partial T}{\partial x}=-x\int\frac{\cos^2\lambda d\omega}{\left(\frac{\cos^2\lambda}{a}+\frac{\cos^2\mu}{b}+\frac{\cos^2\nu}{c}\right)^{\frac{3}{2}}}.$$

Setzen wir:

$$\int\frac{\cos^2\lambda d\omega}{\left(\frac{\cos^2\lambda}{a}+\frac{\cos^2\mu}{b}+\frac{\cos^2\nu}{c}\right)^{\frac{3}{2}}}=H_1,$$

und bezeichnen mit H_2 und H_3 zwei Ausdrücke, welche aus H_1 entstehen, wenn man im Zähler $\cos^2\lambda$ durch $\cos^2\mu$ und $\cos^2\nu$ ersetzt, so ist:

$$\text{(c)}\quad a\frac{\partial T}{\partial x}=-xH_1,\quad b\frac{\partial T}{\partial y}=-yH_2,\quad c\frac{\partial T}{\partial z}=-zH_3.$$

§ 21.

Wir haben auf diese Weise die Ableitungen von T bestimmt; dieselben enthalten aber bestimmte doppelte Integrale H_1, H_2, H_3, und es ist wichtig zu beweisen, dass dieselben auf einfache Integrale zurückgeführt werden können.

Nimmt man die beiden Winkel ϑ und ψ der sphärischen Coordinaten, so ist:

$$\cos\lambda=\cos\vartheta,\qquad\cos\mu=\sin\vartheta\cos\psi,\qquad\cos\nu=\sin\vartheta\sin\psi,$$
$$d\omega=\sin\vartheta d\vartheta d\psi,$$

und das Integral H_1 ist zu nehmen von $\vartheta=0$ bis $\vartheta=\pi$ und von $\psi=0$ bis $\psi=2\pi$. Multipliciert man aber das Integral mit 8, so braucht man nur die Integrationen von 0 bis $\frac{\pi}{2}$ auszudehnen. Wir erhalten somit:

$$\frac{H_1}{8}=\int_0^{\frac{\pi}{2}}\int_0^{\frac{\pi}{2}}\frac{\cos^2\vartheta\sin\vartheta d\vartheta d\psi}{\left(\frac{\cos^2\vartheta}{a}+\frac{\sin^2\vartheta\cos^2\psi}{b}+\frac{\sin^2\vartheta\sin^2\psi}{c}\right)^{\frac{3}{2}}}.$$

Durch eine bekannte Transformation kann man das Element dieses Integrals durch einen rationalen Ausdruck ersetzen (Jacobi's Werke, Bd. III, p. 161). Dazu setzen wir:

$$\cos\vartheta = \sqrt{a}\,\frac{\cos\eta}{\sqrt{P}},\quad \sin\vartheta\cos\psi = \sqrt{b}\,\frac{\sin\eta\cos\xi}{\sqrt{P}},\quad \sin\vartheta\sin\psi = \sqrt{c}\,\frac{\sin\eta\sin\xi}{\sqrt{P}},$$

wo

$$P = a\cos^2\eta + b\sin^2\eta\cos^2\xi + c\sin^2\eta\sin^2\xi$$

ist. Dann wird:

$$H_1 = 8a\sqrt{abc}\int_0^{\frac{\pi}{2}}\int_0^{\frac{\pi}{2}}\frac{\cos^2\eta\sin\eta\, d\eta\, d\xi}{P}.$$

Führen wir die Integration in Bezug auf ξ aus, so erhalten wir:

$$\int_0^{\frac{\pi}{2}}\frac{d\xi}{P} = \int_0^{\frac{\pi}{2}}\frac{d\xi}{(a\cos^2\eta + b\sin^2\eta)\cos^2\xi + (a\cos^2\eta + c\sin^2\eta)\sin^2\xi}$$

$$= \frac{\pi}{2}\,\frac{1}{\sqrt{(a\cos^2\eta + b\sin^2\eta)(a\cos^2\eta + c\sin^2\eta)}}.$$

Daraus folgt:

$$\int_0^{\frac{\pi}{2}}\int_0^{\frac{\pi}{2}}\frac{\cos^2\eta\sin\eta\, d\eta\, d\xi}{P} = \frac{\pi}{2}\int_0^{\frac{\pi}{2}}\frac{\cos^2\eta\sin\eta\, d\eta}{\sqrt{(a\cos^2\eta + b\sin^2\eta)(a\cos^2\eta + c\sin^2\eta)}}$$

$$= \frac{\pi}{2}\int_0^1\frac{u^2du}{\sqrt{[b+(a-b)u^2][c+(a-c)u^2]}},$$

wenn man $\cos\eta = u$ setzt.

Wir erhalten daher:

$$H_1 = 4\pi a\sqrt{abc}\int_0^1\frac{u^2du}{\sqrt{[b+(a-b)u^2][c+(a-c)u^2]}}$$

$$H_2 = 4\pi b\sqrt{abc}\int_0^1\frac{u^2du}{\sqrt{[c+(b-c)u^2][a+(b-a)u^2]}}$$

$$H_3 = 4\pi c\sqrt{abc}\int_0^1\frac{u^2du}{\sqrt{[a+(c-a)u^2][b+(c-b)u^2]}}.$$

§ 22.

Setzen wir jetzt die Ausdrücke (c) in die Formeln (a) ein, so erhalten wir:

$$V = AH_1x + BH_2y + CH_3z.$$

Wir haben somit für die Componenten der Wirkung, welche von der magnetischen Schicht, die eine gleichförmig magnetisierte Kugel bedeckt, auf einen Punkt im Innern ausgeübt wird:

$$-\frac{\partial V}{\partial x} = -AH_1, \quad -\frac{\partial V}{\partial y} = -BH_2, \quad -\frac{\partial V}{\partial z} = -CH_3.$$

Dies beweist, dass diese Schicht auf ihr Inneres eine der Grösse und Richtung nach constante Kraft ausübt.

Wir gehen nun schliesslich zu dem Probleme über, das wir im Auge haben, und suchen die Induction einer Krystallkugel durch eine constante magnetische Kraft.

Bezeichnen wir mit f_1, f_2, f_3 die drei Componenten dieser Kraft, so erhalten wir für das von dieser Kraft herrührende Potential in dem Krystall (Kap. IV, § 27):

$$U = \frac{f_1}{a}x + \frac{f_2}{b}y + \frac{f_3}{c}z.$$

Nun sind aber die Gleichungen der Induction (Kap. IV, § 25):

$$\frac{\partial U}{\partial x} + \frac{\partial V}{\partial x} + \frac{4\pi\sqrt{abc}}{g}A = 0$$

$$\ldots\ldots\ldots\ldots,$$

und diese werden erfüllt, wenn man A, B, C constant nimmt. Diese Gleichungen werden nämlich dann:

$$\frac{f_1}{a} + AH_1 + \frac{4\pi\sqrt{abc}}{g}A = 0$$

$$\frac{f_2}{b} + BH_2 + \frac{4\pi\sqrt{abc}}{g}B = 0$$

$$\frac{f_3}{c} + CH_3 + \frac{4\pi\sqrt{abc}}{g}C = 0,$$

und diese bestimmen A, B, C. Die Grösse g ist positiv in den magnetischen Körpern und negativ in den diamagnetischen Körpern.

Die Dichtigkeit der magnetischen auf der Oberfläche der Kugel befindlichen Schicht hat den Wert:

$$\rho = \frac{g}{4\pi\sqrt{abc}}\,T\left(\frac{\partial U}{\partial t'} + \frac{\partial V}{\partial t'}\right).$$

Nun hat man aber:

$$-T\frac{\partial U}{\partial t'} = a\frac{\partial U}{\partial x'}\cos\lambda + b\frac{\partial U}{\partial y'}\cos\mu + c\frac{\partial U}{\partial z'}\cos\nu$$

$$-T\frac{\partial V}{\partial t'} = a\frac{\partial V}{\partial x'}\cos\lambda + b\frac{\partial V}{\partial y'}\cos\mu + c\frac{\partial V}{\partial z'}\cos\nu,$$

wenn man setzt:

$$\cos\lambda = \frac{x'}{h}, \quad \cos\mu = \frac{y'}{h}, \quad \cos\nu = \frac{z'}{h},$$

wo (x', y', z') der Punkt der Kugel, in welchem man ρ nimmt, und h der Radius der Kugel ist.

Man hat also:

$$T\frac{\partial U}{\partial t'} = -\frac{f_1 x' + f_2 y' + f_3 z'}{h}$$

$$T\frac{\partial V}{\partial t'} = -aAH_1\frac{x'}{h} - bBH_2\frac{y'}{h} - cCH_3\frac{z'}{h}.$$

Mithin ist die Dichtigkeit ρ ein in Bezug auf x', y', z' linearer Ausdruck.

Das Potential V_1 des Magnetismus der inducierten Kugel in Bezug auf einen äusseren Punkt genügt der Gleichung:

$$\Delta V_1 = 0.$$

Setzen wir $u = \sqrt{x^2 + y^2 + z^2}$ und entwickeln wir nach der Laplaceschen Reihe, so erhalten wir:

$$V_1 = Y_0\frac{h}{u} + Y_1\frac{h^2}{u^2} + \cdots$$

Im Innern der Kugel ist:

$$\begin{aligned} V &= AH_1 x + BH_2 y + CH_3 z \\ &= (AH_1 \sin\vartheta\cos\psi + BH_2\sin\vartheta\sin\psi + CH_3\cos\vartheta)\, u, \end{aligned}$$

wenn man sphärische Coordinaten nimmt. Diese beiden Functionen müssen für $u = h$ einander gleich sein; daraus folgt, dass alle Functionen Y mit Ausnahme von Y_1 gleich Null sind, und man hat:

$$V_1 = (AH_1\sin\vartheta\cos\psi + BH_2\sin\vartheta\sin\psi + CH_3\cos\vartheta)\frac{h^3}{u^2}.$$

Bestimmung der magnetischen Constanten eines Krystalls.

§ 23.

Wir haben soeben gefunden, dass in einem äusseren Punkte das Potential des Magnetismus, welcher in einer Krystallkugel durch eine Kraft mit den Componenten f_1, f_2, f_3 induciert wird, den Wert besitzt:

$$V_1 = (AH_1 x + BH_2 y + CH_3 z)\frac{h^3}{u^3},$$

und indem man

$$s = \frac{4\pi\sqrt{abc}}{g}$$

setzt, erhält man:

$$A = -\frac{f_1}{a(H_1 + s)}, \quad B = -\frac{f_2}{b(H_2 + s)}, \quad C = -\frac{f_3}{c(H_3 + s)}.$$

Ist der Krystall diamagnetisch, so sind die Grössen g und s negativ.

Wir bezeichnen mit dem Namen der **magnetischen Achsen des Krystalls** die Grössen $\sqrt{a}$, $\sqrt{b}$, $\sqrt{c}$; sodann tragen wir diese Längen vom Coordinatenanfangspunkte aus auf die Coordinatenachsen ab, um ihre Richtung zu bestimmen.

Wir nehmen als die constante magnetische Kraft die Wirkung des Erdmagnetismus und erhalten sodann für die Componenten der Wirkung des kugelförmigen Krystalls auf einen äusseren Punkt:

$$X = -\frac{\partial V_1}{\partial x} = 3(AH_1 x + BH_2 y + CH_3 z)\frac{h^3 x}{u^5} - AH_1\frac{h^3}{u^3}$$

$$Y = -\frac{\partial V_1}{\partial y} = 3(AH_1 x + BH_2 y + CH_3 z)\frac{h^3 y}{u^5} - BH_2\frac{h^3}{u^3}$$

$$Z = -\frac{\partial V_1}{\partial z} = 3(AH_1 x + BH_2 y + CH_3 z)\frac{h^3 z}{u^5} - CH_3\frac{h^3}{u^3}.$$

Wir nehmen die z-Achse vertikal und von unten nach oben gerichtet, die x-Achse in der Richtung des magnetischen Meridians und nach Norden, endlich die y-Achse nach Westen. Demnach ist $f_2 = 0$ und somit $B = 0$. Nimmt man ferner den Punkt (x, y, z) in der Horizontalebene, welche durch den Mittelpunkt der Kugel geht, so hat man $z = 0$ und es folgt:

$$X = 3AH_1\frac{h^3 x^2}{u^5} - AH_1\frac{h^3}{u^3}$$

$$Y = 3AH_1\frac{h^3 xy}{u^5}$$

$$Z = \qquad - CH_3\frac{h^3}{u^3}.$$

Wir denken uns eine sehr kleine und hinreichend weit von der Kugel entfernte Magnetnadel und setzen voraus, dass sie sich nur horizontal um ihren in der xy-Ebene liegenden Mittelpunkt drehen könne. Bezeichnet man mit x, y die Coordinaten dieses Mittelpunktes, so erhält man für ihre Ablenkung υ vom Meridian:

$$\operatorname{tang}\upsilon = \frac{Y}{f_1 + X} = \frac{3xy\frac{h^3}{u^5}}{\frac{f_1}{AH_1} + \frac{3x^2h^3}{u^5} - \frac{h^3}{u^3}},$$

und da

$$\frac{f_1}{A} = -a(H_1 + s), \quad u^2 = x^2 + y^2$$

ist, so folgt:

$$\operatorname{tang}\upsilon = \frac{3xy}{2x^2 - y^2 - \frac{a(H_1 + s)}{H_1}\frac{u^5}{h^3}}.$$

Legen wir die magnetischen Achsen $\sqrt{b}$ und $\sqrt{a}$ respective in die Richtung der x- und y-Achse, so erhalten wir für die Ablenkung υ_1 derselben Nadel:

$$\operatorname{tang} \upsilon_1 = \frac{3xy}{2x^2 - y^2 - \frac{b(H_2 + s)}{H_2} \frac{u^5}{h^3}};$$

vertauschen wir endlich $\sqrt{a}$ mit $\sqrt{c}$, so erhalten wir für die Ablenkung υ_2:

$$\operatorname{tang} \upsilon_2 = \frac{3xy}{2x^2 - y^2 - \frac{c(H_3 + s)}{H_3} \frac{u^5}{h^3}}.$$

Nehmen wir also an, dass man die Winkel $\upsilon_1, \upsilon_2, \upsilon$ beobachtet habe, so erhält man hieraus vermittelst dieser drei Gleichungen die drei Grössen:

$$\frac{a(H_1 + s)}{H_1}, \quad \frac{b(H_2 + s)}{H_2}, \quad \frac{c(H_3 + s)}{H_3},$$

und indem man den Mittelpunkt $(x, y, 0)$ der Nadel in verschiedene Lagen bringt, muss man immer dieselben Werte für diese Grössen wiederfinden.

§ 24.

Wir wollen nunmehr das folgende allgemeine **Problem** lösen:

Das Potential eines beliebigen Magnetismus auf den Magnetismus eines Krystalls zu finden.

Um dieses Problem zu lösen, beginnen wir damit, dass wir den äusseren Magnetismus ersetzen durch eine magnetische Schicht, welche auf der Oberfläche des Krystalls verteilt ist und deren Potential auf dieser Fläche denselben Wert besitzt.

Nehmen wir in einem Punkte (x, y, z) dieser Fläche das Potential eines magnetischen Elements des Krystalls, welches im Punkte (x', y', z') sich befindet, so haben wir für dieses Potential (Kap. IV, § 23):

$$v = \left(aA \frac{\partial \frac{1}{r}}{\partial x'} + bB \frac{\partial \frac{1}{r}}{\partial y'} + cC \frac{\partial \frac{1}{r}}{\partial z'}\right) d\bar{\omega},$$

wenn man setzt:

$$r = \sqrt{\frac{(x - x')^2}{a} + \frac{(y - y')^2}{b} + \frac{(z - z')^2}{c}}.$$

Bezeichnet man mit ρ die Dichtigkeit der magnetischen Schicht, so ist das Potential dieses Elements des Krystalls auf die magnetische Schicht nach dem im I. Teil, Kap. I, § 25 angegebenen Raisonnement:

$$\int v\rho d\sigma = \left(aA \int \frac{\partial \frac{1}{r}}{\partial x'} \rho d\sigma + bB \int \frac{\partial \frac{1}{r}}{\partial y'} \rho d\sigma + cC \int \frac{\partial \frac{1}{r}}{\partial z'} \rho d\sigma\right) d\bar{\omega}.$$

Bezeichnet man nun mit U das krystallische Potential der Schicht in einem innern Punkte (x', y', z'), so hat man:

$$\int \frac{1}{r} \rho d\tau = U;$$

daraus folgt:

$$\int v\rho d\tau = \left(aA\frac{\partial U}{\partial x'} + bB\frac{\partial U}{\partial y'} + cC\frac{\partial U}{\partial z'}\right)d\tilde{\omega}.$$

Endlich erhalten wir für das Potential des Magnetismus des ganzen Krystalls auf denjenigen der Schicht:

$$W = \int \left(aA\frac{\partial U}{\partial x'} + bB\frac{\partial U}{\partial y'} + cC\frac{\partial U}{\partial z'}\right)d\tilde{\omega},$$

wo sich das Integral auf alle Elemente des Volumens des Krystalls bezieht.

In dem besonderen Falle, wo die inducierende Kraft constant ist, erhalten wir, indem wir mit f_1, f_2, f_3 die Componenten dieser Kraft bezeichnen. (Kap. IV, § 27):

$$U = \frac{f_1}{a}x' + \frac{f_2}{b}y' + \frac{f_3}{c}z'$$

$$a\frac{\partial U}{\partial x'} = f_1, \quad b\frac{\partial U}{\partial y'} = f_2, \quad c\frac{\partial U}{\partial z'} = f_3$$

und somit

(1) $$W = \int (Af_1 + Bf_2 + Cf_3)\, d\tilde{\omega}.$$

§ 25.

Oscillationen einer Krystallkugel. — Wir denken uns eine sehr kleine Krystallkugel an einem Coconfaden in der Richtung einer ihrer magnetischen Achsen, die wir zur z-Achse nehmen, aufgehängt; die x- und y-Achse werden in der Richtung der beiden andern magnetischen Achsen genommen. Die z-Achse ist vertikal und fest, die x- und y-Achse sind um die erstere beweglich. Die magnetische Kraft wird horizontal und der Richtung und Grösse nach constant angenommen, und wenn man mit ψ den veränderlichen Winkel bezeichnet, welchen sie mit der x-Achse bildet, so hat man:

$$f_1 = F\cos\psi, \quad f_2 = F\sin\psi, \quad f_3 = 0.$$

Man verwirklicht annähernd diese Bedingungen, indem man den Mittelpunkt der Kugel auf die gerade Linie verlegt, welche die beiden Pole eines hinreichend weit entfernten Electromagneten verbindet, und diesen Mittelpunkt in gleichen Abstand von den beiden Polen bringt.

Wendet man die Formel (1) an, so erhält man:

$$W = F(A\cos\psi + B\sin\psi)\, d\tilde{\omega}.$$

Nun ist:

$$A = -\frac{F\cos\psi}{a(H_1+s)}, \qquad B = -\frac{F\sin\psi}{b(H_2+s)},$$

mithin erhält man, wenn man mit h den Radius der Kugel bezeichnet:

$$W = -\frac{4}{3}\pi h^3 F^2 \left[\frac{\cos^2\psi}{a(H_1+s)} + \frac{\sin^2\psi}{b(H_2+s)}\right].$$

Somit hat das Moment der auf die Kugel wirkenden Kräfte um die z-Achse den Wert:

$$\frac{\partial W}{\partial \psi} = -\frac{4}{3}\pi h^3 F^2 \left[\frac{1}{b(H_2+s)} - \frac{1}{a(H_1+s)}\right] \sin 2\psi.$$

Es sei

$$a > b > c.$$

Da das Trägheitsmoment der Kugel, deren Dichtigkeit D ist, um den Durchmesser den Wert $\frac{8\pi D h^5}{15}$ besitzt, wenn man die Torsion des Fadens vernachlässigt, so erhält man als Gleichung ihrer Oscillationen:

$$\frac{8\pi D h^5}{15} \frac{d^2\psi}{dt^2} = \frac{\partial W}{\partial \psi}.$$

Setzen wir:

$$(2) \qquad \frac{5F^2}{2Dh^2}\left[\frac{1}{b(H_2+s)} - \frac{1}{a(H_1+s)}\right] = P_3,$$

so ergiebt sich:

$$\frac{d^2\psi}{dt^2} = -P_3 \sin 2\psi,$$

und wenn mit ψ_0 der grösste Wert von ψ bezeichnet wird:

$$\left(\frac{d\psi}{dt}\right)^2 = P_3(\cos 2\psi - \cos 2\psi_0).$$

Setzen wir die Oscillationen als sehr klein voraus, so giebt diese Gleichung:

$$t = \frac{1}{\sqrt{P_3}} \arccos \frac{\psi}{\psi_0}.$$

Man erhält daher für die Dauer der Oscillationen um die Achse $\sqrt{c}$:

$$T_3 = \frac{\pi}{\sqrt{P_3}}.$$

Bezeichnen wir mit T_1 und T_2 die Dauer der Oscillationen der Kugel, wenn sie in der Richtung der Achsen $\sqrt{a}$ und $\sqrt{b}$ aufgehängt ist, und setzen wir:

$$(3) \qquad \frac{5F^2}{2Dh^2}\left[\frac{1}{c(H_3+s)} - \frac{1}{a(H_1+s)}\right] = P_2$$

$$(4) \qquad \frac{5F^2}{2Dh^2}\left[\frac{1}{c(H_3+s)} - \frac{1}{b(H_2+s)}\right] = P_1,$$

so haben wir:

$$P_3 + P_1 = P_2,$$

und da überdies

$$\frac{1}{T_3^2} = \frac{P_3}{\pi^2}, \quad \frac{1}{T_2^2} = \frac{P_2}{\pi^2}, \quad \frac{1}{T_1^2} = \frac{P_1}{\pi^2}$$

ist, so schliessen wir hieraus die Formel:

$$\text{(A)} \qquad \frac{1}{T_3^2} + \frac{1}{T_1^2} = \frac{1}{T_2^2}.$$

Diese Formel hat Plücker für eine Krystallkugel aus Kupferoxyd experimentell bestätigt *(On the magnetic induction of cristals, Philosophical Transactions, 1858).*

§ 26.

Wir betrachten sodann die Oscillationen einer Krystallkugel unter den vorhergehenden Bedingungen, nur dass sie jetzt an einem beliebigen in der Ebene der magnetischen Achsen $\sqrt{a}$ und $\sqrt{c}$ gelegenen Punkte aufgehängt sein soll.

Es seien stets Ox, Oy, Oz die Achsen eines Coordinatensystems, welche den magnetischen Achsen parallel sind, und ferner seien Ox', Oy', Oz' andere rechtwinklige Achsen, von denen die letztere vertikale die Richtung des Aufhängefadens hat und von denen die erstere in der Richtung der constanten magnetischen Kraft F liegt.

Wir bezeichnen mit ψ den Winkel, welchen Ox' mit der Spur der Ebene zOx auf $x'Oy'$ bildet, und mit φ den Winkel zwischen dieser Spur und Ox.

Nach der eben gefundenen Formel (§ 24) hat man:

$$W = \int\left(aA\frac{\partial U}{\partial x} + bB\frac{\partial U}{\partial y} + cC\frac{\partial U}{\partial z}\right)d\varpi,$$

wo sich die Integration über alle Volumenelemente der Kugel erstreckt. Die drei Componenten der Kraft F längs der x-, y-, z-Achse sind:

$$f_1 = a\frac{\partial U}{\partial x} = F\cos\varphi\cos\psi$$

$$f_2 = b\frac{\partial U}{\partial y} = -F\sin\psi$$

$$f_3 = c\frac{\partial U}{\partial z} = -F\sin\varphi\cos\psi.$$

Endlich ersetzen wir A, B, C in W durch ihre Werte (§ 23) und erhalten:

$$W = -\frac{4}{3}\pi h^3 F^2\left[\frac{\cos^2\varphi\cos^2\psi}{a(H_1+s)} + \frac{\sin^2\psi}{b(H_2+s)} + \frac{\sin^2\varphi\cos^2\psi}{c(H_3+s)}\right].$$

Hiernach erhält man für das Moment der auf die Kugel wirkenden Kräfte um Oz':

$$\frac{\partial W}{\partial\psi} = -\frac{4}{3}\pi h^3 F^2\left[\frac{1}{b(H_2+s)} - \frac{\cos^2\varphi}{a(H_1+s)} - \frac{\sin^2\varphi}{c(H_3+s)}\right]\sin 2\psi.$$

In dem besonderen Falle, wo $a = b$ ist, ist $H_1 = H_2$ und:

$$\frac{\partial W}{\partial \psi} = \frac{4}{3} \pi h^3 F^2 \sin^2\varphi \left[\frac{1}{c(H_3 + s)} - \frac{1}{a(H_1 + s)}\right] \sin 2\psi$$
$$= \mu P_2 \sin^2\varphi \sin 2\psi,$$

wenn man durch μ das Trägheitsmoment der Kugel darstellt.

Somit hat man, wenn mit T die Dauer einer Oscillation bezeichnet wird:

$$T^2 = \frac{\pi}{P_2 \sin^2\varphi}.$$

Besitzt der Aufhängefaden die Richtung von Ox, so hat man $\varphi = \frac{\pi}{2}$ und das Quadrat der Oscillationsdauer T_1 hat den Wert:

$$T_1{}^2 = \frac{\pi}{P_2}.$$

Hieraus folgt:

$$(B) \qquad T_1 = T \sin\varphi,$$

eine Formel, die gleichfalls von Plücker mit Hülfe des Experiments erkannt wurde.

W. Thomson, Plücker und Beer haben jeder verschiedene Theorieen der magnetischen Induction der Krystalle gegeben, welche sämtlich zu den Formeln (A) und (B) führen. Die Theorieen der beiden ersten Gelehrten haben einen empirischen Character, diejenige des dritten trägt einen mehr analytischen Character; indessen ist dieselbe, obwohl man daraus die Formeln (A) und (B) ableiten kann, nicht exact, wie wir bereits bemerkt haben (Kap. IV, § 25).

§ 27.

Bestimmung der Constanten a, b, c, s, g. — Hat man die Oscillationsdauern T_1, T_2, T_3 der Krystallkugel mit Hülfe der oben angegebenen Experimente erhalten, so kann man daraus die Grössen P_1, P_2, P_3 ableiten; benutzt man sodann zwei der Gleichungen (2), (3), (4), so kann man daraus zwei der Grössen

$$a(H_1 + s), \quad b(H_2 + s), \quad c(H_3 + s)$$

mittelst der dritten erhalten. Wir haben ferner gesehen (§ 23), wie man die Grössen

$$(\alpha) \qquad \frac{a(H_1 + s)}{H_1}, \quad \frac{b(H_2 + s)}{H_2}, \quad \frac{c(H_3 + s)}{H_3}$$

berechnen kann.

Es ist im Allgemeinen sehr schwierig, daraus die Grössen a, b, c, s abzuleiten; indessen wollen wir annehmen, dass der Krystall eine Achse der Isotropie besitze.

Wir setzen $a = b$ und $a > c$ voraus. Die Gleichungen (3) und (4) reducieren sich auf eine einzige, die wir folgendermassen schreiben können:

$$(\beta) \qquad \frac{1}{c(H_3 + s)} - \frac{1}{a(H_1 + s)} = m,$$

wo m eine bekannte Grösse ist. Da wir die Grössen (α) kennen, so setzen wir:

$$(\gamma) \qquad \frac{a(H_1 + s)}{H_1} = l_1, \quad \frac{c(H_3 + s)}{H_3} = l_3,$$

wo l_1 und l_3 bekannte Grössen sind. Die drei Gleichungen (β) und (γ) gestatten, a, c und s zu bestimmen.

Setzen wir:

$$c = a(1 - \lambda^2)$$

und eliminieren wir s zwischen den drei vorhergehenden Gleichungen, so erhalten wir:

$$(\delta) \qquad \frac{1}{l_3 H_3} - \frac{1}{l_1 H_1} = m$$

$$(\varepsilon) \qquad [l_1(1 - \lambda^2) - c]\, H_1 = (l_3 - c)\, H_3.$$

Ferner geben die für H_1 und H_3 gefundenen Formeln (§ 21) in dem vorliegenden Falle:

$$H_1 = \frac{2\pi c \sqrt{c}}{\lambda^2(1 - \lambda^2)}\left(1 - \frac{1 - \lambda^2}{2\lambda} \log \frac{1 + \lambda}{1 - \lambda}\right)$$

$$H_3 = \frac{4\pi c \sqrt{c}}{\lambda^2}\left(- 1 - \frac{1}{2\lambda} \log \frac{1 + \lambda}{1 - \lambda}\right).$$

Setzen wir zur Abkürzung:

$$1 - \frac{1 - \lambda^2}{2\lambda} \log \frac{1 + \lambda}{1 - \lambda} = S_1$$

$$-1 + \frac{1}{2\lambda} \log \frac{1 + \lambda}{1 - \lambda} = S_2,$$

so gestatten die Gleichungen (δ), (ε), die Grösse c als Function von λ respective mittelst der beiden folgenden Formeln auszudrücken:

$$c = \left[\frac{l_1 \lambda^2 S_1 - 2 l_3 \lambda^2 (1 - \lambda^2) S_2}{4\pi m l_1 l_3 S_1 S_2}\right]^{\frac{2}{3}}$$

$$c = \frac{l_1 S_1 - 2 l_3 S_2}{S_1 - 2 S_2 (1 - \lambda^2)}(1 - \lambda^2).$$

Man muss somit λ derart wählen, dass die aus diesen beiden Formeln sich ergebenden Werte von c gleich werden. Hat man auf diese Weise λ und c berechnet, so erhält man s und g durch die Formeln:

$$(\eta) \qquad s = \frac{(l_3 - c)\, H_3}{c}, \quad g = \frac{4\pi a \sqrt{c}}{s}.$$

Hat man $a = b$, $a < c$, so muss man in den vorstehenden Formeln λ^2 in $-\lambda^2$ verwandeln und man erhält:

$$c = a(1 + \lambda^2)$$

$$H_1 = \frac{2\pi c\sqrt{c}}{\lambda^2(1+\lambda^2)}\left(-1 + \frac{1+\lambda^2}{2\lambda}\operatorname{arc\,tang}\lambda\right)$$

$$H_3 = \frac{4\pi c\sqrt{c}}{\lambda^2}\left(1 - \frac{1}{\lambda}\operatorname{arc\,tang}\lambda\right).$$

Setzt man sodann:

$$1 - \frac{1+\lambda^2}{2\lambda}\operatorname{arc\,tang}\lambda = S_1$$

$$-1 + \frac{1}{\lambda}\operatorname{arc\,tang}\lambda = S_2,$$

so wird c durch λ mittelst der beiden Formeln ausgedrückt:

$$c = \left[\frac{-l_1\lambda^2 S_1 + 2l_3\lambda^2(1+\lambda^2)S_2}{4\pi m l_1 l_3 S_1 S_2}\right]^{\frac{2}{3}}$$

$$c = \frac{l_1 S_1 - 2l_3 S_2}{S_1 - 2S_2(1+\lambda^2)}(1+\lambda^2),$$

aus denen man c und λ wie oben erhält. Sodann ergeben sich s und g mit Hülfe der Formeln (η).

Anhang.

Verteilung der Electricität auf zwei Kugeln, die sich gegenseitig influenzieren.

Wir wollen an dieser Stelle das bereits im zweiten Teile, Kap. II, §§ 22 u. ff., behandelte Problem noch in einer andern Weise lösen, um zugleich eine Anwendung eines Coordinatensystems zu geben, welches auch bei der Bestimmung der Electricitätsverteilung auf einer Kugelkalotte, auf einem durch Rotation eines Kreissegmentes um seine Sehne entstandenen Körper und auf einem Ringkörper mit kreisförmigem Querschnitt wesentliche Dienste leistet.

Wir denken uns eine Halbebene, einseitig begrenzt von einer geraden Linie, die wir zur x-Achse nehmen. Wir beschränken die Betrachtung auf diese Halbebene, weil dies für den beabsichtigten Zweck genügt. Auf der x-Achse nehmen wir zwei feste Punkte A_1 und A_2 an und verbinden irgend einen Punkt P der Halbebene mit diesen beiden Punkten. Den Winkel A_1PA_2 nennen wir ω. Zu jedem Punkte P der Halbebene gehört ein und nur ein bestimmter Wert von ω; für die Punkte innerhalb der Strecke A_1A_2 ist $\omega = 180°$, für die Punkte auf den Verlängerungen derselben nach beiden Seiten hin ist $\omega = 0$.

Der geometrische Ort aller Punkte P, für welche ω einen gegebenen Wert hat, ist bekanntlich ein Kreisbogen über der Sehne A_1A_2; für verschiedene Werte der Constanten α innerhalb der Grenzen 0 und 180° stellt somit die Gleichung $\omega = \alpha$ ein System von Kreisbögen über der gemeinschaftlichen Sehne A_1A_2 dar.

Legt man von irgend einem Punkte M auf einer der Verlängerungen von A_1A_2 Tangenten an alle diese Kreisbögen, so sind dieselben sämtlich gleich lang, da nach einem bekannten Satze der Elementargeometrie jede dieser Tangenten mittlere Proportionale zwischen MA_1 und MA_2 ist. Mithin liegen die Berührungspunkte aller dieser Tangenten auf einem Halbkreise, dessen Mittelpunkt M ist und der alle jene durch A_1 und A_2 gehenden Kreisbögen senkrecht schneidet. Indem man den Punkt M sich ändern lässt, erhält man auf jeder Seite des in der Mitte von A_1A_2 errichteten Lotes, welche Linie wir als η-Achse nehmen, ein System von Halbkreisen, deren Mittelpunkte auf den Verlängerungen der Strecke A_1A_2 liegen und die sämtliche über A_1A_2 stehende Kreisbögen senkrecht schneiden. Jeder dieser Halbkreise hat nun die Eigenschaft, dass das Verhältnis der Entfernungen eines jeden seiner Punkte von den beiden festen Punkten A_1 und A_2 constant ist. Denn ist P ein beliebiger Punkt auf der Peripherie eines solchen Halbkreises, so ist, wenn M sein Mittelpunkt:

$$\frac{MA_1}{MP} = \frac{MP}{MA_2},$$

also:

$$\Delta\, MA_1P \backsim \Delta\, MPA_2,$$

somit:

$$\frac{PA_1}{PA_2} = \frac{PM}{MA_2} = \frac{MA_1}{PM},$$

folglich:

$$\frac{PA_1}{PA_2} = \sqrt{\frac{MA_1}{MA_2}} = \text{const.}$$

Wir bezeichnen dieses Verhältnis mit λ und setzen fest, dass der Zähler dieses Bruches stets die Entfernung des Punktes P vom Punkte A_1, der Nenner also stets die Entfernung des Punktes P vom Punkte A_2 sein solle. Für verschiedene Werte der Constanten m stellt alsdann die Gleichung $\lambda = m$ die beiden Systeme von Halbkreisen dar und zwar variiert λ für die Halbkreise, welche den Punkt A_1 umschliessen, von 0 bis 1, und für die, welche den Punkt A_2 umschliessen, von 1 bis ∞. Für den Punkt A_1 ist $\lambda = 0$, für den Punkt A_2 ist $\lambda = \infty$ und für sämtliche Punkte der η-Achse ist $\lambda = 1$. Von diesen Halbkreisen schneidet keiner den andern und ferner gehört bei dem zu A_1 gehörigen Systeme zu dem grösseren Halbkreise der grössere Wert von λ, bei dem zu A_2 gehörigen Systeme aber zu dem grösseren Halbkreise der kleinere Wert von λ.

Auf diese Weise entspricht jedem bestimmten Wertepaare λ, ω ein und nur ein Punkt der Halbebene und umgekehrt gehört zu jedem Punkte der Halbebene ein und nur ein bestimmtes Wertsystem λ, ω. Von dieser letzteren Behauptung sind höchstens die Punkte A_1 und A_2 selbst auszunehmen, da diesen zwar nur je ein Wert von λ, dagegen alle Werte von ω zwischen den Grenzen 0 und 180° zugehören. Man kann demnach λ, ω als Coordinaten eines Punktes der Ebene betrachten und zwar nennt man dieselben die bipolaren Coordinaten, die Punkte A_1 und A_2 selbst die Pole des bipolaren Coordinatensystems. Es sei bemerkt, dass man dieses Coordinatensystem durch Transformation mittelst reciproker Radienvectoren aus dem gewöhnlichen Polarcoordinatensystem ableiten kann.

Wir wollen jetzt die rechtwinkligen Coordinaten x, η eines Punktes P durch seine bipolaren Coordinaten λ, ω ausdrücken. Setzen wir $A_1A_2 = 2a$, $PA_1 = r_1$, $PA_2 = r_2$, so haben wir aus dem Dreieck A_1PA_2:

$$2a = \sqrt{r_2^2 - 2r_1r_2\cos\omega + r_1^2}$$

$$r_1 = \frac{2ar_1}{\sqrt{r_2^2 - 2r_1r_2\cos\omega + r_1^2}}$$

$$r_2 = \frac{2ar_2}{\sqrt{r_2^2 - 2r_1r_2\cos\omega + r_1^2}}$$

$$PO = \frac{1}{2}\sqrt{r_2^2 + 2r_1r_2\cos\omega + r_1^2},$$

wo O den Mittelpunkt von A_1A_2 bezeichnet, oder da $\frac{r_1}{r_2} = \lambda$ ist:

$$r_1 = \frac{2a\lambda}{\sqrt{1 - 2\lambda\cos\omega + \lambda^2}}$$

$$r_2 = \frac{2a}{\sqrt{1 - 2\lambda\cos\omega + \lambda^2}}$$

$$PO = a\,\frac{\sqrt{1 + 2\lambda\cos\omega + \lambda^2}}{\sqrt{1 - 2\lambda\cos\omega + \lambda^2}}.$$

Ferner ist, wenn man den Inhalt des Dreiecks $A_1 P A_2$ in doppelter Weise ausdrückt:

$$a\eta = \frac{1}{2} r_1 r_2 \sin\omega,$$

demnach:

$$\eta = a \frac{2\lambda \sin\omega}{1 - 2\lambda \cos\omega + \lambda^2}.$$

Weiter ist $x = \sqrt{PO^2 - \eta^2}$, folglich:

$$x = a \frac{1 - \lambda^2}{1 - 2\lambda \cos\omega + \lambda^2}.$$

Setzen wir noch:

$$\log\lambda = \vartheta, \text{ also } \lambda = e^\vartheta,$$

so ist für die mit A_1 auf derselben Seite der η-Achse liegenden Punkte $0 > \vartheta > -\infty$ und für die mit A_2 auf derselben Seite der η-Achse liegenden Punkte $+\infty > \vartheta > 0$, so dass den Punkten A_1 und A_2 selbst respective die Werte $-\infty$ und $+\infty$ von ϑ entsprechen, und es wird:

$$x = a \frac{1 - e^{2\vartheta}}{1 - 2e^\vartheta \cos\omega + e^{2\vartheta}}$$

$$\eta = a \frac{2e^\vartheta \sin\omega}{1 - 2e^\vartheta \cos\omega + e^{2\vartheta}}.$$

Beide Gleichungen kann man, wenn man wie üblich $\sqrt{-1}$ mit i bezeichnet, in die eine zusammenziehen:

$$x + i\eta = a \frac{1 + e^{\vartheta + i\omega}}{1 - e^{\vartheta + i\omega}}.$$

Wir denken uns jetzt die Halbebene einmal um die x-Achse herumgedreht und bezeichnen den Winkel, welchen die momentane Lage dieser Halbebene mit ihrer ursprünglichen Lage bildet, mit φ; ferner nehmen wir die Richtung der η-Achse in ihrer ursprünglichen Lage zur y-Achse und die Richtung der η-Achse, nachdem die Halbebene um einen rechten Winkel herumgedreht ist, zur z-Achse. Dann ist $y = \eta \cos\varphi$, $z = \eta \sin\varphi$ und es wird:

$$\begin{aligned} x &= a \frac{1 - e^{2\vartheta}}{1 - 2e^\vartheta \cos\omega + e^{2\vartheta}} \\ y &= a \frac{2e^\vartheta \sin\omega \cos\varphi}{1 - 2e^\vartheta \cos\omega + e^{2\vartheta}} \qquad (1) \\ z &= a \frac{2e^\vartheta \sin\omega \sin\varphi}{1 - 2e^\vartheta \cos\omega + e^{2\vartheta}}. \end{aligned}$$

Die Gleichungen $\vartheta = \text{const.}$, $\omega = \text{const.}$, $\varphi = \text{const.}$ stellen nach dem Vorhergehenden drei orthogonale Flächenschaaren dar, von denen die erste aus lauter Kugeln gebildet wird. In rechtwinkligen Coordinaten ausgedrückt, lautet die Gleichung dieser Schaar von Kugelflächen:

$$\left(x - a \frac{1 + e^{2\vartheta}}{1 - e^{2\vartheta}}\right)^2 + y^2 + z^2 = 4a^2 \frac{e^{2\vartheta}}{(1 - e^{2\vartheta})^2}.$$

Wir können nun annehmen, dass zwei dieser Kugelflächen, welchen die Parameterwerte ϑ_1 und ϑ_2 entsprechen, mit zwei gegebenen Kugeln identisch seien. Denn sind die Radien dieser gegebenen Kugeln r_1 und r_2 und ihre Centraldistanz c, wo $c > r_1 + r_2$ angenommen werden möge, so hat man zur Bestimmung der Grössen ϑ_1, ϑ_2 und a die drei Gleichungen:

$$(2)\qquad \begin{gathered} 2a\frac{e^{\vartheta_1}}{1-e^{2\vartheta_1}} = r_1, \quad -2a\frac{e^{\vartheta_2}}{1-e^{2\vartheta_2}} = r_2 \\ c = a\left\{\frac{1+e^{2\vartheta_1}}{1-e^{2\vartheta_1}} - \frac{1+e^{2\vartheta_2}}{1-e^{2\vartheta_2}}\right\} = 2a\frac{e^{2\vartheta_1}-e^{2\vartheta_2}}{(1-e^{2\vartheta_1})(1-e^{2\vartheta_2})}. \end{gathered}$$

Hieraus folgt:

$$(3)\qquad \begin{gathered} \sqrt{r_1^2+a^2} + \sqrt{r_2^2+a^2} = c \\ e^{\vartheta_1} = \frac{\sqrt{r_1^2+a^2}-a}{r_1}, \quad e^{\vartheta_2} = \frac{\sqrt{r_2^2+a^2}+a}{r_2}, \end{gathered}$$

und es ist bei dieser Bestimmung, wie es sein muss:

$$(4)\qquad \vartheta_2 > 0 > \vartheta_1.$$

Aus den Gleichungen (1) ergiebt sich nun weiter, wenn ds das Linienelement bezeichnet:

$$ds^2 = dx^2 + dy^2 + dz^2 = \frac{4a^2e^{2\vartheta}}{(1-2e^{\vartheta}\cos\omega + e^{2\vartheta})^2}(d\vartheta^2 + d\omega^2 + \sin^2\omega d\varphi^2)$$

und daher, wenn wir mit $d\sigma$ das Oberflächenelement auf der Kugel $\vartheta = \text{const.}$ bezeichnen:

$$(5)\qquad d\sigma = 4a^2\frac{e^{2\vartheta}\sin\omega d\omega d\varphi}{(1-2e^{\vartheta}\cos\omega + e^{2\vartheta})^2}.$$

Sind jetzt zwei beliebige Punkte (x, y, z) und (x', y', z') gegeben und bezeichnen wir die bipolaren Coordinaten derselben mit $(\vartheta, \omega, \varphi)$ und $(\vartheta', \omega', \varphi')$, so gelten zwischen den Coordinaten des ersten Punktes die Gleichungen (1) und zwischen den Coordinaten des zweiten Punktes dieselben Gleichungen, wenn man darin die Grössen $x, y, z, \lambda, \omega, \varphi$ accentuiert. Aus diesen beiden Gleichungssystemen erhält man leicht für die gegenseitige Entfernung $r = \sqrt{(x-x')^2+(y-y')^2+(z-z')^2}$ der beiden Punkte den Wert:

$$r = \frac{2a\sqrt{e^{2\vartheta}+e^{2\vartheta'}-2e^{\vartheta+\vartheta'}\cos\gamma}}{\sqrt{1-2e^{\vartheta}\cos\omega+e^{2\vartheta}}\cdot\sqrt{1-2e^{\vartheta'}\cos\omega'+e^{2\vartheta'}}},$$

wo

$$(6)\qquad \cos\gamma = \cos\omega\cos\omega' + \sin\omega\sin\omega'\cos(\varphi-\varphi')$$

gesetzt ist. Mithin:

$$\frac{1}{r} = \frac{1}{2a}\sqrt{e^{\vartheta}+e^{-\vartheta}-2\cos\omega}\cdot\sqrt{e^{\vartheta'}+e^{-\vartheta'}-2\cos\omega'}\cdot\frac{1}{\sqrt{e^{\vartheta-\vartheta'}+e^{\vartheta'-\vartheta}-2\cos\gamma}}.$$

Ist nun, mit Berücksichtigung des den Grössen ϑ und ϑ' zukommenden Vorzeichens

$$\vartheta > \vartheta',$$

so ist jederzeit $e^{\vartheta'-\vartheta} = e^{-(\vartheta-\vartheta')} < 1$ und man kann demnach den letzten Factor des vorstehenden Ausdrucks nach Teil II, Kap. II, § 4 in folgender Weise nach Laplace'schen Functionen entwickeln:

$$\frac{1}{\sqrt{e^{\vartheta-\vartheta'}+e^{\vartheta'-\vartheta}-2\cos\gamma}} = e^{-\frac{\vartheta-\vartheta'}{2}} \frac{1}{\sqrt{1-2e^{-(\vartheta-\vartheta')}\cos\gamma+e^{-2(\vartheta-\vartheta')}}}$$

$$= e^{-\frac{\vartheta-\vartheta'}{2}} \sum_{n=0}^{n=\infty} e^{-n(\vartheta-\vartheta')} P_n(\cos\gamma)$$

$$= \sum_{n=0}^{n=\infty} e^{-\frac{2n+1}{2}(\vartheta-\vartheta')} P_n(\cos\gamma),$$

wo P_n die am angeführten Orte mit X_n bezeichnete Function ist.

Ist dagegen mit Berücksichtigung des Vorzeichens

$$\vartheta < \vartheta',$$

so ist stets $e^{\vartheta-\vartheta'} = e^{-(\vartheta'-\vartheta)} < 1$, und man erhält analog wie vorher:

$$\frac{1}{\sqrt{e^{\vartheta-\vartheta'}+e^{\vartheta'-\vartheta}-2\cos\gamma}} = \sum_{n=0}^{n=\infty} e^{\frac{2n+1}{2}(\vartheta-\vartheta')} P_n(\cos\gamma).$$

Demnach ist:

$$\frac{1}{r} = \frac{1}{2a}\sqrt{e^{\vartheta}+e^{-\vartheta}-2\cos\omega}\cdot\sqrt{e^{\vartheta'}+e^{-\vartheta'}-2\cos\omega'} \sum_{n=0}^{n=\infty} e^{-\frac{2n+1}{2}(\vartheta-\vartheta')} P_n(\cos\gamma)$$

$$\text{für } \vartheta > \vartheta',$$

(7)

$$\frac{1}{r} = \frac{1}{2a}\sqrt{e^{\vartheta}+e^{-\vartheta}-2\cos\omega}\cdot\sqrt{e^{\vartheta'}+e^{-\vartheta'}-2\cos\omega'} \sum_{n=0}^{n=\infty} e^{\frac{2n+1}{2}(\vartheta-\vartheta')} P_n(\cos\gamma)$$

$$\text{für } \vartheta < \vartheta'.$$

Nach diesen Vorbereitungen gehen wir nun zur eigentlichen Lösung des vorgelegten Problems über. Nach der Poisson'schen Theorie der electrischen Verteilung in vollkommen isolierten Conductoren ist nach Eintritt des Gleichgewichtszustandes die dem einzelnen Conductor ursprünglich mitgeteilte Electricitätsmenge auf seiner Oberfläche ausgebreitet und das Gesamtpotential aller dieser Oberflächenbelegungen überall im Innern und auf der Oberfläche eines jeden Conductors constant. Umgekehrt genügt diese Bedingung zur Bestimmung des Gleichgewichts. Bezeichnen daher M_1 und M_2 die den beiden Kugeln ursprünglich mitgeteilten Electricitätsmengen, C_1 und C_2 die constanten Werte des Gesamtpotentials im Innern der beiden Kugeln und k_1 und k_2 die Dichtigkeiten der Electricität an der Oberfläche derselben nach eingetretenem Gleichgewichtszustande, bedeuten ferner ϑ_1, ω_1, φ_1 die Coordinaten eines Oberflächenelementes $d\sigma_1$ der ersten Kugel, ebenso ϑ_2, ω_2, φ_2 die Coordinaten eines Oberflächenelementes $d\sigma_2$ der zweiten, ϑ_0, ω_0, φ_0 und ϑ_0', ω_0', φ_0' die Coordinaten eines Punktes im Innern respective der ersten und der zweiten Kugel, endlich r_{01} die Entfernung des Punktes ϑ_0, ω_0, φ_0 vom Elemente $d\sigma_1$ und haben r_{02}, r_{01}', r_{02}' analoge Bedeutungen wie r_{01}, so müssen die folgenden Gleichungen erfüllt sein:

$$\int k_1 d\sigma_1 = M_1, \quad \int k_2 d\sigma_2 = M_2 \tag{8}$$

$$\left.\begin{aligned} \int \frac{k_1 d\sigma_1}{r_{01}} + \int \frac{k_2 d\sigma_2}{r_{02}} = C_1 \\ \int \frac{k_1 d\sigma_1}{r_{01}'} + \int \frac{k_2 d\sigma_2}{r_{02}'} = C_2, \end{aligned}\right. \tag{9}$$

und aus diesen hat man die vier Grössen k_1, k_2, C_1, C_2 zu bestimmen.

Setzt man nun die aus den Formeln (5) und (7) sich ergebenden Ausdrücke für $d\sigma_1$, $d\sigma_2$, $\frac{1}{r_{01}}$, ... ein, wobei in Bezug auf die letzteren zu beachten ist, dass mit Berücksichtigung des Vorzeichens die Ungleichheiten stattfinden:

$$\vartheta_0 < \vartheta_1 < \vartheta_2, \quad \vartheta_1 < \vartheta_2 < \vartheta_0',$$

so erhält man folgendes System von Gleichungen:

$$\int_0^{\pi}\int_0^{2\pi} \frac{k_1 \sin\omega_1 d\omega_1 d\varphi_1}{(e^{\vartheta_1} + e^{-\vartheta_1} - 2\cos\omega_1)^2} = \frac{M_1}{4a^2}$$

$$\int_0^{\pi}\int_0^{2\pi} \frac{k_2 \sin\omega_2 d\omega_2 d\varphi_2}{(e^{\vartheta_2} + e^{-\vartheta_2} - 2\cos\omega_2)^2} = \frac{M_2}{4a^2}.$$

$$\sum_{n=0}^{n=\infty} e^{\frac{2n+1}{2}\vartheta_0} \left\{ e^{-\frac{2n+1}{2}\vartheta_1} \int_0^{\pi}\int_0^{2\pi} \frac{k_1 P_n(\cos\gamma_{01}) \sin\omega_1 d\omega_1 d\varphi_1}{\sqrt{e^{\vartheta_1} + e^{-\vartheta_1} - 2\cos\omega_1}^{\,3}} \right.$$

$$\left. + e^{-\frac{2n+1}{2}\vartheta_2} \int_0^{\pi}\int_0^{2\pi} \frac{k_2 P_n(\cos\gamma_{02}) \sin\omega_2 d\omega_2 d\varphi_2}{\sqrt{e^{\vartheta_2} + e^{-\vartheta_2} - 2\cos\omega_2}^{\,3}} \right\} = \frac{C_1}{2a\sqrt{e^{\vartheta_0} + e^{-\vartheta_0} - 2\cos\omega_0}}$$

$$= \frac{C_1}{2a} \sum_{n=0}^{n=\infty} e^{\frac{2n+1}{2}\vartheta_0} P_n(\cos\omega_0)$$

$$\sum_{n=0}^{n=\infty} e^{-\frac{2n+1}{2}\vartheta_0'} \left\{ e^{\frac{2n+1}{2}\vartheta_1} \int_0^{\pi}\int_0^{2\pi} \frac{k_1 P_n(\cos\gamma_{01}') \sin\omega_1 d\omega_1 d\varphi_1}{\sqrt{e^{\vartheta_1} + e^{-\vartheta_1} - 2\cos\omega_1}^{\,3}} \right.$$

$$\left. + e^{\frac{2n+1}{2}\vartheta_2} \int_0^{\pi}\int_0^{2\pi} \frac{k_2 P_n(\cos\gamma_{02}') \sin\omega_2 d\omega_2 d\varphi_2}{\sqrt{e^{\vartheta_2} + e^{-\vartheta_2} - 2\cos\omega_2}^{\,3}} \right\} = \frac{C_2}{2a\sqrt{e^{\vartheta_0'} + e^{-\vartheta_0'} - 2\cos\omega_0'}}$$

$$= \frac{C_2}{2a} \sum_{n=0}^{n=\infty} e^{-\frac{2n+1}{2}\vartheta_0'} P_n(\cos\omega_0').$$

Offenbar verteilt sich nun die Electricität auf den beiden Kugelflächen symmetrisch zur Centrale derselben, d. h. die Dichtigkeiten k_1 und k_2 sind unabhängig von dem Winkel φ und nur Functionen des Winkels ω. Man kann daher in den beiden ersten Gleichungen die Integration nach φ sofort ausführen und erhält:

$$(10)\qquad \begin{aligned} \int\limits_0^\pi \frac{k_1 \sin\omega_1 d\omega_1}{(e^{\vartheta_1} + e^{-\vartheta_1} - 2\cos\omega_1)^2} &= \frac{M_1}{8\pi a^2} \\ \int\limits_0^\pi \frac{k_2 \sin\omega_2 d\omega_2}{(e^{\vartheta_2} + e^{-\vartheta_2} - 2\cos\omega_2)^2} &= \frac{M_2}{8\pi a^2}. \end{aligned}$$

In den beiden andern Gleichungen stehen links und rechts vom Gleichheitszeichen Potenzreihen der Veränderlichen $e^{\frac{1}{2}\vartheta_0}$ respective $e^{-\frac{1}{2}\vartheta_0'}$. Da nun ϑ_0 zwischen den Grenzen $-\infty$ und ϑ_1 und ϑ_0' zwischen $+\infty$ und ϑ_2 ganz beliebig variieren kann und für alle diese Werte von ϑ_0 und ϑ_0' die Gleichheit jener Potenzreihen stattfinden muss, wenn Gleichgewicht herrschen soll, so ist dies nur möglich, wenn die Coefficienten gleich hoher Potenzen beiderseits gleich sind. Man erhält daher aus den letzten beiden Gleichungen für jeden Wert von n die folgenden Relationen:

$$(11)\qquad \begin{aligned} & e^{-\frac{2n+1}{2}\vartheta_1} \int\limits_0^\pi \int\limits_0^{2\pi} \frac{k_1 P_n(\cos\gamma_{01}) \sin\omega_1 d\omega_1 d\varphi_1}{\sqrt{e^{\vartheta_1} + e^{-\vartheta_1} - 2\cos\omega_1}^{\,3}} \\ & \qquad + e^{-\frac{2n+1}{2}\vartheta_2} \int\limits_0^\pi \int\limits_0^{2\pi} \frac{k_2 P_n(\cos\gamma_{02}) \sin\omega_2 d\omega_2 d\varphi_2}{\sqrt{e^{\vartheta_2} + e^{-\vartheta_2} - 2\cos\omega_2}^{\,3}} = \frac{C_1}{2a} P_n(\cos\omega_0) \\ & e^{\frac{2n+1}{2}\vartheta_1} \int\limits_0^\pi \int\limits_0^{2\pi} \frac{k_1 P_n(\cos\gamma_{01}') \sin\omega_1 d\omega_1 d\varphi_1}{\sqrt{e^{\vartheta_1} + e^{-\vartheta_1} - 2\cos\omega_1}^{\,3}} \\ & \qquad + e^{\frac{2n+1}{2}\vartheta_2} \int\limits_0^\pi \int\limits_0^{2\pi} \frac{k_2 P_n(\cos\gamma_{02}') \sin\omega_2 d\omega_2 d\varphi_2}{\sqrt{e^{\vartheta_2} + e^{-\vartheta_2} - 2\cos\omega_2}^{\,3}} = \frac{C_2}{2a} P_n(\cos\omega_0'). \end{aligned}$$

Die Ausdrücke

$$\frac{k_1}{\sqrt{e^{\vartheta_1} + e^{-\vartheta_1} - 2\cos\omega_1}^{\,3}} \quad \text{und} \quad \frac{k_2}{\sqrt{e^{\vartheta_2} + e^{-\vartheta_2} - 2\cos\omega_2}^{\,3}}$$

sind stetige Functionen der einen Veränderlichen ω_1 respective ω_2. Man kann sich dieselben also in Laplace'sche Reihen entwickelt denken und zwar sei:

$$(12)\qquad \begin{aligned} \frac{k_1}{\sqrt{e^{\vartheta_1} + e^{-\vartheta_1} - 2\cos\omega_1}^{\,3}} &= \sum_{p=0}^{p=\infty} a_p P_p(\cos\omega_1) \\ \frac{k_2}{\sqrt{e^{\vartheta_2} + e^{-\vartheta_2} - 2\cos\omega_2}^{\,3}} &= \sum_{p=0}^{p=\infty} b_p P_p(\cos\omega_2). \end{aligned}$$

wo die Coefficienten a_p und b_p allein von ϑ_1 respective ϑ_2 abhängen. Setzt man diese Reihen in die Gleichungen (11) ein, so erhält man Integrale von folgender Form:

$$\int\limits_0^\pi \int\limits_0^{2\pi} P_n(\cos\gamma_{\alpha\beta}) P_p(\cos\omega_\beta) \sin\omega_\beta \, d\omega_\beta \, d\varphi_\beta,$$

in denen

$$\cos\gamma_{\alpha\beta} = \cos\omega_\alpha \cos\omega_\beta + \sin\omega_\alpha \sin\omega_\beta \cos(\varphi_\alpha - \varphi_\beta),$$

ferner n eine bestimmte Zahl und p eine der Zahlen von 0 bis ∞ ist. Ein solches Integral ist aber stets gleich 0, wenn p von n verschieden ist, und es ist gleich $\frac{4\pi}{2n+1} P_n(\cos\omega_\alpha)$, wenn $p = n$ ist. Es reducieren sich somit durch diese Substitution die Gleichungen (11) auf die folgenden einfachen Gleichungen:

$$e^{-\frac{2n+1}{2}\vartheta_1} a_n + e^{-\frac{2n+1}{2}\vartheta_2} b_n = \frac{2n+1}{8a\pi} C_1$$

$$e^{\frac{2n+1}{2}\vartheta_1} a_n + e^{\frac{2n+1}{2}\vartheta_2} b_n = \frac{2n+1}{8a\pi} C_2,$$

aus denen folgt:

$$a_n = \frac{2n+1}{8a\pi} \frac{C_1 e^{\frac{2n+1}{2}\vartheta_2} - C_2 e^{-\frac{2n+1}{2}\vartheta_2}}{e^{-\frac{2n+1}{2}(\vartheta_1-\vartheta_2)} - e^{\frac{2n+1}{2}(\vartheta_1-\vartheta_2)}},$$

$$b_n = \frac{2n+1}{8a\pi} \frac{C_2 e^{-\frac{2n+1}{2}\vartheta_1} - C_1 e^{\frac{2n+1}{2}\vartheta_1}}{e^{-\frac{2n+1}{2}(\vartheta_1-\vartheta_2)} - e^{\frac{2n+1}{2}(\vartheta_1-\vartheta_2)}}.$$

Führt man noch die Grössen ξ, η, q ein mittelst der Gleichungen:

$$(13) \qquad e^{\vartheta_1} = \xi, \quad e^{-\vartheta_2} = \eta, \quad e^{\vartheta_1-\vartheta_2} = q^2,$$

so sind ξ, η, q^2 positive echte Brüche und es wird:

$$a_n = \frac{2n+1}{8a\pi} \frac{C_1 - C_2 \eta^{2n+1}}{1-q^{2(2n+1)}} \xi^{\frac{2n+1}{2}}$$

$$b_n = \frac{2n+1}{8a\pi} \frac{C_2 - C_1 \xi^{2n+1}}{1-q^{2(2n+1)}} \eta^{\frac{2n+1}{2}}$$

Setzt man nun diese Werte in die Gleichungen (12) ein, so erhält man für die Dichtigkeiten der Electricität auf den beiden Kugeln die Formeln:

$$(14) \quad \begin{aligned} k_1 &= \frac{1}{8a\pi}(e^{\vartheta_1} + e^{-\vartheta_1} - 2\cos\omega_1)^{\frac{3}{2}} \sum_{n=0}^{n=\infty} (2n+1) \frac{C_1 - C_2\eta^{2n+1}}{1-q^{2(2n+1)}} \xi^{\frac{2n+1}{2}} P_n(\cos\omega_1) \\ k_2 &= \frac{1}{8a\pi}(e^{\vartheta_2} + e^{-\vartheta_2} - 2\cos\omega_2)^{\frac{3}{2}} \sum_{n=0}^{n=\infty} (2n+1) \frac{C_2 - C_1\xi^{2n+1}}{1-q^{2(2n+1)}} \eta^{\frac{2n+1}{2}} P_n(\cos\omega_2). \end{aligned}$$

Hierin sind aber noch die Grössen C_1 und C_2 unbekannt. Man bestimmt dieselben dadurch, dass man die vorstehenden Ausdrücke in die Gleichungen (10) einsetzt. Dies giebt:

$$\frac{M_1}{a} = \sum_{n=0}^{n=\infty} (2n+1) \frac{C_1 - C_2\eta^{2n+1}}{1-q^{2(2n+1)}} \xi^{\frac{2n+1}{2}} \int_0^\pi \frac{P_n(\cos\omega_1)\sin\omega_1 d\omega_1}{\sqrt{e^{\vartheta_1} + e^{-\vartheta_1} - 2\cos\omega_1}}$$

$$\frac{M_2}{a} = \sum_{n=0}^{n=\infty} (2n+1) \frac{C_2 - C_1\xi^{2n+1}}{1-q^{2(2n+1)}} \eta^{\frac{2n+1}{2}} \int_0^\pi \frac{P_n(\cos\omega_2)\sin\omega_2 d\omega_2}{\sqrt{e^{\vartheta_2} + e^{-\vartheta_2} - 2\cos\omega_2}}.$$

Nun ist aber:

$$\frac{1}{\sqrt{e^{\vartheta_1}+e^{-\vartheta_1}-2\cos\omega_1}}=\sum_{p=0}^{p=\infty} e^{-\frac{2p+1}{2}\vartheta_1} P_p(\cos\omega_1)=\sum_{p=0}^{p=\infty} \xi^{\frac{2p+1}{2}} P_p(\cos\omega_1)$$

$$\frac{1}{\sqrt{e^{\vartheta_2}+e^{-\vartheta_2}-2\cos\omega_2}}=\sum_{p=0}^{p=\infty} e^{-\frac{2p+1}{2}\vartheta_2} P_p(\cos\omega_2)=\sum_{p=0}^{p=\infty} \eta^{\frac{2p+1}{2}} P_p(\cos\omega_2).$$

Setzt man diese Werte in vorstehende Gleichungen ein, so ergeben sich Integrale von folgender Form:

$$\int_0^\pi P_n(\cos\omega)\, P_p(\cos\omega)\sin\omega\, d\omega.$$

Der Wert dieser Integrale ist (vgl. S. 187) stets gleich 0, wenn p von n verschieden, und gleich $\frac{2}{2n+1}$, wenn $p=n$ ist. Demnach erhält man:

$$\frac{M_1}{2a}=\sum_{n=0}^{n=\infty}\frac{C_1-C_2\eta^{2n+1}}{1-q^{2(2n+1)}}\xi^{2n+1}$$

$$\frac{M_2}{2a}=\sum_{n=0}^{n=\infty}\frac{C_2-C_1\xi^{2n+1}}{1-q^{2(2n+1)}}\eta^{2n+1}.$$

Zerlegt man diese unendlichen Reihen in zwei, von denen die eine mit C_1, die andere mit C_2 multipliciert ist, eine Operation, die unbedenklich gestattet ist, da die sich ergebenden Reihen unbedingt convergieren, so erhält man nach einer einfachen Transformation dieser Reihen:

$$(15)\quad \begin{aligned}\frac{M_1}{2a}&=C_1\xi\sum_{n=0}^{n=\infty}\frac{q^{2n}}{1-q^{4n}\xi^2}-C_2\sum_{n=0}^{n=\infty}\frac{q^{2(n+1)}}{1-q^{4(n+1)}}\\ \frac{M_2}{2a}&=C_2\eta\sum_{n=0}^{n=\infty}\frac{q^{2n}}{1-q^{4n}\eta^2}-C_1\sum_{n=0}^{n=\infty}\frac{q^{2(n+1)}}{1-q^{4(n+1)}}.\end{aligned}$$

Aus diesen Gleichungen lassen sich die Grössen C_1 und C_2 mit leichter Mühe bestimmen. Diese Reihen sind zur numerischen Berechnung ausserordentlich bequem, da, wie bemerkt, die Grössen ξ, η, q^2 positive echte Brüche sind und daher die Reihen sehr stark convergieren. Durch die Gleichungen (14) und (15) zusammengenommen ist nunmehr das vorgelegte Problem vollständig gelöst.

Für die beiden Punkte der Kugeln, welche die kleinste respective grösste Entfernung von einander haben, ist $\omega_1=\omega_2=180°$ respective $\omega_1=\omega_2=0$. Da nun

$$P_n(\pm 1)=(\pm 1)^n$$

ist, so erhält man:

$$k_1=\frac{1}{8a\pi}\left(e^{\frac{\vartheta_1}{2}}\pm e^{-\frac{\vartheta_1}{2}}\right)^3\sum_{n=0}^{n=\infty}(\mp 1)^n(2n+1)\frac{C_1-C_2\eta^{2n+1}}{1-q^{2(2n+1)}}\xi^{\frac{2n+1}{2}}$$

$$k_2=\frac{1}{8a\pi}\left(e^{\frac{\vartheta_2}{2}}\pm e^{-\frac{\vartheta_2}{2}}\right)^3\sum_{n=0}^{n=\infty}(\mp 1)^n(2n+1)\frac{C_2-C_1\xi^{2n+1}}{1-q^{2(2n+1)}}\eta^{\frac{2n+1}{2}}$$

wo die oberen Zeichen für diejenigen Punkte der beiden Kugeln, welche auf der Centrale zwischen den beiden Mittelpunkten liegen, die unteren Zeichen dagegen für die auf den Verlängerungen der Centrale gelegenen Punkte der beiden Kugeln gelten.

Wir haben oben bemerkt, dass die in den Formeln (14) und (15) auftretenden Reihen ausserordentlich stark convergieren. Indessen ist dies nur so lange der Fall, als die beiden Kugeln sich nicht zu nahe liegen. Denn je näher sich die Kugeln liegen, um so mehr nähert sich a und mit a auch ϑ_1 und ϑ_2 der Null und um so mehr nähern sich ξ, η, q^2 dem Werte 1, so dass die Reihen in (14) und (15) aufhören zu convergieren. Man überzeugt sich aber leicht, dass die Verhältnisse $\frac{\vartheta_1}{2a}$ und $\frac{\vartheta_2}{2a}$ und ferner auch die Verhältnisse $\frac{\omega_1}{2a}$ und $\frac{\omega_2}{2a}$ (denn auch ω nähert sich mit abnehmendem a der Null) bestimmte endliche Werte behalten, wenn a gegen Null hin abnimmt. Um daher die für den Fall zweier sich berührender Kugeln geltenden Formeln zu erhalten, hätte man zunächst $C_1 = C_2$ zu setzen und sodann die Grenzwerte aufzusuchen, welchen sich die rechten Seiten jener Gleichungen mit unendlich klein werdendem a nähern. Auf diese etwas weitläufige Rechnung gehen wir jedoch nicht näher ein, da es uns nur darauf ankam, an einem Beispiele eine Methode vorzuführen, welche bei sehr vielen analogen Aufgaben mit Vorteil angewendet werden kann, und der besondere Fall zweier sich berührender Kugeln eine directe Lösung in ganz ähnlicher Weise gestattet wie der allgemeine Fall, den wir vorher behandelt haben.

Verlag von Julius Springer in Berlin W